Frank Herrmann

Operative Planung in IT-Systemen für die Produktionsplanung und -steuerung

T0223079

Frank Herrmann

Operative Planung in IT-Systemen für die Produktionsplanung und -steuerung

Wirkung, Auswahl und Einstellhinweise
von Verfahren und Parametern

STUDIUM

**VIEWEG+
TEUBNER**

Bibliografische Information der Deutschen Nationalbibliothek
Die Deutsche Nationalbibliothek verzeichnet diese Publikation in der
Deutschen Nationalbibliografie; detaillierte bibliografische Daten sind im Internet über
<http://dnb.d-nb.de> abrufbar.

1. Auflage 2011

Alle Rechte vorbehalten
© Vieweg+Teubner Verlag | Springer Fachmedien Wiesbaden GmbH 2011

Lektorat: Christel Roß | Maren Mithöfer

Vieweg+Teubner Verlag ist eine Marke von Springer Fachmedien.
Springer Fachmedien ist Teil der Fachverlagsgruppe Springer Science+Business Media.
www.viewegteubner.de

Umschlaggestaltung: KünkelLopka Medienentwicklung, Heidelberg
Druck und buchbinderische Verarbeitung: AZ Druck und Datentechnik, Berlin
Gedruckt auf säurefreiem und chlorfrei gebleichtem Papier
Printed in Germany

ISBN 978-3-8348-1209-4

Vorwort

Die operative Planung in der Produktionslogistik besteht im Kern aus der Prognose von Kundenaufträgen (bzw. generell von Bedarfen), dem Management der Lagerbestände und der Planung der Produktion. Mit letzterer wird letztlich entschieden, wann welcher Arbeitsgang auf welcher Maschine bzw. Anlage durch welches Personal gefertigt wird. Stand der Technik ist, dass dies durch eine hierarchische Planung aus der Produktionsprogrammplanung, der Bedarfsplanung und der Fertigungssteuerung erfolgt. Diese Aufgaben werden von allen produzierenden Unternehmen entlang einer logistischen Prozesskette bearbeitet. Ein für sehr viele Unternehmen zutreffender Referenzprozess wird im ersten Abschnitt dargestellt. In fast allen Unternehmen wird eine solche logistische Prozesskette durch IT-Systeme wie Enterprise Resource Planning-Systeme (ERP-Systeme) oder Produktionsplanungs- und -steuerungssysteme (PPS-Systeme) unterstützt. Für die Bearbeitung der genannten Aufgaben enthalten diese mehrere Verfahren mit einer Vielzahl von Einstellungsmöglichkeiten, die in den entsprechenden Abschnitten im Detail vorgestellt werden. Ihre Einzelschritte werden anhand ausführlich beschriebener Beispiele demonstriert.

Den einzelnen Verfahrensalternativen liegen Modelle und logistische Gesetzmäßigkeiten zugrunde. Mit diesen wird die Wirkung der einzelnen Verfahren auf Kriterien wie Termineinhaltung, Durchlaufzeit und Kapitalbindung analysiert und in Fallstudien aufgezeigt. Daraus wurden Hinweise bzw. Leitfäden zur Auswahl und Einstellung der Verfahren abgeleitet, die dem Anwender helfen sollen, sein ERP- bzw. PPS-System besser auf die Unternehmensziele einzustellen.

Somit wendet das Buch sich an Studierende mit Interesse an den Planungsverfahren in derzeit in der industriellen Praxis eingesetzten ERP- bzw. PPS-Systemen, und es möge entsprechende Vorlesungen unterstützen. Experten aus der industriellen Praxis möge es dienen, die Verfahren ihrer ERP- bzw. PPS-Systeme besser zu verstehen und besser einzustellen. Weitere Unterlagen (auch etwaige Korrekturen) befinden sich auf den Internetseiten des Verlags.

Dem Verlag Vieweg+Teubner danke ich für die sehr bereitwillige Aufnahme des Buchs und Frau Dr. Christel Roß sowie Frau Maren Mithöfer für die gute Zusammenarbeit, insbesondere beim Lektorieren. Bei Herrn B. Eng. Julian Englberger, Frau Marille Müller und Herrn Albrecht Weis bedanke ich mich für das Korrekturlesen. Die Verantwortung für eventuelle Fehler verbleibt bei mir. Schließlich danke ich meiner Frau für ihr Verständnis für den hohen Zeitaufwand, der mit dem Schreiben eines Buchs verbunden ist.

Regensburg, im März 2011   Frank Herrmann

Inhaltsverzeichnis

1 Grundlagen

Diese Ausarbeitung befasst sich mit Konzepten der operativen Planung in kommerziell verfügbaren Enterprise Resource Planning-Systemen (ERP-Systemen) und Produktionsplanungs- und -steuerungssystemen (PPS-Systemen), die mit anderen Konzepten die Abläufe in Produktionsbetrieben unterstützen. Diese und ihre Abgrenzung werden im Folgenden beschrieben. Manche der hier vorgestellten Konzepte werden durch die organisatorische Anordnung von Ressourcen beeinflusst, weswegen die in der industriellen Praxis vorkommenden Produktionssysteme beschrieben werden.

1.1 Logistische Prozesskette

Produkte werden von einer Vielzahl von Unternehmen mit unterschiedlichen Fertigungsstrategien und -prozessen gefertigt. So existieren Serien- und Massenfertiger und die Produktpalette reicht von der Waschmaschine bis zur Büroklammer, oder Unternehmen fertigen kundenauftragsorientiert. Dazu gehört ein Projektfertiger, der ein großes Schiff baut, genauso wie ein Automobilhersteller, der kundenindividuell konfigurierte Produkte vom Fließband laufen lässt.

Die Prozesse von allen Produktionsunternehmen bestehen aus sehr ähnlichen zentralen Aktivitäten, die auf sehr ähnliche Weise durchlaufen werden. Ziel dieses Abschnitts ist eine einführende Beschreibung dieser Aktivitäten und vor allem ihr Zusammenwirken, wie sie von ERP- und PPS-Systemen unterstützt werden.

Die Erläuterung der zentralen Aktivitäten orientiert sich an dem in Abbildung 1-1 dargestellten Prozessablauf. In den allermeisten Unternehmen erfolgt keine Kundenproduktion, bei der zu Produktionsbeginn ein konkreter Kundenauftrag vorliegt, der die herzustellenden Produkte art- und mengenmäßig festlegt und konkrete Produktions- und Liefertermine vorsieht. Stattdessen werden wenigstens Komponenten eines Endprodukts vorproduziert und auf ein Lager gelegt. So kann beispielsweise die Montage eines Endprodukts aus vorproduzierten Einzelteilen vorgenommen werden. Erfolgt diese Lagerproduktion auch für Endprodukte, so wird für einen anonymen Markt produziert; in diesem Fall wird die Marktnachfrage durch Nachfrageprognosen geschätzt. Im Regelfall treten also die lager- und die auftragsorientierte Produktion nebeneinander in demselben Produktionssystem auf. Um die Leistungspotentiale eines Produktionssystems möglichst gut auszuschöpfen, wird im Rahmen einer Produktionsprogrammplanung das zukünftige Produktionsprogramm für Enderzeugnisse oder wichtige Baugruppen für einen mittel- bis kurzfristigen Planungszeitraum, typischerweise von einem Jahr, festgelegt. Die Grundlage hierzu ist die Infrastruktur des Produktionssystems in Form von seinen physischen Gegebenheiten. Hierunter fallen unter anderem die Produktionsanlagen mit ihren Kapazitäten und verfahrenstechnischen Möglichkeiten sowie die Lagerungs-, Materialfluss- und Handlingseinrichtungen, durch welche die Produktionsanlagen miteinander verbunden sind. Getragen wird die Infrastruktur von Arbeitskräften, die auch dispositiv in der Produktion tätig sind. Üblicherweise wird in der industriellen Praxis die Infrastruktur mittel- bzw. langfristig festgelegt. Es sei angemerkt, dass dies im Rahmen des so genannten strategischen und taktischen Produktionsmanagements erfolgt; ihre Einordnung in eine Hierarchie von Entscheidungsebenen findet sich beispielsweise in [GüTe09]. Deswegen erkennt und nutzt die operative Planung die durch die Infrastruktur geschaffenen Planungsmöglichkeiten. Sowohl die seitens der Forschung vorgeschlagenen als auch die in der industriellen Praxis eingesetzten Planungsverfahren nutzen die organisatorische Anordnung der Produktionsanlagen, auf die im Abschnitt „Organisationstypen in der Produktion" näher eingegangen wird. Die zweite wesentliche Grundlage besteht in den am Markt vorhandenen Absatzmöglichkeiten, die durch eine Prognose identifiziert werden. Aus beidem, also den zur Verfügung stehenden Kapazitäten in der Fertigung und den am Markt bestehenden Absatzmöglichkeiten werden für Produktgruppen oder einzelne Erzeugnisse Mengen und Terminsituationen aufgebaut. Da in dieser Phase noch kein konkreter Kundenbezug besteht, wird deswegen auch von einer anonymen Planung gesprochen.

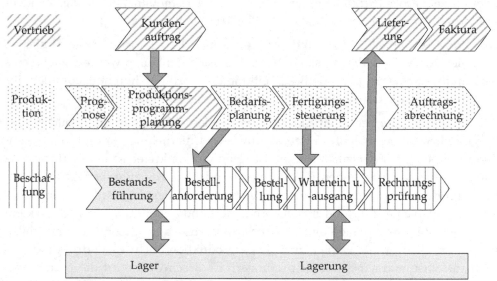

Abbildung 1-1: Prozesskette zu Beschaffung, Produktion und Vertrieb

Während der Abarbeitung eines Produktionsprogramms treffen Kundenaufträge ein. Hierbei handelt es sich um eine vertragliche Vereinbarung zwischen einer Verkaufsorganisation und einem Auftraggeber über die Lieferung einer bestimmten Menge von Materialien (oder Dienstleistungen) zu einem bestimmten Termin. Bei der Bearbeitung eines Kundenauftrags werden die aufgrund der Produktions-

planung produzierten Komponenten verbraucht. Beispielsweise stößt ein Kundenauftrag die im obigen Beispiel zu einer Mischung aus lager- und auftragsorientier-
ter Produktion erwähnte Montage eines Endprodukts aus vorproduzierten Einzelteilen an. Solche Kundenaufträge (bzw. Kundenbedarfe) sind in der Produktionsprogrammplanung sichtbar; dies wird durch den schräg schraffierten Bereich innerhalb der Produktionsprogrammplanung in Abbildung 1-1 visualisiert. Es sei
angemerkt, dass im SAP®-System diese Kundenbedarfe als Kundenprimärbedarfe
bezeichnet werden.

Im Hinblick auf den Gesamtprozess sei auf einen Kundenauftrag etwas näher eingegangen. Einem solchen gehen in der Regel eine Reihe von Aktivitäten des Ver-
triebs voraus. So können vorher bereits Kontakte zu dem Interessenten oder Kunden aufgebaut worden sein oder der Kunde hat eine Anfrage zu einem Produkt
gestartet und vom Vertrieb ist dann bereits ein Angebot unterbreitet worden. Die
Erfassung eines Kundenauftrags ist also nur ein möglicher Beginn einer Auftrags-
abwicklung; s. hierzu auch Abbildung 1-3 und den dort genannten Beispielpro-
zess.

Aus den Bedarfen der Produktionsprogrammplanung erstellt die (Material-) Bedarfsplanung Planaufträge, mit denen die Materialverfügbarkeit sichergestellt
wird. Gegenüber der Produktionsprogrammplanung ist der Betrachtungshorizont
kleiner und es werden detaillierte Informationen über die Erzeugnisse berücksichtigt. Anders formuliert, besteht die zentrale Aufgabe der Bedarfsplanung aus der
termingerechten Beschaffung aller im Unternehmen benötigten Materialien. Neben
den verkaufsfähigen Erzeugnissen sind dabei auch ihre Komponenten zu betrachten. Hierzu sind die Überwachung der Bestände sowie die Erstellung von Beschaffungsvorschlägen für den Einkauf und die Fertigung erforderlich.

Die Beschaffungsvorschläge aus der Bedarfsplanung, in Form von Planaufträgen,
werden für die Eigenproduktion zu Fertigungsaufträgen und fallen damit in den
Verantwortungsbereich der Fertigungssteuerung, während sie für die Fremdbeschaffung zu Bestellungen werden und damit in den Verantwortungsbereich der
Beschaffung fallen. Die Fremdbeschaffung wird zunächst und daran anschließend
die Eigenproduktion betrachtet.

Neben dem Auslösen einer Bestellung durch die Bedarfsplanung wird eine Bestellung für ein Produkt im Rahmen der Bestandsführung ausgelöst, wenn der Lagerbestand für das Produkt ein vorgegebenes Niveau (Bestellbestand) erreicht oder
unterschritten hat. Hierfür zentrale Aufgaben in der Bestandsführung von ERP-
und PPS-Systemen lauten:

- die mengenmäßige (und wertmäßige) Führung der Materialbestände,
- der Nachweis aller Warenbewegungen und
- die Durchführung der Inventur.

Im Einzelnen basiert ein typischer Beschaffungszyklus auf generellen Aktivitäten, die in Abbildung 1-2 visualisiert sind und auf die nun kurz eingegangen wird:

- Bedarfsermittlung
  Die oben angesprochene Bedarfsentstehung wird wie folgt verallgemeinert. Ein Bedarf an Materialien entsteht entweder in den Fachabteilungen oder im Rahmen der Disposition. Bei Materialien, die im Materialstamm definiert sind, kontrolliert ein ERP-System den jeweiligen Bestellbestand und ermittelt so nachzubestellende Materialien. Es besteht die Möglichkeit, Bestellanforderungen entweder selbst zu erfassen oder sie durch ein ERP-System automatisch erzeugen zu lassen.

- Ermittlung der Bezugsquelle
  Eine Komponente „Einkauf" in einem ERP-System unterstützt bei der Ermittlung möglicher Bezugsquellen unter Berücksichtigung vergangener Bestellungen oder bestehender Kontrakte. Dies beschleunigt die Erstellung von Anfragen, die dann auf elektronischem Weg an gewünschte Lieferanten übermittelt werden können.

- Lieferantenauswahl
  Ein ERP-System ist in der Lage, Preisfindungsszenarien zu simulieren, so dass Angebote miteinander verglichen werden können. Absageschreiben werden automatisch versendet.

- Bestellabwicklung
  Ein Einkaufssystem übernimmt die Informationen aus der Bestellanforderung und dem Angebot und entlastet den Einkäufer auf diese Weise bei der Eröffnung von Bestellungen. Ebenso wie Bestellanforderungen können Bestellungen selbst erzeugt werden, oder sie werden durch ein ERP-System automatisch erzeugt. Lieferpläne und Kontrakte werden ebenfalls unterstützt.

- Bestellüberwachung
  Ein ERP-System prüft die vom Einkäufer vorgegebenen Wiedervorlagezeiten und druckt dann in den entsprechenden Zeitabständen automatisch Mahnschreiben aus. Es liefert den aktuellen Status sämtlicher Bestellanforderungen, Angebote und Bestellungen.

- Wareneingang und Bestandsführung
  Versand und Wareneingang können den Empfang von Waren bestätigen, indem sie lediglich die Bestellnummer eingeben. Durch Angabe der zulässigen Über- und Unterlieferungstoleranzen haben Einkäufer die Möglichkeit, Über- und Unterlieferungen zu begrenzen.

- Rechnungsprüfung
  Ein ERP-System unterstützt das Prüfen von Rechnungen. Durch Zugriff auf Bestellvorgänge und Wareneingänge wird der Rechnungsprüfer auf Mengen- und Preisabweichungen hingewiesen.

Abbildung 1-2:   Externer Beschaffungszyklus

Die operative Planung durch die Produktionsprogrammplanung und Bedarfsplanung wird mit der Fertigungssteuerung detailliert und zugleich beendet. Die Fertigungssteuerung plant die einzelnen Arbeitsgänge (bzw. Operationen) der Ferti-
gungsaufträge (die aus den Beschaffungsvorschlägen im Rahmen der Bedarfsplanung erzeugt werden) auf einzelne Arbeitsstationen wie Bohr- oder Fräsmaschinen
ein. Diese Pläne bilden den Rahmen für die detaillierte Veranlassung der Produktion auf der Ressourcen- bzw. Anlagenebene; es sei angemerkt, dass diese in der
Abbildung 1-1 nicht eingezeichnet ist. Parallel zur eigentlichen Auftragsbearbei-
tung werden sowohl die Termine und Mengen als auch die Werte der einfließen-
den Materialien und Leistungen im Fertigungsauftrag gesammelt. Damit ist der
Fertigungsauftrag auch ein wichtiges Objekt für die Kostenrechnung.

Die Fertigstellung eines Produkts ermöglicht gegebenenfalls die Auslieferung der
von einem Kunden bestellten Ware durch eine Lieferung. Bei der Lieferung handelt es sich um das zentrale Objekt des Versandprozesses. Mit dem Anlegen einer
Lieferung werden Versandaktivitäten, wie die Kommissionierung oder die Versandterminierung, eingeleitet. Dabei werden weitere Daten mit aufgenommen, die
während der Versandabwicklung entstehen.

In der industriellen Praxis, insbesondere bei Massengütern, nimmt ein Ladungs-
träger in der Regel eine bestimmte Anzahl von gleichartigen Packstücken (beispielsweise mehrere Versandgebinde) auf. Vielfach müssen durch eine so genannte
Kommissionierung verschiedenartige Güter zu ihrer Weiterverwendung auftrags-
bezogen zusammengestellt und eingelagert (in ein Lager) oder ausgeliefert (zu
einem Kunden) werden.

Ein Kundenauftrag kann mehrere Lieferungen zur Folge haben, und in der Regel
ist eine Lieferung immer eine Voraussetzung für eine Rechnungserstellung.

Zur Vollständigkeit sei erwähnt, dass der Versand durch ERP-Systeme, wie dem
SAP®-System, mit folgenden Funktionen unterstützt wird:

- Terminverfolgung der fälligen Aufträge,
- Erstellung und Bearbeitung von Lieferungen,
- Planung und Überwachung von Arbeitsvorräten für Versandaktivitäten,
- Überwachung der Materialverfügbarkeit und Bearbeitung rückständiger Aufträge,
- Kommissionierung,
- Verpacken,
- Unterstützung der Transportdisposition durch Informationen,
- Unterstützung von Außenhandels-Anforderungen und
- Druck und Übermittlung der Versandpapiere.

Mit der Fakturierung wird ein Geschäftsvorgang im Vertrieb abgeschlossen. Hauptsächlich werden dabei Rechnungen aufgrund von Lieferungen oder Leistungen ausgestellt oder es werden Gut- und Lastschriften aufgrund von entsprechenden Anforderungen aus dem Verkauf abgewickelt. Dabei erfolgt eine Übergabe der Fakturadaten an das Rechnungswesen, und zwar an die Finanzbuchhaltung (FI – Forderungen) und an das Controlling (CO). Für das Controlling werden die Kosten und Erlöse an die entsprechenden Nebenbücher weitergeleitet. Es sei erwähnt, dass die Fakturierung, wie alle Teile einer Vertriebsabwicklung, in die Organisationsstruktur eingebettet ist.

In ERP- und PPS-Systemen wird ein Fertigungsauftrag mit seiner Abrechnung abgeschlossen. Bei einer solchen Abrechnung werden die auf dem Fertigungsauftrag angefallenen Ist-Kosten an ein oder mehrere Empfängerobjekte abgerechnet. Ein Empfängerobjekt kann zum Beispiel ein Kundenauftrag oder ein Material sein, das anonym und bewertet im Lager geführt wird. Hierbei werden automatisch Gegenbuchungen zur Entlastung des Fertigungsauftrags erzeugt. Die Belastungsbuchungen bleiben auch nach der Abrechnung im Fertigungsauftrag bestehen und können immer angezeigt werden. Die abgerechneten Kosten werden auf dem jeweiligen Empfängerobjekt fortgeschrieben und im Berichtswesen ausgewiesen.

Abschließend werden nun die Verkaufsbelege betrachtet, bei denen es sich ebenfalls um Teile einer produktionslogistischen Kette handelt. Sie sind in Abbildung 1-3 dargestellt, und das folgende Anwendungsszenario bezieht sich darauf. Ein Vertriebsmitarbeiter könnte zum Beispiel die telefonische Anfrage eines Kunden im System eingeben. Der Kunde wünscht ein Angebot, das der Vertriebsmitarbeiter dann mit Bezug auf die Anfrage erstellt. Später erteilt der Kunde aufgrund des Angebots einen Auftrag und der Vertriebsmitarbeiter legt im System einen Kundenauftrag mit Bezug auf das Angebot an. Die Waren werden geliefert und der Vertriebsmitarbeiter stellt sie in Rechnung. Nach Lieferung der Waren fordert der Kunde eine Erstattung für einen beschädigten Teil der Ware und der Vertriebsmitarbeiter erstellt daraufhin eine kostenlose Lieferung mit Bezug zum Auftrag. Diese ganze Kette von Belegen – Anfrage, Angebot, Auftrag, Lieferung, Fakturierung und die nachfolgende kostenlose Lieferung – bildet einen Belegfluss (und damit eine Historie). Der Datenfluss von einem Beleg in den nächsten reduziert dabei den manuellen Arbeitsaufwand.

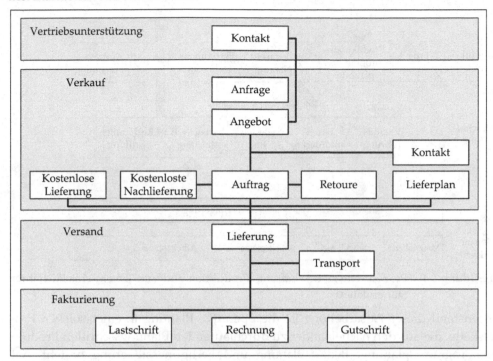

Abbildung 1-3: Belege in einem Vertriebsabwicklungssystem

Eine sehr wichtige Leistung von ERP-Systemen besteht in der gemeinsamen Nutzung von Daten. Hierauf soll kurz anhand der Kundenauftragsbearbeitung eingegangen werden. So werden aus dem Kundenstammsatz des Auftraggebers allgemeine Verkaufs-, Versand-, Preisfindungs- und Fakturierungsdaten vorgeschlagen. Darüber hinaus schlägt ein ERP-System für jedes Material im Auftrag automatisch Daten aus den entsprechenden Materialstammsätzen vor, wie zum Beispiel Daten zur Preisfindung, Versandterminierung, Gewichts- und Volumenbestimmung; natürlich können die Daten manuell geändert oder neue hinzufügt werden, wie zum Beispiel die Zahlungsbedingungen.

Zur IT-unterstützten Durchführung dieser Aufgaben (in ERP-Systemen) sind Datenstrukturen in Form von Stammdaten erforderlich, die in der Erweiterung von Abbildung 1-1 in der Abbildung 1-4 angegeben sind.

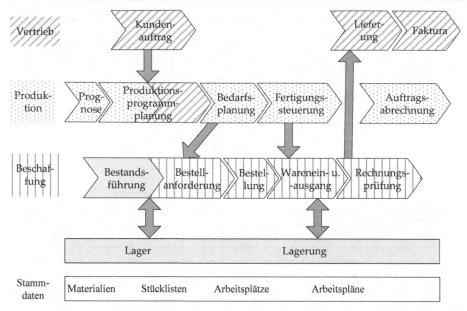

Abbildung 1-4:   Prozesskette zu Beschaffung, Produktion und Vertrieb einschließlich ihrer
Stammdaten

Gegenstand dieser Ausarbeitung ist die operative Planung in einer solchen Prozesskette, die aus den nacheinander zu durchlaufenden Planungsschritten Produktionsprogrammplanung, Bedarfsplanung und Fertigungssteuerung besteht, mit
denen die Auftragsdaten zunehmend präzisiert werden, weswegen sie ein hierar-
chisches Planungssystem bilden. Zur Berücksichtigung der am Markt vorhandenen Absatzmöglichkeiten gehört, nach der Literatur, auch eine Prognose zur operativen Planung. Da in der industriellen Praxis nicht für alle Produkte Fertigungs-
aufträge durch diese Planung erstellt werden, ist das Bestandsmanagement ein
Schwerpunkt dieser Ausarbeitung.

1.2   Organisationstypen in der Produktion

Einschränkungen in der organisatorischen Anordnung von Ressourcen, wie Fräs-
oder Bohrmaschinen, reduzieren die Problemkomplexität von Planungsproblemen.
Für diese wurden Planungsalgorithmen mit polynomialer Laufzeit entwickelt, die
eine gute Lösung des jeweiligen Planungsproblems ermitteln, teilweise wird es
sogar optimal gelöst. Es sei angemerkt, dass neben dieser Klassifikation einer Produktion eine Klassifikation in der industriellen Praxis für die Auswahl von Stan-
dardsoftware zur Produktionsplanung und -steuerung vorgenommen wird; hierzu
siehe z.B. [Kurb05]. Ein weiterer Grund für eine Klassifizierung ist die Bildung von
Produktionstypen, mit denen Entscheidungsmodelle für die Lösung typischer
Probleme in der Produktion gebildet werden können; hierzu siehe z.B. [Herr09a].
Typische weitere Erscheinungsformen von Produktionssystemen in der industriellen Praxis werden beispielsweise in [GüTe09] im Detail erläutert.

1.2.1 Begriffliche Abgrenzungen

Ein Produktionsprozess in der industriellen Praxis besteht in der Regel aus Teil-prozessen zur Herstellung von einem (oder mehreren) Erzeugnis(-sen). Solche Teilprozesse sind in organisatorischen Einheiten zusammengefasst und können nach [GüTe09] als Arbeitssysteme (bzw. Produktiveinheiten) bezeichnet werden.

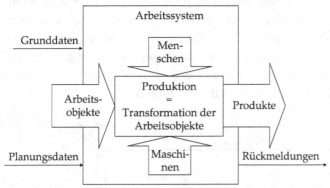

Abbildung 1-5: Aufbau eines Arbeitssystems

Nach [GüTe09] ist ein Arbeitssystem die kleinste selbstständig arbeitsfähige Ein-heit in einem Produktionssystem. Es besteht aus den folgenden Elementen, die in Abbildung 1-5 visualisiert sind und [GüTe09] entnommen worden ist; es sei ange-merkt, dass der REFA-Verband für Arbeitsstudien und Betriebsorganisation ein Arbeitssystem (s. [REFA02]) auf die gleiche Weise definiert.

- Input: Die zu bearbeitenden Vorprodukte (Arbeitsobjekte wie z.B. Rohstoffe, Zwischenprodukte, Verbrauchsfaktoren) stellen den physischen Input in das Arbeitssystem dar. Aus den Grunddaten der Produktion sind u. a. der kons-truktive Aufbau der Produkte sowie technische Angaben zur Ausführung der Produktion und der Montage (z.B. Arbeitsgangbeschreibungen) abzulesen. Die Planungsdaten besagen z.B., wie viele Erzeugniseinheiten bis zu einem be-stimmten Termin fertigzustellen sind. Sie werden durch Produktionsaufträge dokumentiert.

- Output: Die Arbeitsobjekte durchlaufen physisch den Produktionsprozess, werden dort bearbeitet und erfahren dadurch in der Regel eine Wertsteige-rung. Die Fertigstellungszeitpunkte der Produktionsaufträge und damit die Freigabezeitpunkte der Ressourcen (Menschen, Maschinen, Werkzeuge) des Arbeitssystems werden als Rückmeldungen an das Produktionsplanungs- und -steuerungssystem übermittelt.

- Transformation: Der eigentliche Produktionsvorgang kann als Transformati-onsprozess betrachtet werden, bei dem unter Einsatz von Produktionsfaktoren (Menschen, Maschinen) eine Statusänderung und Wertsteigerung der Arbeits-objekte, d.h. ihre Umwandlung in Produkte erfolgt.

Mit den einzelnen Teilprozessen, die durch Arbeitssysteme repräsentiert werden, werden in der industriellen Praxis oftmals Komponenten hergestellt, die durch andere Arbeitssysteme, bzw. die durch sie repräsentierten Teilprozesse, weiter-verarbeitet werden. Dies führt in der Regel zu einem vernetzten Materialfluss und der Notwendigkeit, die verschiedenen Arbeitssysteme durch Transportpfade miteinander zu verbinden, wodurch die Infrastruktur eines Produktionssystems gebildet wird; graphisch ist dies in Abbildung 1-6 dargestellt. Bei einem solchen Produktionssystem kann es sich um einen Teil eines produzierenden Unternehmens ebenso handeln wie um einen kompletten Produktionsbetrieb. Ein Produktionssystem als Teil eines Betriebs kann ebenfalls als ein Arbeitssystem angesehen werden. Dies wird in den entsprechenden Abschnitten genutzt werden, um die Planungsprobleme in den einzelnen Schritten des hierarchischen operativen Planungssystems durch ähnliche Entscheidungsprobleme zu formulieren.

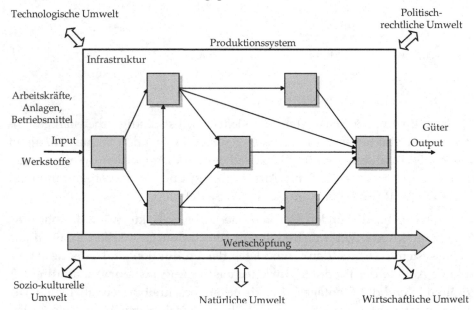

Abbildung 1-6:   Produktion und seine Umwelt

Zur Vollständigkeit sei erwähnt, dass der Handlungsspielraum eines Produktionsbetriebs durch wirtschaftliche, technologische, gesellschaftliche und rechtliche Rahmenbedingungen beschränkt ist, die ebenfalls in Abbildung 1-6 genannt sind. So benötigt ein Produktionsbetrieb Ressourcen in Form von Kapital, Anlagen, Rohstoffen bzw. Komponenten, die von einem Lieferanten gefertigt werden, Zukaufteilen, Dienstleistungen, Energie usw., die überwiegend extern zu beschaffen sind, und Mitarbeiter sind in Konkurrenz, um andere Arbeitgeber anzuwerben. Diese Beschaffung und Anstellung unterliegt zu beachtenden Eigenheiten und Gesetzmäßigkeiten. Auswirkungen auf die natürliche Umwelt durch die eingesetzten Technologien und Verfahren sind zu beachten und in jedem Fall in rechtlich und unternehmenspolitisch vertretbaren Grenzen zu halten. Ein Einklang auch mit den anderen Umwelteinflüssen, die in Abbildung 1-6 genannt sind, ist von essentieller Bedeutung. Überragende und in jedem Fall lebenswichtige Bedeutung für

ein Unternehmen haben seine Kunden, die immer individuellere und hochwertige-
re Produkte fordern. Damit umfasst der gesamte Wertschöpfungsprozess ein System miteinander verbundener Arbeitssysteme unter Einschluss der zur Beschaf-
fungs- und Absatzseite bestehenden Material- und Erzeugnisflüsse.

Ohne Präzisierung der Umweltbedingungen möge die Herstellung von Tischen als
Beispiel für eine Produktion dienen; bei dieser Tischproduktion kann es sich auch
um ein Produktionssystem eines Möbelherstellers handeln. Sie ist in Abbildung 1-7
graphisch dargestellt. In einem Lager befinden sich Tischbeine und Tischplatten.
Zur Produktion eines Tisches werden vier Tischbeine und eine Tischplatte aus dem
Rohmateriallager entnommen. Nach dem Bohren der erforderlichen Löcher wird
ein Tisch zusammenmontiert. Parallel zu diesen beiden Arbeitsgängen wird die
Farbe, die sich ebenfalls im Rohmateriallager befindet, nach den Kundenwünschen
gemischt. Anschließend wird diese Farbe auf den montierten Tisch aufgetragen.
Für den Trocknungsprozess existiert eine eigene Anlage. Fertige Tische werden
aus dem Fertigteilelager ausgeliefert.

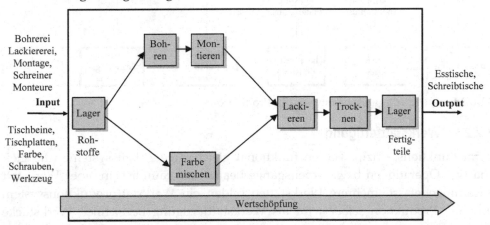

Abbildung 1-7: Tischproduktion

Ein vernetzter Materialfluss in einem Produktionssystem P ergibt sich durch (in
der Regel mehrere) Produktionsprozesse in P, bei denen es sich um Folgen von
Arbeitsgängen handelt, die von Arbeitssystemen in P an Arbeitsobjekten vollzogen
werden, um die Produkte von P herzustellen. Üblicherweise wird eine solche Folge
von Arbeitsgängen zur Herstellung eines Produkts durch einen Arbeitsplan beschrieben. Je nach Ähnlichkeit der Arbeitspläne ist eine mehr oder weniger starke
Anordnung der Arbeitssysteme eines Produktionssystems nach diesen Arbeitsplänen möglich. In diesem Fall wird von einer Anordnung nach dem Objektprinzip
gesprochen. Alternativ erfolgt eine Gruppierung funktional gleichartiger Arbeitssysteme im Rahmen des Funktionsprinzips. Dadurch entstehen sehr viele Materialflüsse. Für die Zentrenproduktion werden diese beiden Prinzipien vereinigt. Sie
dient zur Produktion ähnlicher Produkte. Dadurch sind nach Auffassung der Literatur ihre Arbeitssysteme eher nach dem Objektprinzip als nach dem Funktions-

prinzip angeordnet. Die folgende Erläuterung dieser Anordnungsprinzipien erfolgt entlang der in Abbildung 1-8 angegebenen Klassifizierung.

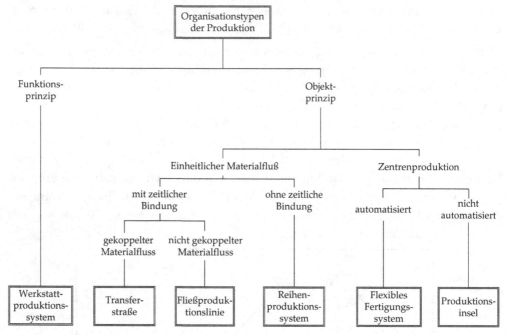

Abbildung 1-8: Organisationstypen der Produktion

1.2.2 Werkstattfertigung

Beim Funktionsprinzip werden funktional gleichartige Arbeitssysteme (die gleichartige Operationen bzw. Arbeitsgänge bearbeiten) räumlich in einer Werkstatt zusammengefasst, mehrere Werkstätten bilden ein Werkstattproduktionssystem und die Produktion selber wird als Werkstattfertigung bezeichnet. Werkstücke sind zu den einzelnen Arbeitssystemen zu transportieren, wozu flexibel einsetzbare Transportmittel, wie ein Transportwagen, eingesetzt werden. Ein Layout eines möglichen Werkstattproduktionssystems ist im rechten Teil der Abbildung 1-9 abgebildet.

Die durch eine Werkstattfertigung produzierten Produkte haben unterschiedliche Arbeitspläne und durchlaufen daher die einzelnen Werkstätten in unterschiedlichen Reihenfolgen. So werden in dem im linken Teil der Abbildung 1-9 dargestellten Beispiel fünf Produkte durch individuelle Arbeitspläne, wobei jeder Arbeitsplan durch eigenes Pfeilmuster dargestellt ist, gefertigt. Das Produktionssystem besteht aus einer Werkstatt für Bohrarbeiten (die einzelnen Bohrmaschinen sind durch A gekennzeichnet), einer Werkstatt für Fräsarbeiten (die einzelnen Fräsmaschinen sind durch B gekennzeichnet), einer Werkstatt für Dreharbeiten (die einzelnen Drehmaschinen sind durch C gekennzeichnet) und einer Montage (deren identische Arbeitsplätze durch D gekennzeichnet sind). Aus dem Materiallager werden die Eingangsmaterialien für die einzelnen Produktionsprozesse entnommen und die Fertigerzeugnisse im Fertigteilelager eingelagert. Das Beispiel demonstriert, dass der Materialfluss im Allgemeinen stark vernetzt ist. Es kann auch vorkommen, dass ein Auftrag mehrfach zu derselben Werkstatt transportiert werden muss.

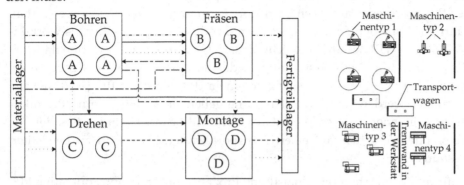

Abbildung 1-9: Materialfluss bei der Werkstattfertigung (links), durch Pfeile gekennzeichnet, und ein mögliches Layout (rechts)

Die Werkstattfertigung bietet sich folglich bei einer hohen Produktvielfalt, die sich im zeitlichen Ablauf ändern kann und die häufig in kleinen Losen produziert wird, an und ist in der Teileproduktion im Maschinenbau häufig anzutreffen. Es sei angemerkt, dass auch in der chemischen Industrie oft Kessel durch das Funktionsprinzip angeordnet sind, wobei mehrere Gruppen von identischen Kesseln über ein flexibles Rohrleitungssystem mit verschiedenen (Lager-) Tanks verbunden sind. Wegen des Fließens von chemischen Erzeugnissen durch Rohre wird von einer kontinuierlichen Werkstattfertigung gesprochen. In dieser Ausarbeitung ist die chemische Industrie ausgeschlossen und zur Abgrenzung wird auch von einer diskreten Werkstattfertigung gesprochen.

Damit die einzelnen Produktionsaufträge, in der diskreten Werkstattfertigung, möglichst schnell durch ein Produktionssystem bearbeitet werden, sind die Arbeits- und Transportvorgänge der einzelnen Produktionsaufträge exakt aufeinander abzustimmen. Hierbei handelt es sich um ein Planungsproblem, welches nur mit hohem Aufwand optimal gelöst werden kann. In der Literatur wird von einem so genannten NP-vollständigen Optimierungsproblem gesprochen, welches, nach den Erkenntnissen der Informatik, mit an Sicherheit grenzender Wahrscheinlichkeit nur mit exponentiellem Aufwand (primär: exponentieller Laufzeit) gelöst werden kann. (Exponentieller (bzw. polynomialer) Aufwand bedeutet, dass der Aufwand für eine Problemgröße, wie z.B. die Anzahl an Aufträgen bei einem Planungsproblem, durch eine Funktion mit einem exponentiellen Anstieg (bzw. durch ein Polynom) beschrieben werden kann.) Es ist auch zu erwarten, dass selbst eine sehr gute Näherungslösung einen sehr hohen Aufwand (also primär: Rechenzeit) erfordert. In [Herr09a] ist im Detail analysiert, welche Problemklassen noch mit polynomialem Aufwand gelöst werden können und welche bereits NP-vollständig sind. Im Kern sind nur Probleme aus einer Station und einem einfachen Zielkriterium mit polynomialem Aufwand lösbar. Daher ist es nicht überraschend, dass es grundsätzlich nicht gelingt, die Arbeits- und Transportvorgänge der einzelnen Produktionsaufträge exakt aufeinander abzustimmen. Im Produktionsprozess zeigt sich dies dadurch, dass Produktionsaufträge regelmäßig auf ihre Bearbeitung an einer Ressource oder auf ihren Transport zu ihrer nächsten Ressource warten. Dies führt zu Beständen an Werkstücken im Produktionssystem, der als work-in-process-Bestand (WIP-Bestand) bezeichnet wird. Quasi umgekehrt warten dadurch auch Ressourcen auf Produktionsaufträge, da mit dem auf dieser Ressource als nächstes zu bearbeitenden Arbeitsgang zu einem Produktionsauftrag A deswegen nicht begonnen werden kann, weil sein vorhergehender Arbeitsgang im Produktionsauftrag A in einer anderen Werkstatt noch nicht beendet worden ist oder das dazugehörende Werkstück auf einen Transport wartet. Dies führt zu Leerzeiten von Ressourcen.

Damit dürfte die, im Abschnitt „logistische Prozesskette" genannte, operative Planung in kommerziell verfügbaren ERP- und PPS-Systemen nicht optimale Pläne erstellen bzw. Produktionsaufträge erzeugen. Zur Berücksichtigung von spezifischen Gegebenheiten in einem konkreten Unternehmen sind die einzelnen ERP- und PPS-Systeme zu konfigurieren. Auf diese Konfigurationsmöglichkeiten wird im Detail in den entsprechenden Abschnitten eingegangen werden. An dieser Stelle sei bereits erwähnt, dass damit die Arbeitsweise von Verfahren gesteuert werden kann und auch unterschiedliche Verfahren ausgewählt werden können. Untersuchungen, auf die in den entsprechenden Abschnitten noch im Detail eingegangen wird, zeigen, dass die oben genannten Effekte durch diese Konfigurationsmöglichkeiten sehr signifikant verringert, aber auch verstärkt werden können.

1.2.3   Einheitlicher Materialfluss

Das Prinzip der Anordnung der Arbeitssysteme nach dem Objektprinzip zeigt sich am klarsten bei einem einheitlichen Materialfluss. In diesem Fall sind die Arbeitssysteme entsprechend ihrer Position in den Arbeitsplänen der zu produzierenden Erzeugnisse linear angeordnet und die einzelnen Produkte werden von diesen Arbeitssystemen in dieser Reihenfolge bearbeitet; beispielhaft sind die Anlagen der obigen Werkstattfertigung nach diesem Prinzip in Abbildung 1-10 angeordnet. Dieses Anordnungsprinzip ist nur anwendbar, wenn sehr ähnliche Varianten eines Grundprodukts hergestellt werden.

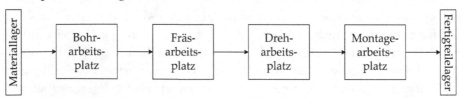

Abbildung 1-10: Prinzip der Anordnung der Arbeitssysteme und Fluss der Werkstücke (durch Pfeile gekennzeichnet) bei einem einheitlichen Materialfluss

Um alle Anordnungsmöglichkeiten in der industriellen Praxis abdecken zu können, wird von diesem Prinzip in seiner reinsten Form abgewichen. So liegt bei der Klassifizierung als einheitlicher Materialfluss, s. Abbildung 1-8, in der Regel eine lineare Anordnung der Arbeitssysteme vor. Es sei betont, dass dadurch zwar verschiedene Produkte hergestellt werden können, es sich aber im Wesentlichen um ähnliche Varianten eines Grundprodukts handelt. Ein solches Produktionssystem wird als Fließproduktionssystem bezeichnet und es wird von Fließproduktion gesprochen.

Die restriktivste Konkretisierung des einheitlichen Materialflusses ist eine starre Verbindung der Werkstücke mit einem Transportsystem, wodurch die Arbeitssysteme durch ein synchronisiertes Materialflusssystem miteinander verbunden sind, welches auch als Transferlinie bzw. teilweise auch als Fließband bezeichnet wird; ein beispielhaftes schematisches Layout eines solchen Systems befindet sich in Abbildung 1-11. Deswegen können die Werkstücke nur simultan fortbewegt werden. Die einzelnen Werkstücke werden in einem festen Zeitintervall, der so genannten Taktzeit, an einem Arbeitssystem bearbeitet. Es sei angemerkt, dass in der industriellen Praxis das Weiterbewegen einer Transferlinie sowohl kontinuierlich innerhalb einer Taktzeit als auch am Ende einer Taktzeit, dann allerdings über eine längere Strecke, erfolgt. Das Gesamtsystem heißt Transferstraße. Beispiele hierfür sind das Abfüllen von Flaschen sowie der Karosseriebau. Es sei betont, dass aufgrund der starren Verkettung Puffer nicht sinnvoll sind.

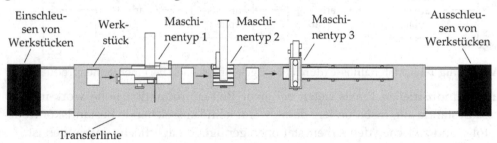

Abbildung 1-11: Schematisches Layout einer Transferstraße

Werden die Werkstücke in gewissen Grenzen unabhängig voneinander asynchron durch Fördereinrichtungen bewegt, wobei die einzelnen Werkstücke auch unabhängig voneinander bewegt werden können, was als asynchroner Materialfluss bezeichnet wird, so liegt eine so genannte Fließproduktionslinie vor; ein beispielhaftes schematisches Layout für eine Fließproduktionslinie ist in Abbildung 1-12 dargestellt. Eine typische Realisierung eines asynchronisierten Materialflusssystems besteht in dem Einfügen eines Puffers. Hierbei kann es sich um einen Pufferplatz handeln. Bei vielen Automobilmontagelinien erfolgt die Pufferung durch die Länge des Stationsbereichs, da die Transferlinie kontinuierlich weiterbewegt wird, und durch bei Bedarf einsetzbare Springer. Es sei betont, dass die Größe der Puffer einen erheblichen Einfluss auf die Leistungsfähigkeit einer Fließproduktionslinie haben kann. Allerdings sind große Puffer mit erhöhtem Platzbedarf und Kosten verbunden, so dass versucht wird, die Puffergröße unter Vorgabe einer angestrebten Produktionsmenge zu minimieren.

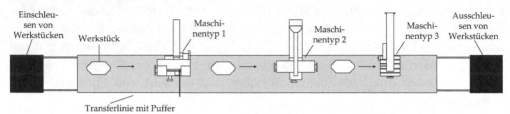

Abbildung 1-12: Schematisches Layout einer Fließproduktionslinie

Eine noch höhere Flexibilität wird erreicht, in dem der Arbeitsfortschritt ohne zeitliche Bindung der Arbeitsgänge erfolgt, was als Reihenproduktion bezeichnet wird. Dadurch können einzelne Arbeitsstationen übersprungen werden, Rücksprünge sind jedoch ausgeschlossen. Dies erfordert flexiblere Transporte, die durch eine Transferlinie weiterhin möglich sind; häufig werden Transportwägen eingesetzt. Beispiele für Materialflüsse bei einer Reihenproduktion aus den Anlagen der obigen Werkstattfertigung sind in Abbildung 1-13 angegeben. Ein industrielles Beispiel ist die Vorbehandlung in der Textilveredlung (s. [Roue06] und [Roue09]).

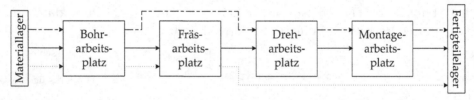

Abbildung 1-13: Materialflüsse (durch Pfeile gekennzeichnet) bei einer Reihenproduktion

In der industriellen Praxis treten bei einer Reihenproduktion hohe work-in-process-Bestände auf, insbesondere dann, wenn keine ausreichende Bestandskontrolle erfolgt und zwischen den Arbeitsstationen genügend Lagerfläche vorhanden ist.

Um Materialstauungen vor Arbeitssystemen und unterschiedliche Auslastungen der Arbeitssysteme möglichst zu vermeiden, sind bei allen Fließproduktionssystemen die Kapazitäten der einzelnen Arbeitssysteme eng aufeinander abzustimmen. Dies bestätigt die obige Aussage, nach der dieses Anordnungsprinzip nur dann anwendbar ist, wenn sehr ähnliche Varianten eines Grundprodukts hergestellt werden. Eine höhere Variantenvielfalt wird dadurch erreicht, dass die einzelnen Arbeitssysteme mehrere unterschiedliche Arbeitsgänge (Operationen) durchführen können. Hierzu entwickeln die Werkzeugmaschinenhersteller immer leistungsfähigere so genannte Bearbeitungszentren. Ein Bearbeitungszentrum besteht aus einer durch einen Computer im weiteren Sinne gesteuerten Maschine (z.B. einer numerisch gesteuerte Maschine (NC-Maschine) oder einer computerized numerical control-Maschine (CNC-Maschine)), die mit Werkzeug- und Werkstückwechseleinrichtungen ausgestattet ist; ein Beispiel für ein Bearbeitungszentrum in Form eines schematischen Layouts enthält Abbildung 1-14 (links oben). Durch einen automatischen Werkzeugwechsel können mehrere verschiedene Arbeitsgänge in einer Aufspannung (also nacheinander) mit kurzen Umrüstzeiten (eben für den Werkzeugwechsel) erfolgen. Beispielsweise werden in der industriellen Praxis Bearbeitungszentren eingesetzt, die ein Armaturenformstück aus Messing und ein Pumpengehäuse, allerdings mit unterschiedlichen Bearbeitungszeiten, fertigen können. Es sei angemerkt, dass solche unterschiedlichen Bearbeitungszeiten dadurch ausgeglichen werden, in dem innerhalb einer Taktzeit an mehreren Werkstücken gearbeitet wird. Eine geeignete Bündelung von Werkstücken erfolgt durch die so genannte Fließbandabstimmung, die beispielsweise in [GüTe09] beschrieben ist.

Das weiter oben bei der Erläuterung der Werkstattfertigung vorgestellte Planungsproblem ist bei einer Fließproduktion (bzw. einer Linienfertigung) aus zwei Arbeitssystemen, durch den so genannten Johnson-Algorithmus, s. hierzu beispielsweise [Herr09a], mit polynomialem Aufwand optimal lösbar. Mit der prinzipiellen Arbeitsweise des Johnson-Algorithmus sind auch einige Fließproduktionen aus mehreren Arbeitssystemen mit polynomialem Aufwand optimal lösbar; s. hierzu wiederum beispielsweise [Herr09a]. Für viele andere Fließproduktionen werden sehr gute Näherungslösungen mit Rechenzeiten erreicht, die unter industriellen Randbedingungen vertretbar sind. Dadurch ist dieses Planungsproblem bei der Klasse der Fließproduktionen einfacher als bei der Klasse der Werkstattfertigung lösbar.

1.2.4 Zentrenproduktion

Mit einer Zentrenproduktion werden verschiedene Erzeugnisse produziert, die ähnliche Einzelteile benötigen, auf ähnlichen Arbeitssystemen gefertigt werden und ähnliche Arbeitspläne besitzen. Dies erfordert Arbeitssysteme, die mehrere unterschiedliche Arbeitsgänge (Operationen) durchführen können; oftmals handelt es sich dabei um die oben erläuterten Bearbeitungszentren. Beliebige Materialflüsse zwischen diesen unterschiedlichen Arbeitssystemen sind zwar zuzulassen, aber die Anzahl der tatsächlich benötigten ist gegenüber der möglichen Anzahl sehr klein. Je nach Automatisierungsgrad erfolgt die Zentrenproduktion durch ein flexibles Fertigungssystem oder durch eine Produktionsinsel.

Bei einem flexiblen Fertigungssystem sind mehrere durch einen Computer im weiteren Sinne gesteuerte Maschinen durch ein automatisiertes Materialflusssystem miteinander verbunden, wodurch der Werkstück- und Werkzeugfluss weitgehend automatisch erfolgt. Abbildung 1-14 zeigt im unteren Teil ein beispielhaftes schematisches Layout für ein flexibles Fertigungssystem. Statt einem Bearbeitungszentrum wird auch seine Erweiterung um eine Spannstation und einem maschinenunabhängigen Puffer verwendet. Ein solches Produktionssystem heißt flexible Fertigungszelle und ist beispielhaft schematisch rechts oben in Abbildung 1-14 dargestellt.

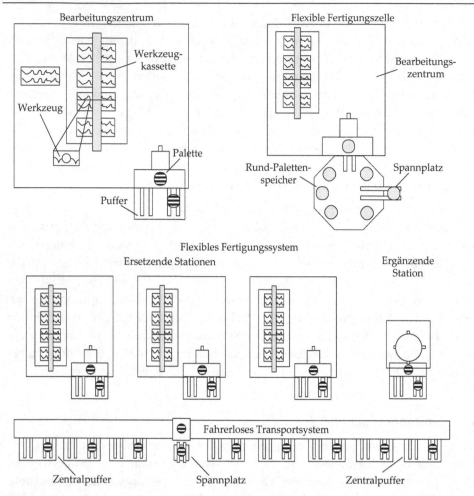

Abbildung 1-14: Schematisches Layout eines Bearbeitungszentrums (BAZ) (oben links), einer flexiblen Fertigungszelle (oben rechts) und eines flexiblen Fertigungssystems (unten) mit einem fahrerlosen Transportsystem (FTS)

Eine Produktionsinsel hat keine vollständige Automatisierung. In ihr werden disponierende und kontrollierende Aufgaben wahrgenommen. Ohne diese Aufgaben wird von einer Gruppentechnologie-Zelle gesprochen. Es sei angemerkt, dass Produktionsinseln im Sinne von teilautonomen Arbeitsgruppen einen wesentlichen Bestandteil der so genannten „lean production" bilden. Nur mit geringem Planungs- und Koordinationsaufwand erfüllen sie die von einer zentralen Produktionsplanung und -steuerung zugewiesenen Aufgaben.

2   Prognose

Bei der Beschreibung der logistischen Prozesskette wurde bereits festgestellt, dass in vielen Produktionsunternehmen wenigstens Komponenten eines Endprodukts vorproduziert werden müssen, um die Erwartungen der Kunden an die Lieferfähigkeit von Produkten zu erfüllen. Um den Bedarf möglichst genau zu treffen, wird dieser durch Prognoseverfahren geschätzt. Die konkrete Nutzung der Prognose in der Produktionsprogrammplanung wird in dem gleichnamigen Abschnitt erläutert. Wie im Abschnitt „Bedarfsplanung" noch begründet werden wird, hat die Bedarfsplanung bei großen Erzeugnisstrukturen eine sehr hohe Laufzeit, teilweise übersteigt diese sogar die in vielen Unternehmen dafür zur Verfügung stehende Zeit. Die Ersetzung der Anwendung der Bedarfsplanung auf Materialien durch ein Prognoseverfahren führt zu geringeren Kosten. Im Abschnitt „Bedarfsplanung" werden Kriterien genannt, wann eine solche Ersetzung wirtschaftlich ist. Folglich sind Prognoseverfahren ein integraler Bestandteil von Produktionsplanungs- und -steuerungssystemen (PPS-Systemen), Enterprise Resource Planning-Systemen (ERP-Systemen), Supply Chain Mangement-Systemen (SCM-Systemen) sowie Advanced Planning and Scheduling-Systemen (APS-Systemen) und zwar unter der Bezeichnung „Demand Planning"; siehe hierzu beispielsweise [DiKe10] und [Dick09]. In diesen Systemen wird die Prognose auch für die Festlegung der Steuerungsparameter im Bestandsmanagement eingesetzt, worauf im gleichnamigen Abschnitt eingegangen wird.

Diese Prognosen erfolgen durch so genannte Zeitfolgenprognosen. Basierend auf historischen Daten über den Bedarf eines Produkts, wie beispielsweise einer Schraube, wird der zukünftige Verbrauch geschätzt. Unter industriellen Bedingungen zeigt sich ein charakteristisches zeitliches Verhalten dieser Bedarfe. Sie und grundlegende Überlegungen werden im ersten Abschnitt untersucht. Für die einzelnen Bedarfsverläufe existieren spezifische Prognoseverfahren, die in den gleichnamigen Abschnitten erläutert werden. Mit einem Abschnitt über die Einstellung von Parametern zu diesen Prognoseverfahren wird die Betrachtung über die Prognose abgeschlossen. Es sei erwähnt, dass die Zeitfolgenprognose noch durch qualitative Prognoseverfahren verbessert werden kann. Sie sind nicht Gegenstand der operativen Planung in ERP- und PPS-Systemen, also des Demand Planning, weswegen für ihre Behandlung auf die Literatur, wie beispielsweise [Thone05], verwiesen wird.

2.1   Grundlegende Überlegungen

2.1.1   Begriffliche Abgrenzungen

Für die Erhebung von Zeitfolgen werden Betrachtungsperioden wie Tage zugrundegelegt, für die der Bedarf bzw. die Nachfrage eines Produkts, wie beispielsweise eines Tisches, kumuliert wird. Daneben ist ein Betrachtungszeitraum angegeben, für den diese Periodenbedarfe erhoben werden. So könnte beispielsweise der in Tabelle 2-1 beschriebene monatliche (Kunden-) Bedarf an Tischen über die letzten beiden Jahre gegeben sein; der zeitliche Bedarfsverlauf ist in Abbildung 2-1 visualisiert.

Monat	1	2	3	4	5	6	7	8	9	10	11	12
Bedarf	121	127	109	120	125	124	120	122	121	122	118	119
Monat	13	14	15	16	17	18	19	20	21	22	23	24
Bedarf	123	122	121	119	122	123	121	122	127	109	117	122

Tabelle 2-1:   Bedarfsverlauf für Tische über die letzten 24 Monate

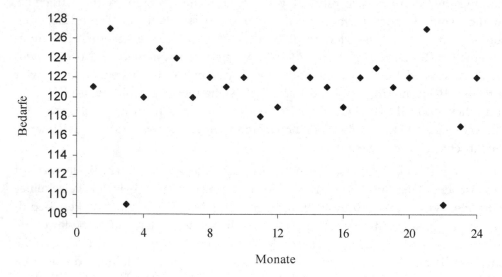

Abbildung 2-1:   Bedarfsverlauf für Tische über die letzten 24 Monate

Sehr zentral für die Herleitung der Prognoseverfahren ist die von Herman Wold 1938 [Wold38] bewiesene und nach ihm benannte Woldsche Zerlegung. Etwas vereinfacht formuliert besagt sie, dass eine unendlich lange Zeitfolge durch eine Linearkombination einer Folge von unkorrelierten Zufallsvariablen und einem zufälligen Summanden dargestellt werden kann. Entscheidend ist, dass die Koeffizienten dieser Linearkombination perfekt vorhergesagt werden können. Allerdings ist die Woldsche Zerlegung eine Eigenschaft von so genannten stationären stochastischen Prozessen. Bei einem stationären stochastischen Prozess sind der Erwartungswert, die Varianz und die Autokovarianz im Zeitablauf konstant; zu einer Definition von einem stationären stochastischen Prozess sei auf [Schi05], [Tijm94] und [Herr09a] verwiesen. So ist es nicht verwunderlich, dass Prognoseverfahren für stationäre stochastische Prozesse entwickelt werden. Für eine detailliertere Betrachtung existieren viele Bücher; stellvertretend sei auf [KiWo06] und [NeGC79] verwiesen. Es sei betont, dass in der Literatur statt von Zeitfolgen von Zeitreihen gesprochen wird.

Bei der Woldschen Zerlegung ist auch eine Linearkombination aus unendlich vielen Zufallsvariablen möglich; dies schränkt seine praktische Umsetzbarkeit ein. In kommerziell verfügbaren ERP- und PPS-Systemen werden implizit wenige Zufallsvariablen angenommen. Sie beschreiben das Vorliegen eines Trends, primär eines linearen, und eines saisonalen Einflusses. Gerade der saisonale Einfluss sollte von stark schwankenden Bedarfen getrennt werden. Dies führt zur Unterscheidung zwischen einem regelmäßigen Bedarfsverlauf und einem unregelmäßigen, der neben stark schwankenden Bedarfen auch sporadische Bedarfe umfasst. Sehr viele Materialarten zeigen einen regelmäßigen Bedarfsverlauf, bei denen die folgenden drei Grundtypen von Bedarfsverläufen primär zu beobachten sind:

- Konstantes Niveau: der Bedarf schwankt um einen konstanten Wert. Als Beispiel diene die monatliche Nachfrage nach Tischen über die letzten beiden Jahre, die in Tabelle 2-1 und in Abbildung 2-1 dargestellt ist und im Abschnitt 2.2.1 weiter analysiert wird.

- Trend: der Bedarf steigt mit der Zeit. Als Beispiel für einen linearen Trend diene die monatliche Nachfrage nach Stühlen, die in Abbildung 2-2 aufgezeichnet ist und im Abschnitt 2.2.2 weiter analysiert wird.

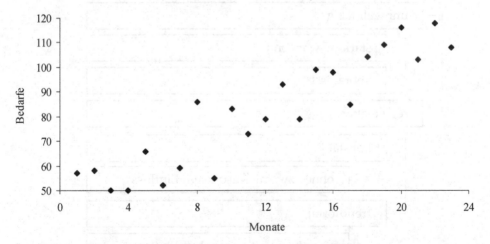

Abbildung 2-2: Bedarfsverlauf für Stühle über die letzten 24 Monate

- Saisonalität: der Bedarf schwankt periodisch. Als Beispiel diene die Nachfrage nach Gartentischen pro Quartal, die in Abbildung 2-3 aufgezeichnet ist. Sie hat stets im zweiten Quartal (im Sommer) einen signifikanten Anstieg und damit einen so genannten Saisonzyklus von 4 Quartalen. Dieses Beispiel wird im Abschnitt 2.2.3 weiter analysiert.

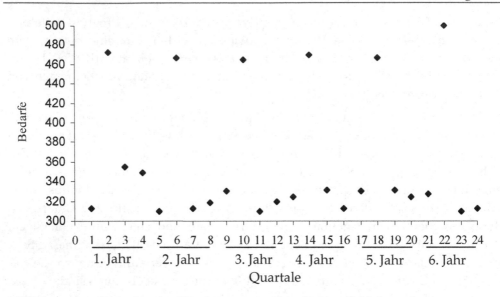

Abbildung 2-3: Bedarfsverlauf für Gartentische über die letzten 24 Quartale

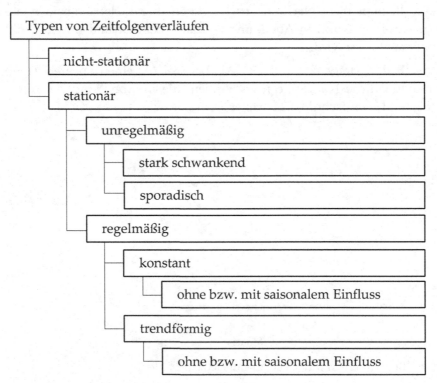

Abbildung 2-4: Typen von Bedarfsverläufen

Weniger häufig, aber nicht vernachlässigbar sind die unregelmäßigen Bedarfsverläufe. Die sich aus diesen Überlegungen ergebenden Grundtypen von Bedarfsverläufen sind in der Abbildung 2-4 angegeben. Diese Zerlegung ist auch (sehr) motiviert durch die in der industriellen Praxis bevorzugt eingesetzten, und in diesem Buch vorgestellten, einfachen Prognoseverfahren, die solche Bedarfsverläufe teilweise sogar optimal prognostizieren; auf die für die Optimalität verantwortlichen Kriterien wird weiter unten eingegangen. Es zeigt sich, dass mit diesen Prognoseverfahren auch nicht-stationäre Zeitfolgen mit der für die industrielle Praxis benötigten Genauigkeit prognostiziert werden können.

2.1.2   Struktur von Prognoseverfahren und Prognosequalität

Grundlegende Elemente von Prognoseverfahren sind Bedarfsmengen, verallgemeinert wird in der Literatur, wie auch hier, von Beobachtungswerten gesprochen, der Vergangenheit, die beliebig umfangreich sein können. Für eine Periode t bezeichnet y_t die in dieser Periode beobachtete Bedarfsmenge bzw. Bedarf (oder Nachfrage). Für die mathematische Herleitung und Analyse der Prognoseverfahren wird von einer unendlich langen geordneten Folge von Vergangenheitswerten $(y_t)_{t=1}^{\infty}$ ausgegangen, wobei stets äquidistante Abstände zwischen diesen Beobachtungswerten von einer Periode vorliegen. Es sei betont, dass die Forderung nach Stationarität eine sehr lange Folge von Vergangenheitswerten impliziert. Bezogen auf eine aktuelle Periode t wird der Prognosewert für die zukünftige Periode $(t+1)$ mit p_{t+1} (oder $y_t^{(1)}$) bezeichnet; bzw. p_{t+j} für ein beliebiges $j \in \mathbb{N}$. Dabei wird der Bedarf für die Periode $(t+1)$ jeweils am Ende der Periode t prognostiziert, nachdem der Beobachtungswert y_t für diese Periode t vorliegt. Diese einzelnen Begriffe sind in der Abbildung 2-5 zusammengefasst.

Aus Sicht der Stochastik liegen zeitlich geordnete Zufallsvariablen $\{Y\} = (Y_t)_{t=1}^{\infty}$ vor; also liegt ein stochastischer Prozess $(\{Y\})$ vor. Eine beobachtete Zeitfolge y_1, y_2, ..., y_N ist eine Realisation der Länge N des stochastischen Prozesses $\{Y\}$. Es sei betont, dass jeder Beobachtungswert von einer anderen Zufallsvariablen generiert wird. Im Folgenden wird formal nicht zwischen y_t und ihrer Zufallsvariable Y_t unterschieden. Die Unterscheidung ergibt sich aus dem Zusammenhang. Es sei angemerkt, dass der Untersuchung im Bestandsmanagement auch ein stochastischer Prozess zugrundegelegt wird.

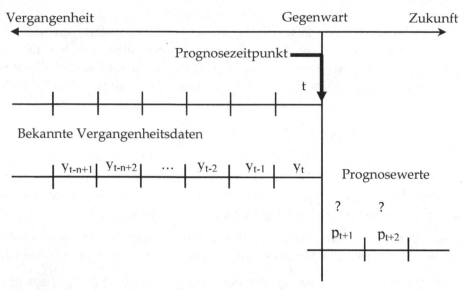

Abbildung 2-5: Datenstruktur einer Bedarfsprognose

In dem obigen Beispiel schwanken die Bedarfswerte für den monatlichen Bedarf an Tischen um die Konstante 121. Hierbei handelt es sich um die Linearkombination aufgrund der Woldschen Zerlegung. Die Bedarfswerte genügen folglich der Gleichung $y_t = 121 + \varepsilon_t$ für alle $t = 1, 2, \ldots$. Der Wert im 2. Monat ist gleich 121 + 6 (also $\varepsilon_2 = 6$) und im 7. Monat $121 + (-1)$ (also $\varepsilon_7 = -1$).

Die Woldsche Zerlegung bedeutet, wie weiter oben bereits ausgeführt, dass die Zeitfolge der Periodenbedarfe um die, durch die Woldsche Zerlegung, bestimmte Linearkombination zufällig schwankt. Dadurch genügen die Bedarfswerte generell der Gleichung $y_t = f(t) + \varepsilon_t$ für alle $t = 1, 2, \ldots$ (also $t \in \mathbb{N}$), wobei $f(t)$ eben die Linearkombination und ε_t der zufällige Summand ist. Diese ε_t werden auch als irregulären Komponenten bezeichnet, und bei der Zeitfolge $\left(\varepsilon_t \right)_{t=1}^{\infty}$ handelt es sich um einen reinen Zufallsprozess, der auch stochastisch stationär ist; diese Überlegungen wurden in [Herr09a] vertieft. Deswegen gleichen sich diese zufälligen Abweichungen ε_t im Zeitablauf aus. Mit einem Prognoseverfahren wird nun diese Funktion $y_t = f(t) + \varepsilon_t$ durch eine Schätzfunktion $\hat{f}(t)$ approximiert. f wird als Prognosemodell bezeichnet. Deswegen ist die gesuchte Schätzfunktion eine Approximation der Funktion f. Mit ihr berechnen sich die gesuchten Prognosewerte durch $p_t = \hat{f}(t)$.

Prognosen beziehen sich immer auf zukünftige Ereignisse (z.B. das Eintreffen von Kundenaufträgen oder Material von Lieferanten). Da deren Vorhersage aber i.a. nicht mit Sicherheit möglich ist, treten regelmäßig Prognosefehler auf. Der Prognosefehler e_t einer Periode t ist definiert durch die Differenz aus Beobachtungswert y_t und Prognosewert p_t ; also formal $e_t = y_t - p_t$.

Wie in der Stochastik üblich, wird die Zeitfolge der Prognosefehler über ihren Mittelwert und ihre Streuung analysiert. Werden die letzten n Perioden berücksichtigt, so lauten

- der Mittelwert der Prognosefehler für die Periode t bezogen auf die letzten n Beobachtungswerte $\mu_{e,t,n} = \dfrac{1}{n} \cdot \sum_{k=t-n+1}^{t} e_k$ und

- die Varianz der Prognosefehler für die Periode t bezogen auf die letzten n Beobachtungswerte $Var_{e,t,n} = \dfrac{1}{n-1} \cdot \sum_{k=t-n+1}^{t} \left(e_k - \mu_{e,t,n} \right)^2$; damit ist $\sigma_{e,t,n} = \sqrt{Var_{e,t,n}}$ die Standardabweichung der Prognosefehler für die Periode t bezogen auf die letzten n Beobachtungswerte.

Ist die Anzahl (n) der berücksichtigten letzten n Beobachtungswerte nicht relevant (oder aus dem Zusammenhang klar), so wird der Index bei diesen Kennzahlen weggelassen, also wird beispielsweise $\mu_{e,t}$ statt $\mu_{e,t,n}$ geschrieben.

Für die Herleitung von Prognoseverfahren wird das Optimierungsproblem Minimiere $\sum_{k=t-n+1}^{t} e_k^2$ betrachtet, für ein beliebiges, aber festes t mit $t \geq n$. Eine dazu passende ideale Kennzahl ist der mittlere quadrierte Prognosefehler (Mean Squared Error (MSE)). Dieser ist durch $MSE_{e,t,n} = \dfrac{1}{n} \cdot \sum_{k=t-n+1}^{t} e_k^2$ definiert. Primär im Rahmen der Parametereinstellung, vor allem bei kommerziell verfügbaren ERP- und PPS-Systemen wird er zum Vergleich von Prognoseverfahren herangezogen; s. hierzu auch den Abschnitt „Anwendung von einem Prognoseverfahren".

Da oftmals eine Verbesserung des Mittelwerts durch eine Änderung des eingesetzten Prognoseverfahrens eine Verschlechterung der Varianz und umgekehrt nach sich zieht, bevorzugt die industrielle Praxis eine Kennzahl, die sowohl den Mittelwert als auch die Varianz ausdrückt. Dies leistet die mittlere absolute Abweichung der Prognosefehler (Mean Absolute Deviation (MAD)), die für die Periode t bezogen auf die letzten n Beobachtungswerte durch $MAD_{e,t,n} = \dfrac{1}{n} \cdot \sum_{k=t-n+1}^{t} |e_k|$ definiert ist.

Gegenüber dem mittleren Prognosefehler bewirkt die Verwendung des MAD, dass sich positive und negative Prognosefehler nicht ausgleichen, so dass, wie bei der Varianz, Prognosen mit starken Schwankungen des Prognosefehlers und Prognosen mit niedrigen Schwankungen des Prognosefehlers auch unterschiedlich bewertet werden. Folgen die Prognosefehler einer Normalverteilung, so beschreibt die

Beziehung $\sigma_{e,t,n} = \sqrt{\dfrac{\pi}{2}} \cdot MAD_{e,t,n} \approx 1,25 \cdot MAD_{e,t,n}$ den Zusammenhang zwischen der Varianz und dem MAD.

Zur besseren Vergleichbarkeit der Prognosefehler durch verschiedene Prognoseverfahren werden diese normiert, indem statt dem Prognosefehler das Verhältnis des Prognosefehlers zur Nachfrage betrachtet wird. Dadurch ergeben sich die folgenden relativen Varianten der genannten absoluten Kennzahlen

- der relative Mittelwert der Prognosefehler für die Periode t bezogen auf die letzten n Beobachtungswerte ist $\mu_{e,t,n}^{N} = \dfrac{1}{n} \cdot \displaystyle\sum_{k=t-n+1}^{t} \dfrac{e_k}{y_k}$,

- die relative Varianz der Prognosefehler für die Periode t bezogen auf die letzten n Beobachtungswerte ist $Var_{e,t,n}^{N} = \dfrac{1}{n-1} \cdot \displaystyle\sum_{k=t-n+1}^{t} \left(\dfrac{e_k}{y_k} - \mu_{e,t,n}^{N} \right)^2$ und die relative Standardabweichung der Prognosefehler für die Periode t bezogen auf die letzten n Beobachtungswerte ist $\sigma_{e,t,n}^{N} = \sqrt{Var_{e,t,n}^{N}}$ und

- die mittlere relative Abweichung der Prognosefehler für die Periode t bezogen auf die letzten n Beobachtungswerte ist $MAD_{e,t,n}^{N} = \dfrac{1}{n} \cdot \displaystyle\sum_{k=t-n+1}^{t} \left| \dfrac{e_k}{y_k} \right|$. In der Literatur wird diese Kennzahl als mittlere prozentuale Abweichung der Prognosefehler bzw. als Mean Absolute Percentage Error (MAPE)) bezeichnet.

Durch diese Normierung kann auch die Güte zwischen zwei Prognoseverfahren verglichen werden, sofern lediglich die Prognosefehler durch die Anwendung dieser Prognoseverfahren auf zwei unterschiedliche Zeitfolgen bekannt sind, wobei diese Zeitfolgen zu einem Typ von Bedarfsverläufen nach Abbildung 2-4 gehören sollen.

Die Qualität der Anpassung der Schätzfunktion an die Bedarfsfolge wird durch einen Vergleich von ex-post-Prognosewerten mit den entsprechenden Beobachtungswerten überprüft; s. Abbildung 2-6. Durch eine Extrapolation der für die Vergangenheit als zutreffend angenommenen Schätzfunktion werden die voraussichtlichen Bedarfsmengen zukünftiger Perioden p_{t+j}, für ein beliebiges $j \in \mathbb{N}$, errechnet; also die ex-ante-Prognosewerte, s. Abbildung 2-6.

Der Prognosefehler kann (wegen der Approximation von f durch $\hat{f}$) als eine Beobachtung der irregulären Komponente der Zeitfolge $\left(\varepsilon_t \right)_{t=1}^{\infty}$ aufgefasst werden. Deswegen sollten bei einem guten Prognoseverfahren die Zeitfolge der Prognosefehler $\left(e_t \right)_{t=1}^{\infty}$ und die Zeitfolge $\left(\varepsilon_t \right)_{t=1}^{\infty}$ das Gleiche stochastische Verhalten besitzen. Insbesondere ist dadurch $\left(e_t \right)_{t=1}^{\infty}$ (wie auch $\left(\varepsilon_t \right)_{t=1}^{\infty}$) ein reiner Zufallsprozess, wodurch der Erwartungswert des Prognosefehlers Null ist; die Prognose ist dann erwartungstreu. Dies bedeutet, dass sich die positiven und negativen Prognosefehler im Zeitablauf (über einen längeren Zeitraum betrachtet) ausgleichen, ihr Mittelwert also im Zeitablauf (nahezu) Null ist.

Die Streuung der Prognosefehler erlaubt eine Aussage über den Sicherheitsgrad, mit dem prognostizierte Bedarfsmengen in der Zukunft auch tatsächlich realisiert werden. Wäre er, im Extremfall, gleich Null, so würde der zukünftige Bedarfswert exakt prognostiziert werden. Ist er klein, so liegen die prognostizierten Werte „in der Nähe" der zukünftigen Bedarfswerte. Folgt der Prognosefehler einer Normalverteilung mit einem Erwartungswert von Null und einer Streuung σ_e , so lässt sich aus dem Verlauf der Normalverteilung die Aussage ableiten, dass ca. 95% aller Prognosefehler einen Betrag besitzen, der nicht größer als $2 \cdot \sigma_e$ ist. Damit liegt der tatsächliche Beobachtungswert in der Periode t mit einer Wahrscheinlichkeit von 95% im Intervall $\left[p_t - 2 \cdot \sigma_e, p_t + 2 \cdot \sigma_e \right]$. Einige der hier betrachteten Prognoseverfahren haben normalverteilte Prognosefehler; dies ist in [Herr09a] nachgewiesen worden.

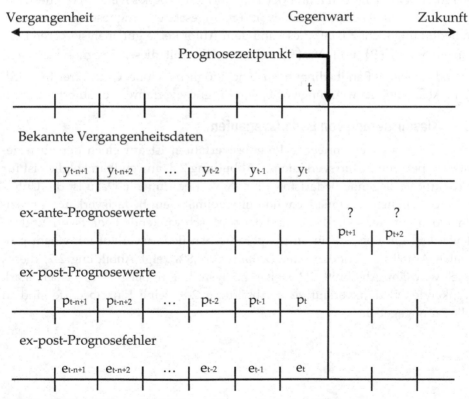

Abbildung 2-6:   Vollständige Datenstruktur einer Bedarfsprognose

Da die Prognosefehler und die Zeitfolge $(\varepsilon_t)_{t=1}^{\infty}$ das Gleiche stochastische Verhalten besitzen, ist die Streuung der Prognosefehler gleich der Streuung der irregulären Komponente. Da die Streuung der irregulären Komponente wegen der Stationarität des stochastischen Prozesses konstant ist, gilt dies auch für die Streuung der Prognosefehler. Damit lässt sich die zu erwartende Streuung der Prognosefehler durch die Analyse der ex-post-Prognosefehler abschätzen und die Streuung der irregulären Komponente ist die optimale Streuung der Prognosefehler. So gibt für ein Prognoseverfahren eine Konkretisierung der Abweichung zwischen diesen beiden Streuungen an, wie gut die optimale Streuung erreicht wird.

Folglich wird bei der Analyse der Güte eines Prognoseverfahrens die Erwartungstreue überprüft und die Höhe der zu erwartenden Streuung der Prognosefehler wird berechnet. Eine Herleitung von gut analysierbaren Funktionen für den Erwartungswert und die Varianz der Prognosefehler für ein Prognoseverfahren (P), $E(P)$ und $Var(P)$, wurde in [Herr09a] für solche Verfahren vorgenommen, die ein bekanntes Optimierungsproblem lösen. Die daraus dort abgeleiteten Folgerungen werden bei der Beschreibung der zugehörigen Prognoseverfahren zitiert. Bei einigen in der industriellen Praxis bevorzugt eingesetzten Prognoseverfahren trifft diese Bedingung nicht zu. Für diese sind dem Autor keine gut analysierbaren Darstellungen von $E(P)$ und $Var(P)$ bekannt. Wie mit diesen Prognoseverfahren unter industriellen Randbedingungen eine möglichst hohe Güte erreicht wird, wird im Abschnitt „Anwendung von einem Prognoseverfahren" erläutert.

2.1.3   Klassifizierung von Bedarfsverläufen

Jedes im Folgenden beschriebene Prognoseverfahren ist auf einen der oben genannten Typen von Bedarfsverläufen, s. Abbildung 2-4, anwendbar. Folglich ist für eine konkret vorliegende Bedarfsfolge ihr Typ zu bestimmen. Dazu ist die Unterscheidung zwischen regelmäßigem und unregelmäßigem Bedarfsverlauf zu präzisieren, wozu nun der sporadische und der stark schwankende Bedarfsverlauf definiert werden. Ein Beispiel für einen sporadischen Bedarfsverlauf mit einem prozentualen Anteil an Perioden ohne Bedarf von 68% zeigt Abbildung 2-7; dieses Beispiel wird im Abschnitt 2.3 weiter analysiert. Ein Beispiel für einen stark schwankenden Bedarfsverlauf zeigt Abbildung 2-8; seine Einzelbedarfe sind in Tabelle 2-2 angegeben.

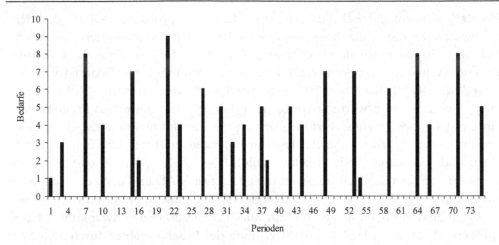

Abbildung 2-7: Beispiel für eine Zeitreihe mit einem sporadischen Bedarfsverlauf

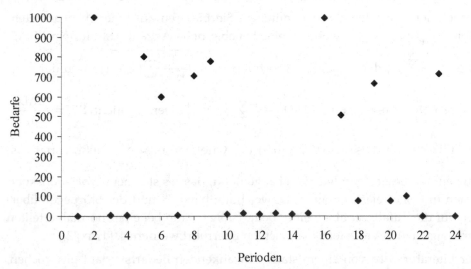

Abbildung 2-8: Beispiel für eine Zeitreihe mit einem stark schwankenden Bedarfsverlauf

Periode	1	2	3	4	5	6	7	8	9	10	11	12
Bedarf	1	999	7	3	800	601	5	703	779	10	15	12
Periode	13	14	15	16	17	18	19	20	21	22	23	24
Bedarf	16	11	13	997	505	79	667	79	103	1	713	1

Tabelle 2-2: Beispiel für eine Zeitreihe mit einem stark schwankenden Bedarfsverlauf

Da sporadisch bedeutet, dass tendenziell wenige Perioden einen echt positiven Bedarf haben, also $y_t > 0$ ist, und viele Perioden keinen Bedarf haben, also $y_t = 0$ gilt, ist als Kriterium der Anteil an Perioden ohne Bedarf maßgeblich. In der Literatur besteht Konsens darüber, einen Bedarfsverlauf als sporadisch anzusehen, wenn der Anteil an Perioden ohne Bedarf einen kritischen Grenzwert von 0,3 bis 0,4 überschreitet.

Ein stark schwankender Bedarfsverlauf ist deswegen problematisch, da dadurch zu erwarten ist, dass viele Prognosewerte stark von den Bedarfswerten abweichen. Zur Verdeutlichung sei eine Bedarfsfolge betrachtet, die nur die Bedarfe 40 und 160 enthält, und in jeder Periode tritt einer der beiden möglichen Bedarfswerte mit einer Wahrscheinlichkeit von 50% auf. Damit liegt ein stationärer stochastischer Prozess vor, dessen Erwartungswert gerade 100 ist. Beim optimalen Prognoseverfahren ist 100 der Prognosewert in jeder Periode; die Optimalität dieses Prognoseverfahrens ergibt sich aus der Analyse der Prognoseverfahren für einen (regelmäßigen und) konstanten Bedarfsverlauf. Folglich weicht in jeder Periode der Prognosewert von dem Beobachtungswert um 60 ab. Der MAD und auch die Standardabweichung der Prognosefehler konvergieren, mit zunehmender Anzahl an berücksichtigten Perioden, gegen 60. Ein Maß für diese hohe Schwankung ist der Quotient MAD bzw. die Standardabweichung der Prognosefehler durch den mittleren Bedarf, der jeweils 0,6 beträgt.

Dies motiviert die folgenden Definitionen. Sie basieren auf einer (beobachteten) Zeitfolge y_1, y_2, ..., y_N, wobei N eine beliebig hohe Anzahl ist, mit dem Mittelwert $\mu_N = \dfrac{1}{N}\sum_{i=1}^{N} y_i$, der Standardabweichung $\sigma_N = \sqrt{\dfrac{1}{N-1}\sum_{i=1}^{N}(y_i - \mu)^2}$ und der mittleren absoluten Abweichung $MAD_N = \dfrac{1}{N}\sum_{i=1}^{N}|y_i - \mu_N|$. Der Quotient $SP_N = \dfrac{MAD_N}{\mu_N}$ heißt Störpegel zu dieser Zeitfolge und der Quotient $\upsilon_N = \dfrac{\sigma_N}{\mu_N}$ heißt Variationskoeffizient zu dieser Zeitfolge. Es sei angemerkt, dass es sich beim Variationskoeffizienten um eine relative Standardabweichung handelt, und der Störpegel, übertragen auf die Zufallsvariablen einer Bedarfsfolge, kann bei einer normalverteilten Bedarfsfolge in den Variationskoeffizienten überführt werden (s. [Trux72]).

In der Literatur wird von einem stark schwankenden Bedarfsverlauf gesprochen, sofern sein Störpegel einen Wert von ca. 0,5 überschreitet. Statt dem Störpegel darf auch der Variationskoeffizient mit dem Grenzwert 0,5 verglichen werden. In dem obigen Beispiel, nach Tabelle 2-2, lautet der Störpegel sogar 1,15 und der Variationskoeffizient ist mit 1,26 noch etwas höher.

Allerdings ist dieses Kriterium nur bei einem Bedarfsverlauf ohne Trend anwendbar. Liegt ein linearer Trend vor, so würde bei vielen Beobachtungswerten (also einem hohen N) fälschlicherweise ein stark schwankender Bedarfsverlauf erkannt. Als Beispiel diene die Bedarfsfolge $(10 \cdot t)_{t=1}^{48}$ ohne Schwankungen (weil $\varepsilon_t = 0$ für alle $1 \le t \le 48$ ist), da ihr Mittelwert (μ_{48}) 245, ihr MAD (MAD_{48}) $126\frac{3}{8}$ und damit ihr Störpegel 0,516 ist.

Um das obige Vorgehen anwenden zu können, wird aus der ursprünglichen Zeitfolge eine Zeitfolge aus den Differenzen ihrer zeitlich benachbarten Beobachtungswerte gebildet, wodurch die neue Zeitfolge formal aus den Gliedern $\Delta y_i = y_i - y_{i-1}$ für alle $i \in \mathbb{N}$ mit $i \geq 2$ besteht, und sie wird als Differenz 1. Ordnung bezeichnet. Ist der Trend linear, das Prognosemodell ist also eine Gerade, so ist die Differenz 1. Ordnung eine Konstante. Hat die neue (beobachtete) Zeitfolge $\left(\Delta y_i \right)_{i=2}^{N+1}$ einen über 0,5 liegenden Störpegel (oder Variationskoeffizienten), so schwankt die ursprüngliche Zeitfolge stark um eine Gerade.

Dieser Ansatz kann erweitert werden, indem als Prognosemodell eine linearisierbare Funktion verwendet wird; dabei handelt es sich um eine Funktion, die durch eine Transformation in eine lineare Funktion überführt werden kann – ein Beispiel ist die Funktion $a \cdot e^{b \cdot x}$ und die Transformation ist $\ln(z)$, wodurch die lineare Funktion $\ln(a) + b \cdot x$ entsteht; weitere Beispiele werden im Abschnitt zum trendförmigen Bedarfsverlauf genannt.

Eine weitere Erweiterung besteht in der Anwendung der Bildung der Differenz 1. Ordnung auf die durch die Differenz 1. Ordnung gebildete Zeitfolge. Dadurch entsteht die Differenz 2. Ordnung, deren Glieder die Form $\Delta^2 y_i = \Delta y_i - \Delta y_{i-1}$, für alle $i \in \mathbb{N}$ mit $i \geq 3$, haben. Eine weitere Differenzbildung führt zur Differenz 3. Ordnung, deren Glieder folglich die Form $\Delta^3 y_i = \Delta^2 y_i - \Delta^2 y_{i-1}$, für alle $i \in \mathbb{N}$ mit $i \geq 4$, besitzen. Eine Fortsetzung dieser Differenzbildung führt zur Differenz n. Ordnung mit einem beliebigen $n \in \mathbb{N}$. Im Folgenden wird beim Vorliegen eines Trends stets eine lineare Funktion als Prognosemodell zugrunde gelegt.

Nach der Literatur basiert die Lösung der oben aufgeworfenen Aufgabe zur Bestimmung des Typs einer konkret vorliegenden Bedarfsfolge (aus den oben genannten Typen von Bedarfsverläufen, s. Abbildung 2-4) auf der Analyse der Autokorrelation zwischen Bedarfen in aufeinanderfolgenden Perioden mit einem Abstand von τ Perioden (s. z.B. [KiWo06] oder [NeGC79]). Die Autokorrelation zwischen zwei solchen Bedarfen (im Sinne von Variablen) beschreibt, wie sich der eine Bedarf verändert, wenn der andere Bedarf geändert wird. Als Maß für die Autokorrelation wird ein so genannter Autokorrelationskoeffizient für eine Zeitverschiebung von τ Perioden berechnet und durch ρ_τ bezeichnet. Sein graphischer Verlauf heißt Autokorrelogramm. Mit den folgenden Hinweisen sowie viel Erfahrung und Wissen lässt sich der Typ einer konkret vorliegenden Bedarfsfolge oftmals hinreichend genau ermitteln.

Zunächst wird zwischen stationären und nicht stationären Bedarfsverläufen unterschieden. Treten zu einer Bedarfsfolge nachhaltig hohe Autokorrelationskoeffizienten auf, so handelt es sich wahrscheinlich um eine nichtstationäre Bedarfsfolge. Eine Stationarität kann nicht vorliegen, wenn die Bedarfsfolge relativ kurz ist. Handelt es sich um eine lange Bedarfsfolge, so lässt sich eine Stationarität durch seine oben genannten Kriterien auch computerunterstützt nachweisen.

Bei einer stationären Bedarfsfolge lässt sich das Vorliegen von einem sporadischen Bedarfsverlauf durch die oben vorgestellte Regel, sogar computerunterstützt, feststellen. Treten die höchsten Autokorrelationskoeffizienten in festen Abständen von τ Perioden auf, so legt dies einen saisonalen Verlauf mit einem Saisonzyklus von τ Perioden nahe. Stetig abnehmende Autokorrelationskoeffizienten deuten einen linearen Trend an, während unregelmäßige Schwankungen der Autokorrelationskoeffizienten auf einen konstanten Bedarfsverlauf, mit starken zufälligen Schwankungen, hindeuten. Wurde durch die Analyse der Autokorrelation ein linearer Trend oder ein konstanter Bedarfsverlauf vermutet, so lässt sich das Auftreten von starken Bedarfsschwankungen durch die oben vorgestellte Regel, sogar computerunterstützt, nachweisen.

In der Literatur wurde dieser Ansatz noch so verfeinert, dass das Prognosemodell sehr genau erkannt wird. Dadurch erfolgt eine Charakterisierung einer Bedarfsfolge durch viel genauere Modelle als durch die Typen von Bedarfsverläufen nach Abbildung 2-4. Als Werkzeuge werden im Rahmen der so genannten explorativen Datenanalyse (s. z.B. [BaGr69]) neben der angesprochenen Analyse der Autokorrelation die so genannten Season-Subseries-Plots genannt. Ferner existieren statistisch fundierte Modellspezifikationsmethoden wie Informationskriterien (s. z.B. [CaAr82]) und Unit-Root-Tests (s. z.B. [Andr94]). Besonders erwähnenswert ist die Box-Jenkins-Methode, die auf die grundlegende Arbeit von Box und Jenkins von 1970 zurückgeht, siehe [BoJe70], und mit der optimale Prognosemodelle entwickelt werden. Die Box-Jenkins-Methode liefert nicht nur ein Prognosemodell, sondern ist auch ein Prognoseverfahren. Es handelt sich um die allgemeinste Prognosemethode, die allerdings auch sehr viel Rechenzeit benötigt; kommerziell wird diese von der Firma SAS im Rahmen ihres „SAS Forecast Servers" angeboten. Auch in manchen ERP- und PPS-Systemen, wie dem SAP®-System, wird eine automatische Unterstützung bei der Auswahl eines Prognoseverfahrens angeboten. Die Identifikation eines Zeitfolgentyps basiert auf der oben angesprochenen Analyse der Autokorrelation. Zusätzlich werden Parameter der Prognoseverfahren eingestellt, indem die Güte von ex-post-Prognosen mit unterschiedlichen Parametereinstellungen verglichen werden; der dabei eingesetzte Algorithmus befindet sich im Abschnitt „Anwendung von einem Prognoseverfahren".

2.2   Regelmäßiger Bedarfsverlauf

Die im Abschnitt über grundlegende Überlegungen genannten Typen von regelmäßigen Bedarfsverläufen lassen sich durch spezifische (und damit unterschiedliche) Verfahren prognostizieren, die in den entsprechend bezeichneten Abschnitten erläutert werden.

2.2.1 Konstanter Bedarfsverlauf

In diesem Fall schwankt die Nachfrage um ein konstantes Niveau. Deswegen folgt eine beliebige Bedarfsfolge der Gleichung $y_t = \beta_0 + \varepsilon_t$ für alle $t \in \mathbb{N}$. Als Beispiel diene die in Tabelle 2-3 angegebene monatliche Kundennachfrage nach Tischen über die letzten vier Jahre; ihr graphischer Verlauf über die ersten beiden Jahre (von diesen vier Jahren) ist in Abbildung 2-1 visualisiert.

2.2.1.1 Gleitender Durchschnitt

Für die Prognose einer beliebigen Bedarfsfolge ist, wie oben bereits begründet, lediglich der konstante Parameter β_0 zu approximieren. Somit lautet formal die Schätzfunktion b_0, wodurch sich die Prognosewerte durch $p_{t+1} = b_0 + 0$ für alle $t = 0, 1, 2, \ldots$ (also $t \in \mathbb{N}_0$) berechnen lassen. Die Größe p_{t+1} ist – wie bereits eingeführt – der Prognosewert für die Bedarfsmenge der Periode $(t+1)$. Damit lauten die Prognosen für eine beliebige Periode $(t+j)$ – für ein beliebiges $j \in \mathbb{N}_0$: $p_{t+j} = b_0$.

Die Bestimmung der Schätzfunktion b_0 erfolgt üblicherweise durch Rückgriff auf endlich viele empirische Daten, d.h. auf die bereits bekannte Zeitfolge der Bedarfsmengen. Unterschiedliche Verfahren ergeben sich durch unterschiedliche Versuche die Prognosefehler (e_t) zu minimieren. Eine Möglichkeit ist die Minimierung der Prognosefehlerquadratsumme. Bezogen auf die letzten n Beobachtungsbedarfe lautet dann das Optimierungsproblem für die aktuelle Periode t:

Minimiere $\displaystyle\sum_{k=t-n+1}^{t} e_k^2 = \sum_{k=t-n+1}^{t} (y_k - p_k)^2$, für ein beliebiges, aber festes t, mit $t \geq n$. Die

Lösung dieses Optimierungsproblems ist $p_{t+1} = \dfrac{1}{n} \cdot \displaystyle\sum_{k=t-n+1}^{t} y_k$ (s. z.B. [Herr09a]) und

heißt n-periodischer ungewogener gleitender Durchschnitt bezogen auf einen beliebigen Zeitpunkt t, mit $t \geq n$. Die Formel bedeutet, dass für die Perioden 1 bis n kein Prognosewert berechnet werden kann. Dieses Verfahren ist Bestandteil vieler Module zur Bedarfsplanung in ERP- und PPS-Systemen.

Der 3-periodische ungewogene gleitende Durchschnitt wird nun auf die in Tabelle 2-3 angegebene Kundennachfrage angewendet. Wegen $n = 3$ und $t \geq n$ ist Periode 4 (mit $t = 3$) die erste Periode, für die ein Prognosewert berechnet werden kann.

Dies erfolgt durch $p_{3+1} = \dfrac{1}{3} \cdot \displaystyle\sum_{k=3-3+1}^{3} y_k = \dfrac{1}{3} \cdot (121 + 127 + 109) = \dfrac{357}{3} = 119$. Für die fünfte

Periode ergibt sich $p_{4+1} = \dfrac{1}{3} \cdot \displaystyle\sum_{k=4-3+1}^{3} y_k = \dfrac{1}{3} \cdot (127 + 109 + 120) = \dfrac{356}{3} = 118\dfrac{2}{3}$. Alle ex-

post-Prognosewerte nach dem 3-periodischen ungewogenen Durchschnitt sind in Tabelle 2-3 angegeben; Tabelle 2-3 enthält zum Vergleich auch die Bedarfswerte. Die Werte wurden auf die 2. Nachkommastelle gerundet. Die Bedarfsfolge und die

Prognosefolge sind graphisch in Abbildung 2-9 dargestellt; um deren zeitliche Entwicklung klarer aufzuzeigen und deren Abweichungen deutlicher zu kennzeichnen sind die Einzelwerte durch Geraden miteinander verbunden. Zusätzlich enthalten Tabelle 2-3 und Abbildung 2-9 noch die Prognosewerte nach dem 12- und dem 30-periodischen ungewogenen gleitenden Durchschnitt. In Tabelle 2-3 ist noch der jeweils auftretende Prognosefehler aufgeführt.

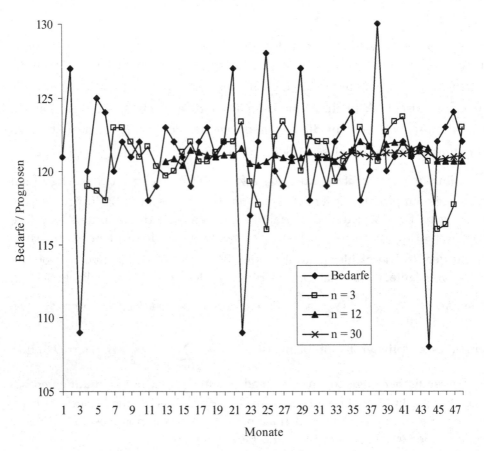

Abbildung 2-9:   Bedarfswerte und n-periodischer ungewogener gleitender Durchschnitt für Tische über die letzten 48 Monate mit n = 3, 12 und 30

Monat	1	2	3	4	5	6	7	8	9	10
Bedarf	121	127	109	120	125	124	120	122	121	122
n = 3				119	118,67	118	123	123	122	121
Fehler				1	6,33	6	-3	-1	-1	1
Monat	11	12	13	14	15	16	17	18	19	20
Bedarf	118	119	123	122	121	119	122	123	121	122
n = 3	121,67	120,33	119,67	120	121,33	122	120,67	120,67	121,33	122
Fehler	-3,67	-1,33	3,33	2	-0,33	-3	1,33	2,33	-0,33	0
n = 12			120,67	120,83	120,42	121,42	121,33	121,08	121	121,08
Fehler			2,33	1,17	0,58	-2,42	0,67	1,92	0	0,92
Monat	21	22	23	24	25	26	27	28	29	30
Bedarf	127	109	117	122	128	120	119	121	127	118
n = 3	122	123,33	119,33	117,67	116	122,33	123,33	122,33	120	122,33
Fehler	5	-14,33	-2,33	4,33	12	-2,33	-4,33	-1,33	7	-4,33
n = 12	121,08	121,58	120,5	120,42	120,67	121,08	120,92	120,75	120,92	121,33
Fehler	5,92	-12,58	-3,5	1,58	7,33	-1,08	-1,92	0,25	6,08	-3,33
Monat	31	32	33	34	35	36	37	38	39	40
Bedarf	121	119	122	123	124	118	120	130	120	121
n = 3	122	122	119,33	120,67	121,33	123	121,67	120,67	122,67	123,33
Fehler	-1	-3	2,67	2,33	2,67	-5	-1,67	9,33	-2,67	-2,33
n = 12	120,92	120,92	120,67	120,25	121,42	122	121,67	121	121,83	121,92
Fehler	0,08	-1,92	1,33	2,75	2,58	-4	-1,67	9	-1,83	-0,92
n = 30	120,97	120,97	120,7	121,13	121,23	121,2	121	121	121,27	121,23
Fehler	0,03	-1,97	1,3	1,87	2,77	-3,2	-1	9	-1,27	-0,23
Monat	41	42	43	44	45	46	47	48		
Bedarf	122	121	119	108	122	123	124	122		
n = 3	123,67	121	121,33	120,67	116	116,33	117,67	123		
Fehler	-1,67	0	-2,33	-12,67	6	6,67	6,33	-1		
n = 12	121,92	121,5	121,75	121,58	120,67	120,67	120,67	120,67		
Fehler	0,08	-0,5	-2,75	-13,58	1,33	2,33	3,33	1,33		
n = 30	121,2	121,33	121,4	121,27	120,8	120,83	120,97	121,03		
Fehler	0,8	-0,33	-2,4	-13,27	1,2	2,17	3,03	0,97		

Tabelle 2-3: Bedarfswerte, n-periodischer ungewogener gleitender Durchschnitt für Tische über die letzten 48 Monate mit n = 3, 12 und 30 sowie den auftretenden Prognosefehlern

Das Beispiel zeigt, dass bei einer kleinen Anzahl berücksichtigter Beobachtungswerte die prognostizierte Zeitfolge eher auf Schwankungen des Bedarfs reagiert als bei einer hohen Anzahl berücksichtigter Beobachtungswerte. Keineswegs darf ein beliebig kurzer Zeitabschnitt angesetzt werden, da sonst die zufälligen Schwankungen der Zeitfolge nur ungenügend ausgeglichen werden (Extremfall: $n = 1$). Aufgrund dieser Überlegungen werden in der industriellen Praxis sehr häufig Werte für n verwendet, die zwischen 3 und 12 liegen.

Aus der Optimalität des Verfahrens folgt seine Erwartungstreue (zum Nachweis s. [Herr09a]). Mit zunehmendem n konvergieren die Prognosewerte gegen eine Konstante; dies ist in [Herr09a] im Detail nachgewiesen worden. Dadurch (s. [Herr09a]) konvergiert die zu erwartende Streuung der Prognosefehler gegen seinen kleinsten möglichen Wert. Bei einem stationären Zeitfolgenverlauf liefert ein sehr hohes n im Mittel die besten Werte. Es sei betont, dass keine Schwankung in den Prognosewerten bei einer Lieferkette das Auftreten des so genannten Peitscheneffekts verhindert; beim Peitscheneffekt schaukeln sich die Bestände entlang einer Lieferkette aufgrund von Schwankungen in den Kundenbedarfen auf, so dass die Bestände sehr viel höher als notwendig sind.

Die Bezeichnung „gleitend" bezieht sich darauf, dass stets der Durchschnitt der letzten n Beobachtungswerte zu bilden ist. Werden die Prognosewerte p_{t+1} in der Reihenfolge t = n, (n+1), (n+2), ..., berechnet, so wird bei der Berechnung der Durchschnittsbildung beim Übergang von $p_{t'}$ zu $p_{t'+1}$ der erste Summand zu $p_{t'}$, nämlich $\frac{y_{t'-n}}{n}$, eliminiert und der letzte Summand zu $p_{t'+1}$, nämlich $\frac{y_{t'}}{n}$, eingefügt. Ein Verzicht auf diese gleitende Durchschnittsbildung impliziert die einmalige Berechnung eines Durchschnitts, beispielsweise aus den ersten n Beobachtungswerten. Ein solches Vorgehen wird in einigen kommerziell verfügbaren ERP- und PPS-Systemen angeboten; beispielsweise im SAP®-System unter der Bezeichnung „Konstantmodell".

2.2.1.2 Exponentielle Glättung 1. Ordnung

Die Bildung der gleitenden Durchschnitte beim n-periodischen ungewogenen gleitenden Durchschnitt erfordert die Speicherung der letzten n Beobachtungswerte. Hierin sieht die industrielle Praxis einen wesentlichen Nachteil dieses Verfahrens. Ungünstig erscheint darüber hinaus die gleichmäßige Gewichtung aller Beobachtungswerte, nämlich durch $\frac{1}{n}$.

Eine andere, den aktuellen Verlauf der beobachteten Zeitfolge stärker berücksichtigende Vorgehensweise besteht darin, die Abweichungen der jüngeren Prognosefehler gegenüber den weiter zurückliegenden stärker zu gewichten. Dies führt zu der Minimierung der gewichteten Prognosefehlerquadratsumme. Bezogen auf die letzten n Beobachtungsbedarfe lautet das Optimierungsproblem für die aktuelle

Periode t: Minimiere $\sum_{k=t-n+1}^{t} w_k \cdot e_k^2 = \sum_{k=t-n+1}^{t} w_k \cdot (y_k - p_k)^2$, für ein beliebiges, aber

festes t, mit $t \geq n$. w_k ist also das Gewicht der quadrierten Abweichung des Bedarfswerts von dem Prognosewert in der Periode k. Die stärkere Berücksichtigung jüngerer Abweichungen (gegenüber älteren) führt zu der Forderung, dass für alle $t \in \mathbb{N}$, $t \geq n$ gilt: $w_{t-n+1} < w_{t-n+2} < ... < w_{t-1} < w_t$. Werden für die Gewichte die Terme $w_k = \alpha \cdot (1-\alpha)^{t-k}$ für $t-n+1 \leq k \leq t$ und $0 < \alpha < 1$ verwendet, so wird von der exponentieller Glättung 1. Ordnung gesprochen und α heißt Glättungsparameter. Das dazugehörende Optimierungsproblem hat nun die Form: Minimiere

$\sum_{k=t-n+1}^{t} \alpha \cdot (1-\alpha)^{t-k} \cdot (y_k - p_k)^2$, für ein beliebiges, aber festes t, mit $t \geq n$. Seine Lö-

sung ist $p_{t+1} = \alpha \cdot y_t + (1-\alpha) \cdot p_t$ für alle $t \in \mathbb{N}_0$ mit Startwert p_1 (s. z.B. [Herr09a]) und heißt exponentielle Glättung 1. Ordnung. Die Beziehung beschreibt ein gewogenes arithmetisches Mittel aus dem tatsächlichen Bedarf der Periode t – gewogen um den Faktor α – und dem für die Periode t prognostizierten Bedarf – gewogen um den Faktor $(1-\alpha)$ –, der am Ende der Periode t errechnet wird. Dieses Verfahren ist Bestandteil vieler Module zur Bedarfsplanung in ERP- und PPS-Systemen. Es sei angemerkt, dass bei der exponentiellen Glättung 1. Ordnung die Beobachtungswerte durch $\alpha \cdot (1-\alpha)^{t-k}$ gewichtet werden (s. [Herr09a]).

Ein Startwert p_1 ist vorzugeben, da noch keine empirischen Beobachtungen zu seiner Berechnung vorliegen. Da die Prognosewerte gleichmäßig um eine Konstante schwanken sollen, ist der Mittelwert der Beobachtungswerte eine gute erste Approximation dieser Konstante und damit ein sehr guter Startwert. Sofern die ersten Beobachtungswerte ähnlich wie die weiteren schwanken, vor allem keine Ausreißer haben, ist es für die Mittelwertbildung ausreichend, die ersten Beobachtungswerte zu verwenden; es sei erwähnt, dass unter einem Ausreißer ein Bedarf verstanden wird, dessen Abweichung von der Ausgleichsgerade sehr viel höher als die Abweichung aller anderen Bedarfe von dieser Ausgleichsgerade ist. In der Regel ist es sogar ausreichend, sich auf die ersten beiden Beobachtungswerte zu beschränken, da mit Experimenten nachgewiesen werden kann, dass etwas ungünstige Startwerte von dem Prognoseverfahren korrigiert werden (es werden nach wenigen Prognoseberechnungen die gleichen Prognosewerte wie bei einem sehr guten Startwert geliefert); allerdings dauert die Korrektur umso länger, je kleiner der Glättungsparameter α ist.

Die exponentielle Glättung 1. Ordnung wird nun auf die in Tabelle 2-4 angegebene Kundennachfrage angewendet; es handelt sich um das gleiche Beispiel wie für den n-periodischen ungewogenen Durchschnitt. Wird mit dem Mittelwert aller Beobachtungswerte als Startwert gerechnet, so ist $p_1 = 121$. Dieser liegt nahe bei dem Mittelwert der ersten Perioden. Er lautet bei einer Periode 121, bei den ersten beiden 124, den ersten dreien 119, den ersten vieren 119,25 und ersten fünfen 120,4. Es wird nun exemplarisch mit $p_1 = 120,4$ gerechnet. Mit dem Glättungsparameter $\alpha = 0,3$ ergibt sich für die Perioden 2 und 3 ($t = 1$ und $t = 2$):

- $p_2 = 0,3 \cdot y_1 + (1-0,3) \cdot p_1 \iff p_2 = 0,3 \cdot 121 + (1-0,3) \cdot 120,4 = 120,58$ und

- $p_3 = 0,3 \cdot y_2 + (1-0,3) \cdot p_2 \iff p_3 = 0,3 \cdot 127 + (1-0,3) \cdot 120,58 = 122,51$.

Alle ex-post-Prognosewerte nach der exponentiellen Glättung 1. Ordnung mit dem Glättungsparameter $\alpha = 0,3$ sind in Tabelle 2-4 angegeben; Tabelle 2-4 enthält zum Vergleich auch die Bedarfswerte. Die Werte wurden auf die 2. Nachkommastelle gerundet. Die Bedarfsfolge und die Prognosefolge sind graphisch in Abbildung 2-10 dargestellt; um deren zeitliche Entwicklung klarer aufzuzeigen und deren Abweichungen deutlicher zu kennzeichnen, sind die Einzelwerte durch Geraden miteinander verbunden. Zusätzlich enthalten Tabelle 2-4 und Abbildung 2-10 noch die Prognosewerte mit den Glättungsparametern mit $\alpha = 0,005$, 0,1 und 0,7. In Tabelle 2-4 ist noch der jeweils auftretende Prognosefehler aufgeführt.

Monat	1	2	3	4	5	6	7	8	9	10
Bedarf	121	127	109	120	125	124	120	122	121	122
$\alpha = 0,005$	120,4	120,4	120,44	120,38	120,38	120,4	120,42	120,42	120,42	120,43
Fehler	0,6	6,6	-11,44	-0,38	4,62	3,6	-0,42	1,58	0,58	1,57
$\alpha = 0,1$	120,4	120,46	121,11	119,9	119,91	120,42	120,78	120,7	120,83	120,85
Fehler	0,6	6,54	-12,11	0,1	5,09	3,58	-0,78	1,3	0,17	1,15
$\alpha = 0,3$	120,4	120,58	122,51	118,45	118,92	120,74	121,72	121,2	121,44	121,31
Fehler	0,6	6,42	-13,51	1,55	6,08	3,26	-1,72	0,8	-0,44	0,69
$\alpha = 0,7$	120,4	120,82	125,15	113,85	118,16	122,95	123,69	121,11	121,73	121,22
Fehler	0,6	6,18	-16,15	6,15	6,84	1,05	-3,69	0,89	-0,73	0,78
Monat	11	12	13	14	15	16	17	18	19	20
Bedarf	118	119	123	122	121	119	122	123	121	122
$\alpha = 0,005$	120,43	120,42	120,42	120,43	120,44	120,44	120,43	120,44	120,45	120,46
Fehler	-2,43	-1,42	2,58	1,57	0,56	-1,44	1,57	2,56	0,55	1,54
$\alpha = 0,1$	120,96	120,67	120,5	120,75	120,88	120,89	120,7	120,83	121,05	121,04
Fehler	-2,96	-1,67	2,5	1,25	0,12	-1,89	1,3	2,17	-0,05	0,96
$\alpha = 0,3$	121,52	120,46	120,02	120,92	121,24	121,17	120,52	120,96	121,57	121,4
Fehler	-3,52	-1,46	2,98	1,08	-0,24	-2,17	1,48	2,04	-0,57	0,6
$\alpha = 0,7$	121,77	119,13	119,04	121,81	121,94	121,28	119,68	121,3	122,49	121,45
Fehler	-3,77	-0,13	3,96	0,19	-0,94	-2,28	2,32	1,7	-1,49	0,55

Tabelle 2-4 (1. Seite)

Monat	21	22	23	24	25	26	27	28	29	30
Bedarf	127	109	117	122	128	120	119	121	127	118
α = 0,005	120,46	120,5	120,44	120,42	120,43	120,47	120,46	120,46	120,46	120,49
Fehler	6,54	-11,5	-3,44	1,58	7,57	-0,47	-1,46	0,54	6,54	-2,49
α = 0,1	121,14	121,72	120,45	120,11	120,3	121,07	120,96	120,76	120,79	121,41
Fehler	5,86	-12,72	-3,45	1,89	7,7	-1,07	-1,96	0,24	6,21	-3,41
α = 0,3	121,58	123,21	118,94	118,36	119,45	122,02	121,41	120,69	120,78	122,65
Fehler	5,42	-14,21	-1,94	3,64	8,55	-2,02	-2,41	0,31	6,22	-4,65
α = 0,7	121,84	125,45	113,94	116,08	120,22	125,67	121,7	119,81	120,64	125,09
Fehler	5,16	-16,45	3,06	5,92	7,78	-5,67	-2,7	1,19	6,36	-7,09

Monat	31	32	33	34	35	36	37	38	39	40
Bedarf	121	119	122	123	124	118	120	130	120	121
α = 0,005	120,48	120,48	120,48	120,48	120,5	120,51	120,5	120,5	120,55	120,54
Fehler	0,52	-1,48	1,52	2,52	3,5	-2,51	-0,5	9,5	-0,55	0,46
α = 0,1	121,07	121,06	120,85	120,97	121,17	121,46	121,11	121	121,9	121,71
Fehler	-0,07	-2,06	1,15	2,03	2,83	-3,46	-1,11	9	-1,9	-0,71
α = 0,3	121,25	121,18	120,52	120,97	121,58	122,3	121,01	120,71	123,5	122,45
Fehler	-0,25	-2,18	1,48	2,03	2,42	-4,3	-1,01	9,29	-3,5	-1,45
α = 0,7	120,13	120,74	119,52	121,26	122,48	123,54	119,66	119,9	126,97	122,09
Fehler	0,87	-1,74	2,48	1,74	1,52	-5,54	0,34	10,1	-6,97	-1,09

Monat	41	42	43	44	45	46	47	48
Bedarf	122	121	119	108	122	123	124	122
α = 0,005	120,54	120,55	120,55	120,55	120,48	120,49	120,5	120,52
Fehler	1,46	0,45	-1,55	-12,55	1,52	2,51	3,5	1,48
α = 0,1	121,64	121,67	121,61	121,35	120,01	120,21	120,49	120,84
Fehler	0,36	-0,67	-2,61	-13,35	1,99	2,79	3,51	1,16
α = 0,3	122,01	122,01	121,71	120,89	117,03	118,52	119,86	121,1
Fehler	-0,01	-1,01	-2,71	-12,89	4,97	4,48	4,14	0,9
α = 0,7	121,33	121,8	121,24	119,67	111,5	118,85	121,76	123,33
Fehler	0,67	-0,8	-2,24	-11,67	10,5	4,15	2,24	-1,33

Tabelle 2-4 :   Bedarfswerte und exponentielle Glättung 1. Ordnung für Tische über die letzten 48 Monate mit α = 0,005, 0,1, 0,3 und 0,7 sowie einem Startwert von 119 und die dabei auftretenden Prognosefehler

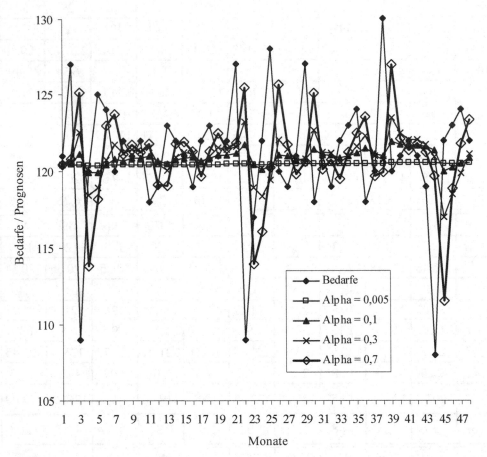

Abbildung 2-10: Bedarfswerte und exponentielle Glättung 1. Ordnung für Tische über die letzten 48 Monate mit α = 0,005, 0,1, 0,3 und 0,7 sowie einem Startwert von 120,4

Das Beispiel zeigt, dass bei einem hohen Glättungsparameter die prognostizierte Zeitfolge eher auf Schwankungen des Bedarfs reagiert als bei einem niedrigen Glättungsparameter. Keineswegs darf ein beliebig hoher Glättungsparameter angesetzt werden, da sonst die zufälligen Schwankungen der Zeitfolge nur ungenügend ausgeglichen werden (Extremfall: ein α nahe bei 1). Aufgrund dieser Überlegungen liegt in der industriellen Praxis der Glättungsparameter sehr häufig zwischen 0,1 und 0,3.

Für die Analyse der Güte der exponentiellen Glättung 1. Ordnung sei auf [Herr09a] verwiesen. Dort wurde nachgewiesen, dass ein asymptotischer Zusammenhang zwischen der exponentiellen Glättung 1. Ordnung und des n-periodischen ungewogenen gleitenden Durchschnitts existiert und dann für die beiden (zentralen) Verfahrensparameter gilt: $\alpha = \dfrac{2}{n+1}$. Hieraus folgt bereits, dass bei einem abnehmendem Glättungsparameter die Prognosewerte gegen eine Konstante konvergieren; dies ist in [Herr09a] im Detail nachgewiesen worden; ebendort finden sich Konkretisierungen zur Erwartungstreue und zur Streuung der Prognosefehler. Damit liefert ein sehr geringer Glättungsparameter α bei einem stationären Zeitfolgenverlauf im Mittel die besten Werte; es sei betont, dass damit, wie beim n-periodischen ungewogenen gleitenden Durchschnitt, der Peitscheneffekt verhindert wird. Es sei angemerkt, dass aus der oben vorgestellten Relevanz über die Einstellung des Startwerts folgt, dass er bei einem sehr geringen Glättungsparameter sehr gut einzustellen ist. Dies ist im Beispiel zu beobachten, da die Prognosewerte bei einem Glättungsparameter von 0,005 im Prinzip von 120,4 bis 120,53 langsam ansteigen. Wird 121 als Startwert vorgegeben, so schwanken die Werte um 121 und die sehr seltene maximale Abweichung beträgt lediglich 0,04.

2.2.2 Trendförmiger Bedarfsverlauf

Bei einem konstanten Bedarfsverlauf schwankt die Nachfrage um ein konstantes Niveau. Dagegen wird bei einem trendförmigen Bedarfsverlauf, über einen längeren Zeitraum hinweg, eine stetig steigende oder fallende Nachfrage unterstellt. In der industriellen Praxis tritt sehr häufig ein linearer Trend auf, weswegen dieser in diesem Abschnitt im Vordergrund steht. Bei einem linearer Trend schwankt die Nachfrage um eine Gerade und folgt deswegen der Gleichung $y_t = \beta_0 + \beta_0 \cdot t + \varepsilon_t$ für alle $t \in \mathbb{N}$. Als Beispiel diene die monatliche Nachfrage nach Stühlen eines Möbelherstellers in den letzten vier Jahren, die in Abbildung 2-11 visualisiert ist; die tatsächlichen Bedarfe sind in Tabelle 2-5 angeben.

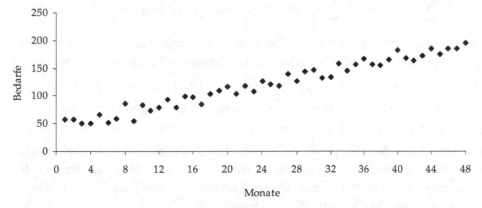

Abbildung 2-11: Bedarfsverlauf für Stühle über die letzten 48 Monate

2.2.2.1 Lineare Regressionsrechnung

Für die Prognose einer beliebigen Bedarfsfolge ist, wie oben bereits begründet, lediglich die lineare Funktion $\beta_0 + \beta_1 \cdot t$ zu approximieren. Somit lautet formal die Schätzfunktion $b_0 + b_1 \cdot t$, wodurch sich die Prognosewerte durch $p_{t+1} = b_0 + b_1 \cdot (t+1) + 0$ für alle $t = 0, 1, 2, \dots$ (also $t \in \mathbb{N}_0$) berechnen lassen. Die Größe p_{t+1} ist – wie bereits eingeführt – der Prognosewert für die Bedarfsmenge der Periode $(t+1)$. Damit lauten die Prognosen für eine beliebige Periode $(t+j)$ – für ein beliebiges $j \in \mathbb{N}$: $p_{t+j} = b_0 + b_1 \cdot (t+j)$.

Wie beim konstanten Bedarfsverlauf erfolgt die Bestimmung der Schätzfunktion $b_0 + b_1 \cdot t$ durch den Rückgriff auf endlich viele empirische Daten, d.h. auf die bereits bekannte Zeitfolge der Bedarfsmengen, und die Minimierung der Prognosefehlerquadratsumme. Deswegen lautet das Optimierungsproblem für die aktuelle Periode t, bezogen auf die letzten n Beobachtungswerte, wiederum: Minimiere

$$\sum_{k=t-n+1}^{t} e_k^2 = \sum_{k=t-n+1}^{t} (y_k - p_k)^2 \text{, für ein beliebiges, aber festes t, } t \geq n \text{. Der unabhängige}$$

Zeitparameter k kann so verändert werden, dass er die Werte von 1 bis n annimmt; dadurch treten einfachere Indizes und auch einfachere Teilausdrücke auf. Also Mi-

nimiere $\displaystyle\sum_{k=1}^{n} e_k^2 = \sum_{k=1}^{n} (y_k - p_k)^2$. Seine Lösung lautet $p_{t+1} = b_{0,t} + b_{1,t} \cdot (n+1)$ bzw.

$p_{t+j} = b_{0,t} + b_{1,t} \cdot (n+j)$ für alle $j \in \mathbb{N}$ mit den Kleinste-Quadrate-Parametern

$$b_{1,t} = \frac{\displaystyle\sum_{k=1}^{n} \left(k - \frac{n+1}{2} \right)\left(y_k - \overline{y} \right)}{\displaystyle\sum_{k=1}^{n} \left(k - \frac{n+1}{2} \right)^2} \text{ und } b_{0,t} = \overline{y} - b_{1,t} \cdot \frac{n+1}{2} \text{ sowie den arithmetischen Mit-}$$

teln $\displaystyle \overline{x} = \frac{1}{n} \cdot \sum_{k=1}^{n} k$ und $\displaystyle \overline{y} = \frac{1}{n} \cdot \sum_{k=1}^{n} y_k$ (s. z.B. [Herr09a]) und heißt n-periodische lineare Regressionsrechnung . Bei dieser Bestimmungsformel handelt es sich um eine Ausgleichsgerade durch die berücksichtigten letzten n Betrachtungswerte y_{t-n+1} bis y_t mit Achsenabschnitt $\left(b_{0,t} \right)$ und Steigung $\left(b_{1,t} \right)$. Die zukünftigen Prognosewerte ergeben sich durch ihre lineare Fortsetzung. Deswegen lautet der ex-ante-Prognosewert zu y_{t-n+k}, für ein beliebiges k mit $k > n$: $p_k = b_{0,t} + b_{1,t} \cdot k$. Diese Berechnung folgt dem Vorgehen beim n-periodischen ungewogenen gleitenden Durchschnitt, bei dem eine Konstante als Ausgleichsgerade über die letzten n Beobachtungswerte berechnet wurde. Dieses Verfahren ist Bestandteil vieler Module zur Bedarfsplanung in ERP- und PPS-Systemen.

Das Verfahren der n-periodischen linearen Regressionsrechnung wird auf die monatliche Nachfrage nach Stühlen eines Möbelherstellers in den letzten vier Jahren mit den Zeitabschnitten n von 3, 12 und 30 angewandt. Exemplarisch lautet die 3-periodische lineare Regressionsrechnung für den Prognosewert der vierten Periode p_4 (also $t = 3$; da das Verfahren 3 (bzw. allgemein n) Beobachtungswerte benötigt, können keine Prognosewerte für die Perioden 1 bis 3 berechnet werden.):

Zunächst wird der Mittelwert berechnet: $\bar{y} = \frac{1}{3} \cdot \sum_{k=1}^{3} y_k = \frac{57+58+50}{3} = 55$. Mit ihm

ergeben sich die Werte $b_{1,3} = \dfrac{\sum_{k=1}^{3} \left(k - \frac{3+1}{2}\right)(y_k - 55)}{\sum_{k=1}^{3} \left(k - \frac{3+1}{2}\right)^2}$ und $b_{0,3} = 55 - b_{1,3} \cdot \frac{3+1}{2}$, also

$$b_{1,3} = \frac{\sum_{k=1}^{3} \left(k - \frac{3+1}{2}\right)(y_k - 55)}{\sum_{k=1}^{3} \left(k - \frac{3+1}{2}\right)^2} = \frac{(-1) \cdot 2 + 0 \cdot 3 + 1 \cdot (-5)}{1+0+1} = -3\frac{1}{2} \quad \text{und} \quad b_{0,3} = 55 + \frac{7}{2} \cdot 2 = 62.$$

Damit lautet der Prognosewert schließlich $p_4 = b_{0,3} + b_{1,3} \cdot 4 = 62 - \frac{7}{2} \cdot 4 = 48$. Für die

Berechnung des nächsten Prognosewerts werden die nächsten 3 Periodenbedarfe 58, 50 und 50 betrachtet. Für die Anwendung der obigen Formeln werden sie wieder durch y_1 y_2 und y_3 bezeichnet. Für den Prognosewert der fünften Periode

p_5 (also $t = 4$) wird wiederum zunächst $\bar{y} = \frac{1}{3} \cdot \sum_{k=2}^{4} y_k = \frac{58+50+50}{3} = 52\frac{2}{3}$ berechnet.

Mit ihm sind $b_{1,4} = \dfrac{\sum_{k=1}^{3} \left(k - \frac{3+1}{2}\right)\left(y_k - 52\frac{2}{3}\right)}{\sum_{k=1}^{3} \left(k - \frac{3+1}{2}\right)^2} = \dfrac{(-1) \cdot 5\frac{1}{3} + 0 \cdot (-2\frac{2}{3}) + 1 \cdot (-2\frac{2}{3})}{1+0+1} = -4$ und

$b_{0,4} = 52\frac{2}{3} - (-4) \cdot \frac{3+1}{2} = 60\frac{2}{3}$, also schließlich $p_5 = b_{0,4} + b_{1,4} \cdot 4 = 60\frac{2}{3} - 4 \cdot 4 = 44\frac{2}{3}$.

Für die nächsten drei Perioden lauten die Kleinste-Quadrate-Parameter:

$b_{1,5} = 8$ und $b_{0,5} = 39\frac{1}{3}$, $b_{1,6} = 1$ und $b_{0,6} = 54$ sowie $b_{1,7} = -\frac{7}{2}$ und $b_{0,7} = 66$.

Alle ex-post-Prognosewerte nach der 3-periodischen linearen Regressionsrechnung sind in Tabelle 2-5 angegeben; Tabelle 2-5 enthält zum Vergleich auch die Bedarfswerte. Die Werte wurden auf die 2. Nachkommastelle gerundet. Die Bedarfsfolge und die Prognosefolge sind graphisch in Abbildung 2-12 dargestellt; um deren zeitliche Entwicklung klarer aufzuzeigen und deren Abweichungen deutlicher zu kennzeichnen sind die Einzelwerte durch Geraden miteinander verbunden. Zusätzlich enthalten Tabelle 2-5 und Abbildung 2-12 noch die Prognosewerte nach der 12- und 30-periodischen linearen Regressionsrechnung. In Tabelle 2-5 ist noch der jeweils auftretende Prognosefehler aufgeführt.

Monat	1	2	3	4	5	6	7	8	9	10
Bedarf	57	58	50	50	66	52	59	86	55	83
n = 3				48	44,67	71,33	58	52	99,67	62,67
Fehler				2	21,33	-19,33	1	34	-44,67	20,33

Monat	11	12	13	14	15	16	17	18	19	20
Bedarf	73	79	93	79	99	98	85	104	109	116
n = 3	71,67	88,33	74,33	101,67	83,67	96,33	111	80	101,67	123,33
Fehler	1,33	-9,33	18,67	-22,67	15,33	1,67	-26	24	7,33	-7,33
n = 12			79,91	88,09	90,18	96,29	99,83	100,26	103,18	106,89
Fehler			13,09	-9,09	8,82	1,71	-14,83	3,74	5,82	9,11

Monat	21	22	23	24	25	26	27	28	29	30
Bedarf	103	118	108	126	120	118	140	127	144	147
n = 3	121,67	103,33	114,33	114,67	125,33	130	113,33	146	137,33	141
Fehler	-18,67	14,67	-6,33	11,33	-5,33	-12	26,67	-19	6,67	6
n = 12	116,39	113,62	119,61	118,55	123,17	126,62	125,21	133,61	135,59	139,17
Fehler	-13,39	4,38	-11,61	7,45	-3,17	-8,62	14,79	-6,61	8,41	7,83

Monat	31	32	33	34	35	36	37	38	39	40
Bedarf	132	133	158	145	157	166	156	155	165	182
n = 3	159,33	129	123,33	167	157,33	152,33	177	158,67	148	167,67
Fehler	-27,33	4	34,67	-22	-0,33	13,67	-21	-3,67	17	14,33
n = 12	145,09	145,12	145,92	151,53	153,48	156,09	163,29	164,06	162,44	167,14
Fehler	-13,09	-12,12	12,08	-6,53	3,52	9,91	-7,29	-9,06	2,56	14,86
n = 30	143,36	145,83	147,99	152,37	154,28	158,31	161,88	163,85	167	168,73
Fehler	-11,36	-12,83	10,01	-7,37	2,72	7,69	-5,88	-8,85	-2	13,27

Monat	41	42	43	44	45	46	47	48
Bedarf	168	164	172	186	176	186	186	195
n = 3	194,33	174,67	153,33	172	196	182	182,67	192,67
Fehler	-26,33	-10,67	18,67	14	-20	4	3,33	2,33
n = 12	173,61	176,52	177,64	177,47	180,36	182,82	185,03	187,92
Fehler	-5,61	-12,52	-5,64	8,53	-4,36	3,18	0,97	7,08
n = 30	174,03	176,04	177,3	180,08	183,14	185,61	188,81	190,44
Fehler	-6,03	-12,04	-5,3	5,92	-7,14	0,39	-2,81	4,56

Tabelle 2-5: Bedarfswerte und n-periodische lineare Regressionsrechnung für Stühle über die letzten 48 Monate mit n = 3, 12 und 30 sowie den auftretenden Prognosefehlern

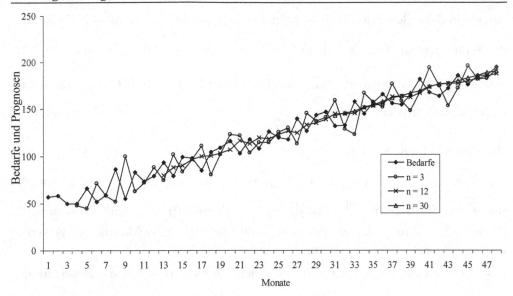

Abbildung 2-12: Bedarfswerte und n-periodische lineare Regressionsrechnung für Stühle über die letzten 48 Monate mit n = 3, 12 und 30

Das Beispiel zeigt, dass bei einer kleinen Anzahl berücksichtigter Beobachtungswerte die prognostizierte Zeitfolge eher auf Schwankungen des Bedarfs reagiert als bei einer hohen Anzahl berücksichtigter Beobachtungswerte. Keineswegs darf ein beliebig kurzer Zeitabschnitt angesetzt werden, da sonst die zufälligen Schwankungen der Zeitfolge nur ungenügend ausgeglichen werden (Extremfall: n = 1). Aufgrund dieser Überlegungen werden in der industriellen Praxis sehr häufig Werte für n verwendet, die zwischen 3 und 12. liegen.

Aus der Optimalität des Verfahrens folgt seine Erwartungstreue (zum Nachweis s. [Herr09a]). Mit zunehmenden n konvergieren die Prognosewerte gegen eine Gerade (g); dies ist in [Herr09a] im Detail nachgewiesen worden. Dadurch (s. [Herr09a]) konvergiert die zu erwartende Streuung der Prognosefehler um diese Gerade g gegen seinen kleinsten möglichen Wert. Bei einem stationären Zeitfolgenverlauf liefert ein sehr hohes n im Mittel die besten Werte; es sei betont, dass damit, wie bei den beiden Verfahren zum konstanten Bedarfsverlauf, der Peitscheneffekt verhindert wird.

2.2.2.2 Exponentielle Glättung 2. Ordnung

Bei der n-periodischen linearen Regressionsrechnung sind stets die letzten n Beobachtungswerte zu berücksichtigen, wie beim gleitenden Durchschnitt, so dass sie nach jeder Periode neu zu berechnen ist. Dies ist sehr rechenzeitintensiv und deswegen ein schwerwiegender Nachteil für ihren Einsatz in der industriellen Praxis. Wie beim gleitenden Durchschnitt wird eine gleichmäßige Gewichtung aller Beobachtungswerte durch $\frac{1}{n}$ als ungünstig angesehen. Beide Nachteile werden durch gang von dem gleitenden Durchschnitt zur exponentiellen Glättung 1. Ordnung,

die Fehlerquadrate in $\sum_{k=t-n+1}^{t} e_k^2$ mit $\alpha \cdot (1-\alpha)^{t-k}$ für $t-n+1 \leq k \leq t$ und $0 < \alpha < 1$,

wobei α als Glättungsparameter bezeichnet wird, gewichtet. Damit lautet das

Optimierungsproblem: Minimiere $\sum_{k=t-n+1}^{t} \alpha \cdot (1-\alpha)^{t-k} \cdot (y_k - p_k)^2$, für ein beliebiges,

aber festes t, $t \geq n$. Seine Lösung ist $p_{t+j} = \left[2 \cdot y_t^{(1)} - y_t^{(2)} \right] + \left[\frac{\alpha}{1-\alpha} \cdot \left(y_t^{(1)} - y_t^{(2)} \right) \right] \cdot j$, für

alle $j \in \mathbb{N}$, mit $y_t^{(1)} = \alpha \cdot y_t + (1-\alpha) \cdot y_{t-1}^{(1)}$ und $y_t^{(2)} = \alpha \cdot y_t^{(1)} + (1-\alpha) \cdot y_{t-1}^{(2)}$, für alle $t \in \mathbb{N}$

sowie den Startwerten $y_0^{(1)}$ und $y_0^{(2)}$ (s. z.B. [Herr09a]) und heißt exponentielle

Glättung 2. Ordnung . Dieses Verfahren ist Bestandteil vieler Module zur Bedarfsplanung in ERP- und PPS-Systemen.

Ein Vergleich der Formel für p_{t+j} mit einer Geraden motiviert die Bezeichnung

aktueller Achsenabschnitt für $a_t = 2 \cdot y_t^{(1)} - y_t^{(2)}$ und aktuelle Steigung für

$b_t = \frac{\alpha}{1-\alpha} \cdot \left(y_t^{(1)} - y_t^{(2)} \right)$ und damit ist $p_{t+j} = a_t + b_t \cdot j$, für alle $t \in \mathbb{N}_0$ und für alle $j \in \mathbb{N}$.

Für $t = 0$ ergeben sich der Startwert $a_0 = 2 \cdot y_0^{(1)} - y_0^{(2)}$ für den Achsenabschnitt und

der Startwert $b_0 = \frac{\alpha}{1-\alpha} \cdot \left(y_0^{(1)} - y_0^{(2)} \right)$ für die Steigung. Diese beiden Gleichungen

bilden bei gegebenen a_0 und b_0 ein lineares Gleichungssystem zur Bestimmung

von $y_0^{(1)}$ und $y_0^{(2)}$. $y_0^{(1)} = a_0 - \frac{1-\alpha}{\alpha} \cdot b_0$ und $y_0^{(2)} = a_0 - 2 \cdot \frac{1-\alpha}{\alpha} \cdot b_0$ lautet seine eindeu-

tige Lösung. Statt den Startwerten $y_0^{(1)}$ und $y_0^{(2)}$ können somit Startwerte für den
Achsenabschnitt und die Steigung angegeben werden.

Startwerte sind vorzugeben, da noch keine empirischen Beobachtungen zu ihrer
Berechnung vorliegen. Am anschaulichsten ist die Vorgabe einer initialen Steigung
und eines initialen Achsenabschnitts. Ihre Schätzung wird durch das folgende
Vorgehen motiviert. Da das Prognosemodell eine Gerade ist, kann durch die Beobachtungswerte eine Ausgleichsgerade gezogen werden. Ihr Achsenabschnitt und
ihre Steigung sind die idealen Startwerte. Eine gute Approximation für den initialen Achsenabschnitt ist vielfach der Mittelwert der ersten Beobachtungswerte,
sofern diese keine Ausreißer aufweisen. Für die Steigung bietet sich die mittlere
Differenz zwischen direkt benachbarten Beobachtungswerten an. Wie bei der exponentiellen Glättung 1. Ordnung werden ungünstige Startwerte von dem Prognoseverfahren nach einigen Berechnungen korrigiert. Allerdings erfolgt diese Anpassung für den Achsenabschnitt deutlich schneller als für die Steigung. Auch hier
dauert die Korrektur umso länger, je kleiner der Glättungsparameter α ist.

Die exponentielle Glättung 2. Ordnung wird nun auf die in Tabelle 2-6 angegebene Kundennachfrage angewendet; es handelt sich um das gleiche Beispiel wie für die n-periodische lineare Regressionsrechnung. Als Startwert für den Achsenabschnitt wird der Mittelwert der ersten vier Bedarfe, also $a_0 = 53,75$, und als Steigung die (gerundete) mittlere Differenz zwischen direkt benachbarten Bedarfen, also $b_0 = 2,94$, verwendet. Damit ist $p_1 = a_0 + b_0 = 53,75 + 2,94 = 56,69$ der Prognosewert der ersten Periode. Der Glättungsparameter ist $\alpha = 0,3$. Mit ihm berechnen sich die

Startwerte $y_0^{(1)}$ und $y_0^{(2)}$ durch $y_0^{(1)} = a_0 - \dfrac{1-\alpha}{\alpha} \cdot b_0 = 53,75 - \dfrac{1-0,3}{0,3} \cdot 2,94 = 46,89$ und

durch $y_0^{(2)} = a_0 - 2 \cdot \dfrac{1-\alpha}{\alpha} \cdot b_0 = 53,75 - 2 \cdot \dfrac{1-0,3}{0,3} \cdot 2,94 = 40,03$. Die Anwendung der

exponentiellen Glättung erster Ordnung auf $y_0^{(1)}$ und $y_0^{(2)}$ ergeben: $y_1^{(1)} = \alpha \cdot y_1$

$+ (1-\alpha) \cdot y_0^{(1)} = 0,3 \cdot 57 + (1-0,3) \cdot 46,89 = 49,923$ und $y_1^{(2)} = \alpha \cdot y_1^{(1)} + (1-\alpha) \cdot y_0^{(2)}$

$= 0,3 \cdot 49,923 + (1-0,3) \cdot 40,03 = 42,9979$. Damit ergibt sich $p_2 = \left[2 \cdot y_1^{(1)} - y_1^{(2)} \right]$

$+ \left[\dfrac{\alpha}{1-\alpha} \cdot \left(y_1^{(1)} - y_1^{(2)} \right) \right] = [2 \cdot 49,923 - 42,9979] + \left[\dfrac{0,3}{1-0,3} \cdot (49,923 - 42,9979) \right] = 56,8481$

$+ 2,9679 = 59,816$. Der aktuelle Achsenabschnitt ist somit 56,85 und die aktuelle Steigung 2,97. Entsprechend werden für die nächste Periode 3 mit der exponentiellen Glättung erster Ordnung $y_2^{(1)}$ und $y_2^{(2)}$ berechnet durch $y_2^{(1)} = \alpha \cdot y_2$

$+ (1-\alpha) \cdot y_1^{(1)} = 0,3 \cdot 58 + (1-0,3) \cdot 49,923 = 52,3461$ und $y_2^{(2)} = \alpha \cdot y_2^{(1)} + (1-\alpha) \cdot y_1^{(2)}$

$= 0,3 \cdot 52,0461 + (1-0,3) \cdot 42,9979 = 45,80236$. Damit ist $p_3 = \left[2 \cdot y_2^{(1)} - y_2^{(2)} \right]$

$+ \left[\dfrac{\alpha}{1-\alpha} \cdot \left(y_2^{(1)} - y_2^{(2)} \right) \right] = [2 \cdot 52,3461 - 45,80236] + \left[\dfrac{0,3}{1-0,3} \cdot (52,3461 - 45,80236) \right]$

$= 58,88984 + 2,80446 = 61,6943$. Der aktuelle Achsenabschnitt ist somit 58,89 und die aktuelle Steigung 2,8.

Monat	1	2	3	4	5	6	7	8	9	10
y_t	57	58	50	50	66	52	59	86	55	83
$y_t^{(1)}$	49,92	52,35	51,64	51,15	55,6	54,52	55,87	64,91	61,93	68,25
$y_t^{(2)}$	43	45,8	47,55	48,63	50,72	51,86	53,06	56,62	58,21	61,22
a_t	56,85	58,89	55,73	53,67	60,48	57,18	58,67	73,2	65,66	75,28
b_t	2,97	2,8	1,75	1,08	2,09	1,14	1,2	3,55	1,6	3,01
p_t	56,69	59,82	61,69	57,48	54,74	62,58	58,32	59,87	76,75	67,25
Fehler	0,31	-1,82	-11,69	-7,48	11,26	-10,58	0,68	26,13	-21,75	15,75

Monat	11	12	13	14	15	16	17	18	19	20
y_t	73	79	93	79	99	98	85	104	109	116
$y_t^{(1)}$	69,68	72,47	78,63	78,74	84,82	88,77	87,64	92,55	97,48	103,04
$y_t^{(2)}$	63,76	66,37	70,05	72,66	76,31	80,05	82,33	85,39	89,02	93,23
a_t	75,59	78,57	87,21	84,83	93,33	97,5	92,96	99,71	105,95	112,85
b_t	2,54	2,61	3,68	2,61	3,65	3,74	2,28	3,07	3,63	4,21
p_t	78,3	78,13	81,19	90,89	87,43	96,98	101,24	95,24	102,77	109,58
Fehler	-5,3	0,87	11,81	-11,89	11,57	1,02	-16,24	8,76	6,23	6,42

Monat	21	22	23	24	25	26	27	28	29	30
y_t	103	118	108	126	120	118	140	127	144	147
$y_t^{(1)}$	103,03	107,52	107,66	113,16	115,22	116,05	123,24	124,36	130,26	135,28
$y_t^{(2)}$	96,17	99,57	102	105,35	108,31	110,63	114,41	117,4	121,26	125,46
a_t	109,89	115,47	113,33	120,98	122,12	121,47	132,06	131,33	139,26	145,1
b_t	2,94	3,41	2,43	3,35	2,96	2,32	3,78	2,99	3,86	4,21
p_t	117,06	112,83	118,87	115,75	124,33	125,08	123,79	135,84	134,32	143,11
Fehler	-14,06	5,17	-10,87	10,25	-4,33	-7,08	16,21	-8,84	9,68	3,89

Monat	31	32	33	34	35	36	37	38	39	40
y_t	132	133	158	145	157	166	156	155	165	182
$y_t^{(1)}$	134,3	133,91	141,13	142,29	146,71	152,49	153,55	153,98	157,29	164,7
$y_t^{(2)}$	128,11	129,85	133,24	135,95	139,18	143,17	146,29	148,59	151,2	155,25
a_t	140,48	137,96	149,03	148,64	154,23	161,81	160,81	159,37	163,37	174,15
b_t	2,65	1,74	3,39	2,72	3,23	3,99	3,11	2,31	2,61	4,05
p_t	149,3	143,13	139,7	152,42	151,35	157,46	165,81	163,92	161,68	165,98
Fehler	-17,3	-10,13	18,3	-7,42	5,65	8,54	-9,81	-8,92	3,32	16,02

Tabelle 2-6 (1. Seite)

Monat	41	42	43	44	45	46	47	48
y_t	168	164	172	186	176	186	186	195
$y_t^{(1)}$	165,69	165,18	167,23	172,86	173,8	177,46	180,02	184,52
$y_t^{(2)}$	158,38	160,42	162,47	165,58	168,05	170,87	173,62	176,89
a_t	173	169,94	171,99	180,14	179,55	184,05	186,43	192,14
b_t	3,13	2,04	2,04	3,12	2,47	2,82	2,75	3,27
p_t	178,2	176,13	171,98	174,03	183,25	182,02	186,87	189,17
Fehler	-10,2	-12,13	0,02	11,97	-7,25	3,98	-0,87	5,83

Tabelle 2-6: y_t, $y_t^{(1)}$, $y_t^{(2)}$, a_t, b_t und p_t für die Berechnung der exponentiellen Glättung 2. Ordnung für Stühle über die letzten 48 Monate mit $\alpha = 0,3$ sowie einem Startwert für den Achsenabschnitt von 53,75 und der Steigung von 2,94

Alle ex-post-Prognosewerte nach der exponentiellen Glättung 2. Ordnung mit dem Glättungsparameter $\alpha = 0,3$ sind in Tabelle 2-6 angegeben; Tabelle 2-6 enthält zum Vergleich auch die Bedarfswerte. Die Werte wurden auf die 2. Nachkommastelle gerundet. Die Bedarfsfolge und die Prognosefolge sind graphisch in Abbildung 2-13 dargestellt; um deren zeitliche Entwicklung klarer aufzuzeigen und deren Abweichungen deutlicher zu kennzeichnen, sind die Einzelwerte durch Geraden miteinander verbunden. Um die Wirkung des Glättungsparameters α zu demonstrieren enthält Abbildung 2-13 noch die Prognosewerte mit den Glättungsparametern $\alpha = 0,005$ und $0,1$; die dazugehörenden Einzelwerte und der jeweils auftretende Prognosefehler befinden sich in Tabelle 2-7.

Monat	1	2	3	4	5	6	7	8	9	10
Bedarf	57	58	50	50	66	52	59	86	55	83
α = 0,005	56,69	59,63	62,56	65,37	68,16	71,07	73,82	76,61	79,65	82,34
Fehler	0,31	-1,63	-12,56	-15,37	-2,16	-19,07	-14,82	9,39	-24,65	0,66
α = 0,1	56,69	59,69	62,3	62,76	63,01	66,29	66,13	67,27	73,51	72,48
Fehler	0,31	-1,69	-12,3	-12,76	2,99	-14,29	-7,13	18,73	-18,51	10,52
α = 0,3	56,69	59,82	61,69	57,48	54,74	62,58	58,32	59,87	76,75	67,25
Fehler	0,31	-1,82	-11,69	-7,48	11,26	-10,58	0,68	26,13	-21,75	15,75
α = 0,7	56,69	60,06	60,27	47,97	47,86	71,3	51,21	59,59	97,86	52,09
Fehler	0,31	-2,06	-10,27	2,03	18,14	-19,3	7,79	26,41	-42,86	30,91
Monat	11	12	13	14	15	16	17	18	19	20
Bedarf	73	79	93	79	99	98	85	104	109	116
α = 0,005	85,28	88,1	90,94	93,9	96,69	99,65	102,57	105,33	108,26	111,2
Fehler	-12,28	-9,1	2,06	-14,9	2,31	-1,65	-17,57	-1,33	0,74	4,8
α = 0,1	77,08	78,86	81,45	86,32	87,53	92,42	96,26	96,78	100,88	105,24
Fehler	-4,08	0,14	11,55	-7,32	11,47	5,58	-11,26	7,22	8,12	10,76
α = 0,3	78,3	78,13	81,19	90,89	87,43	96,98	101,24	95,24	102,77	109,58
Fehler	-5,3	0,87	11,81	-11,89	11,57	1,02	-16,24	8,76	6,23	6,42
α = 0,7	88,6	75,14	81,28	100,32	78,84	104,99	103,01	82,18	108,28	115,53
Fehler	-15,6	3,86	11,72	-21,32	20,16	-6,99	-18,01	21,82	0,72	0,47
Monat	21	22	23	24	25	26	27	28	29	30
Bedarf	103	118	108	126	120	118	140	127	144	147
α = 0,005	114,19	117,01	119,96	122,77	125,74	128,62	131,45	134,47	137,33	140,34
Fehler	-11,19	0,99	-11,96	3,23	-5,74	-10,62	8,55	-7,47	6,67	6,66
α = 0,1	110,2	111,68	115,79	117,15	121,75	124,32	125,96	131,61	133,67	138,67
Fehler	-7,2	6,32	-7,79	8,85	-1,75	-6,32	14,04	-4,61	10,33	8,33
α = 0,3	117,06	112,83	118,87	115,75	124,33	125,08	123,79	135,84	134,32	143,11
Fehler	-14,06	5,17	-10,87	10,25	-4,33	-7,08	16,21	-8,84	9,68	3,89
α = 0,7	122,79	101,91	121,57	107,59	131,73	122,7	117,76	148,23	128,74	149,93
Fehler	-19,79	16,09	-13,57	18,41	-11,73	-4,7	22,24	-21,23	15,26	-2,93

Tabelle 2-7 (1. Seite)

Monat	31	32	33	34	35	36	37	38	39	40
Bedarf	132	133	158	145	157	166	156	155	165	182
α = 0,005	143,34	146,16	148,97	151,99	154,86	157,82	160,83	163,72	166,57	169,49
Fehler	-11,34	-13,16	9,03	-6,99	2,14	8,18	-4,83	-8,72	-1,57	12,51
α = 0,1	143,38	144,22	144,99	150,49	152,42	156,3	161,26	163,32	164,72	167,75
Fehler	-11,38	-11,22	13,01	-5,49	4,58	9,7	-5,26	-8,32	0,28	14,25
α = 0,3	149,3	143,13	139,7	152,42	151,35	157,46	165,81	163,92	161,68	165,98
Fehler	-17,3	-10,13	18,3	-7,42	5,65	8,54	-9,81	-8,92	3,32	16,02
α = 0,7	153,13	129,42	129,95	166,49	147,42	161,32	173,05	156,65	153,46	167,93
Fehler	-21,13	3,58	28,05	-21,49	9,58	4,68	-17,05	-1,65	11,54	14,07

Monat	41	42	43	44	45	46	47	48
Bedarf	168	164	172	186	176	186	186	195
α = 0,005	172,55	175,44	178,26	181,14	184,12	186,97	189,9	192,8
Fehler	-4,55	-11,44	-6,26	4,86	-8,12	-0,97	-3,9	2,2
α = 0,1	173,58	175,59	176,34	178,42	182,85	184,46	187,69	190,28
Fehler	-5,58	-11,59	-4,34	7,58	-6,85	1,54	-1,69	4,72
α = 0,3	178,2	176,13	171,98	174,03	183,25	182,02	186,87	189,17
Fehler	-10,2	-12,13	0,02	11,97	-7,25	3,98	-0,87	5,83
α = 0,7	191,59	169,42	161,13	172,99	193,17	177,47	189,34	188,77
Fehler	-23,59	-5,42	10,87	13,01	-17,17	8,53	-3,34	6,23

Tabelle 2-7: Bedarfswerte und exponentielle Glättung 2. Ordnung für Stühle über die letzten 48 Monate mit α = 0,005, 0,1, 0,3 und 0,7 sowie einem Startwert für den Achsenabschnitt von 53,75 und der Steigung von 2,94 und den auftretenden Prognosefehlern

Das Beispiel zeigt, dass bei einem hohen Glättungsparameter die prognostizierte Zeitfolge eher auf Schwankungen des Bedarfs reagiert als bei einem niedrigen Glättungsparameter. Keineswegs darf ein beliebig hoher Glättungsparameter angesetzt werden, da sonst die zufälligen Schwankungen der Zeitfolge nur ungenügend ausgeglichen werden (Extremfall: ein α nahe bei 1). Aufgrund dieser Überlegungen liegt in der industriellen Praxis der Glättungsparameter sehr häufig zwischen 0,1 und 0,3.

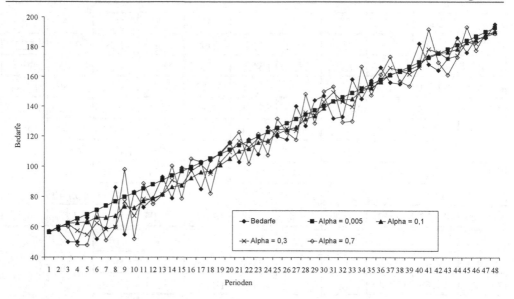

Abbildung 2-13: Bedarfswerte und exponentielle Glättung 2. Ordnung für Stühle über die letzten 48 Monate mit α = 0,005, 0,1, 0,3 und 0,7 sowie einem Startwert für den Achsenabschnitt von 53,75 und der Steigung von 2,94

Bei einem abnehmendem Glättungsparameter konvergieren die Prognosewerte der exponentiellen Glättung 2. Ordnung gegen eine Gerade (g), und die zu erwartende Streuung der Prognosefehler um diese Gerade g konvergiert gegen seinen kleinsten möglichen Wert. Damit liefert ein sehr geringer Glättungsparameter α bei einem stationären Zeitfolgenverlauf im Mittel die besten Werte; es sei betont, dass damit, wie bei der n-periodischen linearen Regressionsrechnung, der Peitscheneffekt verhindert wird. Es sei angemerkt, dass aus der oben vorgestellten Relevanz über die Einstellung der Startwerte folgt, dass sie bei einem sehr geringer Glättungsparameter sehr gut einzustellen sind.

Das Verfahren der exponentiellen Glättung 2. Ordnung, mit dem Glättungsparameter α, bedeutet, dass auf die Originalzeitfolge (Bedarfsfolge) $\left(y_t\right)_{t=1}^{\infty}$ die exponentielle Glättung erster Ordnung, mit dem Glättungsparameter α, angewandt wird, wodurch die neue Zeitfolge $\left(y_t^{(1)}\right)_{t=1}^{\infty}$ entsteht. Eine Anwendung der exponentiellen Glättung erster Ordnung, mit dem Glättungsparameter α, auf diese Zeitfolge $\left(y_t^{(1)}\right)_{t=1}^{\infty}$ liefert die neue Zeitfolge $\left(y_t^{(2)}\right)_{t=1}^{\infty}$. Die Wirkung dieser zweifachen Anwendung der exponentiellen Glättung erster Ordnung mit einem einheitlichen Glättungsparameter von 0,3 wird zunächst anhand der Zeitfolge $\left(18+7\cdot t\right)_{t=1}^{\infty}$ mit einer irregulären Komponente von Null (also $\varepsilon_t = 0 \quad \forall\, t \in \mathbb{N}$) demonstriert. Die Einzelwerte dieser drei Zeitfolgen sind in Abbildung 2-14 dargestellt. Ab der Periode 28 ist die Differenz von zwei aufeinander folgenden Zeitfolgenwerten (also

$y_{t+1} - y_t$) und Prognosewerten (also $y_{t+1}^{(1)} - y_t^{(1)}$ sowie $y_{t+1}^{(2)} - y_t^{(2)}$) identisch und dadurch gleich der Steigung der Ausgangszeitfolge, also 7; graphisch ist dies in Abbildung 2-14 dargestellt. Es sei betont, dass eine solche Einschwingphase umso länger dauert, je kleiner der Glättungsparameter ist; bei $\alpha = 0{,}1$ dauert sie nicht 27, sondern sogar 89 Perioden bzw. umgekehrt dauert sie bei $\alpha = 0{,}5$ 15 Perioden und bei $\alpha = 0{,}9$ nur 6 Perioden. Eine gleiche Steigung dieser drei Zeitfolgen bedeutet einen gleichmäßigen Abstand zwischen diesen drei Geraden und sie beträgt für

$\alpha = 0{,}3$ gerade $16\frac{1}{3}$. Bei diesem Abstand handelt es sich um einen systematischen Prognosefehler bei der Anwendung der exponentiellen Glättung erster Ordnung. Es lässt sich zeigen, dass diese beiden Beobachtungen für alle Zeitfolgen ohne irreguläre Komponenten, die zwangsläufig die Form $b_0 + b_1 \cdot t$ haben, gelten und der

systematischen Prognosefehler nach der Einschwingphase gerade $b_1 \cdot \frac{1-\alpha}{\alpha}$ ist.

Diese Beobachtung lässt sich auch auf Zeitfolgen mit einer irregulären Komponente der Form $y_t = b_0 + b_1 \cdot t + \varepsilon_t$ übertragen. Als Beispiel ist in Abbildung 2-15 die

Zeitfolge $(18 + 7 \cdot t + \varepsilon_t)_{t=1}^{49}$ angegeben. Abbildung 2-15 enthält auch die zweifache Anwendung der exponentiellen Glättung erster Ordnung. Wegen der irregulären Komponente handelt es sich nicht um ab einer Periode parallele Geraden, sondern um Kurven, die gleichmäßig um Geraden schwanken, die ihrerseits ab einer Periode parallel verlaufen. Um dies mathematisch ausdrücken zu können, sind im allgemeinen Fall für jede Periode t nicht die Einzelwerte y_t, $y_t^{(1)}$ und $y_t^{(2)}$ sondern

ihre jeweiligen zu erwartenden Werte, also $E(y_t)$, $E(y_t^{(1)})$ und $E(y_t^{(2)})$, zu betrachten. Es lässt sich zeigen, dass es sich bei diesen Folgen $E\left((y_t)_{t=1}^{\infty}\right)$, $E\left((y_t^{(1)})_{t=1}^{\infty}\right)$ und

$E\left((y_t^{(1)})_{t=1}^{\infty}\right)$ um Geraden mit b_1 als Steigung handelt und der Abstand zwischen

diesen drei Geraden $b_1 \cdot \frac{1-\alpha}{\alpha}$ beträgt. Folglich gilt nun: $E(y_t^{(1)}) = E(y_t) - b_1 \cdot \frac{1-\alpha}{\alpha}$

und $E(y_t^{(2)}) = E(y_t^{(1)}) - b_1 \cdot \frac{1-\alpha}{\alpha}$. Die Anwendung der exponentiellen Glättung erster Ordnung auf eine Zeitfolge mit einem linearen Trend mit der Steigung b_1 hat

folglich den systematischen Prognosefehler $b_1 \cdot \frac{1-\alpha}{\alpha}$. Damit bedeutet diese zweifache Anwendung der exponentiellen Glättung erster Ordnung, dass der Mittelwert

zur Zeitfolge $(y_t^{(2)})_{t=1}^{\infty}$ dem Mittelwert zur Zeitfolge $(y_t^{(1)})_{t=1}^{\infty}$ durchschnittlich im gleichen Abstand hinterherläuft, wie der Mittelwert zur Zeitfolge $\left(y_t^{(1)}\right)_{t=1}^{\infty}$ dem

Mittelwert zur Originalzeitfolge $\left(y_t\right)_{t=1}^{\infty}$ hinterherläuft.

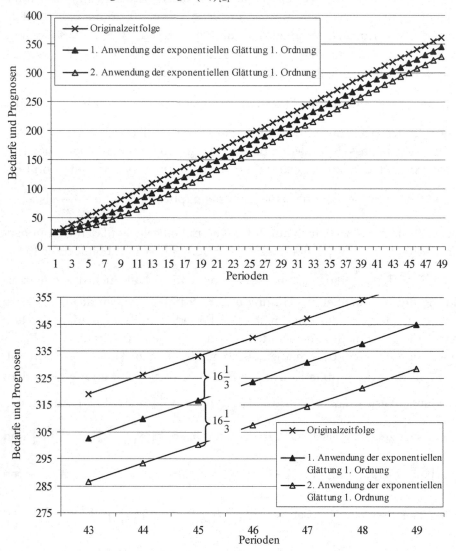

Abbildung 2-14: Zeitfolgen $\left(y_t^{(1)}\right)_{t=1}^{49}$ und $\left(y_t^{(2)}\right)_{t=1}^{49}$ zu der Bedarfsfolge $\left(18+7\cdot t\right)_{t=1}^{49}$ im oberen Diagramm und ein detaillierter Ausschnitt dieser drei Kurven in den Perioden 43 bis 49 im unteren Diagramm

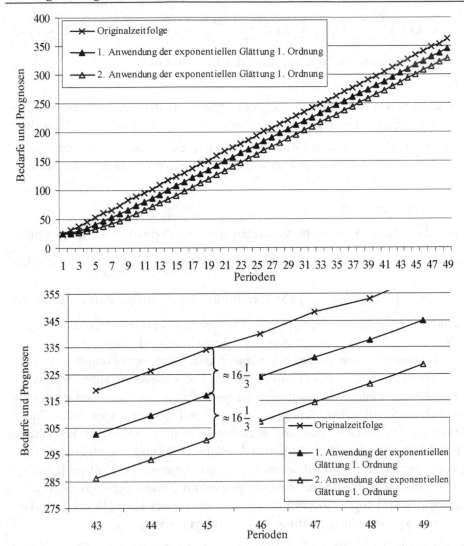

Abbildung 2-15: Zeitfolgen $\left(y_t^{(1)}\right)_{t=1}^{49}$ und $\left(y_t^{(2)}\right)_{t=1}^{49}$ zu der Bedarfsfolge $\left(18+7\cdot t+\varepsilon_t\right)_{t=1}^{49}$ im oberen Diagramm und ein detaillierter Ausschnitt dieser drei Kurven in den Perioden 43 bis 49 im unteren Diagramm

Wegen $E\left(y_t^{(2)}\right)=E\left(y_t^{(1)}\right)-b_1\cdot\dfrac{1-\alpha}{\alpha}$ $\Leftrightarrow$ $b_1=\dfrac{\alpha}{1-\alpha}\cdot\left(E\left(y_t^{(1)}\right)-E\left(y_t^{(2)}\right)\right)$ ist es sinnvoll,

die Steigung am Ende der Periode t durch $b_{1,t}=\dfrac{\alpha}{1-\alpha}\left(y_t^{(1)}-y_t^{(2)}\right)$ zu schätzen.

Mit $E\left(y_t^{(1)}\right) = E\left(y_t\right) - \dfrac{\alpha}{1-\alpha} \cdot \left(E\left(y_t^{(1)}\right) - E\left(y_t^{(2)}\right)\right) \cdot \dfrac{1-\alpha}{\alpha} \Leftrightarrow E\left(y_t\right) = 2 \cdot E\left(y_t^{(1)}\right) - E\left(y_t^{(2)}\right)$ ist

es sinnvoll, den Achsenabschnitt am Ende der Periode t durch $b_{0,t} = 2 \cdot y_t^{(1)} - y_t^{(2)}$ zu schätzen.

Diese beiden Schätzungen sind identisch mit denjenigen, die durch die Lösung des Optimierungsproblems bewiesen wurden; es ist $a_t = b_{0,t}$ und $b_t = b_{1,t}$. Detailliert ausgearbeitet ist diese Argumentation in [Temp08]. Sie veranschaulicht den Einsatz der exponentiellen Glättung erster Ordnung beim Vorliegen eines linearen Trends.

2.2.2.3 Verfahren von Holt

Nach den Überlegungen im vorhergehenden Abschnitt wird bei der exponentiellen Glättung zweiter Ordnung die systematische Differenz $\left(b_1 \cdot \dfrac{1-\alpha}{\alpha}\right)$ der Zeitfolgen $\left(\left(y_t\right)_{t=1}^{\infty}, \left(y_t^{(1)}\right)_{t=1}^{\infty}$ und $\left(y_t^{(2)}\right)_{t=1}^{\infty}\right)$ zur Berechnung des aktuellen Achsenabschnitts und der aktuellen Steigung herangezogen. Die Anpassung der beiden die Prognose bestimmenden Größen, nämlich den Achsenabschnitt und die Steigung, erfolgt dabei durch einen einzigen Parameter, nämlich den Glättungsparameter α. Dies ist unproblematisch, sofern eine Gerade für die Prognosewerte angestrebt wird. Wird keine Gerade angestrebt, weil beispielsweise in der industriellen Praxis die Prognose schneller auf Schwankungen reagieren soll, so kann eine individuelle Anpassung von Achsenabschnitt und Steigung vorteilhaft sein. Zur Erreichung dieser Flexibilität bietet es sich an, den Achsenabschnitt und die Steigung unabhängig voneinander zu prognostizieren. In diesem Sinne schlug Holt (in [Holt57]) vor, den Achsenabschnitt und die Steigung getrennt mit einer exponentiellen Glättung 1. Ordnung zu prognostizieren. Zur Beschreibung der Formeln wird die Terminologie zur exponentiellen Glättung 2. Ordnung verwendet.

Bei der exponentiellen Glättung 2. Ordnung wird in jeder Periode eine Trendgeradengleichung prognostisiert. Da diese möglichst durch den aktuellen Beobachtungswert der Zeitfolge gehen soll, bietet es sich an, diesen als Beobachtungswert für den Achsenabschnitt der Trendgerade bei der exponentiellen Glättung 1. Ordnung zu verwenden. Da ein periodenspezifischer Achsenabschnitt prognostiziert wird, ist zu erwarten, dass der neue Prognosewert (des Achsenabschnitts) gegenüber dem der Vorperiode um die prognostizierte Steigung der Vorperiode $\left(b_t\right)$ höher ist. Diese Summe wird als letzter Prognosewert für die exponentielle Glättung 1. Ordnung verwendet. Damit berechnet sich die exponentielle Glättung 1. Ordnung für den Achsenabschnitt durch $a_t = \alpha \cdot y_t + (1-\alpha) \cdot (a_{t-1} + b_{t-1})$ für alle $t \in \mathbb{N}$, mit dem Glättungsparameter α. Bei der Steigung bietet es sich an, den letzten Prognosewert auch als Prognosewert für die exponentielle Glättung 1. Ordnung zu verwenden. Die Schätzungen des Achsenabschnitts für die aktuelle Periode t und der Vorperiode (t-1) beschreiben, wie sich die Steigung von der Periode (t-1) zur Periode t entwickelt hat. Deswegen wird ihre Differenz als Beobachtungswert für die Steigung der Trendgerade bei der exponentiellen Glättung 1. Ordnung verwendet. Damit lautet die exponentielle Glättung 1. Ordnung für die Steigung: $b_t = \beta \cdot (a_t - a_{t-1}) + (1 - \beta) \cdot b_{t-1}$ für alle $t \in \mathbb{N}$, mit dem Glättungsparameter β. Der Prognosewert wird wie bei der exponentiellen Glättung 2. Ordnung berechnet und zwar durch $p_{t+j} = a_t + b_t \cdot j$, für alle $t \in \mathbb{N}_0$ und für alle $j \in \mathbb{N}$. Das Verfahren heißt Verfahren von Holt. Es ist Bestandteil vieler Module zur Bedarfsplanung in ERP- und PPS-Systemen.

Wie bei der exponentiellen Glättung 2. Ordnung sind Startwerte vorzugeben, und das dort beschriebene Vorgehen kann angewendet werden. Gegenüber der exponentiellen Glättung 2. Ordnung ist zu erwarten, dass ungünstige Startwerte schneller korrigiert werden. Auch hier dauert die Korrektur umso länger, je kleiner die beiden Glättungsparameter α und β sind.

Für die Einstellung der Glättungsparameter darf angenommen werden, dass die Steigung relativ konstant ist, so dass sein Glättungsparameter (β) gering sein sollte; s. hierzu die Wirkung des Glättungsparameters bei der exponentiellen Glättung 1. Ordnung; nach [McTh73] sollte zur Stabilität des Verfahrens der Wert von β signifikant kleiner als der von α sein. Wie bei der Beschreibung des Verfahrens von Holt begründet worden ist, liegt der im Verfahren von Holt in Periode t berechnete Achsenabschnitt in der Nähe des Beobachtungswerts dieser Periode. Deswegen bietet es sich an, die in der industriellen Praxis bewährten Glättungsparameter bei der exponentiellen Glättung erster (bzw. auch zweiter) Ordnung zu verwenden, und damit sollte α zwischen 0,1 und 0,3 liegen. Experimente des Autors lassen vermuten, dass ein guter Wert für β bei 10% des Werts von α liegt. In [SiPP98] wird vorgeschlagen, dass α zwischen 0,02 und 0,51 mit einem vernünftigen Wert von 0,19 und β zwischen 0,005 und 0,176 mit einem vernünftigen Wert von 0,053 liegen sollte.

Das Verfahren von Holt wird nun auf die in den Beispielen dieses Abschnitts verwendete Kundennachfrage angewendet. Wie bei der Anwendung der exponentiellen Glättung zweiter Ordnung wird als Startwert für den Achsenabschnitt wieder $a_0 = 53,75$ (der Mittelwert der ersten vier Beobachtungswerte) und für die Steigung wieder $b_0 = 2,94$ (die mittlere Differenz zwischen direkt benachbarten Bedarfen) verwendet. Damit ist $p_1 = a_0 + b_0 = 53,75 + 2,94 = 56,69$ der Prognosewert der ersten Periode. Zum besseren Vergleich mit der Prognose durch die exponentielle Glättung zweiter Ordnung werden als Glättungsparameter $\alpha = 0,3$ für den Achsenabschnitt und, nach der obigen Regel, $\beta = 0,03$ für die Steigung verwendet. Damit ergeben sich für die erste Periode
$a_1 = 0,3 \cdot y_1 + 0,7 \cdot (a_0 + b_0) = 0,3 \cdot 57 + 0,7 \cdot (53,75 + 2,94) = 56,78$ und

$b_1 = 0,03 \cdot (a_1 - a_0) + 0,97 \cdot b_0 = 0,03 \cdot (56,78 - 53,75) + 0,97 \cdot 2,94 = 2,94$, weswegen der Prognosewert für die zweite Periode lautet $p_2 = a_1 + b_1 = 56,78 + 2,94 = 59,73$. Bei der exponentiellen Glättung zweiter Ordnung sind $a_1 = 56,85$ und $b_1 = 2,96$. Entsprechend ergeben sich für die zweite Periode

$a_2 = 0,3 \cdot y_2 + 0,7 \cdot (a_1 + b_1) = 0,3 \cdot 58 + 0,7 \cdot (56,78 + 2,94) = 59,21$ und

$b_2 = 0,03 \cdot (a_2 - a_1) + 0,97 \cdot b_1 = 0,03 \cdot (59,21 - 56,78) + 0,97 \cdot 2,94 = 2,93$, weswegen der Prognosewert für die dritte Periode lautet $p_3 = a_2 + b_2 = 59,21 + 2,93 = 62,14$. Bei der exponentiellen Glättung zweiter Ordnung sind $a_1 = 58,89$ und $b_1 = 2,8$.

Alle Achsenabschnitte und Steigungen zu den ersten 10 Bedarfswerten des Beispiels sind in Tabelle 2-8 angegeben. Sie enthält auch die Werte, die bei der exponentiellen Glättung zweiter Ordnung berechnet wurden, die identisch mit den Daten in Tabelle 2-6 sind. Tabelle 2-8 enthält ebenfalls die ex-post-Prognosewerte von beiden Verfahren. Die Werte zeigen, dass beide Verfahren unterschiedliche Achsenabschnitte und Steigungen berechnen und zwar selbst dann, wenn ein einheitlicher Glättungsparameter, in dem Beispiel $\alpha = \beta = 0,3$, verwendet wird.

| | | Exponentielle Glättung zweiter Ordnung mit $\alpha = 0,3$ | | | Verfahren von Holt | | | | | |
| | | | | | $\alpha = 0,3$ und $\beta = 0,03$ | | | $\alpha = 0,3$ und $\beta = 0,3$ | | |
t	y_t	a_t	b_t	p_t	a_t	b_t	p_t	a_t	b_t	p_t
1	57	56,85	2,96	56,69	56,78	2,94	56,69	56,78	2,97	56,69
2	58	58,89	2,8	59,81	59,21	2,93	59,73	59,23	2,81	59,75
3	50	55,73	1,75	61,69	58,49	2,82	62,14	58,43	1,73	62,04
4	50	53,67	1,08	57,48	57,92	2,72	61,31	57,11	0,81	60,15
5	66	60,48	2,09	54,74	62,24	2,76	60,64	60,34	1,54	57,92
6	52	57,18	1,14	62,57	61,11	2,65	65,01	58,92	0,65	61,89
7	59	58,67	1,2	58,32	62,33	2,60	63,75	59,4	0,6	59,57
8	86	73,2	3,55	59,87	71,25	2,79	64,93	67,8	2,94	60
9	55	65,66	1,6	76,75	68,33	2,62	74,05	66,02	1,52	70,74
10	83	75,28	3,01	67,25	74,57	2,73	70,96	72,18	2,91	67,54

Tabelle 2-8: y_t, a_t, b_t und p_t bei Anwendung der exponentiellen Glättung 2. Ordnung und dem Verfahren von Holt auf 10 Monatsbedarfe von Stühlen und jeweils mit einem Startwert für den Achsenabschnitt von 53,75 und für die Steigung von 2,94 mit den angegebenen Glättungsparametern

Alle Bedarfswerte und alle ex-post-Prognosewerte nach dem Verfahren von Holt mit dem Glättungsparameter $\alpha = 0,3$ und $\beta = 0,03$ sowie $\alpha = \beta = 0,3$ wie auch der exponentiellen Glättung 2. Ordnung mit $\alpha = 0,3$ sind graphisch in Abbildung 2-16 dargestellt; um deren zeitliche Entwicklung klarer aufzuzeigen und deren Abweichungen deutlicher zu kennzeichnen sind die Einzelwerte durch Geraden miteinander verbunden.

Das Verfahren von Holt ist keine optimale Lösung des Optimierungsproblems, dessen Lösung die exponentielle Glättung 2. Ordnung ist. Mit der Konvergenz der exponentiellen Glättung 1. Ordnung bei abnehmendem Glättungsparameter gegen eine Konstante kann gezeigt werden, dass das Verfahren von Holt bei abnehmenden Glättungsparametern gegen eine Gerade (g) konvergiert, und die zu erwartende Streuung der Prognosefehler um diese Gerade g konvergiert gegen seinen kleinsten möglichen Wert. Damit liefern sehr geringe Glättungsparameter bei einem stationären Zeitfolgenverlauf im Mittel die besten Werte; es sei betont, dass damit, wie bei den anderen Verfahren auch, der Peitscheneffekt verhindert wird. Es sei angemerkt, dass aus der oben vorgestellten Relevanz über die Einstellung der Startwerte folgt, dass sie bei sehr geringen Glättungsparametern sehr gut einzustellen sind.

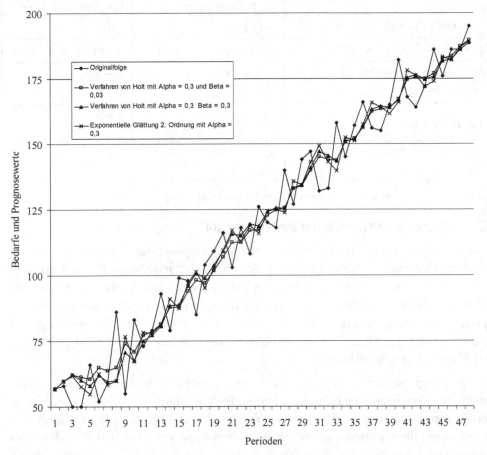

Abbildung 2-16: Bedarfswerte und Verfahren von Holt für Stühle über die letzten 48 Monate mit $\alpha = 0,3$ und $\beta = 0,03$ sowie $\alpha = \beta = 0,3$ wie auch der exponentiellen Glättung 2. Ordnung mit $\alpha = 0,3$ und zwar jeweils mit einem Startwert für den Achsenabschnitt von 53,75 und für die Steigung von 2,94

2.2.2.4 Nicht linearer Trend

Jedes in diesem Abschnitt beschriebene Verfahren P zur Prognose eines linearen Bedarfsverlaufs kann auch auf eine nicht lineare Bedarfsfolge angewendet werden, wenn deren Prognosemodell durch eine Variablentransformation in eine lineare Form überführt werden kann. Einige Beispiele für linearisierbare Funktionen sind in Tabelle 2-9 aufgeführt. Hat eine Bedarfsfolge eine linearisierbare Funktion (f) als Prognosemodell und ist F die Transformationsfunktion, die f in eine lineare Funktion überführt, dann wird F auf die Bedarfsfolge angewendet. Die dadurch erhaltene neue Bedarfsfolge wird durch P prognostiziert, wodurch eine Prognosefolge entsteht. Durch Anwendung von F^{-1} auf diese Prognosefolge entsteht die Prognosefolge für die ursprüngliche Bedarfsfolge.

Funktion	Transformation	Linearisierte Form
Exponentialfunktion: $y = a \cdot e^{b \cdot x}$	$\ln(y)$	$\ln(a) + b \cdot x$
Potenzfunktion: $y = a \cdot x^{b}$	$\ln(y)$ und $x^{*} = \ln(x)$	$\ln(a) + b \cdot x^{*}$
Logarithmische Funktion: $y = a + b \cdot \ln(x)$	$x^{*} = \ln(x)$	$a + b \cdot x^{*}$
Hyperbel: $y = a + \dfrac{b}{x}$	$x^{*} = \dfrac{1}{x}$	$a + b \cdot x^{*}$
Polynom 2. Ordnung: $y = a + b \cdot x + c \cdot x^{2}$	$x^{*} = x^{2}$	$a + b \cdot x + c \cdot x^{*}$

Tabelle 2-9:   Beispiele für linearisierbare Funktionen

2.2.3 Saisonal schwankender Bedarfsverlauf

Bei einer saisonalen Nachfrage existiert ein Nachfragemuster, welches sich alle N Perioden wiederholt. In dem bereits im Abschnitt 2.1 erwähnten Beispiel zu Gartentischen, dessen Bedarfe in Abbildung 2-17 erneut visualisiert und in Tabelle 2-10 aufgeführt sind, liegen in den Sommerquartalen (d.h. in den zweiten Quartalen eines Jahres) deutlich höhere Nachfragen vor (s. Abbildung 2-17), weswegen in diesem Fall sich das Muster innerhalb eines Jahres wiederholt, und N ist 4. Deshalb wird N als Saisonzykluslänge bezeichnet.

Für die Prognose einer Zeitreihe existieren verschiedene konzeptionell unterschiedliche Verfahren. Wichtige konzeptionelle Vorgehensweisen sind die Zeitreihendekomposition, das Verfahren von Winters und die multiple lineare Regressionsrechnung. Sie basieren auf unterschiedlichen Prognosemodellen. In jedem Fall besteht ein solches Prognosemodell aus einem Teil ohne saisonalen Einfluss $\left(y_{t}^{oS} \right)$ und einem Teil mit saisonalem Einfluss $\left(s_{t} \right)$. Bei der Zeitreihendekomposition und dem Verfahren von Winters lautet das Prognosemodell im Prinzip $y_{t}^{oS} \cdot s_{t}$ und bei der multiplen linearen Regressionsrechnung im Prinzip $y_{t}^{oS} + s_{t}$. Dabei liegt für y_{t}^{oS}

eines der genannten Prognosemodelle für einen regelmäßigen Bedarfsverlauf ohne saisonalen Einfluss vor.

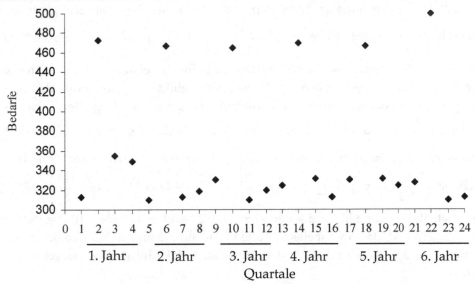

Abbildung 2-17: Bedarfsverlauf für Gartentische über die letzten 24 Quartale

2.2.3.1 Zeitreihendekomposition

Bei der Zeitreihendekomposition wird angenommen, dass sich bei einer Bedarfsfolge die Periodenbedarfe mit einem saisonalen Einfluss von denen ohne einen saisonalen Einfluss durch einen Faktor unterscheiden. Deswegen werden durch eine Zeitreihendekomposition so genannte Saisonfaktoren für jede Periode ermittelt. Mit ihnen wird der saisonale Einfluss eliminiert, wodurch eine neue Bedarfsfolge $\left(y_t^s\right)_{t=1}^{\infty}$ entsteht, deren ex-post-Prognose zu $\left(p_t^s\right)_{t=1}^{\infty}$ führt. Durch Multiplikation der Prognosewerte $\left(p_t^s\right)$ mit den Saisonfaktoren ergibt sich die ex-post-Prognose der Ausgangszeitfolge und entsprechend die zur Ausgangszeitfolge gehörenden ex-ante-Prognosewerte.

Bestimmung von Saisonfaktoren

Als Ansatz für $\left(y_t^s\right)_{t=1}^{\infty}$ wird in der Literatur ein so genannter zentrierter gleitender Durchschnitt verwendet, dessen Gliedanzahl gerade die Länge des Saisonzyklus ist. Dadurch werden, wie beim gleitenden Durchschnitt, N Bedarfswerte aufsummiert. Zentriert soll dabei bedeuten, dass die Perioden zu diesen Bedarfswerten eine mittlere Periode t haben; d.h. es existiert ein k, so dass die N Bedarfswerte zu den Perioden (t-k), (t-k+1), ..., t, ..., (t+k-1) und (t+k) gehören. Dies ist bei einem ungeraden N möglich, da $k = \dfrac{N-1}{2}$ gesetzt werden kann. Dann wird der zentrierte gleitende Durchschnitt zur Periode t durch $tc_t = \dfrac{1}{2 \cdot k + 1} \cdot \sum_{j=t-k}^{t+k} y_j$ berechnet. Ist jedoch

N gerade, so wird $k = \dfrac{N}{2}$ gesetzt und die Bedarfe in den beiden Rand-Perioden (t-

k) und (t+k) werden nur zur Hälfte betrachtet. Daher ist der zentrierte gleitende

Durchschnitt zur Periode t eben $tc_t = \dfrac{1}{2 \cdot k} \cdot \left(\dfrac{1}{2} \cdot y_{t-k} + \sum\limits_{j=t-k+1}^{t+k-1} y_j + \dfrac{1}{2} \cdot y_{t+k} \right)$. Für endlich

viele Beobachtungswerte ist zu beobachten, dass für die ersten und die letzten k

Perioden kein zentrierter gleitender Durchschnitt gebildet werden kann, da dann

nicht genügend Beobachtungswerte vorliegen. Für die Bedarfsfolge der Gartenti-

sche ist $k = \dfrac{4}{2} = 2$ und der zentrierte gleitende Durchschnitt kann ab der Periode 3

und bis zur Periode 22 berechnet werden. Beispielsweise wird er für Periode 3

durch: $tc_3 = \dfrac{1}{2 \cdot 2} \cdot \left(\dfrac{1}{2} \cdot y_{3-2} + \sum\limits_{j=3-2+1}^{3+2-1} y_j + \dfrac{1}{2} \cdot y_{3+2} \right) = \dfrac{1}{4} \cdot \left(\dfrac{313}{2} + 473 + 355 + 349 + \dfrac{310}{2} \right) = 372\dfrac{1}{8}$

berechnet; alle Werte, d.h. für die Perioden 3 bis 22 sind in Tabelle 2-10 angegeben

– es sei angemerkt, dass in Tabelle 2-10 alle Werte auf die zweite Nachkommastelle

gerundet worden sind und dass stets mit den Originalwerten weitergerechnet

wird.

Die Division der Bedarfe (y_t) durch diese zentrierten gleitenden Durchschnitte

(tc_t) führt zu dem ersten Vorschlag für Saisonfaktoren (s_t^*), also formal $s_t^* = \dfrac{y_t}{tc_t}$.

Für das Beispiel sind sie in Tabelle 2-10 angegeben. Das Beispiel zeigt, dass ihre

Werte sich nicht alle 4 Perioden wiederholen. Dies ist aber bei einem Saisonzyklus

von 4 Perioden zu fordern. So wird allgemein bei einem Saisonzyklus von N Pe-

rioden ein einheitlicher Saisonfaktor s_i für die Perioden i, $i+N$, $i+2 \cdot N$, ... be-

nötigt, weswegen $1 \leq i \leq N$ gilt. Liegt eine endliche Realisation y_1, y_2, ..., y_T der

Länge T (mit $T \geq N$) von der Zeitfolge vor, so ist, für jedes $1 \leq i \leq N$, $i + \chi_i \cdot N$ mit

$\chi_i = \min \{ \chi \in \mathbb{N}; i + \chi \cdot N > T \} - 1$ die letzte zu berücksichtigende Periode; für das Bei-

spiel sind T = 24 sowie $\chi_1 = 5$, $\chi_2 = 5$, $\chi_3 = 5$ und $\chi_4 = 5$. Als einheitlicher Saison-

faktor für i bietet sich der Mittelwert der Saisonfaktoren zu den Perioden i, $i+N$,

$i + 2 \cdot N$, ... $i + \chi_i \cdot N$ an. Da für die ersten und die letzten k Perioden kein zentrier-

ter gleitender Durchschnitt gebildet werden kann, lautet der Mittelwert

$\overline{s}_i = \dfrac{1}{\chi_i} \cdot \sum\limits_{j=0}^{\chi_i} s_{i+j \cdot N}^*$; für das Beispiel befinden sich diese Werte in Tabelle 2-10. Um die-

se Saisonfaktoren sinnvoll interpretieren zu können, muss ihre Summe über N

Perioden gleich N sein. In vielen Anwendungen ist jedoch sein Mittelwert von eins

verschieden; in dem Beispiel lautet dieser 4,02. Die Division von $\overline{s}_i$ durch diesen

Mittelwert ergeben Saisonfaktoren s_i, deren Summe N ist, weswegen von einer Normalisierung gesprochen wird. Formal berechnen sie sich durch

$$s_i = \frac{\overline{s}_i}{\frac{1}{N} \cdot \sum_{i=1}^{N} \overline{s}_i}, \text{ für alle } 1 \le i \le N. \text{ Mit } s_i = s_{i+k \cdot N}, \text{ für alle } k \in \mathbb{N} \text{ bzw. } 1 \le k \le \chi_i, \text{ liegen}$$

Saisonfaktoren für jede Periode t vor; für das Beispiel befinden sie sich in Tabelle 2-10.

Quartal t	1	2	3	4	5	6	7	8
y_t	313	473	355	349	310	467	313	319
tc_t			372,13	371	365	356	354,75	357
s_t^*			0,95	0,94	0,85	1,31	0,88	0,89
$\overline{s}_t$	0,897	1,317	0,908	0,898				
s_t	0,893	1,311	0,903	0,893	0,893	1,311	0,903	0,893
Quartal t	9	10	11	12	13	14	15	16
y_t	330	465	310	320	325	470	331	313
tc_t	356,38	356,13	355,63	355,63	358,88	360,63	360,38	360,63
s_t^*	0,93	1,31	0,87	0,9	0,91	1,3	0,92	0,87
s_t	0,893	1,311	0,903	0,893	0,893	1,311	0,903	0,893
Quartal t	17	18	19	20	21	22	23	24
y_t	330	467	331	325	327	500	310	313
tc_t	360,25	361,75	362,88	366,63	368,13	364		
s_t^*	0,92	1,29	0,91	0,89	0,89	1,37		
s_t	0,893	1,311	0,903	0,893	0,893	1,311	0,903	0,893

Tabelle 2-10:   Bedarfswerte und Zeitreihendekomposition für Gartentische über die letzten 24 Quartale (mit allen Zwischenberechnungen)

Nach der Annahme, dass der saisonale Einfluss durch einen Faktor eliminiert werden kann, liefert die Division der Beobachtungswerte durch die Saisonfaktoren die

Bedarfsfolge $\left(y_t^s\right)_{t=1}^{\infty}$ mit $y_t^s = \frac{y_t}{s_t}$, die zu prognostizieren ist; für das Beispiel ist sie,

zusammen mit der Originalbedarfsfolge, in Tabelle 2-11 angegeben – es sei angemerkt, dass in Tabelle 2-11 alle Werte auf die zweite Nachkommastelle gerundet worden sind und dass stets mit den Originalwerten weitergerechnet wird. Auf diese resultierende Bedarfsfolge wird eines der Prognoseverfahren für einen regelmäßigen und konstanten Bedarfsverlauf ohne saisonalen Einfluss angewendet,

wodurch schließlich die Prognosefolge $\left(p_t^s\right)_{t=1}^{\infty}$ entsteht. Die Multiplikation der p_t^s

mit den Saisonfaktoren ergibt die Prognosefolge $\left(p_t\right)_{t=1}^{\infty}$ für die ursprüngliche Be-

darfsfolge $\left(y_t\right)_{t=1}^{\infty}$; formal berechnen sich die Prognosewerte durch $p_t = p_t^s \cdot s_t$, für

alle $t \in \mathbb{N}$.

Konstanter Bedarfsverlauf

In dem Beispiel hat die um den saisonalen Einfluss bereinigte Bedarfsfolge einen (regelmäßigen und) konstanten Bedarfsverlauf; s. Abbildung 2-18 und Tabelle 2-11. Die Ergebnisse ihrer Prognose durch den 6-periodischen gleitenden Durchschnitt und durch die exponentielle Glättung erster Ordnung mit α = 0,1 und einen Startwert von 350 befinden sich ebenfalls in Abbildung 2-18 und Tabelle 2-11. Die Multiplikation dieser beiden Prognosefolgen mit den (periodenspezifischen) Saisonfaktoren ist in Tabelle 2-11 angegeben und in Abbildung 2-19 visualisiert.

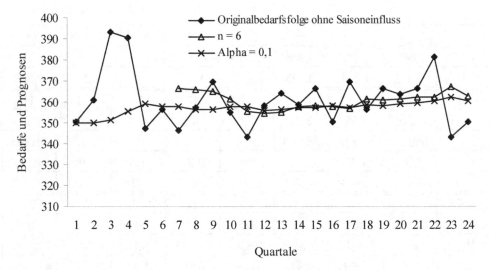

Abbildung 2-18: Die zu den Bedarfswerten für Gartentische über die letzten 24 Quartale um den saisonalen Einfluss bereinigte Bedarfsfolge und ihre Prognose durch den 6-periodischen gleitenden Durchschnitt und die exponentielle Glättung erster Ordnung mit α = 0,1 und einen Startwert von 350

Quartal t	1	2	3	4	5	6	7	8
y_t	313	473	355	349	310	467	313	319
y_t^s	350,63	360,88	393	390,67	347,27	356,31	346,5	357,09
p_t^s, n = 6							366,46	365,77
p_t							331,03	326,76
Fehler							-18,03	-7,76
p_t^s, $\alpha = 0{,}1$	350	350,06	351,15	355,33	358,86	357,71	357,57	356,46
p_t	312,44	458,82	317,19	317,43	320,35	468,83	322,99	318,44
Fehler	0,56	14,18	37,81	31,57	-10,35	-1,83	-9,99	0,56
Quartal t	9	10	11	12	13	14	15	16
y_t	330	465	310	320	325	470	331	313
y_t^s	369,67	354,78	343,18	358,21	364,07	358,6	366,43	350,37
p_t^s, n = 6	365,14	361,25	355,27	354,59	354,91	357,83	358,09	357,54
p_t	325,95	473,48	320,92	316,77	316,82	469	323,46	319,41
Fehler	4,05	-8,48	-10,92	3,23	8,18	1	7,54	-6,41
p_t^s, $\alpha = 0{,}1$	356,52	357,84	357,53	356,1	356,31	357,08	357,24	358,15
p_t	318,26	469,01	322,96	318,11	318,07	468,02	322,7	319,95
Fehler	11,74	-4,01	-12,96	1,89	6,93	1,98	8,3	-6,95
Quartal t	17	18	19	20	21	22	23	24
y_t	330	467	331	325	327	500	310	313
y_t^s	369,67	356,31	366,43	363,81	366,31	381,48	343,18	350,37
p_t^s, n = 6	356,81	361,23	360,91	361,3	362,17	362,15	367,34	362,92
p_t	318,52	473,45	326,01	322,76	323,3	474,66	331,82	324,21
Fehler	11,48	-6,45	4,99	2,24	3,7	25,34	-21,82	-11,21
p_t^s, $\alpha = 0{,}1$	357,38	358,61	358,38	359,18	359,64	360,31	362,43	360,5
p_t	319,02	470,01	323,73	320,87	321,05	472,25	327,39	322,05
Fehler	10,98	-3,01	7,27	4,13	5,95	27,75	-17,39	-9,05

Tabelle 2-11: Bedarfswerte für Gartentische über die letzten 24 Quartale, ihre um den saisonalen Einfluss bereinigte Bedarfsfolge sowie deren Prognose durch den 6-periodischen gleitenden Durchschnitt und die exponentielle Glättung erster Ordnung mit $\alpha = 0{,}1$ und einen Startwert von 350 und schließlich die jeweilige Gesamtprognose mit Prognosefehler

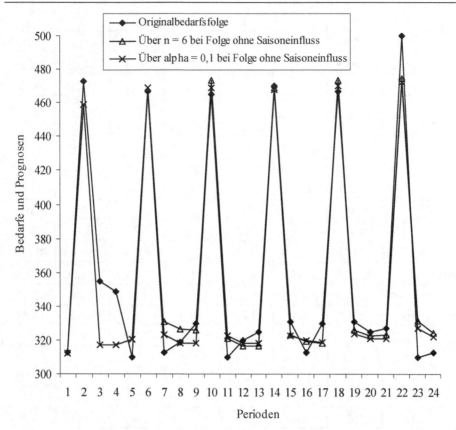

Abbildung 2-19: Bedarfswerte für Gartentische über die letzten 24 Quartale sowie ihre Prognose basierend auf der Prognose ihrer um den saisonalen Einfluss bereinigten Bedarfsfolge durch den 6-periodischen gleitenden Durchschnitt und die exponentielle Glättung erster Ordnung mit α = 0,1 und einen Startwert von 350

Trendförmiger Bedarfsverlauf

Die Anwendung der Zeitreihendekomposition bei einem regelmäßigen und trendförmigen Zeitfolgenverlauf führt zu einer um den saisonalen Einfluss bereinigten Zeitfolge $\left(y_t^s \right)_{t=1}^{\infty}$, die den Trend der Originalzeitfolge enthält, während die Saisonfaktoren, einen regelmäßigen und konstanten Bedarfsverlauf aufweisen. Als Beispiel diene der Bedarf an Gartenstühlen über 24 Quartale, der in Tabelle 2-12 angegeben und Abbildung 2-20 visualisiert ist. Tabelle 2-12 enthält die Zeitreihendekomposition mit allen Zwischenschritten. Zur Betonung der Wichtigkeit der Normalisierung der Saisonfaktoren sei erwähnt, dass in diesem Beispiel die Summe der $\overline{s}_i$, also $\overline{s}_1 + \overline{s}_2 + \overline{s}_3 + \overline{s}_4$, sogar nur 3,89 beträgt. Abbildung 2-21 visualisiert den Bedarfsverlauf des Bedarfs an Gartenstühlen ohne saisonalen Einfluss. Auf diese Bedarfsfolge könnte eines der Prognoseverfahren für einen regelmäßigen und linearen Bedarfsverlauf ohne saisonalen Einfluss angewendet werden, nämlich die n-periodische lineare Regressionsrechnung, die exponentielle Glättung 2. Ordnung oder das Verfahren von Holt, wodurch schließlich die Prognosefolge $\left(p_t^s\right)_{t=1}^{\infty}$ entsteht. Die Multiplikation der p_t^s mit den Saisonfaktoren ergibt dann auch hier die Prognosefolge $\left(p_t\right)_{t=1}^{\infty}$ für die ursprüngliche Bedarfsfolge $\left(y_t\right)_{t=1}^{\infty}$. Konkret vorgestellt wird die Gesamtprognose der p_t, die sich über die Prognose der p_t^s durch die exponentielle Glättung 2. Ordnung ergibt, und zwar im Rahmen der Vorstellung des Verfahrens von Winters.

Quartal t	1	2	3	4	5	6	7	8
y_t	139	260	151	63	62	221	224	183
tc_t			143,63	129,13	133,38	157,5	182,63	201,5
s_t^*			1,051	0,488	0,465	1,403	1,227	0,908
$\overline{s}_t$	0,654	1,306	1,122	0,802				
s_t	0,674	1,345	1,156	0,826	0,674	1,345	1,156	0,826
y_t^s	206,37	193,37	130,66	76,25	92,05	164,37	193,82	221,49
Quartal t	9	10	11	12	13	14	15	16
y_t	143	291	261	213	174	312	229	151
tc_t	214,88	223,25	230,88	237,38	236	224,25	219,38	229,5
s_t^*	0,666	1,304	1,131	0,897	0,737	1,391	1,044	0,658
s_t	0,674	1,345	1,156	0,826	0,674	1,345	1,156	0,826
y_t^s	212,31	216,43	225,84	257,8	258,34	232,05	198,15	182,76
Quartal t	17	18	19	20	21	22	23	24
y_t	197	370	390	371	231	444	423	354
tc_t	256,88	304,5	336,25	349,75	363,13	365,13		
s_t^*	0,767	1,215	1,16	1,061	0,636	1,216		
s_t	0,674	1,345	1,156	0,826	0,674	1,345	1,156	0,826
y_t^s	292,49	275,19	337,46	449,03	342,97	330,22	366,01	428,46

Tabelle 2-12: Bedarfswerte und Zeitreihendekomposition für Gartenstühle über die letzten 24 Quartale (mit allen Zwischenberechnungen) sowie die um den saisonalen Einfluss bereinigten Bedarfswerte für Gartenstühle

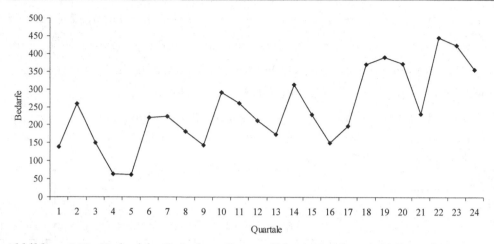

Abbildung 2-20: Verlauf der Bedarfe an Gartenstühlen in den letzten 24 Quartalen

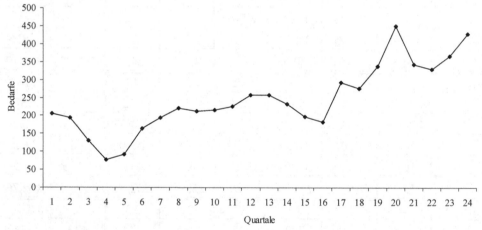

Abbildung 2-21: Verlauf der Bedarfe an Gartenstühlen in den letzten 24 Quartalen ohne saisonalen Einfluss

2.2.3.2 Exponentielle Glättung

Wie bei der Entwicklung eines Prognoseverfahrens dargestellt wurde, wird ein stationärer Bedarfsverlauf vorausgesetzt. Er impliziert einen stationären Verlauf der Saisonkomponenten. Folglich ist es günstig, dass sich die Saisonfaktoren bei der Zeitreihendekomposition im Zeitverlauf nicht ändern; es sei an dieser Stelle auch an die Bemerkungen zur Einstellung von Prognoseverfahren erinnert.

In der industriellen Praxis wird jedoch gerne eine Veränderung der Bedarfsfolge im Allgemeinen – gegenüber der Annahme eines stationären Bedarfsverlaufs – und der Saisonfaktoren im Speziellen unterstellt. Hierin wird ein Nachteil der Zeitreihendekomposition gesehen. Zu seiner Behebung bietet sich ein nach dem Prinzip der exponentiellen Glättung arbeitendes Verfahren an, da diese Verfahren durch eine geeignete Wahl des bzw. der Glättungsparameter die Bedarfswerte der jüngeren Vergangenheit stärker gewichten. Deswegen ist es naheliegend, die Saisonfaktoren ebenfalls einer exponentiellen Glättung zu unterziehen. Da nach der Zeitreihendekomposition die Saisonfaktoren keinen linearen Trend besitzen können, ist als Prognoseverfahren für die Saisonfaktoren die exponentielle Glättung 1. Ordnung anzuwenden. Dies erfordert einen Beobachtungswert und einen Prognosewert. Aufgrund der Zeitreihendekomposition ist der aktuelle Beobachtungswert bestimmt durch $s_t = \dfrac{y_t}{y_t^s}$. Da der prognostizierte Saisonfaktor die Prognose $\left(p_t^s\right)$

eines Bedarf $\left(y_t^s\right)$ verändern soll und wegen der Abweichungen zwischen y_t^s und

p_t^s wird statt y_t^s ihre Prognose verwendet, so dass $s_t = \dfrac{y_t}{p_t^s}$ der Beobachtungswert

ist. Der Prognosewert (in diesem Verfahren) ist der Saisonfaktor der Vorperiode. Wegen einer Saisonzykluslänge von N ist zu einer Periode t die Vorperiode eben (t – N). Wie bei der Zeitreihendekomposition ist zu erwarten, dass durch die exponentielle Glättung der Saisonfaktoren die Summe dieser Saisonfaktoren über die letzten N Perioden ungleich N ist. Ausgehend von einem normalisierten Saisonfaktor $\left(s_t\right)$ berechnet die exponentielle Glättung 1. Ordnung einen nicht-

normalisierten Saisonfaktor $\left(\overline{s}_t\right)$ durch $\overline{s}_t = \gamma \cdot \dfrac{y_t}{p_t^s} + \left(1-\gamma\right) \cdot s_{t-N}$, für alle t > N und

den Glättungsparameter γ. Für die Normalisierung wird das Vorgehen bei der Zeitreihendekomposition übertragen, so dass in der Periode t die Saisonfaktoren der letzten N Perioden einen Durchschnittswert von eins haben. Dazu sind die letzten N Saisonfaktoren (s_t, s_{t-1}, ..., s_{t-N+1}) zu aktualisieren. Dies erfolgt eben

durch $s_{t-j} = \dfrac{\overline{s}_{t-j}}{\dfrac{1}{N} \cdot \sum\limits_{i=t-N+1}^{t} \overline{s}_i}$, für alle $0 \le j < N$; es sei angemerkt, dass dadurch der Sai-

sonfaktor für die Periode t N-mal aktualisiert wird. Wegen der Saisonzykluslänge von N werden im Grunde N exponentielle Glättungen 1. Ordnung durchgeführt; nämlich bezogen auf eine Anfangsperiode i, mit $1 \le i \le N$, für die Perioden i, i+N, i+2·N, ... Dies erfordert N Startwerte, nämlich für die Saisonfaktoren s_i, für alle $1 \le i \le N$. Sie lassen sich durch die Zeitreihendekomposition ermitteln.

Dadurch wird in jeder Periode t der Saisonfaktor für Periode t unter Berücksichtigung des Beobachtungswerts in Periode t neu berechnet. Dies führt zu einer simultanen Durchführung von der Berechnung der Saisonfaktoren $\left(s_t\right)$ und der Prognose der um den saisonalen Einfluss bereinigten Beobachtungswerte $\left(y_t^s\right)$. Demgegenüber zerlegt die Zeitreihendekomposition die Gesamtprognose in mehrere Phasen. Im Detail werden die Saisonfaktoren $\left(\left(s_t\right)_{t=1}^{\infty}\right)$ zunächst verbindlich festgelegt. Mit ihnen wird dann die um den saisonalen Einfluss bereinigte Zeitfolge

$\left(\left(y_t^s \right)_{t=1}^{\infty} \right)$ bestimmt, die ihrerseits prognostiziert wird, wodurch $\left(p_t^s \right)_{t=1}^{\infty}$ entsteht. Durch Multiplikation des Prognosewerts p_t^s mit dem Saisonfaktor s_t für jede Periode t ergibt sich dann die Gesamtprognose $\left(p_t \right)_{t=1}^{\infty}$. Für die simultane Berechnung sind im Detail in jeder Periode t ein oder mehrere Werte y_k^s über die Beziehung

$y_k^s = \dfrac{y_k}{s_k}$ (wobei s_k ein aktueller Saisonfaktor und y_k ein aktueller Beobachtungs-

wert ist) zu berechnen. Eine Prognose liefert den Prognosewert p_t^s, und, wie oben, den Gesamtprognosewert p_t durch $p_t = p_t^s \cdot s_t$. Für diese Prognose ist jedes Prognoseverfahren für einen regelmäßigen Bedarfsverlauf ohne saisonalen Einfluss anwendbar. Bei dem n-periodischen gleitenden Durchschnitt und der n-periodischen linearen Regressionsrechnung sind dabei in jeder Periode n Beobachtungswerte, nämlich y_t^s, y_{t-1}^s, ..., y_{t-n+1}^s neu zu berechnen, was die Rechenzeit dieser Verfahren weiter erhöht. Am Beispiel der Anwendung der exponentiellen Glättung 1. Ordnung für die Prognose von y_t^s sei diese simultane Berechnung präzisiert. In diesem Fall lautet folglich die Bestimmungsgleichung für die exponentielle Glättung 1. Ordnung $p_{t+1}^s = \alpha \cdot \dfrac{y_t}{s_t} + (1-\alpha) \cdot p_t^s$.

Als Beispiel diene erneut der Bedarf an Gartentischen pro Quartal, der in Tabelle 2-13 wiedergegeben ist. Als Startwerte für die exponentielle Glättung der vier Saisonfaktoren werden die in Tabelle 2-10 genannten Saisonfaktoren aufgrund der Zeitreihendekomposition verwendet, also $s_{-3} = 0{,}893$, $s_{-2} = 1{,}311$, $s_{-1} = 0{,}903$ und $s_0 = 0{,}893$, und wegen der relativ starken Schwankung der Saisonfaktoren in Tabelle 2-10 bietet sich jeweils ein hoher Glättungsparameter an, weswegen jeweils 0,3 verwendet wird. Für die Glättung der um den saisonalen Einfluss bereinigten Bedarfsfolge $\left(y_t^s \right)_{t=1}^{\infty}$ wird als Startwert (wiederum) $p_t^s = 350$ und als Glättungsparameter (wiederum) 0,1 verwendet. Generell wird in diesem Beispiel jeweils auf die zweite Nachkommastelle, bei Saisonfaktoren auf die dritte Nachkommastelle, gerundet und, wie bisher auch, wird mit den Originalwerten weitergerechnet; dies gilt auch für die Beispielrechnung.

Für die erste Periode ergeben sich damit

- für den nicht-normalisierten Saisonfaktor: $\overline{s_1} = \gamma \cdot \dfrac{y_1}{p_1^s} + (1-\gamma) \cdot s_{1-4}$

  $\overline{s_1} = 0{,}3 \cdot \dfrac{313}{350} + (1-0{,}3) \cdot 0{,}893 = 0{,}893$

- für die Normalisierung der Saisonfaktoren durch $s_{t-j} = \dfrac{\bar{s}_{t-j}}{\frac{1}{4} \cdot \sum_{i=t-4+1}^{t} \bar{s}_i}$ für alle

$0 \le j < 4$ mit $\dfrac{1}{4} \cdot \sum_{i=1-4+1}^{1} \bar{s}_i = \dfrac{1}{4} \cdot \sum_{i=-2}^{1} \bar{s}_i = \dfrac{1}{4} \cdot (0{,}893 + 1{,}311 + 0{,}903 + 0{,}893) = 1$ ergeben

sich: $s_1 = \dfrac{0{,}893}{1} = 0{,}893$ und für die Aktualisierung der anderen Saisonfaktoren

werden die Startwerte verwendet und zwar für die Formel $\bar{s}_2 = s_{-2}$, $\bar{s}_3 = s_{-1}$ und $\bar{s}_4 = s_0$, (sowie $s_{-3} = s_1$) und umgekehrt, also sind $s_2 = 1{,}311$, $s_3 = 0{,}903$ und $s_4 = 0{,}893$.

- für den Prognosewert $p_{1+1}^s = 0{,}1 \cdot \dfrac{313}{0{,}893} + (1 - 0{,}1) \cdot 350 = 350{,}05$

- für den Prognosewert p_2 ist der Saisonfaktor der Periode 2 zu verwenden, also nach den in Periode 1 berechneten Saisonfaktoren $s_2 = 1{,}311$. Damit ist $p_2 = p_{1+1}^s \cdot s_2 = 350{,}05 \cdot 1{,}311 = 458{,}74$.

Für die zweite, dritte und vierte Periode ist die Transformation der Bezeichnungen $\bar{s}_1 = s_{-3}$, $\bar{s}_2 = s_{-2}$, $\bar{s}_3 = s_{-1}$ und $\bar{s}_4 = s_0$ zu beachten. Exemplarisch ergeben sich für die zweite Periode

- für den nicht-normalisierten Saisonfaktor: $\bar{s}_2 = \gamma \cdot \dfrac{y_2}{p_2^s} + (1 - \gamma) \cdot s_{2-4}$

$\bar{s}_2 = 0{,}3 \cdot \dfrac{473}{350{,}05} + (1 - 0{,}3) \cdot 1{,}311 = 1{,}323$

- für die Normalisierung der Saisonfaktoren durch $s_{t-j} = \dfrac{\bar{s}_{t-j}}{\frac{1}{4} \cdot \sum_{i=t-4+1}^{t} \bar{s}_i}$ für alle

$0 \le j < 4$ mit $\dfrac{1}{4} \cdot \sum_{i=1-4+1}^{1} \bar{s}_i = \dfrac{1}{4} \cdot \sum_{i=-2}^{1} \bar{s}_i = \dfrac{1}{4} \cdot (0{,}893 + 1{,}323 + 0{,}903 + 0{,}893) = 1{,}003$ ergeben

sich: $s_2 = \dfrac{1{,}323}{1{,}003} = 1{,}319$, $s_1 = \dfrac{0{,}893}{1{,}003} = 0{,}89$, $s_3 = \dfrac{0{,}903}{1{,}003} = 0{,}9$ und   schließlich

$s_4 = \dfrac{0{,}893}{1{,}003} = 0{,}891$

- für den Prognosewert $p_{2+1}^s = 0{,}1 \cdot \dfrac{473}{1{,}319} + (1 - 0{,}1) \cdot 350{,}05 = 350{,}91$

- für den Prognosewert p_3 ist der Saisonfaktor der Periode 3 zu verwenden, also nach den in Periode 2 berechneten Saisonfaktoren $s_3 = 0{,}9$. Damit ist $p_3 = p_3^s \cdot s_3 = 350{,}91 \cdot 0{,}9 = 351{,}98$.

In Tabelle 2-13 befinden sich alle weiteren Ergebnisse und zwar pro Periode t der Bedarfswert y_t, der Bedarfswert y_t^s, der Prognosewert p_t^s, der nicht normalisierte Saisonfaktor $\bar{s}_t$, die aktuellen normierten vier Saisonfaktoren, die zur Vereinfachung durch s_1, s_2, s_3 und s_4 bezeichnet werden (für eine konkrete Periode t berechnet sich das relevante i, mit $1 \leq i \leq N$, durch die Beziehung $t = i + k \cdot N$, wodurch sich der für diese Periode aktuelle Saisonfaktor s_t ergibt), der Prognosewert p_t und schließlich der Prognosefehler e_t. Graphisch sind die Prognosewerte und Bedarfswerte in Abbildung 2-22 dargestellt. Zum Vergleich mit dem nach dem Prinzip der Zeitreihendekomposition arbeitenden Verfahren enthält Abbildung 2-22 die in Abbildung 2-19 visualisierte Prognose, bei der die um den saisonalen Einfluss bereinigte Bedarfsfolge durch die exponentielle Glättung erster Ordnung mit $\alpha = 0{,}1$ und einen Startwert von 350 prognostiziert worden ist; um deren zeitliche Entwicklung klarer aufzuzeigen und deren Abweichungen deutlicher zu kennzeichnen sind die Einzelwerte durch Geraden miteinander verbunden.

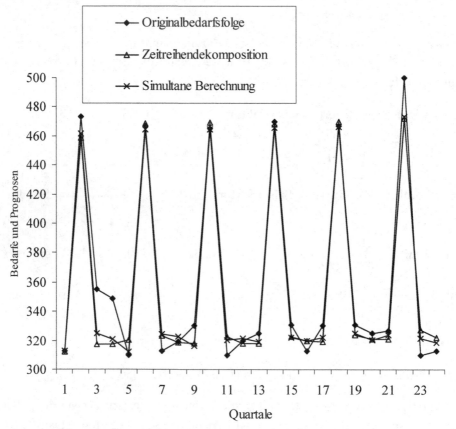

Abbildung 2-22: Bedarfswerte für Gartentische über die letzten 24 Quartale sowie ihre simultane Prognose und ihre Prognose über die Zeitdekomposition und die exponentielle Glättung 1. Ordnung mit den im Text dargestellten Parametern

Quartal t	1	2	3	4	5	6	7	8
y_t	313	473	355	349	310	467	313	319
y_t^s	350,48	358,69	383,33	379,74	354,46	358,99	344,27	350,56
p_t^s	350	350,05	350,91	354,15	356,71	356,49	356,74	355,49
$\overline{s}_t$	0,893	1,323	0,934	0,914	0,874	1,302	0,906	0,906
s_1	0,893	0,89	0,883	0,876	0,874	0,874	0,877	0,877
s_2	1,311	1,319	1,308	1,298	1,299	1,301	1,305	1,306
s_3	0,903	0,9	0,926	0,919	0,92	0,918	0,909	0,91
s_4	0,893	0,891	0,883	0,907	0,907	0,907	0,909	0,907
p_t	312,44	458,74	315,98	312,77	312,57	462,91	327,75	323,29
e_t	0,56	14,26	39,02	36,23	-2,57	4,09	-14,75	-4,29
Quartal t	9	10	11	12	13	14	15	16
y_t	330	465	310	320	325	470	331	313
y_t^s	370,99	357,25	345,36	356,36	362,23	359,67	366,54	345,97
p_t^s	355	356,6	356,66	355,53	355,62	356,28	356,62	357,61
$\overline{s}_t$	0,893	1,302	0,895	0,904	0,899	1,308	0,905	0,892
s_1	0,89	0,889	0,892	0,892	0,897	0,896	0,894	0,895
s_2	1,301	1,302	1,305	1,306	1,304	1,307	1,304	1,306
s_3	0,906	0,906	0,898	0,898	0,896	0,895	0,903	0,905
s_4	0,903	0,903	0,905	0,904	0,903	0,902	0,899	0,894
p_t	311,45	463,93	323,22	321,89	317,26	464,45	319,33	321,64
e_t	18,55	1,07	-13,22	-1,89	7,74	5,55	11,67	-8,64
Quartal t	17	18	19	20	21	22	23	24
y_t	330	467	331	325	327	500	310	313
y_t^s	365,61	358,2	364,59	358,45	362,26	379,44	348,31	351,19
p_t^s	356,45	357,36	357,44	358,16	358,19	358,6	360,68	359,44
$\overline{s}_t$	0,905	1,304	0,909	0,895	0,904	1,327	0,887	0,884
s_1	0,902	0,902	0,901	0,899	0,903	0,896	0,899	0,9
s_2	1,303	1,304	1,301	1,3	1,298	1,318	1,322	1,324
s_3	0,903	0,902	0,908	0,907	0,906	0,899	0,89	0,891
s_4	0,892	0,892	0,89	0,894	0,893	0,887	0,889	0,885
p_t	319,23	465,63	322,55	318,74	322,22	465,62	324,36	319,68
e_t	10,77	1,37	8,45	6,26	4,78	34,38	-14,36	-6,68

Tabelle 2-13: Bedarfswerte für Gartentische über die letzten 24 Quartale und die im Text erläuterten Größen y_t, y_t^s, p_t^s, $\overline{s}_t$, s_1, s_2, s_3, s_4, p_t und e_t

2.2.3.3 Verfahren von Winters

Beim Vorliegen eines linearen Trends kann als ein nach dem Prinzip der exponentiellen Glättung arbeitendes Verfahren die exponentielle Glättungen 2. Ordnung und das Verfahren von Holt angewendet werden. Es ist nun naheliegend, die Prognose der Saisonfaktoren durch die exponentielle Glättung 1. Ordnung direkt in das Verfahren von Holt zu integrieren. Dies führte zu dem Verfahren von Winters.

Grundlage des Verfahrens von Winters (s. [Wint60]) ist, dass der Bedarf um eine Gerade schwankt und der saisonale Einfluss über Saisonfaktoren $\left(s_t\right)$ multiplikativ eingeht, so dass der Bedarf der Gleichung $y_t = \left(\beta_0 + \beta_0 \cdot t\right)\cdot s_t + \varepsilon_t$ genügt. Das dazugehörende Optimierungsproblem, Minimiere $\sum_{k=1}^{n} e_k^2 = \sum_{k=1}^{n}(y_k - p_k)^2$, gegebenenfalls mit gewichteten Fehlerquadraten, wird nicht durch das Verfahren von Winters gelöst. Wie bereits angesprochen, handelt es sich um eine naheliegende Erweiterung des Verfahrens von Holt. So werden die Achsenabschnitte, die Steigungen und die Saisonfaktoren getrennt voneinander mit einer exponentiellen Glättung 1. Ordnung prognostiziert. Die Prognose des Achsenabschnitts nach dem Verfahren von Holt lautet: $a_t = \alpha \cdot y_t + \left(1 - \alpha\right)\cdot\left(a_{t-1} + b_{t-1}\right)$, wobei α der Glättungsparameter ist. Aufgrund der Überlegungen zur Zeitreihendekomposition wird die Bedarfsfolge $\left(y_t^s\right)_{t=1}^{\infty}$ mit $y_t^s = \dfrac{y_t}{s_t}$ prognostiziert. Somit sollte $\dfrac{y_t}{s_t}$ als Beobachtungswert verwendet werden. Wegen der Prognose der Saisonfaktoren ist s_t sein Prognosewert. Da dieser für die Periode t noch zu berechnen ist, wird der letzte verfügbare prognostizierte Saisonfaktor verwendet. Er liegt einen vollen Saisonzyklus mit der Länge N zurück. Deswegen lautet die exponentielle Glättung 1. Ordnung für den Achsenabschnitt: $a_t = \alpha \cdot \dfrac{y_t}{s_{t-N}} + \left(1 - \alpha\right)\cdot\left(a_{t-1} + b_{t-1}\right)$ für alle $t \in \mathbb{N}$, mit dem Glättungsparameter α. Da der Achsenabschnitt in die Prognose der Steigung in dem Verfahren von Holt eingeht, berücksichtigt diese bereits einen saisonalen Einfluss. Damit darf die exponentielle Glättung 1. Ordnung für die Steigung in dem Verfahren von Holt übernommen werden. Mit dem Glättungsparameter β lautet sie: $b_t = \beta \cdot \left(a_t - a_{t-1}\right) + \left(1 - \beta\right)\cdot b_{t-1}$ für alle $t \in \mathbb{N}$. Die oben vorgestellte Anwendung der exponentiellen Glättung 1. Ordnung auf die Saisonfaktoren wird nun übertragen. Dazu ist in $\overline{s}_t = \gamma \cdot \dfrac{y_t}{p_t^s} + \left(1 - \gamma\right)\cdot s_{t-N}$ der Beobachtungswert geeignet zu wählen. Da in jeder Periode eine Trendgleichung prognostiziert wird, ist zu erwarten, dass der für Periode t berechnete Achsenabschnitt a_t in der Nähe des Prognosewerts p_t^s liegt; bei p_t^s handelt es sich um die Prognose des um den saisonalen Einfluss bereinigten Bedarfs y_t – also die Prognose zu y_t^s. Damit werden die nicht-normalisierten Saisonfaktoren durch die exponentielle Glättung 1. Ordnung berechnet durch $\bar{s}_t = \gamma \cdot \dfrac{y_t}{a_t} + (1-\gamma) \cdot s_{t-N}$ für alle $t \in \mathbb{N}$ und den Glättungsparameter γ. Die Normalisierung erfolgt wieder durch $s_t = \dfrac{\bar{s}_t}{\dfrac{1}{N} \cdot \displaystyle\sum_{i=t-N+1}^{t} \bar{s}_i}$.

Da der saisonale Einfluss multiplikativ eingeht (s. das oben genannte Optimierungsproblem), berechnen sich die Prognosewerte durch $p_{t+j} = (a_t + b_t \cdot j) \cdot s_{t+j-N}$ für alle $t \in \mathbb{N}$ und für alle $j \in \mathbb{N}$.

Für dieses Verfahren werden Startwerte für die N Saisonfaktoren $(s_1, ..., s_N)$ sowie den Achsenabschnitt (a_0) und die Steigung (b_0) für die um den saisonalen Einfluss bereinigte Trendgerade benötigt. Mit diesen ist $p_1 = (a_0 + b_0) \cdot s_1$ der Startwert für die Prognose bzw. $p_j = (a_0 + b_0 \cdot j) \cdot s_j$ für alle $j \in \mathbb{N}$ sind die ersten Prognosewerte. Die Startwerte für die N Saisonfaktoren lassen sich durch die oben vorgestellte Zeitreihendekomposition berechnen.

Da das Verfahren von Winters so interpretiert werden kann, dass das Verfahren von Holt auf die Bedarfe y_t^s angewendet wird, wird das beim Verfahren von Holt (bzw. der exponentiellen Glättung 2. Ordnung) vorgeschlagene Vorgehen zur Bestimmung der Startwerte für den Achsenabschnitt und die Steigung auf die Bedarfe y_t^s angewendet. Auch die Überlegungen zur Festlegung der Glättungsparameter (α und β) beim Verfahren von Holt dürfen für diese beiden Glättungsparameter im Verfahren von Winters übernommen werden. Da die Saisonfaktoren keinen linearen Trend aufweisen, darf sein Glättungsparameter wie bei der exponentiellen Glättung 1. Ordnung eingestellt werden. In [SiPP98] wird vorgeschlagen, dass γ zwischen 0,05 und 0,5 liegen sollte, und 0,1 wird als ein vernünftiger Wert angesehen.

Auf die oben vorgestellte Bedarfsfolge der Gartenstühle über 24 Quartale wird nun das Verfahren von Winters angewendet. Dazu werden Startwerte für den Achsenabschnitt (a_0) und die Steigung (b_0) benötigt. Da es sich um die Parameter der Trendgeraden zu der Bedarfsfolge der Gartenstühle ohne saisonalen Einfluss, also der y_t^s, die in Tabelle 2-12 angegeben sind, handelt, können diese gewonnen werden, indem durch die lineare Regressionsrechnung eine Ausgleichsgerade durch diese 24 Bedarfe gelegt wird; dazu ist die 24-periodische lineare Regressionsrechnung auf $\left(y_t^s\right)_{t=1}^{24}$ anzuwenden. Ihr Achsenabschnitt beträgt 104,3 und ihre Steigung 11,27. Generell wird auch in diesem Beispiel jeweils auf die zweite Nachkommastelle, bei Saisonfaktoren auf die dritte Nachkommastelle, gerundet und, wie bisher auch, wird mit den Originalwerten weitergerechnet; dies gilt auch für die Beispiel-rechnung. Wegen dem Verlauf der Bedarfsfolge $\left(y_t^s\right)_{t=1}^{24}$ werden als Glättungspa-rameter $\alpha = 0,2$ und $\beta = 0,1$ verwendet. Als Startwerte für die exponentielle Glät-tung der vier Saisonfaktoren werden die in Tabelle 2-12 genannten Saisonfaktoren aufgrund der Zeitreihendekomposition verwendet, also $s_{-3} = 0,674$, $s_{-2} = 1,345$, $s_{-1} = 1,156$, $s_0 = 0,826$, und wegen der relativ starken Schwankung der Saisonfak-toren ohne Normalisierung in Tabelle 2-12 bietet sich jeweils ein hoher Glättungs-parameter an, weswegen jeweils $\gamma = 0,3$ verwendet wird. Für die erste Periode ergeben sich damit

- für den Achsenabschnitt: $a_1 = \alpha \cdot \dfrac{y_1}{s_{1-4}} + (1-\alpha) \cdot (a_{1-1} + b_{1-1}) = \alpha \cdot \dfrac{y_1}{s_{-3}} + (1-\alpha) \cdot (a_0 + b_0)$

$$a_1 = 0,2 \cdot \frac{139}{0,674} + (1-0,2) \cdot (104,3 + 11,27) = 133,73$$

- für die Steigung: $b_1 = \beta \cdot (a_1 - a_{1-1}) + (1-\beta) \cdot b_{1-1} = \beta \cdot (a_1 - a_0) + (1-\beta) \cdot b_0$

$$b_1 = 0,1 \cdot (133,73 - 104,3) + (1-0,1) \cdot 11,27 = 13,09$$

- für den nicht-normalisierten Saisonfaktor: $\overline{s}_1 = \gamma \cdot \dfrac{y_1}{a_1} + (1-\gamma) \cdot s_{1-4}$

$$\overline{s}_1 = 0,3 \cdot \frac{139}{133,73} + (1-0,3) \cdot 0,674 = 0,783$$

- für die Normalisierung der Saisonfaktoren durch $s_{t-j} = \dfrac{\overline{s}_{t-j}}{\dfrac{1}{4} \cdot \sum\limits_{i=t-4+1}^{t} \overline{s}_i}$ für alle

$0 \le j < 4$ mit $\dfrac{1}{4} \cdot \sum\limits_{i=1-4+1}^{1} \overline{s}_i = \dfrac{1}{4} \cdot \sum\limits_{i=-2}^{1} \overline{s}_i = \dfrac{1}{4} \cdot (0,783 + 1,345 + 1,155 + 0,826) = 1,0275$ erge-

ben sich: $s_1 = \dfrac{0,783}{1,027} = 0,762$ und für die Aktualisierung der anderen Saisonfak-toren werden die Startwerte verwendet und zwar für die Formel $\overline{s}_2 = s_{-2}$,

$\overline{s}_3 = s_{-1}$ und $\overline{s}_4 = s_0$, und umgekehrt, also sind $s_2 = \dfrac{1,345}{1,027} = 1,309$,

$s_3 = \dfrac{1,155}{1,027} = 1,125$ und $s_4 = \dfrac{0,826}{1,027} = 0,804$.

- für den Prognosewert $p_{1+1} = (a_1 + b_1 \cdot 1) \cdot s_{1+1-4} = (a_1 + b_1) \cdot s_{-2}$

$$p_2 = (133,73 + 13,09) \cdot 1,309 = 192,12.$$

Für die zweite, dritte und vierte Periode ist die Transformation der Bezeichnungen $\overline{s}_1 = s_{-3}$, $\overline{s}_2 = s_{-2}$, $\overline{s}_3 = s_{-1}$ und $\overline{s}_4 = s_0$ zu beachten. Exemplarisch ergeben sich für die zweite Periode

- für den Achsenabschnitt: $a_2 = 0,2 \cdot \dfrac{260}{1,3086} + (1-0,2) \cdot (133,73+13,09) = 157,19$

- für die Steigung: $b_2 = 0,1 \cdot (157,18-133,73) + (1-0,1) \cdot 13,09 = 14,12$

- für den nicht-normalisierten Saisonfaktor: $\overline{s}_2 = 0,3 \cdot \dfrac{260}{157,18} + (1-0,3) \cdot 1,309 = 1,412$

- für die Normalisierung der Saisonfaktoren durch $s_{2-j} = \dfrac{\overline{s}_{2-j}}{\dfrac{1}{4} \cdot \sum\limits_{i=2-4+1}^{2} \overline{s}_i}$ für alle

$0 \le j < 4$ mit $\dfrac{1}{4} \cdot \sum\limits_{i=-1}^{2} \overline{s}_i = \dfrac{1}{4} \cdot (0,762+1,412+1,125+0,804) = 1,026$ sind

$s_1 = \dfrac{0,762}{1,026} = 0,743$, $s_2 = \dfrac{1,412}{1,026} = 1,377$, $s_3 = \dfrac{1,125}{1,026} = 1,096$ und

$s_4 = \dfrac{0,804}{1,026} = 0,784$.

- für den Prognosewert $p_3 = (157,18+14,12) \cdot 1,096 = 187,83$.

Alle weiteren Ergebnisse befinden sich in Tabelle 2-14. Im Detail enthält diese pro Periode t den Bedarfswert y_t, den Achsenabschnitt a_t, die Steigung b_t, den nicht-normalisierten Saisonfaktor $\overline{s}_t$, die aktuellen normierten vier Saisonfaktoren, die zur Vereinfachung durch s_1, s_2, s_3 und s_4 bezeichnet werden (für eine konkrete Periode t berechnet sich das relevante i, mit $1 \le i \le N$, durch die Beziehung $t = i + k \cdot N$), den Prognosewert p_t und schließlich den Prognosefehler e_t. Eine graphische Darstellung der Bedarfe und der Prognose befindet sich in Abbildung 2-23; um deren zeitliche Entwicklung klarer aufzuzeigen und deren Abweichungen deutlicher zu kennzeichnen sind die Einzelwerte durch Geraden miteinander verbunden.

Quartal t	1	2	3	4	5	6	7	8
y_t	139	260	151	63	62	221	224	183
a_t	133,73	157,19	164,59	158,29	151,79	159,06	174,52	199,01
b_t	13,09	14,12	13,45	11,48	9,68	9,44	10,04	11,48
$\overline{s}_t$	0,783	1,412	1,043	0,676	0,666	1,452	1,175	0,775
s_1	0,762	0,743	0,753	0,776	0,685	0,689	0,682	0,671
s_2	1,309	1,377	1,395	1,438	1,479	1,462	1,445	1,423
s_3	1,125	1,096	1,057	1,089	1,12	1,128	1,161	1,143
s_4	0,804	0,784	0,795	0,697	0,716	0,721	0,712	0,763
p_t	77,84	192,12	187,83	141,46	131,8	238,79	190,03	131,5
e_t	61,16	67,88	-36,83	-78,46	-69,8	-17,79	33,97	51,5
Quartal t	9	10	11	12	13	14	15	16
y_t	143	291	261	213	174	312	229	151
a_t	211,02	218,96	229,48	247,9	259,46	261,71	257,6	250,43
b_t	11,54	11,18	11,11	11,84	11,81	10,86	9,36	7,71
$\overline{s}_t$	0,673	1,394	1,147	0,796	0,673	1,335	1,077	0,754
s_1	0,673	0,677	0,678	0,674	0,673	0,683	0,697	0,709
s_2	1,422	1,404	1,405	1,396	1,396	1,356	1,384	1,406
s_3	1,143	1,151	1,148	1,14	1,14	1,158	1,1	1,118
s_4	0,762	0,768	0,769	0,79	0,791	0,803	0,819	0,767
p_t	141,27	316,51	264,82	184,9	174,96	378,77	315,65	218,74
e_t	1,73	-25,51	-3,82	28,1	-0,96	-66,77	-86,65	-67,74
Quartal t	17	18	19	20	21	22	23	24
y_t	197	370	390	371	231	444	423	354
a_t	262,09	268,93	291,4	339,15	348,75	355,45	368,06	388,41
b_t	8,1	7,98	9,43	13,26	12,89	12,27	12,31	13,11
$\overline{s}_t$	0,722	1,394	1,183	0,856	0,683	1,315	1,146	0,863
s_1	0,719	0,721	0,709	0,691	0,684	0,689	0,689	0,685
s_2	1,402	1,397	1,374	1,34	1,343	1,324	1,323	1,317
s_3	1,114	1,116	1,164	1,135	1,137	1,145	1,146	1,14
s_4	0,765	0,766	0,753	0,834	0,836	0,842	0,842	0,858
p_t	182,99	378,82	309,11	226,65	243,64	485,6	421,06	320,16
e_t	14,01	-8,82	80,89	144,35	-12,64	-41,6	1,94	33,84

Tabelle 2-14:   Bedarfswerte für Gartenstühle über die letzten 24 Quartale und die im Text erläuterten Größen y_t, a_t, b_t, $\overline{s}_t$, s_1, s_2, s_3, s_4 und p_t sowie e_t

Als Alternative wird auf die Bedarfsfolge der Gartenstühle ohne saisonalen Einfluss, also der y_t^s, die in Tabelle 2-12 angegeben sind, die exponentielle Glättung 2. Ordnung mit den oben genannten Startwerten für den Achsenabschnitt von 104,3 und für die Steigung von 11,27 sowie dem Glättungsparameter $\alpha = 0,2$ angewendet. Die Ergebnisse p_t^s befinden sich in Tabelle 2-15. Mit den Saisonfaktoren s_t aus Tabelle 2-12 ergeben sich durch die Multiplikation $p_t = p_t^s \cdot s_t$ die Gesamtprognosewerte. Tabelle 2-15 enthält auch die Bedarfsfolge der Gartenstühle und den Prognosefehler. Auch hier wird jeweils auf die zweite Nachkommastelle, bei Saisonfaktoren auf die dritte Nachkommastelle, gerundet und, wie bisher auch, wird mit den Originalwerten weitergerechnet. Eine graphische Darstellung der Prognose befindet sich in Abbildung 2-23; um deren zeitliche Entwicklung klarer aufzuzeigen und deren Abweichungen deutlicher zu kennzeichnen sind die Einzelwerte durch Geraden miteinander verbunden.

Quartal t	1	2	3	4	5	6	7	8
y_t	139	260	151	63	62	221	224	183
y_t^s	206,37	193,37	130,66	76,25	92,05	164,37	193,82	221,49
p_t^s	115,57	163,16	190,15	182,46	153,71	138,53	155,88	179,11
s_t	0,674	1,345	1,156	0,826	0,674	1,345	1,156	0,826
p_t	77,84	219,38	219,76	150,75	103,53	186,26	180,15	147,98
e_t	61,16	40,62	-68,76	-87,75	-41,53	34,74	43,85	35,02
Quartal t	9	10	11	12	13	14	15	16
y_t	330	465	310	320	325	470	331	313
y_t^s	212,31	216,43	225,84	257,8	258,34	232,05	198,15	182,76
p_t^s	205,63	219,56	229,84	239,64	258,15	270,2	266,92	249,86
s_t	0,674	1,345	1,156	0,826	0,674	1,345	1,156	0,826
p_t	138,5	295,21	265,63	198	173,87	363,29	308,48	206,44
e_t	4,5	-4,21	-4,63	15	0,13	-51,29	-79,48	-55,44
Quartal t	17	18	19	20	21	22	23	24
y_t	197	370	390	371	231	444	423	354
y_t^s	292,49	275,19	337,46	449,03	342,97	330,22	366,01	428,46
p_t^s	230,72	260,45	273,83	307,36	374,65	378,27	374,07	383,95
s_t	0,674	1,345	1,156	0,826	0,674	1,345	1,156	0,826
p_t	155,4	350,18	316,47	253,94	252,34	508,59	432,32	317,22
e_t	41,6	19,82	73,53	117,06	-21,34	-64,59	-9,32	36,78

Tabelle 2-15: Bedarfswerte für Gartenstühle über die letzten 24 Quartale und die im Text erläuterten Größen y_t, y_t^s, p_t^s, s_t und p_t sowie e_t

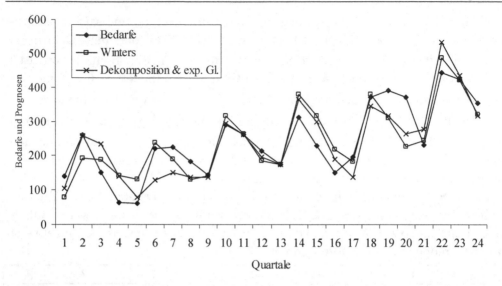

Abbildung 2-23: Verlauf der Bedarfe an Gartenstühlen in den letzten 24 Quartalen mit ihrer Prognose nach dem Verfahren von Winters und über die Zeitdekomposition und der Prognose der um den saisonalen Einfluss bereinigten Bedarfsfolge durch die exponentielle Glättung 2. Ordnung mit den im Text genannten Initialisierungen und Glättungsparametern

Die Forderung nach einer schnellen Anpassung eines Prognoseverfahrens auf Änderungen in der Bedarfsfolge, die zu den nach dem Prinzip der exponentiellen Glättung arbeitenden Prognoseverfahren führte, wird in der industriellen Praxis für die Saisonfaktoren deswegen nicht als erfüllt angesehen, weil jeder Saisonfaktor erst nach einem vollen Saisonzyklus erneut aktualisiert wird (nämlich im Rahmen der Berechnung der nicht normalisierten Saisonfaktoren) und dadurch grundlegende Änderungen des Saisonmusters erst spät erkannt werden. Eine schnellere Anpassung lässt sich durch eine erneute Berechnung sämtlicher Saisonfaktoren nach jeder Periode erreichen. Harrison schlug 1967 ein Verfahren dazu vor; s. [Harr67].

In der Literatur (s. beispielsweise [SiPP98]) wird gegen die dargestellten Methoden der Saisonprognose mit Saisonfaktoren eingewandt, dass insbesondere bei einem niedrigen Niveau der Zeitfolge und einem vergleichsweise hohen Anteil der irregulären Komponente Instabilitäten auftreten können. Hauptsächlich verantwortlich dafür ist, dass für einen Saisonfaktor jeweils nur wenige Bedarfswerte verfügbar sind. Eine Alternative zu den dargestellten Methoden der Saisonprognose mit Saisonfaktoren ist die multiple lineare Regressionsrechnung. Sie ermittelt den Zusammenhang zwischen einer abhängigen und mehreren unabhängigen Variablen und erlaubt dadurch eine direkte Aufnahme des Einflusses der Saisonkomponente ins Prognosemodell und zwar im Sinne der Woldschen Zerlegung. Für die Erläuterung der multiplen linearen Regressionsrechnung siehe u.A. [Herr09a], und für ihre Anwendung zur Prognose einer Bedarfsfolge mit einem saisonalen Einfluss

[Temp08]. Die Anwendung der multiplen linearen Regressionsrechnung ist auch dann vorteilhaft, wenn der saisonale Einfluss einem Trend unterliegt; eine solche Situation liegt beispielsweise vor, wenn bei einer Bedarfsfolge mit einem regelmäßigen und konstanten Bedarfsverlauf in jeder 4. Periode ein um $s_{4 \cdot t}$ höherer Bedarfswert vorliegt und diese Folge $\left(s_{4 \cdot t} \right)_{t=1}^{\infty}$ einen linearen Trend aufweist.

2.3 Sporadischer Bedarfsverlauf

Ein sporadischer Bedarfsverlauf ist durch einen hohen Anteil an Perioden ohne Bedarf gekennzeichnet. Ein Beispiel mit einem prozentualen Anteil an Perioden ohne Bedarf von 68% ist in Abbildung 2-24 angegeben. Die im Vergleich zu den bisher betrachteten Bedarfsverläufen ungewöhnliche Struktur von sporadischen Bedarfsverläufen wird dadurch deutlich, dass ein sporadischer Bedarfsverlauf häufig einer Poissonverteilung genügt. Besonders häufig ist diese diskrete Verteilung anzutreffen, wenn die Nachfrage von einer großen Anzahl voneinander unabhängiger Abnehmer stammt und diese Einzelaufträge eine einheitliche Menge besitzen. Es sei erwähnt, dass diese Beobachtung im Bestandsmanagement ausgenutzt werden wird.

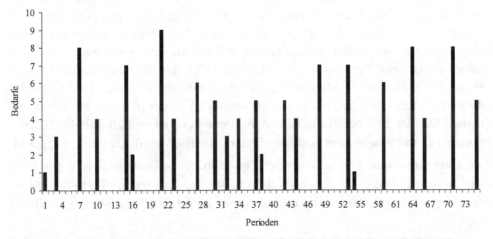

Abbildung 2-24: Beispiel für eine Zeitfolge mit einem sporadischen Bedarfsverlauf

Sporadische Bedarfe entstehen durch die Losbildung in der Bedarfsplanung. Beispielsweise geht ein Produkt K in ein Produkt E ein. Die Bedarfe für E sind in Tabelle 2-16 angegeben, und damit hat E einen regelmäßigen und konstanten Bedarfsverlauf. Eine Losbildung mit einer festen Reichweite von fünf Perioden bewirkt, dass bei einem Horizont von 15 Perioden in den Perioden 1, 6 und 11 die in Tabelle 2-16 angegebenen Lose aufgesetzt werden. Diese Lose sind gleichzeitig die Bedarfe für die Komponente K. Dadurch hat K in den Perioden 2 bis 5, 7 bis 10 und 12 bis 15 keinen Bedarf. Es liegt also ein sporadischer Bedarf mit einem prozentualen Anteil an Perioden ohne Bedarf von 80% vor. Ein weiterer Grund für Perioden ohne Bedarf kann eine zu kleine Periodengröße sein. Beispielsweise könnte nur an wenigen Tagen ein Bedarf vorliegen. Hätte jede Woche wenigstens einen Bedarf, so treten bei einer wochenweisen Betrachtung keine Perioden ohne Bedarf vor. Deswegen ist der Übergang zu längeren Perioden ein gutes Mittel, um die Anzahl an Perioden ohne Bedarf signifikant zu reduzieren oder sogar auszuschließen. Hat ein Produkt nur eine kleine Anzahl an potentiellen Kunden, so kann ebenfalls ein sporadischer Bedarf auftreten.

Periode	1	2	3	4	5	6	7	8	9	10	11	12	13	14	15
Bedarf E	85	75	82	79	78	83	75	77	81	82	80	79	73	81	83
Los E / Bedarf K	399					398					396				

Tabelle 2-16: Beispiel für einen sporadischen Bedarf aufgrund von einer Losbildung

2.3.1 Verfahrensansätze

Die in der Literatur diskutierten Prognoseverfahren für einen sporadischen Bedarfsverlauf basieren im Kern auf zwei Ansätzen. Der eine Ansatz basiert auf einer Zerlegung der Bedarfe in seine Komponenten „Anzahl an Aufträgen" und „Bedarfsmenge je Auftrag". Diese Komponenten werden getrennt prognostiziert, und die Prognose der Periodenbedarfsmenge für die nächste Periode erfolgt durch die Multiplikation dieser beiden Komponenten. Beim anderen, hier weiter verfolgten, Ansatz werden zwei Zeitfolgen betrachtet: Die Folge der Abstände zwischen zwei aufeinanderfolgenden Perioden mit einem echt positiven Bedarf und die Folge der Bedarfe. Es wird somit zwischen den Dimensionen Zeitpunkt und Menge unterschieden. Für das in Abbildung 2-24 angegebene Beispiel enthält Tabelle 2-17 die Perioden (τ) mit einem echt positiven Bedarf, die (Bedarfs-) Abstände (x_τ) zwischen zwei direkt aufeinanderfolgenden Perioden, die jeweils einen echt positiven Bedarf besitzen (sind τ und τ' zwei direkt aufeinanderfolgende Perioden mit einem echt positiven Bedarf, so ist und $x_\tau = \tau - \tau'$), und die Bedarfe (y_τ) in diesen Perioden.

Zeitpunkte (τ)	1	3	7	10	15	16	21	23	27	30	32	34
Abstände (x_τ)		2	4	3	5	1	5	2	4	3	2	2
Bedarfe (y_τ)	1	3	8	4	7	2	9	4	6	5	3	4
Zeitpunkte (τ)	37	38	42	44	48	53	54	59	64	66	71	75
Abstände (x_τ)	3	1	4	2	4	5	1	5	5	2	5	4
Bedarfe (y_τ)	5	2	5	4	7	7	1	6	8	4	8	5

Tabelle 2-17: Beispiel für eine Zeitfolge mit einem sporadischen Bedarfsverlauf

Es ist nun naheliegend, die Folge der Bedarfsabstände und die Folge der echt positiven Bedarfe direkt aufeinanderfolgender Perioden zu prognostizieren. Haben die beiden Folgen einen regelmäßigen Zeitfolgenverlauf, was in der industriellen Praxis in der Regel der Fall sein dürfte, so kann eines der hier vorgestellten Prognoseverfahren angewendet werden. Im obigen Beispiel haben beide Folgen einen regelmäßigen und konstanten Bedarfsverlauf. Ihre Prognosen erfolgten mit der exponentiellen Glättung erster Ordnung mit dem gemeinsamen Glättungsparameter 0,3, da relativ hohe Schwankungen der Beobachtungswerte vorliegen. Die Prognose der Folge der echt positiven Bedarfe direkt aufeinanderfolgender Perioden erfolgte mit dem Startwert 2 und ist in Abbildung 2-25 dargestellt; die konkreten Einzelwerte befinden sich in Tabelle 2-18. Generell werden die Einzelwerte auf die zweite Nachkommastelle gerundet und es wird mit den Originalwerten weitergerechnet, die auch in Abbildung 2-25 aufgetragen sind. Bei der Prognose der Folge der Bedarfsabstände wurde der Startwert 3 verwendet und ist in Abbildung 2-26 angegeben; die konkreten Einzelwerte befinden sich in Tabelle 2-19.

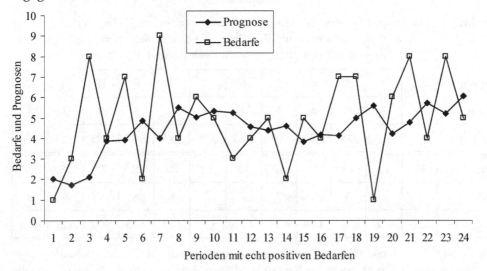

Abbildung 2-25: Beispiel für eine Zeitreihe mit einem sporadischen Bedarfsverlauf – Folge der echt positiven Bedarfe und ihre Prognose durch die exponentielle Glättung 1. Ordnung mit dem Glättungsparameter 0,3 und dem Startwert von 2

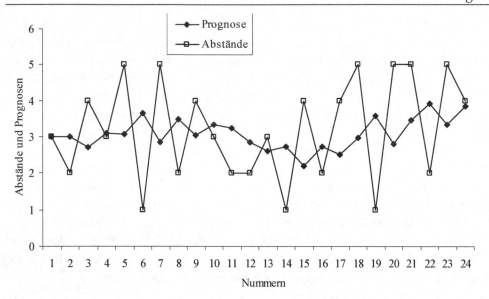

Abbildung 2-26: Beispiel für eine Zeitreihe mit einem sporadischen Bedarfsverlauf – Folge der Bedarfsabstände und ihre Prognose durch die exponentielle Glättung 1. Ordnung mit dem Glättungsparameter 0,3 und dem Startwert von 3

Periode	1	2	3	4	5	6	7	8	9	10	11	12
Bedarfe	1	3	8	4	7	2	9	4	6	5	3	4
Prognose	2	1,7	2,09	3,86	3,9	4,83	3,98	5,49	5,04	5,33	5,23	4,56
Periode	13	14	15	16	17	18	19	20	21	22	23	24
Bedarfe	5	2	5	4	7	7	1	6	8	4	8	5
Prognose	4,39	4,58	3,8	4,16	4,11	4,98	5,59	4,21	4,75	5,72	5,21	6,04

Tabelle 2-18: Beispiel für eine Zeitreihe mit einem sporadischen Bedarfsverlauf – Folge der echt positiven Bedarfe und ihre Prognose durch die exponentielle Glättung 1. Ordnung mit dem Glättungsparameter 0,3 und dem Startwert von 2

Nummer	1	2	3	4	5	6	7	8	9	10	11	12
Abstände	3	2	4	3	5	1	5	2	4	3	2	2
Prognose	3	3	2,7	3,09	3,06	3,64	2,85	3,5	3,05	3,33	3,23	2,86
Nummer	13	14	15	16	17	18	19	20	21	22	23	24
Abstände	3	1	4	2	4	5	1	5	5	2	5	4
Prognose	2,6	2,72	2,21	2,74	2,52	2,96	3,58	2,8	3,46	3,92	3,35	3,84

Tabelle 2-19: Beispiel für eine Zeitreihe mit einem sporadischen Bedarfsverlauf – Folge der Bedarfsabstände und ihre Prognose durch die exponentielle Glättung 1. Ordnung mit dem Glättungsparameter 0,3 und dem Startwert von 3

Grundsätzlich ist nicht zu erwarten, dass der nächste Bedarfsabstand richtig prognostiziert wird. Typisch ist die in Abbildung 2-27 dargestellte Situation. Wie dies Beispiel zeigt, scheitert dieses Vorgehen schon alleine daran, dass die prognostizierten Bedarfe in der Regel keine natürlichen Zahlen sind; so wird in diesem Beispiel der richtige Bedarfsabstand keinmal prognostiziert; abgesehen vom gewählten Startwert. Ein Runden der prognostizierten Bedarfe führt zu einem operationell umsetzbaren Verfahren, welches als Verfahren I bezeichnet wird. In diesem Beispiel wird der richtige Bedarfsabstand nur 5-mal prognostiziert, einschließlich von dem gewählten Startwert. Somit stellt sich die Frage, wie beide Prognosen miteinander verbunden werden sollen. Hierzu existieren in der Literatur verschiedene Vorschläge.

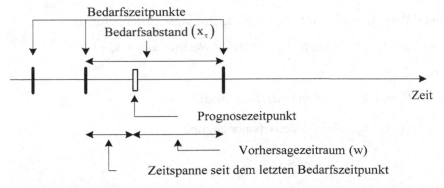

Abbildung 2-27: Modell zur Vorhersage bei sporadischem Bedarf

2.3.2 Verfahren von Croston

Der bereits 1972 publizierte Vorschlag von Croston (s. [Crost72]) basiert auf der folgenden Wahrscheinlichkeit für das Auf- bzw. nicht Auftreten eines positiven Bedarfs. Ist n die Anzahl an Perioden zwischen zwei direkt aufeinanderfolgenden Bedarfen und sind die Bedarfe in unterschiedlichen Perioden unabhängig voneinander, so kann das Auf- bzw. nicht Auftreten eines positiven Bedarfs in einer

Periode als ein Bernoulliprozess mit einer Wahrscheinlichkeit für das Auftreten von $\frac{1}{n}$ angesehen werden. Ist nun t_τ die prognostizierte Zeitspanne bis zum nächsten Auftreten eines echt positiven Bedarfs (bezogen auf eine Periode τ) und p_τ^z die prognostizierte Bedarfsmenge der nächsten Periode, die einen echt positiven Bedarf besitzt, sowie τ' die zeitlich erste Periode nach der Periode τ (also $\tau < \tau'$), in der tatsächlich ein positiver Bedarf auftritt, so schlug Croston vor, in den Perioden τ bis τ' den Bedarf $\frac{p_\tau^z}{t_\tau}$ zu prognostizieren.

Für die Prognose der p_τ^z und der t_τ schlägt Croston die exponentielle Glättung erster Ordnung mit einem gemeinsamen Glättungsparameter α vor. Dieses Verfahren wird in der industriellen Praxis häufig eingesetzt und ist Bestandteil vieler ERP- bzw. PPS-Systeme. Für seine formale Beschreibung werden für eine Periode τ die folgenden Bezeichnungen verwendet:

- x_τ bezeichnet den Abstand zwischen der aktuellen Periode τ und der letzten Periode (vor τ), die einen echt positiven Bedarf besitzt,
- y_τ bezeichnet die beobachtete Bedarfsmenge in Periode τ,
- t_τ bezeichnet die prognostizierte Zeitspanne bis zum nächsten Auftreten eines echt positiven Bedarfs (bezogen auf die Periode τ),
- p_τ^z bezeichnet die prognostizierte Bedarfsmenge der nächsten Periode, die einen echt positiven Bedarf besitzt, und
- p_τ bezeichnet die Prognosemenge für die Periode τ.

Am Ende jeder Periode τ wird nun die folgende Prognose durchgeführt:

Ist $y_\tau = 0$, so setze $t_\tau = t_{\tau-1}$ und $p_\tau^z = p_{\tau-1}^z$ sowie berechne $x_{\tau+1} = x_\tau + 1$

ansonsten berechne

- $t_\tau = \alpha \cdot x_\tau + (1-\alpha) \cdot t_{\tau-1}$ (für den Bedarfsabstand),
- $p_\tau^z = \alpha \cdot y_\tau + (1-\alpha) \cdot p_{\tau-1}^z$ (für die Bedarfsmenge) und
- $x_{\tau+1} = 1$.

$$p_{\tau+1} = \frac{p_\tau^z}{t_\tau}.$$

Für die beiden exponentiellen Glättungen erster Ordnung sind Startwerte und der gemeinsame Glättungsparameter festzulegen. Dies sollte nach den Regeln erfolgen, die bei der Erläuterung der exponentiellen Glättung erster Ordnung im Abschnitt „konstanter Bedarfsverlauf" genannt wurden.

Bei der Anwendung des Verfahrens von Croston auf die in Tabelle 2-17 dargestellte Bedarfsfolge werden die zu diesem Beispiel bereits oben ermittelten Prognosen für die echt positiven Bedarfe und die Abstände verwendet, so dass im Verfahren von Croston als Glättungsparameter 0,3 sowie als Startwert für t_τ $t_0 = 3$ und für p_τ^z $p_0^z = 2$ verwendet werden. Ferner wird eine Initialisierung für den Abstand x_τ benötigt, wobei $x_1 = 3$ gewählt wurde. Generell werden die Ergebnisse in diesem Beispiel wieder auf die zweite Nachkommastelle gerundet und mit den Original-ergebnissen wird weitergearbeitet. Mit den Startwerten lautet der erste Prognose-wert: $p_{0+1} = \dfrac{2}{3}$. Da in der ersten Periode ein echt positiver Bedarf auftritt, sind t_1 und p_1^z durch die exponentielle Glättung erster Ordnung zu prognostizieren. Also sind

$$t_1 = \alpha \cdot x_1 + (1-\alpha) \cdot t_{1-1} = 0,3 \cdot 3 + (1-0,3) \cdot 3 = 3,$$

$$p_1^z = \alpha \cdot y_1 + (1-\alpha) \cdot p_{1-1}^z = 0,3 \cdot 1 + (1-0,3) \cdot 2 = 1,7,$$

$x_2 = 1$ und

$$p_{1+1} = \frac{p_1^z}{t_1} = \frac{1,7}{3} = 0,57.$$

Da kein echt positiver Bedarf in der zweiten Periode auftritt, werden die berechne-ten Werte übernommen, also $t_2 = 3$, $p_2^z = 1,7$ und $p_3 = 0,57$, und $x_3 = x_2 + 1 = 2$ Der echt positive Bedarf in Periode 3 führt zu der Aktualisierung:

$$t_3 = \alpha \cdot x_3 + (1-\alpha) \cdot t_{3-1} = 0,3 \cdot 2 + (1-0,3) \cdot 3 = 2,7,$$

$$p_3^z = \alpha \cdot y_3 + (1-\alpha) \cdot p_{3-1}^z = 0,3 \cdot 3 + (1-0,3) \cdot 1,7 = 2,09,$$

$x_4 = 1$ und

$$p_4 = \frac{p_3^z}{t_3} = \frac{2,09}{2,7} = 0,77.$$

Alle Werte, einschließlich des auftretenden Prognosefehlers, befinden sich in Ta-belle 2-20, und die Originalergebnisse sind in Abbildung 2-28 visualisiert, wobei, um deren zeitliche Entwicklung klarer aufzuzeigen und deren Abweichungen deutlicher zu kennzeichnen, wiederum die Einzelwerte durch Geraden miteinan-der verbunden sind.

Bei dem oben angedeuteten Verfahren I werden zu prognostizierten Zeitpunkten echt positive Bedarfe, nämlich die p_τ^z, und für die anderen Perioden jeweils eine Bedarfsmenge von Null prognostiziert. Demgegenüber werden beim Verfahren von Croston die p_τ^z auf die nächsten t_τ Perioden gleichmäßig verteilt. In den Pe-rioden, in denen das Verfahren I die Perioden mit echt positiven Bedarfen trifft, verursacht es kleine Prognosefehler. In allen anderen Perioden und in denen, in denen es fälschlicherweise einen echt positiven Bedarf prognostiziert, verursacht es hohe Prognosefehler. Da die Summe aus kleinen Werten zum Quadrat höher als die Summe der Einzelquadrate ist, ist zu erwarten, dass dieses Verfahren eine schlechtere mittlere quadratische Abweichung der Prognosefehler als das Verfahren von Croston bewirkt. In dem Beispiel lautet die mittlere quadratische Abweichung der Prognosefehler 11,19, während sie beim Verfahren von Croston 6,97 beträgt.

τ	1	2	3	4	5	6	7	8	9	10	11
y_τ	1	0	3	0	0	0	8	0	0	4	0
p_τ^z	1,7	1,7	2,09	2,09	2,09	2,09	3,86	3,86	3,86	3,9	3,9
t_τ	3	3	2,7	2,7	2,7	2,7	3,09	3,09	3,09	3,06	3,06
x_τ	3	1	2	1	2	3	4	1	2	3	1
p_τ	0,67	0,57	0,57	0,77	0,77	0,77	0,77	1,25	1,25	1,25	1,27
e_τ	0,33	-0,57	2,43	-0,77	-0,77	-0,77	7,23	-1,25	-1,25	2,75	-1,27
p_τ^α	2	1,7	1,19	1,73	1,21	0,85	0,59	2,82	1,97	1,38	2,17
e_τ	-1	-1,7	1,81	-1,73	-1,21	-0,85	7,41	-2,82	-1,97	2,62	-2,17
τ	12	13	14	15	16	17	18	19	20	21	22
y_τ	0	0	0	7	2	0	0	0	0	9	0
p_τ^z	3,9	3,9	3,9	4,83	3,98	3,98	3,98	3,98	3,98	5,49	5,49
t_τ	3,06	3,06	3,06	3,64	2,85	2,85	2,85	2,85	2,85	3,5	3,5
x_τ	2	3	4	5	1	1	2	3	4	5	1
p_τ	1,27	1,27	1,27	1,27	1,33	1,4	1,4	1,4	1,4	1,4	1,57
e_τ	-1,27	-1,27	-1,27	5,73	0,67	-1,4	-1,4	-1,4	-1,4	7,6	-1,57
p_τ^α	1,52	1,06	0,74	0,52	2,46	2,32	1,63	1,14	0,8	0,56	3,09
e_τ	-1,52	-1,06	-0,74	6,48	-0,46	-2,32	-1,63	-1,14	-0,8	8,44	-3,09
τ	23	24	25	26	27	28	29	30	31	32	33
y_τ	4	0	0	0	6	0	0	5	0	3	0
p_τ^z	5,04	5,04	5,04	5,04	5,33	5,33	5,33	5,23	5,23	4,56	4,56
t_τ	3,05	3,05	3,05	3,05	3,33	3,33	3,33	3,23	3,23	2,86	2,86
x_τ	2	1	2	3	4	1	2	3	1	2	1
p_τ	1,57	1,65	1,65	1,65	1,65	1,6	1,6	1,6	1,62	1,62	1,59
e_τ	2,43	-1,65	-1,65	-1,65	4,35	-1,6	-1,6	3,4	-1,62	1,38	-1,59
p_τ^α	2,16	2,71	1,9	1,33	0,93	2,45	1,72	1,2	2,34	1,64	2,05
e_τ	1,84	-2,71	-1,9	-1,33	5,07	-2,45	-1,72	3,8	-2,34	1,36	-2,05
τ	34	35	36	37	38	39	40	41	42	43	44

Tabelle 2-20 (1. Seite)

y_τ	4	0	0	5	2	0	0	0	5	0	4
p_τ^z	4,39	4,39	4,39	4,58	3,8	3,8	3,8	3,8	4,16	4,16	4,11
t_τ	2,6	2,6	2,6	2,72	2,21	2,21	2,21	2,21	2,74	2,74	2,52
x_τ	2	1	2	3	1	1	2	3	4	1	2
p_τ	1,59	1,69	1,69	1,69	1,68	1,72	1,72	1,72	1,72	1,52	1,52
e_τ	2,41	-1,69	-1,69	3,31	0,32	-1,72	-1,72	-1,72	3,28	-1,52	2,48
p_τ^α	1,43	2,2	1,54	1,08	2,26	2,18	1,53	1,07	0,75	2,02	1,42
e_τ	2,57	-2,2	-1,54	3,92	-0,26	-2,18	-1,53	-1,07	4,25	-2,02	2,58
τ	34	35	36	37	38	39	40	41	42	43	44
y_τ	4	0	0	5	2	0	0	0	5	0	4
p_τ^z	4,39	4,39	4,39	4,58	3,8	3,8	3,8	3,8	4,16	4,16	4,11
t_τ	2,6	2,6	2,6	2,72	2,21	2,21	2,21	2,21	2,74	2,74	2,52
x_τ	2	1	2	3	1	1	2	3	4	1	2
p_τ	1,59	1,69	1,69	1,69	1,68	1,72	1,72	1,72	1,72	1,52	1,52
e_τ	2,41	-1,69	-1,69	3,31	0,32	-1,72	-1,72	-1,72	3,28	-1,52	2,48
p_τ^α	1,43	2,2	1,54	1,08	2,26	2,18	1,53	1,07	0,75	2,02	1,42
e_τ	2,57	-2,2	-1,54	3,92	-0,26	-2,18	-1,53	-1,07	4,25	-2,02	2,58
τ	45	46	47	48	49	50	51	52	53	54	55
y_τ	0	0	0	7	0	0	0	0	7	1	0
p_τ^z	4,11	4,11	4,11	4,98	4,98	4,98	4,98	4,98	5,59	4,21	4,21
t_τ	2,52	2,52	2,52	2,96	2,96	2,96	2,96	2,96	3,58	2,8	2,8
x_τ	1	2	3	4	1	2	3	4	5	1	1
p_τ	1,63	1,63	1,63	1,63	1,68	1,68	1,68	1,68	1,68	1,56	1,5
e_τ	-1,63	-1,63	-1,63	5,37	-1,68	-1,68	-1,68	-1,68	5,32	-0,56	-1,5
p_τ^α	2,19	1,53	1,07	0,75	2,63	1,84	1,29	0,9	0,63	2,54	2,08
e_τ	-2,19	-1,53	-1,07	6,25	-2,63	-1,84	-1,29	-0,9	6,37	-1,54	-2,08
τ	56	57	58	59	60	61	62	63	64	65	66
y_τ	0	0	0	6	0	0	0	0	8	0	4
p_τ^z	4,21	4,21	4,21	4,75	4,75	4,75	4,75	4,75	5,72	5,72	5,21
t_τ	2,8	2,8	2,8	3,46	3,46	3,46	3,46	3,46	3,92	3,92	3,35
x_τ	2	3	4	5	1	2	3	4	5	1	2
p_τ	1,5	1,5	1,5	1,5	1,37	1,37	1,37	1,37	1,37	1,46	1,46
e_τ	-1,5	-1,5	-1,5	4,5	-1,37	-1,37	-1,37	-1,37	6,63	-1,46	2,54
p_τ^α	1,46	1,02	0,71	0,5	2,15	1,5	1,05	0,74	0,52	2,76	1,93
e_τ	-1,46	-1,02	-0,71	5,5	-2,15	-1,5	-1,05	-0,74	7,48	-2,76	2,07

Tabelle 2-20 (2. Seite)

τ	67	68	69	70	71	72	73	74	75
y_τ	0	0	0	0	8	0	0	0	5
p_τ^z	5,21	5,21	5,21	5,21	6,04	6,04	6,04	6,04	5,73
t_τ	3,35	3,35	3,35	3,35	3,84	3,84	3,84	3,84	3,89
x_τ	1	2	3	4	5	1	2	3	4
p_τ	1,56	1,56	1,56	1,56	1,56	1,57	1,57	1,57	1,57
e_τ	-1,56	-1,56	-1,56	-1,56	6,44	-1,57	-1,57	-1,57	3,43
p_τ^α	2,55	1,79	1,25	0,88	0,61	2,83	1,98	1,39	0,97
e_τ	-2,55	-1,79	-1,25	-0,88	7,39	-2,83	-1,98	-1,39	4,03

Tabelle 2-20: Beispiel für eine Zeitreihe mit einem sporadischen Bedarfsverlauf und ihre Prognose durch das Verfahren von Croston mit dem Glättungsparameter 0,3 sowie dem Startwert 3 für t_τ, 2 für p_τ^z, 3 für x_τ und die auftretenden Prognosefehler sowie die direkte Anwendung der exponentiellen Glättung 1. Ordnung p_τ^α mit dem Glättungsparameter 0,3 und dem Startwert von 2 und sein Prognosefehler

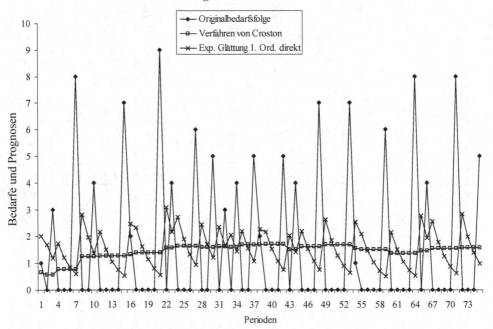

Abbildung 2-28: Beispiel für eine Zeitreihe mit einem sporadischen Bedarfsverlauf und ihre Prognose durch das Verfahren von Croston mit dem Glättungsparameter 0,3 sowie dem Startwert 3 für x_τ und 2 für p_τ^z sowie die direkte Anwendung der exponentiellen Glättung 1. Ordnung mit dem Glättungsparameter 0,3 und dem Startwert von 2

2.3.3 Verfahrensalternativen

Eine naheliegende Alternative zum Verfahren von Croston ist die direkte Anwendung der exponentiellen Glättung erster Ordnung. Mehrere aufeinanderfolgende Bedarfe von Null bewirken eine schrittweise Abnahme um $(1-\alpha)$, wegen $y_\tau^{(1)} = 0 + (1-\alpha) \cdot y_{\tau-1}^{(1)}$, wodurch der prognostizierte Bedarf einen sägezahn-ähnlichen Verlauf hat und vor allem zu erwarten ist, dass am Ende einer solchen Folge von Perioden ohne Bedarf der prognostizierte Bedarf deutlich unter dem Durchschnitt der echt positiven Bedarfe liegt. Dies lässt einen hohen Prognosfehler erwarten. Im vorliegenden Beispiel führt die direkte Anwendung der exponentiellen Glättung 1. Ordnung mit dem Glättungsparameter 0,3 und dem Startwert von 2 zu den in Tabelle 2-20 dargestellten Einzelwerten. Auch hier werden die Ergebnisse wieder auf die zweite Nachkommastelle gerundet, und mit den Originalergebnissen wird weitergearbeitet. Der Bedarfsverlauf dieser Prognose ist in Abbildung 2-28 visualisiert, und Tabelle 2-20 enthält auch die dabei auftretenden Prognosefehler. Die beiden genannten Effekte sind in Tabelle 2-20 sowie in Abbildung 2-28 gut erkennbar und führen dazu, dass die mittlere quadratische Abweichung der Prognosefehler 9,13 beträgt und klar schlechter als beim Verfahren von Croston (wo sie 6,97 beträgt) ist. Es sei angemerkt, dass der n-periodische gleitende Durchschnitt eine weitere Alternative ist, die keine Verbesserung darstellen kann, da zwischen seiner Prognosegüte und derjenigen der exponentiellen Glättung erster Ordnung ein deterministischer Zusammenhang besteht; s. den Abschnitt „konstanter Bedarfsverlauf".

Umfangreiche empirische Untersuchungen des Verfahrens von Croston in [HaCa84], [WSSD94] sowie [SiPP98] zeigen, dass seine Prognosequalität im Allgemeinen höher als die direkte Anwendung der exponentiellen Glättung erster Ordnung auf Bedarfsfolgen mit einem sporadischen Bedarfsverlauf ist.

In einem alternativen Verfahren geht Wedekind (s. [Wede68]) davon aus, dass die Bedarfsabstände einer Weibullverteilung folgen; ihre Verteilungsfunktion lautet $\Phi(x) = 1 - e^{-(\lambda \cdot x)^c}$ mit den Parametern $c > 0$ und $\lambda > 0$. Zu jedem Prognosezeitpunkt τ wird eine Entscheidung darüber getroffen, ob für den Vorhersagezeitraum w, s. Abbildung 2-27, ein echt positiver Bedarf oder eine Bedarfsmenge von Null prognostiziert werden soll. Dabei wird ein echt positiver Bedarf durch die Anwendung der exponentiellen Glättung erster Ordnung auf die Zeitreihe der tatsächlich aufgetretenen echt positiven Bedarfsmengen prognostiziert. Für die Entscheidung zwischen diesen beiden Alternativen – also, ob ein echt positiver Bedarf oder Null prognostiziert werden soll – schlägt Wedekind die Verwendung des zu erwartenden Prognosefehlers vor. Über die Berechnungsformel der exponentiellen Glättung erster Ordnung hat Wedekind eine Formel angegeben, mit der zu jedem Prognosezeitpunkt der zu erwartende Prognosefehler bei einer Prognose von Null (F_{Null}) und der zu erwartende Prognosefehler bei der Durchführung einer Prognose

$\left(F_{pos}\right)$ berechnet wird. Gilt $F_{pos} < F_{Null}$, so ist nach Wedekind immer eine Prognose durchzuführen. In [Wede68] wurde das Verfahren auf über 100 Bedarfsfolgen angewendet. Nur in 8% der Anwendungen scheiterte es, wobei Wedekind nicht erläuterte, was scheitern genau bedeutet. Statt einer Weibullverteilung kann nach Wedekind auch eine andere Wahrscheinlichkeitsverteilung angewendet werden.

Abschließend sei erwähnt, dass die Wahrscheinlichkeitsverteilung der Bedarfsmengen eines Produkts mit einem sporadischen Bedarfsverlauf zur Bedarfsprognose verwendet werden kann. Ein solches Vorgehen findet sich in [Temp08]. Eine hierfür häufig geeignete Wahrscheinlichkeitsverteilung ist die Poissonverteilung; vor allem dann, wenn die Bedarfsmengen eine einheitliche Auftragsgröße haben.

2.4 Anwendung von einem Prognoseverfahren

Für die Einstellung der Prognose in einem ERP- bzw. PPS-System ist zunächst das Prognosemodell zu bestimmen. Je nach Prognosemodell wählt ein Planer eines der erläuterten Prognoseverfahren aus. Viele ERP- und PPS-Systeme, wie das SAP®-System, bieten die in diesem Kapitel beschriebenen Prognoseverfahren an – teilweise mit leichten Modifikationen und Erweiterungen, die aber die prinzipielle Arbeitsweise nicht verändern; im Falle des SAP®-Systems sei hierzu auf [Dick09] und [DiKe10] verwiesen.

2.4.1 Parametereinstellung

Für ein ausgewähltes Prognoseverfahren sind seine Parameter festzulegen. Bei den nach dem Prinzip der Regressionsrechnung arbeitenden Verfahren ist die Anzahl an zu berücksichtigenden Perioden (n) festzulegen. Bei den nach dem Prinzip der exponentiellen Glättung arbeitenden Verfahren sind jeder benötigte Startwert und jeder benötigte Glättungsparameter anzugeben; d.h. je nach Verfahren für den Achsenabschnitt, die Steigung und die Saisonfaktoren. Nach der Arbeitsweise dieser Verfahren wird eine ungünstige Wahl eines Startwerts nach einigen Perioden korrigiert. Deswegen ist die Einstellung von jedem benötigten Glättungsparameter entscheidend.

Liegt ein stationärer stochastischer Bedarfsverlauf vor, so ist, nach den obigen Aussagen zu den einzelnen Verfahren bzw. wie in [Herr09a] nachgewiesen worden ist, eine möglichst hohe Anzahl an zu berücksichtigenden Perioden (n) zu verwenden bzw. jeder Glättungsparameter möglichst niedrig einzustellen. Hat der Bedarfsverlauf jedoch eine Eigenschaft, wie diejenige, dass bei einem regelmäßigen und konstanten Bedarfsverlauf die Bedarfe in einigen aufeinanderfolgenden Perioden ansteigen oder abfallen, wie dies bei dem Bedarfsverlauf in Abbildung 2-29 zu beobachten ist, so können andere Parametereinstellungen zu besseren Ergebnissen führen. Dies soll an der in Abbildung 2-29 dargestellten Bedarfsfolge, deren Einzelwerte in Tabelle 2-21 angegeben sind, demonstriert werden; zur Betonung der zeitlichen Entwicklung sind die Einzelwerte durch Geraden miteinander verbunden. Diese Bedarfsfolge, die im Folgenden als Bedarfsfolge I bezeichnet wird, schwankt regelmäßig um einen Mittelwert von 106 und hat keinen saisonalen Einfluss, so dass der n-periodische gleitende Durchschnitt oder die exponentielle Glättung 1. Ordnung anzuwenden ist. In den ersten Perioden fallen die Bedarfe, weswegen in diesem Bereich ein hoher Glättungsparameter (bzw. ein kleine Anzahl an Perioden n) günstig ist, während in der zweiten Hälfte die Bedarfe gleichmäßig um eine Konstante (nämlich $105\frac{1}{6}$) schwanken, weswegen in diesem Bereich ein niedriger Glättungsparameter (bzw. ein hohes n) günstig ist.

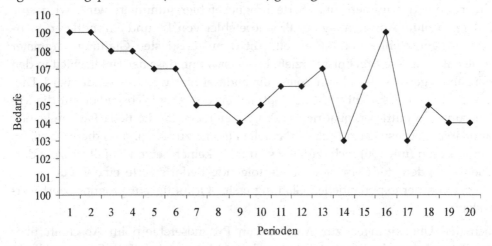

Abbildung 2-29: Regelmäßiger und konstanter Bedarfsverlauf ohne saisonalen Einfluss, der nicht zufällig ist und der als Bedarfsfolge I bezeichnet wird

Periode	1	2	3	4	5	6	7	8	9	10
Bedarf	109	109	108	108	107	107	105	105	104	105
Periode	11	12	13	14	15	16	17	18	19	20
Bedarf	106	106	107	103	106	109	103	105	104	104

Tabelle 2-21: Regelmäßiger und konstanter Bedarfsverlauf ohne saisonalen Einfluss, der nicht zufällig ist und der als Bedarfsfolge I bezeichnet wird

Wurde ein Prognoseverfahren schon viele Perioden lang angewandt, dann ist zu erwarten, dass der aktuelle Achsenabschnitt gleich der Prognose in der Vorperiode ist, dass die aktuelle Steigung gleich der Differenz der letzten beiden Prognosewerte ist und dass die Saisonfaktoren in der Nähe der Werte sich befinden, die durch die Zeitreihendekomposition berechnet werden. Es sei angemerkt, dass zum Nachvollziehen dieser Überlegungen von einer idealen Zeitfolge, also einer, die dem Prognosemodell exakt folgt, ausgegangen werden sollte; bei einer solchen idealen Zeitfolge bewirken verschiedene Glättungsparameter die gleichen Prognosen.

Daher wird in diesem Beispiel, also für die Bedarfsfolge I, für den Startwert der exponentiellen Glättung 1. Ordnung 109 verwendet. In Tabelle 2-22 sind für Variationen von dem Glättungsparameter α die erzielten mittleren absoluten Abweichungen der Prognosefehler (Mean Absolute Deviation (MAD)) und auch die erzielten mittleren quadrierten Prognosefehler (Mean Squared Error (MSE)) aufgeführt. Da der mittlere quadrierte Prognosefehler große Prognosefehler deutlich ungünstiger bewertet als kleine und die mittlere absolute Abweichung der Prognosefehler alle Prognosefehler gleich bewertet, ist es nicht überraschend, dass die besten Kennzahlen durch unterschiedliche Glättungsparameter erzielt werden. Bei der Verwendung der Ausgleichsgerade, bei der es sich um die Konstante 106 handelt, mit der der mittlere quadrierte Prognosefehler minimiert wird, wird eine mittlere absolute Abweichung der Prognosefehler von 1,6 und ein mittlerer quadrierter Prognosefehler von 3,6 erzielt. Mit dem günstigsten Glättungsparameter werden also bessere Ergebnisse erzielt. Es sei erwähnt, dass der Unterschied in den Kennzahlen geringer sein kann, sofern ein anderer Startwert verwendet wird. Dieses Ergebnis widerspricht nicht der Optimalität der Ausgleichsgerade für die Minimierung des mittleren quadrierten Prognosefehlers, da die Bedarfswerte keinen stationären stochastischen Prozess darstellen (so ist zu sehen, dass die irregulären Komponenten (um 106) nicht zufällig sind (also keinen reinen Zufallsprozess darstellen)), sondern teilweise aufeinanderfolgende Bedarfswerte eine Tendenz zeigen, die von der exponentiellen Glättung erster Ordnung gut prognostiziert werden kann.

Nach den Überlegungen zur Analyse von Prognosefehlern im Abschnitt über grundlegende Überlegungen, können auch der Mittelwert und die Streuung direkt untersucht werden. In vielen ERP- und PPS-Systemen wird der so genannte Theil-Koeffizient angeboten. Er wird, wie bei den bisherigen Kennzahlen auch, für eine Periode bezogen auf die letzten n Beobachtungswerte definiert durch

$$U_{e,t,n} = \sqrt{\frac{\sum\limits_{k=t-n+1}^{t} e_k^2}{\sum\limits_{k=t-n+2}^{t} \left[y_t - y_{t-1}\right]^2}}$$. Im Prinzip gewichtet er die Summe der quadrierten

Prognosefehler durch die Summe der quadrierten Prognosefehler bei der „naiven" Prognose; bei der „naiven" Prognose ist $p_t = y_{t-1}$. Sein Wert für die einzelnen Glättungsparameter bei der Prognose der Bedarfsfolge I mit der exponentiellen Glättung 1. Ordnung bei einem Startwert von 109 und verschiedenen Glättungsparametern ist ebenfalls in Tabelle 2-22 angegeben; natürlich ist t = 20. Für die Ausgleichsgerade wird ein Theil-Koeffizient von 0,92 erreicht.

α	Mittlere absolute Abweichung der Prognosefehler	Mittlerer quadrierter Prognosefehler	Theil-Koeffizient
0,00001	2,999824	12,59833	1,721718
0,005	3	12,6	1,721832
0,1	1,843867	4,990266	1,083596
0,2	1,47073	3,500659	0,907571
0,3	1,387444	3,099194	0,853945
0,4	1,324674	3,001593	0,840391
0,41	1,318533	3,000486	0,840236
0,413	1,316697	3,000391	0,840223
0,41318	1,316587	3,000389	0,840223
0,41319	1,316581	3,000389	0,840222
0,4139	1,316147	3,000384	0,840222
0,414	1,316086	3,000383	0,840222
0,4143	1,315903	3,000383	0,840222
0,4144	1,315842	3,000384	0,840222
0,41512	1,315402	3,000389	0,840222
0,41513	1,315396	3,000389	0,840223
0,416	1,314865	3,000403	0,840225
0,42	1,312427	3,000583	0,84025
0,5	1,286351	3,038507	0,845543
0,584	1,275769	3,135833	0,858978
0,5846	1,275768	3,136709	0,859098
0,5852	1,275768	3,137586	0,859218
0,5853	1,275769	3,137733	0,859238
0,59	1,275777	3,144692	0,86019
0,6	1,275848	3,159982	0,862279
0,7	1,280968	3,346823	0,887405
0,8	1,295086	3,591135	0,919224
0,9	1,318441	3,891243	0,956863
0,95	1,333309	4,062959	0,977748
0,99	1,34653	4,211324	0,995439
0,999999	1,35	4,249996	1

Tabelle 2-22: Mittlerer quadrierter Prognosefehler und mittlere absolute Abweichung der Prognosefehler bei der Anwendung der exponentiellen Glättung 1. Ordnung auf die Bedarfsfolge I bei Variation von dem Glättungsparameter α und einem Startwert von 109

Die in diesem Beispiel vorgenommene systematische Veränderung eines Glättungsparameters zum Finden seiner guten Einstellung lässt sich wie folgt durch einen Algorithmus beschreiben.

Algorithmus 1 (Verfahren zur Bestimmung des Glättungsparameters)

Voraussetzung:

- Bedarfsfolge $\mathcal{B}$ über eine bestimmte Anzahl an Perioden

- Prognosequalität F_α der Prognose von $\mathcal{B}$ durch die exponentielle Glättung 1. Ordnung mit einem fest vorgegebenen Startwert (p_1) und dem Gättungsparameter α

Anweisungen:

$F_{min} = \infty$; (aktuell beste Kennzahl für die Prognosequalität)

$\alpha = 0,01$; (kleinster Glättungsparameter)

$\alpha_{max} = 0,99$; (höchster Glättungsparameter)

$\alpha_S = 0,01$; (Schrittweite für die Erhöhung des Glättungsparameters)

While $\alpha < \alpha_{max}$

> Führe eine ex-post-Prognose auf $\mathcal{B}$ durch die exponentielle Glättung 1. Ordnung mit dem Startwert p_1 und dem Glättungsparameter α durch und berechne die Prognosequalität F_α ;
>
> If $F_\alpha < F_{min}$ then $\alpha_{opt} = \alpha$ und $F_{min} = F_\alpha$;
>
> $\alpha = \alpha + \alpha_S$;

end.

Ausgabe: Glättungsparameter α_{opt} .

In vielen Anwendungsfällen können die Grenzen für α, also sein Anfangswert, hier 0,01, und sein maximaler Wert, hier 0,99, enger gefasst werden und die Schrittweite α_S kann größer oder auch kleiner gewählt werden.

Wird im Algorithmus 1 die exponentielle Glättung 1. Ordnung durch den n-periodischen gleitenden Durchschnitt ersetzt, so liefert Algorithmus 1 eine gute Einstellung für die Anzahl an zu berücksichtigenden Perioden. Tabelle 2-23 enthält die Kennzahlen mittlere absolute Abweichung der Prognosefehler (MAD), mittlerer quadrierter Prognosefehler (MSE) und Theil-Koeffizient bei der Prognose von der Bedarfsfolge I durch den n-periodischen gleitenden Durchschnitt für verschiedene Anzahlen an berücksichtigten Perioden (n). Wie aus der Prognose mit der exponentiellen Glättung 1. Ordnung, wegen des im Abschnitt „konstanter Bedarfsverlauf" erläuterten Zusammenhangs zwischen den beiden Prognoseverfahren, zu erwarten ist, ist eine geringe Anzahl an berücksichtigten Perioden am günstigsten.

n	Mittlere absolute Abweichung der Prognosefehler	Mittlerer quadrierter Prognosefehler	Theil-Koeffizient
1	1,421053	4,473684	1
3	1,490196	3,24183	0,809991
6	1,797619	4,251984	0,868053
12	1,635417	4,25434	0,673644

Tabelle 2-23: Mittlerer quadrierter Prognosefehler und mittlere absolute Abweichung der Prognosefehler bei der Anwendung des n-periodischen gleitenden Durchschnitts auf die Bedarfsfolge I bei Variation von n

Die zu den Verfahren für einen regelmäßigen und konstanten Bedarfsverlauf ohne saisonalen Einfluss vorgestellten Ergebnisse zur Prognosegüte gelten sinngemäß auch für die anderen hier vorgestellten Verfahren. Das Prinzip des Algorithmus zur Bestimmung ihrer Parameter (also von Algorithmus 1) ist auch bei diesen Verfahren anwendbar. Eine höhere Anzahl von Parametern lassen sich durch geschachtelte Schleifen systematisch verändern. So ist bei zwei Parametern (z.B. bei dem Verfahren von Holt) eine zweifach geschachtelte Schleife zu durchlaufen, und bei drei Parametern (wie bei dem Verfahren von Winters) ist eine dreifach geschachtelte Schleife zu durchlaufen.

In manchen ERP- und PPS-Systemen, wie dem SAP®-System, werden mit einem solchen Algorithmus die Parameter des verwendeten Prognoseverfahrens eingestellt. Sie protokollieren auch die genannten Kennzahlen.

Die Prognosequalität aufgrund der Verfahrensparameter sollte nicht nur bei der Einführung eines Prognoseverfahrens, sondern auch während seines Einsatzes in regelmäßigen Abständen überprüft werden und gegebenenfalls durch eine Parameteranpassung verbessert werden. Hierzu könnte in festen Abständen der obige Algorithmus 1, bzw. seine Variante bei einem anderen Prognoseverfahren, verwendet werden. Möglich ist auch eine fortlaufende Erhebung einer der oben genannten Kennzahlen zur Prognosequalität. Ähnlich wie bei der statistischen Qualitätskontrolle wird ein zulässiger Schwankungsbereich für diese Kennzahl vorgegeben. Liegt der Prognosefehler außerhalb dieses Bereichs, so ist eine neue Festlegung der Verfahrensparameter vorzunehmen.

2.4.2 Strukturbruch

Neben ungünstigen Parametereinstellungen kann sogar das falsche Prognosemodell zugrunde liegen. Vor allem ist es in der industriellen Praxis möglich, dass sich die Struktur des Bedarfsverlaufs so grundlegend ändert, dass die Bedarfsfolge eben einem anderen Prognosemodell folgt; dies wird als Strukturbruch bezeichnet und der dabei auftretende Prognosefehler heißt struktureller Prognosefehler. Ein Beispiel für einen Strukturbruch zeigt Abbildung 2-30 und die einzelnen Bedarfe sind in Tabelle 2-24 genannt; diese Bedarfsfolge wird im Folgenden als Bedarfsfolge II bezeichnet. Zunächst liegt ein regelmäßiger und konstanter Bedarfsverlauf ohne einen saisonalen Einfluss vor, dessen Ausgleichsgerade die Konstante 103 ist. Ab der Periode 11 ist ein linearer Bedarfsverlauf zu beobachten. Es sei angenommen, dass diese Bedarfsfolge durch die exponentielle Glättung erster Ordnung prognostiziert wird. Um einen Eindruck von der Auswirkung auf die gerade betrachteten Kennzahlen zu erhalten, sind diese für das übliche Spektrum an Glättungsparametern in Tabelle 2-25 aufgeführt. Gegenüber den Kennzahlen in Tabelle 2-22 sind diese zwar höher. Hierfür könnten jedoch auch höhere Schwankungen um eine Konstante verantwortlich sein. Zur Konkretisierung dieser Überlegung wird exemplarisch der Glättungsparameter $\alpha = 0,6$ betrachtet; seine Prognosewerte sind in der Tabelle 2-24 angegeben und in der Abbildung 2-30 visualisiert; wiederum wird auf die zweite Nachkommastelle gerundet, wird mit den Originalwerten weitergearbeitet, und zur Betonung der zeitlichen Entwicklung der Einzelwerte werden diese durch Geraden miteinander verbunden. In diesem Fall treten auch hohe Prognosefehler auf, und der Mittelwert der Prognosefehler ist mit 1,84 so gering, dass aus beidem nicht geschlossen werden kann, dass die notwendige Bedingung einer guten Prognose, nach der der Mittelwert der Prognosefehler Null ist, verletzt ist. Tabelle 2-26 enthält die zeitliche Entwicklung der drei Kennzahlen, also MAD, MSE und Theil-Koeffizient, über 5 Perioden.

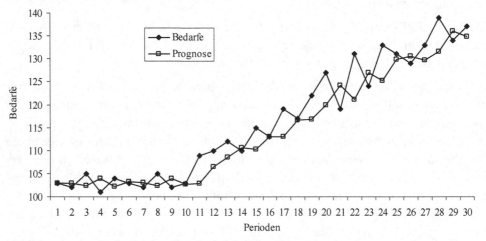

Abbildung 2-30: Bedarfsfolge II (mit Strukturbruch) und seine Prognose durch die exponentielle Glättung 1. Ordnung mit einem Startwert von 103 und $\alpha = 0,6$

Periode	1	2	3	4	5	6	7	8	9	10
Bedarf	103	102	105	101	104	103	102	105	102	103
$\alpha = 0{,}6$	103	103	102,4	103,96	102,18	103,27	103,11	102,44	103,98	102,79
Fehler	0	-1	2,6	-2,96	1,82	-0,27	-1,11	2,56	-1,98	0,21

Periode	11	12	13	14	15	16	17	18	19	20
Bedarf	109	110	112	110	115	113	119	117	122	127
$\alpha = 0{,}6$	102,92	106,57	108,63	110,65	110,26	113,1	113,04	116,62	116,85	119,94
Fehler	6,08	3,43	3,37	-0,65	4,74	-0,1	5,96	0,38	5,15	7,06

Periode	21	22	23	24	25	26	27	28	29	30
Bedarf	119	131	124	133	131	129	133	139	134	137
$\alpha = 0{,}6$	124,18	121,07	127,03	125,21	129,88	130,55	129,62	131,65	136,06	134,82
Fehler	-5,18	9,93	-3,03	7,79	1,12	-1,55	3,38	7,35	-2,06	2,18

Tabelle 2-24: Bedarfsfolge II (mit Strukturbruch) und seine Prognose durch die exponentielle Glättung 1. Ordnung mit einem Startwert von 103 und $\alpha = 0{,}6$ sowie die dabei auftretenden Prognosefehler

α	Mittlere absolute Abweichung der Prognosefehler	Mittlerer quadrierter Prognosefehler	Theil-Koeffizient
0,1	7,767804	94,21595	2,082088
0,2	5,159676	42,06444	1,391215
0,3	3,910093	25,98285	1,093403
0,4	3,350652	19,85737	0,955867
0,5	3,190102	17,40555	0,894913
0,6	3,166667	16,66912	0,875776
0,7	3,234314	16,92618	0,882503
0,8	3,381293	17,89594	0,907432
0,9	3,577174	19,49124	0,947014

Tabelle 2-25: Mittlerer quadrierter Prognosefehler, mittlere absolute Abweichung und Theil-Koeffizient der Prognosefehler bei der Anwendung der exponentiellen Glättung 1. Ordnung mit einem Startwert von 103 und Variation von α auf die Bedarfsfolge II (mit Strukturbruch)

Periode	1	2	3	4	5	6	7	8	9	10
$MAD_{e,t,5}$					1,68	1,73	1,75	1,74	1,55	1,23
$MAD^N_{e,t,5}$					0,02	0,02	0,02	0,02	0,01	0,01
$MSE_{e,t,5}$					3,96	3,98	4,03	3,98	3,01	2,36
$U_{e,t,5}$					0,75	0,75	0,86	1	0,87	0,77
Periode	11	12	13	14	15	16	17	18	19	20
$MAD_{e,t,5}$	2,39	2,85	3,02	2,75	3,66	2,46	2,97	2,37	3,27	3,73
$MAD^N_{e,t,5}$	0,03	0,03	0,03	0,03	0,02	0,03	0,02	0,03	0,03	0,03
$MSE_{e,t,5}$	9,75	11,86	12,83	12,13	16,61	9,21	13,96	11,71	16,94	22,42
$U_{e,t,5}$	0,94	1,12	1,24	1,16	1,56	1,12	1,01	0,92	1,11	1,12
Periode	21	22	23	24	25	26	27	28	29	30
$MAD_{e,t,5}$	4,75	5,54	6,07	6,6	5,41	4,68	3,37	4,24	3,09	3,3
$MAD^N_{e,t,5}$	0,04	0,04	0,05	0,05	0,04	0,04	0,03	0,03	0,02	0,02
$MSE_{e,t,5}$	27,77	40,39	42,2	49,02	39,29	34,42	16,98	25,96	14,67	15,37
$U_{e,t,5}$	1,08	0,88	0,86	0,85	0,84	1,12	0,9	1,47	0,95	0,95

Tabelle 2-26:   Zur Anwendung der exponentiellen Glättung 1. Ordnung mit einem Startwert von 103 und $\alpha = 0,6$ auf die Bedarfsfolge II (mit Strukturbruch): mittlerer quadrierter Prognosefehler, normierter mittlerer quadrierter Prognosefehler, mittlere absolute Abweichung und Theil-Koeffizient der Prognosefehler über 5 Perioden (n = 5)

Um nachzuweisen, dass aus dem Anstieg der Kennzahlen nicht auf das Vorliegen eines Strukturbruchs geschlossen werden darf, wird der beispielhafte Bedarfsverlauf so geändert, dass weiterhin die Bedarfe um die Konstante 103 schwanken, aber ab der Periode 11 mit einer deutlich höheren Streuung. Diese Bedarfsfolge wird im Folgenden als Bedarfsfolge III bezeichnet, sie ist in Abbildung 2-31 dargestellt und ihre einzelnen Bedarfe befinden sich in Tabelle 2-27. Dadurch, dass oftmals mehrere aufeinanderfolgende Bedarfe die gleiche Größenordnung haben, liefert die exponentielle Glättung 1. Ordnung mit dem Glättungsparameter $\alpha = 0,6$ gute Kennzahlen; um einen Eindruck von der Auswirkung auf die hier betrachteten Kennzahlen zu erhalten, sind diese für das übliche Spektrum an Glättungsparametern in Tabelle 2-28 aufgeführt; die Ausgleichsgerade, also die Konstante 103 hat eine mittlere absolute Abweichung von $12\frac{1}{3}$, einen mittleren quadrierten Prognosefehler von 289,8 und einen Theil-Koeffizienten von 0,926231. Damit kann zur Analyse auch hier die exponentielle Glättung 1. Ordnung mit dem Glättungsparameter $\alpha = 0,6$ verwendet werden; seine Prognosewerte sind in der Tabelle 2-27 angegeben und in der Abbildung 2-31 visualisiert – wiederum wird auf die zweite Nachkommastelle gerundet, wird mit den Originalwerten weitergearbeitet, und zur Betonung der zeitlichen Entwicklung der Einzelwerte werden diese durch Geraden miteinander verbunden.

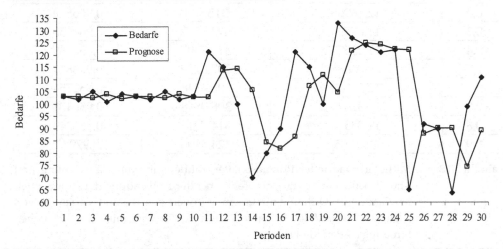

Abbildung 2-31: Bedarfsfolge III (regelmäßiger und konstanter Bedarfsverlauf ohne saisonalen Einfluss und sehr hohe Streuung ab der Periode 11) und seine Prognose durch die exponentielle Glättung 1. Ordnung mit einem Startwert von 103 und $\alpha = 0,6$

Periode	1	2	3	4	5	6	7	8	9	10
Bedarf	103	102	105	101	104	103	102	105	102	103
$\alpha = 0,6$	103	103	102,4	103,96	102,18	103,27	103,11	102,44	103,98	102,79
Fehler	0	-1	2,6	-2,96	1,82	-0,27	-1,11	2,56	-1,98	0,21
Periode	11	12	13	14	15	16	17	18	19	20
Bedarf	121	115	100	70	80	90	121	115	100	133
$\alpha = 0,6$	102,92	113,77	114,51	105,8	84,32	81,73	86,69	107,28	111,91	104,76
Fehler	18,08	1,23	-14,51	-35,8	-4,32	8,27	34,31	7,72	-11,91	28,24
Periode	21	22	23	24	25	26	27	28	29	30
Bedarf	127	124	121	122	65	92	90	64	99	111
$\alpha = 0,6$	121,71	124,88	124,35	122,34	122,14	87,85	90,34	90,14	74,45	89,18
Fehler	5,29	-0,88	-3,35	-0,34	-57,14	4,15	-0,34	-26,14	24,55	21,82

Tabelle 2-27: Bedarfsfolge III (regelmäßiger und konstanter Bedarfsverlauf ohne saisonalen Einfluss und sehr hohe Streuung ab der Periode 11) und seine Prognose durch die exponentielle Glättung 1. Ordnung mit einem Startwert von 103 und $\alpha = 0,6$ sowie die dabei auftretenden Prognosefehler

α	Mittlere absolute Abweichung der Prognosefehler	Mittlerer quadrierter Prognosefehler	Theil-Koeffizient
0,1	12,38067	309,9716	0,957924
0,2	12,16965	315,598	0,966579
0,3	11,67735	313,9537	0,964058
0,4	11,23525	310,2597	0,958369
0,5	10,87684	307,3219	0,953821
0,6	10,76312	306,6348	0,952754
0,7	10,82539	308,9868	0,956401
0,8	11,09513	314,7915	0,965343
0,9	11,6295	324,3106	0,97983

Tabelle 2-28: Mittlerer quadrierter Prognosefehler, mittlere absolute Abweichung und Theil-Koeffizient der Prognosefehler bei der Anwendung der exponentiellen Glättung 1. Ordnung mit einem Startwert von 103 und Variantion von α auf die Bedarfsfolge III (ohne Strukturbruch, aber mit einer sehr hohen Streuung ab Periode 11)

Periode	1	2	3	4	5	6	7	8	9	10
$MAD_{e,t,5}$					1,68	1,73	1,75	1,74	1,55	1,23
$MAD^N_{e,t,5}$					0,02	0,02	0,02	0,02	0,01	0,01
$MSE_{e,t,5}$					3,96	3,98	4,03	3,98	3,01	2,36
$U_{e,t,5}$					0,75	0,75	0,86	1	0,87	0,77
Periode	**11**	**12**	**13**	**14**	**15**	**16**	**17**	**18**	**19**	**20**
$MAD_{e,t,5}$	4,79	4,81	7,2	13,97	14,79	12,83	19,44	18,09	13,31	18,09
$MAD^N_{e,t,5}$	0,04	0,04	0,07	0,16	0,17	0,16	0,22	0,2	0,12	0,15
$MSE_{e,t,5}$	67,75	67,81	108,59	364,17	367,9	316,18	551,29	521,13	293,14	448,85
$U_{e,t,5}$	0,99	0,96	0,96	1,11	1,21	1,09	1,16	1,48	1,05	0,99
Periode	**21**	**22**	**23**	**24**	**25**	**26**	**27**	**28**	**29**	**30**
$MAD_{e,t,5}$	17,49	10,81	9,94	7,62	13,4	13,17	13,06	17,62	22,46	15,4
$MAD^N_{e,t,5}$	0,14	0,09	0,08	0,06	0,19	0,19	0,19	0,27	0,32	0,18
$MSE_{e,t,5}$	440,78	205,52	195,83	167,48	660,95	658,78	658,65	793,02	913,5	355,79
$U_{e,t,5}$	1,26	0,87	0,93	3,9	1,01	0,91	0,91	0,92	1,32	0,93

Tabelle 2-29: Zur Anwendung der exponentiellen Glättung 1. Ordnung mit einem Startwert von 103 und α = 0,6 auf die Bedarfsfolge III (ohne Strukturbruch, aber mit einer sehr hoher Streuung ab Periode 11): mittlerer quadrierter Prognosefehler, normierter mittlerer quadrierter Prognosefehler, mittlere absolute Abweichung und Theil-Koeffizient der Prognosefehler über 5 Perioden (n = 5)

Tabelle 2-29 enthält die zeitliche Entwicklung der drei Kennzahlen, also MAD, MSE und Theil-Koeffizient, über 5 Perioden. Der Vergleich der Kennzahlen zu diesen beiden Bedarfsfolgen (II und III) belegt, dass im Allgemeinen diese Kennzahlen keine Informationen über strukturelle Prognosefehler enthalten. Es sei betont, dass dies auch nicht durch eine Normierung der Kennzahlen erreicht wird; zur exemplarischen Verdeutlichung befindet sich der normierte MAD-Wert zu den beiden Bedarfsfolgen in Tabelle 2-26 und 2-29.

2.4.3 Tracking-Signal von Trigg

Für das Erkennen eines Strukturbruchs wurden in der Literatur verschiedene Verfahren vorgeschlagen. Das wohl bekannteste besteht in dem Messen eines so genannten Tracking-Signals von Trigg (s. [Trig64]). Dazu werden der Prognosefehler und sein absoluter Wert durch die exponentielle Glättung 1. Ordnung prognostiziert. Dies ist plausibel, da bei einem korrekt gewählten Prognosemodell die Prognosefehler um Null schwanken sollen und folglich von einem regelmäßigen und konstanten Bedarfsverlauf ohne saisonalen Einfluss ausgegangen werden kann. Nach den Berechnungsformeln für die exponentielle Glättung 1. Ordnung lautet mit dem Prognosefehler ε_t, dem Glättungsparameter ϕ und der aktuellen, beliebigen, Periode t die Berechnungsformel für den Prognosefehler (smoothed error, SE): $SE_{t+1} = \phi \cdot \varepsilon_t + (1-\phi) \cdot SE_t$ und die Berechnungsformel für den absoluten Prognosefehler (smoothed absolute error, SAE) : $SAE_{t+1} = \phi \cdot |\varepsilon_t| + (1-\phi) \cdot SAE_t$. Das Tracking-Signal (TS_t) pro Periode ist ihr Verhältnis, also $TS_t = \dfrac{SE_t}{SAE_t}$.

Liegt kein struktureller Prognosefehler vor, so gleichen sich die Prognosefehler aus und der Mittelwert der Prognosefehler ist Null. Dadurch ist der geglättete Prognosefehler SE_t gegenüber dem absoluten Prognosefehler klein. Deswegen hat das Tracking-Signal TS_t auch kleine Werte. Im Extremfall ist es Null.

Bei einer generellen Unterschätzung der Bedarfe durch die Prognose, also $y_t > p_t$, sind die Prognosefehler stets positiv. Dadurch sind auch die geglätteten Prognosefehler SE_t stets positiv und gleich hoch wie die geglätteten absoluten Prognosefehler SAE_t. Dann hat das Tracking-Signal den Wert von 1.

Bei einer generellen Überschätzung der Bedarfe durch die Prognose, also $y_t < p_t$, sind die Prognosefehler stets negativ. Dadurch sind auch die geglätteten Prognosefehler SE_t stets negativ und ihre absoluten Werte sind gleich hoch wie die geglätteten absoluten Prognosefehler. Dann hat das Tracking-Signal den Wert von –1.

Hieraus folgt, dass bei einer überwiegenden Unterschätzung der Bedarfe durch die Prognose das Tracking-Signal überwiegend positiv ist und in der Nähe von 1 liegt. Entsprechend ist bei einer überwiegenden Überschätzung der Bedarfe durch die

Prognose das Tracking-Signal überwiegend negativ und ihr Wert liegt in der Nähe von 1. Es sei betont, dass das Tracking-Signal stets im Intervall $[-1,1]$ liegt.

Die Berechnung des Trackingsignals erfolgte für die Bedarfsfolge (II und III) mit dem Glättungsparameter $\phi = 0,1$ und als Startwerte für SE und SAE wurden jeweils die Mittelwerte der ersten drei Perioden verwendet; also bei beiden Bedarfsfolgen ist $SE_1 = \dfrac{8}{15}$ und $SAE_1 = 1,2$. Die konkreten Werte sind in Tabelle 2-30 bzw. in Tabelle 2-31 angegeben und in Abbildung 2-32 bzw. in Abbildung 2-33 visualisiert; wiederum wird auf die zweite Nachkommastelle gerundet, wird mit den Originalwerten weitergearbeitet und zur Betonung der zeitlichen Entwicklung der Einzelwerte werden diese durch Geraden miteinander verbunden.

Die Bedeutung eines konkreten Tracking-Signals hängt von dem Glättungsparameter ϕ ab. Trigg empfiehlt das Vorliegen eines strukturellen Prognosefehlers zu vermuten, sofern bei einem Glättungsparameter von 0,1 das Trackingsignal (TS_t) den Wert 0,51 überschreitet oder den Wert $-0,51$ unterschreitet. Wie Abbildung 2-32 zeigt, wird zu der Bedarfsfolge II der Grenzwert ab der 13. Periode überschritten und dadurch der ab Periode 11 beginnende lineare Trend zeitnah erkannt. Zur Bewertung dieser Verzögerung ist zu berücksichtigen, dass, aufgrund der Arbeitsweise der exponentiellen Glättung 1. Ordnung, eine Abweichung um eine Periode verzögert erkannt wird. Außerdem könnte es sich bei dem Bedarf in der Periode 11 auch um einen Ausreißer handeln, weswegen eine Erkennung bereits mit der Periode 11 wenig realistisch ist; es sei erwähnt, dass unter einem Ausreißer ein Bedarf verstanden wird, dessen Abweichung von der Ausgleichsgerade sehr viel höher als die Abweichung aller anderen Bedarfe von dieser Ausgleichsgerade ist. In [Webe90] wird zu einem Glättungsparameter von 0,2 angegeben, dass durch die Grenze von +/- 0,74 ein vergleichbares Ergebnis erzielt wird. Bei der Bedarfsfolge II wird die Grenze jedoch erst ab der Periode 16 überschritten, und ab der Periode 22 wird der Grenzbereich wieder, einmal knapp, eingehalten, weswegen der Vorschlag von Trigg im Allgemeinen präziser sein könnte. In der Literatur (wie in [Batt69]) werden teilweise auch andere Grenzwerte vorgeschlagen. Nämlich für einen Glättungsparameter von 0,1 eine Grenze von +/- 0,42 und für einen Glättungsparameter von 0,2 eine Grenze von +/- 0,58; bei der Bedarfsfolge II bewirkt die Verschärfung des Grenzbereichs (gegenüber dem Vorschlag von Trigg) keine frühere Erkennung des Strukturbruchs, und im Fall von dem Glättungsparameter von 0,2 wird der Grenzbereich bereits ab der Periode 13 überschritten, aber in den Perioden 22, 24, 27 und 30 wieder, zum Teil deutlich, eingehalten.

Periode	1	2	3	4	5	6	7	8	9	10
ε_t	0	-1	2,6	-2,96	1,82	-0,27	-1,11	2,56	-1,98	0,21
$|\varepsilon_t|$	0	1	2,6	2,96	1,82	0,27	1,11	2,56	1,98	0,21
SE_t	0,53	0,48	0,33	0,56	0,21	0,37	0,3	0,16	0,4	0,16
SAE_t	1,2	1,08	1,07	1,22	1,4	1,44	1,32	1,3	1,43	1,48
TS_t	0,44	0,44	0,31	0,46	0,15	0,26	0,23	0,12	0,28	0,11
Periode	11	12	13	14	15	16	17	18	19	20
ε_t	6,08	3,43	3,37	-0,65	4,74	-0,1	5,96	0,38	5,15	7,06
$|\varepsilon_t|$	6,08	3,43	3,37	0,65	4,74	0,1	5,96	0,38	5,15	7,06
SE_t	0,17	0,76	1,03	1,26	1,07	1,44	1,28	1,75	1,61	1,97
SAE_t	1,36	1,83	1,99	2,13	1,98	2,26	2,04	2,43	2,23	2,52
TS_t	0,12	0,42	0,52	0,59	0,54	0,64	0,63	0,72	0,72	0,78
Periode	21	22	23	24	25	26	27	28	29	30
ε_t	-5,18	9,93	-3,03	7,79	1,12	-1,55	3,38	7,35	-2,06	2,18
$|\varepsilon_t|$	5,18	9,93	3,03	7,79	1,12	1,55	3,38	7,35	2,06	2,18
SE_t	2,48	1,71	2,53	1,98	2,56	2,41	2,02	2,15	2,67	2,2
SAE_t	2,97	3,19	3,87	3,78	4,18	3,88	3,65	3,62	3,99	3,8
TS_t	0,83	0,54	0,66	0,52	0,61	0,62	0,55	0,6	0,67	0,58

Tabelle 2-30: Berechnung der Tracking-Signale zu der Bedarfsfolge II (mit Struktur-bruch) mit Startwert von $\frac{8}{15}$ für SEt und 1,2 für SAEt und $\phi = 0,1$

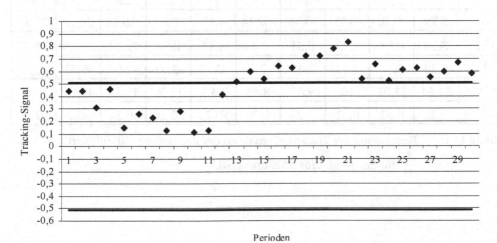

Abbildung 2-32: Tracking-Signale zu der Bedarfsfolge II (mit Strukturbruch) nach Tabelle 2-30 mit der Begrenzung nach Trigg

Die Tracking-Signale zur Bedarfsfolge III (regelmäßiger und konstanter Bedarfsverlauf ohne saisonalen Einfluss und sehr hohe Streuung ab der Periode 11) befinden sich in Tabelle 2-31 bzw. in Abbildung 2-33. Da kein Strukturbruch, sondern nur eine deutliche Zunahme der Streuung vorliegt, sollten die Tracking-Signale den von Trigg vorgeschlagene Grenzbereich nicht überschreiten. Abbildung 2-33 und Tabelle 2-31 bestätigen dies für diese Bedarfsfolge. Einzige Ausnahme sind die Perioden 12 und 13. Hierfür dürfte ein plötzliches Zunehmen der Streuung verantwortlich sein; es dauert bis zur Periode 17, bis die Tracking-Signale sich wieder eingeschwungen haben.

Periode	1	2	3	4	5	6	7	8	9	10
ε_t	0	-1	2,6	-2,96	1,82	-0,27	-1,11	2,56	-1,98	0,21
$|\varepsilon_t|$	0	1	2,6	2,96	1,82	0,27	1,11	2,56	1,98	0,21
SE_t	0,53	0,48	0,33	0,56	0,21	0,37	0,3	0,16	0,4	0,16
SAE_t	1,2	1,08	1,07	1,22	1,4	1,44	1,32	1,3	1,43	1,48
TS_t	0,44	0,44	0,31	0,46	0,15	0,26	0,23	0,12	0,28	0,11
Periode	11	12	13	14	15	16	17	18	19	20
ε_t	18,08	1,23	-14,51	-35,8	-4,32	8,27	34,31	7,72	-11,91	28,24
$|\varepsilon_t|$	18,08	1,23	14,51	35,8	4,32	8,27	34,31	7,72	11,91	28,24
SE_t	0,17	1,96	1,89	0,25	-3,36	-3,45	-2,28	1,38	2,01	0,62
SAE_t	1,36	3,03	2,85	4,01	7,19	6,91	7,04	9,77	9,56	9,8
TS_t	0,12	0,65	0,66	0,06	-0,47	-0,5	-0,32	0,14	0,21	0,06
Periode	21	22	23	24	25	26	27	28	29	30
ε_t	5,29	-0,88	-3,35	-0,34	-57,14	4,15	-0,34	-26,14	24,55	21,82
$|\varepsilon_t|$	5,29	0,88	3,35	0,34	57,14	4,15	0,34	26,14	24,55	21,82
SE_t	3,38	3,57	3,13	2,48	2,2	-3,74	-2,95	-2,69	-5,03	-2,07
SAE_t	11,64	11,01	10	9,33	8,43	13,3	12,39	11,18	12,68	13,86
TS_t	0,29	0,32	0,31	0,27	0,26	-0,28	-0,24	-0,24	-0,4	-0,15

Tabelle 2-31:   Berechnung der Tracking-Signale zu der Bedarfsfolge III mit Startwert von $\frac{8}{15}$ für SE_t und 1,2 für SAE_t und $\phi = 0,1$

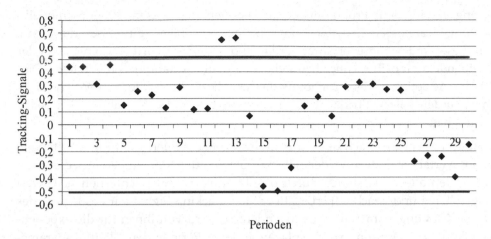

Abbildung 2-33: Tracking-Signale zu der Bedarfsfolge III nach Tabelle 2-31 mit der Begrenzung nach Trigg

Beim Auftreten eines Strukturbruchs aufgrund eines saisonalen Einflusses ist nicht zu erwarten, dass das Tracking-Signal mehrere Perioden lang außerhalb des Grenzbereichs liegt. Verantwortlich dafür ist, dass das Prognosemodell im Prinzip eine Ausgleichsgerade zwischen den Bedarfen zieht. Tritt beispielsweise, wie in den beiden Beispielen im Abschnitt über den saisonal schwankenden Bedarfsverlauf, ein deutlich höherer Bedarf in den Perioden mit Saisoneinfluss gegenüber den Perioden ohne Saisoneinfluss auf, so haben die Perioden mit Saisoneinfluss einen hohen positiven Fehler und die Perioden ohne Saisoneinfluss einen negativen Fehler, wobei sich die Fehler in jedem Saisonzyklus wieder ausgleichen. Dadurch hat die Glättung der Prognosefehler kleine Werte, während die Glättung der absoluten Prognosefehler große Werte bewirkt, so dass die absoluten Tracking-Signale niedrig sind und klar unter dem Grenzwert, von beispielsweise 0,51, liegen. Folglich wird mit dem Tracking-Signal das Auftreten eines saisonalen Einflusses nicht erkannt. Lediglich bei der ersten Periode mit einem saisonalen Einfluss überschreitet das Tracking-Signal den Grenzbereich. Allerdings könnte hierfür auch ein Ausreißer verantwortlich sind. Eher könnte das Auftreten von hohen absoluten Prognosefehlern ein Indikator dafür sein.

Das Tracking-Signal erkennt somit eine generelle Unter- oder Überschätzung der Nachfrage. Deswegen können auch andere Strukturbrüche durch die Änderung von Parametern des Prognosemodells hervorgerufen werden. Also bei einem konstanten Prognosemodell eine Änderung von β_0, bei einem linearen Prognosemodell eine Änderung von β_0 und β_1, insbesondere bei dem Übergang von einem linearen Prognosemodell zu einem konstanten Prognosemodell (durch Setzen von β_1 gleich Null im linearen Prognosemodell) sowie s_t bei einem saisonalen Einfluss. Solche Strukturbrüche werden durch das Tracking-Signal erkannt. Die (in diesem Buch vorgestellten und vor allem die nach dem Prinzip der exponentiellen

Glättung arbeitenden) Prognoseverfahren können sich diesen (Prognosemodell-) Änderungen anpassen (bei der Änderung des saisonalen Einflusses nur dann, wenn dieser im Prognoseverfahren fortlaufend angepasst wird – also nicht bei der Zeitreihendekomposition, aber beispielsweise beim Verfahren von Winters). Dies wird als Adaption eines Prognoseverfahrens bezeichnet. Durch das Tracking-Signal werden solche Strukturbrüche erkannt, bevor das Verfahren sich selbst adaptiert hat.

Die Adaption bei den nach dem Prinzip der exponentiellen Glättung arbeitenden Prognoseverfahren aufgrund der höheren Gewichtung der jüngeren Bedarfe gegenüber den älteren lässt sich durch das Tracking-Signal noch erhöhen. Hierzu schlagen Trigg und Leach in [TrLe67] vor, das Tracking-Signal zur Festlegung des bzw. der Glättungsparameter zu verwenden. So wird von ihnen für die exponentielle Glättung 1. Ordnung vorgeschlagen, in jeder Periode den Glättungsparameter (α) gleich dem Betrag des Tracking-Signals in dieser Periode zu setzen, also $\alpha_t = |TS_t|$, der dann für die Berechnung der Prognose in der nächsten Periode wirkt.

Ein solches adaptives Prognoseverfahren dürfte versuchen, einen auftretenden Strukturbruch durch eine Anpassung des bzw. der Glättungsparameter zu verbessern. Dadurch dürfte ein Strukturbruch zeitlich später erkannt werden, als wenn das Prognoseverfahren weniger adaptiv ist; wird beispielsweise die Bedarfsfolge II statt mit dem Glättungsparameter von 0,6 mit dem Glättungsparameter von 0,7 prognostiziert, so wird der Grenzbereich erst in der Periode 14 und nicht bereits in der Periode 13 überschritten (und ab der Periode 14 treten bereits 6 Perioden auf, in denen der Grenzbereich eingehalten wird).

2.4.4   Hinweise zur Prognosemodell-Auswahl

Für die Identifikation eines Prognosemodells für ein Produkt ist eine hohe Anzahl an empirisch gefundenen Bedarfsdaten aus der Vergangenheit von diesem Produkt notwendig. Für die Einstellung der Parameter eines Prognoseverfahrens ist dies weniger wichtig, da eine gewisse Adaption möglich ist. Auch die Initialisierung bei den nach dem Prinzip der exponentiellen Glättung arbeitenden Prognoseverfahren ist weniger problematisch, da der Einfluss der Startwerte mit zunehmender Anzahl an Prognosen abnimmt. Dieses Problem tritt bei der Einführung eines neuen Produkts auf, und häufig auch bei der erstmaligen Inbetriebnahme eines systematischen Konzepts zur Bedarfsprognose.

Problematisch an einer geringen Anzahl an Vergangenheitswerten ist, dass beispielsweise nicht zwischen einem konstanten Bedarfsverlauf mit einer hohen Streuung und einem Bedarfsverlauf mit einem linearen Trend unterschieden werden kann. In manchen Fällen ist eine Verbesserung der Datengrundlage durch die Erfahrungen mit ähnlichen Produkten möglich. Oftmals werden hierzu Produkte beispielsweise aufgrund ihrer sachlichen Produktmerkmale in Produktgruppen mit gemeinsamen Absatzverläufen zusammengefasst. Kann letztlich kein Prognosemodell identifiziert werden, so sind Bedarfsdaten über so viele Perioden zu sammeln, bis dies möglich ist.

Eine zweite problematische Konstellation liegt bei hohen irregulären Komponenten, also hohen zufälligen Werten (ε_t), vor. Dies könnte dazu führen, dass Ausreißer (also ein Bedarf, dessen Abweichung von der Ausgleichsgerade sehr viel höher als die Abweichung aller anderen Bedarfe von dieser Ausgleichsgerade ist) nicht erkannt und aus dem Prognoseprozess ausgeschlossen werden. Verantwortlich für einen Ausreißer sind beispielsweise ein Projektbedarf, ein Bedarf aufgrund eines Großauftrags, ein Bedarf aufgrund einer Sonderaktion. Solche Ursachen für einen außergewöhnlich hohen oder niedrigen Bedarf könnten in einem Prozess erhoben und in einem Informationssystem gespeichert werden, was derzeit in der industriellen Praxis nicht erfolgt. Ohne solche Informationen ist es sehr schwierig, wenn nicht sogar unmöglich, Einflussgrößen, die zu Ausreißern führen, durch ein systematisches Verfahren zu erkennen. Vorgeschlagen wird beispielsweise in [Brow84] einen Bedarfswert in der Periode t (y_t) als Ausreißer einzustufen, sofern der absolute Prognosefehler in t (e_t) größer als das Vier- bis Fünffache von dem aktuellen Wert zu dem mittleren absoluten Prognosefehler (MAD_t) ist; also wenn gilt: $|e_t| \geq MAD_t$. Dann könnte der Bedarfswert (y_t) durch einen zu erwartenden Bedarfswert, beispielsweise einem durchschnittlichen, ersetzt werden. In einem Industrieunternehmen sollte eine solche Korrektur nicht automatisch, sondern durch einen für die Prognose verantwortlichen Mitarbeiter durchgeführt werden.

2.4.5 Komplexe Prognoseverfahren

Wie bereits am Ende des Abschnitts über grundlegende Überlegungen angesprochen worden ist, existieren deutlich komplexere Prognoseverfahren als die in diesem Kapitel vorgestellten Verfahren. Armstrong untersuchte in [Arms01], ob mit solchen komplexeren Prognoseverfahren im Vergleich zu den nach dem Prinzip der exponentiellen Glättung arbeitenden Prognoseverfahren, die in diesem Kapitel beschrieben worden sind, auch bessere Ergebnisse erzielt werden. Hierzu wertete er 32 Fallstudien aus. In 5 von diesen erzielten komplexere Prognoseverfahren bessere Vorhersagen. Dies legt den Schluss nahe, dass in vielen industriellen Anwendungen die hier genannten Prognoseverfahren hinreichend gute Ergebnisse erzielen. Folgt eine konkrete Bedarfsfolge jedoch einem Prognosemodell, welches hier nicht berücksichtigt wird, so bieten sich solche komplexeren Prognoseverfahren an. Diese erkennen häufig Gesetzmäßigkeiten in einer konkreten Bedarfsfolge und nutzen diese, um bessere Vorhersagen zu erreichen. Es sei daran erinnert, dass eine solche Gesetzmäßigkeit verantwortlich dafür ist, dass die Anwendung der exponentiellen Glättung 1. Ordnung auf die Bedarfsfolge I zu besseren Ergebnissen als die Prognose nach der Ausgleichsgerade führt; s. hierzu Tabelle 2-22.

Empirische Untersuchungen des Autors belegen, dass sich regelmäßige Bedarfsverläufe ohne saisonalen Einfluss am besten und ziemlich gut, regelmäßige Bedarfsverläufe mit einem saisonalen Einfluss etwas weniger gut und unregelmäßige
Bedarfsverläufe nur recht ungenau prognostizieren lassen. Aufgrund ihrer Bedarfsverläufe können in einem Industrieunternehmen eine Gruppe von Produkten
mit einem regelmäßigen Bedarfsverlauf (R), eine Gruppe von Produkten mit Bedarfsverläufen mit einem saisonalen Einfluss (S) und eine Gruppe von Produkten
mit einem unregelmäßigen Bedarfsverlauf (U) gebildet werden. Für jede Gruppe
nach dieser RSU-Klassifikation können die Prognoseergebnisse unterschiedlich
verwendet werden. Ein Beispiel ist der im Abschnitt „Bestandsmanagement" angegebene Leitfaden.

3 Bestandsmanagement

In Planungsbereichen von Unternehmen wird vielfach die Meinung vertreten, dass entweder ein Planungsproblem oder ein Bestandsproblem vorliegt. Die dadurch vermutete Notwendigkeit eines Bestandsmanagements wird im Abschnitt 3.1 – gerade auch im Zusammenspiel mit den Planungsverfahren – behandelt. Wie ein Bestandsmanagement unter industriellen Randbedingungen im Prinzip arbeitet, ist Gegenstand des Abschnitts 3.2. Trotz eines Lagers treten in der Regel Fehlmengen auf, deren geeignete Berücksichtigung im Abschnitt 3.3 vorgestellt wird. Die unter industriellen Randbedingungen eingesetzten Verfahren werden im Abschnitt 3.4 erläutert. Wann welche (von diesen) angewendet werden sollen, wird durch einen Leitfaden festgelegt, der im Abschnitt 3.5 angegeben ist.

3.1 Notwendigkeit eines Bestandsmanagements

Im Handel sind die Produkte in Regalen verfügbar. Wäre bekannt, wie viele Produkte, beispielsweise an einem Tag, benötigt werden, so wäre es ausreichend, exakt diese Anzahl im Regal verfügbar zu haben. Tatsächlich ist die Nachfrage nach einzelnen Produkten zufälligen Schwankungen unterworfen. Um auch bei einer unerwartet hohen Nachfrage eine hohe Verfügbarkeit der Produkte zu erreichen, ist ein hoher Bestand bei einer geringen Nachfrage unvermeidlich.

Bei zu bestellenden Produkten sind Lieferzeiten zwar erlaubt, sind aber nicht beliebig, sondern eher kurz; dies wird im Abschnitt „Produktionsprogrammplanung" vertieft werden. Schwankende Nachfragemengen bedeuten schwankende Bedarfe an Produktionskapazitäten und damit hohe Produktionskapazitäten, die bei geringen Produktionsmengen nicht ausgelastet werden. Durch eine Vorratsproduktion, die zu lagern ist, lässt sich eine gleichmäßige Auslastung der Produktionskapazitäten realisieren; s. hierzu auch die Überlegungen im Abschnitt „Produktionsprogrammplanung". Es sei erwähnt, dass für eine gleichmäßige Auslastung der Produktionskapazitäten auch eine hohe Flexibilität der Produktionsprozesse günstig ist.

Folglich ist die Summe aus den Kosten für die Produktionskapazitäten und den Lagerhaltungskosten zu minimieren. Es ist allerdings zu vermuten, dass kaum Unternehmensszenarien existieren, in denen dieses Minimum nur aus Kosten für Produktionskapazitäten besteht; also auf eine Lagerhaltung vollständig verzichtet werden kann.

Ferner liegt eine reine Kundenproduktion sehr selten vor; dies wurde bereits bei der logistischen Prozesskette angesprochen und wird im Abschnitt „Produktionsprogrammplanung" vertieft werden. In der Regel werden wenigstens Komponenten eines Endprodukts vorproduziert und gelagert.

Oftmals werden unterschiedliche Produkte auf einer Produktionsanlage produziert. Dabei ist ein produktspezifischer Rüstzustand erforderlich, und die Umstellung der Produktion von einem Produkt zu einem anderen erfordert einen beträchtlichen Rüstaufwand. Verringert werden Rüstaufwände, hierunter fallen auch die durch Rüstvorgänge nicht produktiv nutzbaren Produktionskapazitäten, durch eine Zusammenfassung von Produktionsmengen für verschiedene Nachfragemengen, die als Los bezeichnet wird. Typischerweise haben die so zusammengefassten Nachfragemengen unterschiedliche Termine, so dass die durch ein Los produzierten Produkte nicht alle unmittelbar weiterverarbeitet werden, sondern zwischengelagert werden.

Nach der logistischen Prozesskette, s. den gleichnamigen Abschnitt, besteht die Planung aus der nacheinander zu durchlaufenden Produktionsprogrammplanung, der Bedarfsplanung und der Fertigungssteuerung. Wie in den gleichnamigen Abschnitten noch erläutert werden wird, basieren die Produktionsprogrammplanung und die Bedarfsplanung auf Vorstellungen über die zukünftige Entwicklung der Nachfrage und der Lagerbestände. Dabei wird die zukünftige Entwicklung der Nachfrage durch eine Prognose, wie sie im gleichnamigen Abschnitt vorgestellt worden ist, geliefert und zwar in dem für das jeweilige Planungsverfahren notwendigen Detaillierungsgrad; s. hierzu auch die Abbildung 3-1. Auch alle anderen für die Planung benötigten Daten werden als mit Sicherheit bekannt vorausgesetzt. Folglich werden unvermeidliche zufällige Produktionsstörungen, beispielsweise durch Werkzeugbruch oder Produktionsfehler, und Abweichungen der Nachfragemengen von ihren prognostizierten Werten nicht berücksichtigt. Bei den in der industriellen Praxis eingesetzten Planungsverfahren kommt es zu erheblichen, aus Sicht der Planung, zufälligen Abweichungen zwischen den geplanten und den tatsächlich auftretenden Durchlaufzeiten, die weit über zufällige Störungen wie Werkzeugbruch hinausgehen und ihre Ursache in strukturellen Unzulänglichkeiten der Planungsverfahren, vor allem der Bedarfsplanung, haben, die in den Abschnitten zu den Planungsverfahren im Detail vorgestellt werden. Zusätzlich sind nichtkontrollierte Durchlaufzeiten in der Produktion, beispielsweise für Sonderproduktionen, zu beobachten. Dadurch liegen häufig stochastische Durchlaufzeiten vor. Solche stochastischen Durchlaufzeiten treten auch bei Lieferanten auf und verursachen stochastische Lieferzeiten. Weitere logistische Prozesse mit stochastischer Dauer sind beispielsweise Auftragsabwicklungs- und Transportprozesse; sie sind oftmals Bestandteile von Lieferzeiten. Im Sinne dieses Abschnitts zum Bestandsmanagement sei bereits an dieser Stelle betont, dass bei einer Lagerproduktion eines Lieferanten Lieferverzögerungen von in der Regel zufälliger Länge unvermeidlich sind, die ebenfalls zu zufälligen Lieferzeiten führen; im Abschnitt 3.2 wird dies im Detail begründet werden. Daneben existieren in realen Industrieprozessen noch weitere Gründe für zufällige Lieferzeiten (bzw. Durchlaufzeiten).

Solche stochastischen Einflussgrößen werden durch das Bestandsmanagement berücksichtigt. Dabei geht es im Kern um die Festlegung der Höhe und der Platzierung von Sicherheitsbeständen. Sie sichern den regulären und geplanten Ablauf der Wertschöpfungskette gegen stochastische Einflussgrößen an verschiedenen Stellen in einem Produktionsbetrieb und darüber hinaus in der Lieferantenkette (Supply Chain). Beispielsweise dient ein Sicherheitsbestand in einem Anlieferungslager zur Gewährleistung des Materialnachschubs für den nachfolgenden Produktionsprozess bei einer verspäteten Lieferung. Bei einem Auslieferungslager bewirkt ein Sicherheitsbestand die Erreichung eines vorgegebenen Servicegrads (der Begriff wird im Abschnitt 3.3 eingehend erläutert werden) gegenüber den Endkunden. Daher überrascht es nicht, dass in Produktionsbetrieben verschiedene Lager wie beispielsweise Anlieferungslager (Außenlager), Einkaufslager (Beschaffungslager), Produktionsversorgungslager (Zwischenlager) mit Roh-, Hilfs- und Betriebsstoffen, Zwischenlager für Teile und Halbfertigprodukte, Distributionslager, Fertigproduktlager, Auslieferungslager und Ersatzteillager anzutreffen sind.

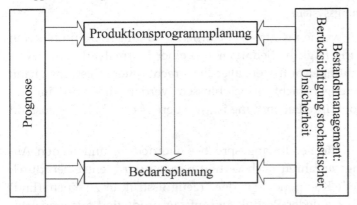

Abbildung 3-1: Planungssystem

Innerhalb eines Produktionsbetriebs verbraucht eine Produktionsstufe Material, welches in einem Lager physisch gelagert wird. Dabei wird durch einen so genannten Bedarfsdeckungsprozess der Bedarf einer Produktionsstufe nach Produkten aus dem eigentlichen physischen Lager entnommen und an die Produktionsstufe geliefert; in Abbildung 3-2 ist dies visualisiert. Aufgefüllt wird ein Lager durch eine vorhergehende Produktionsstufe durch einen so genannten Beschaffungsprozess. Dabei stößt eine Bestellung die Produktion in der vorhergehenden Produktionsstufe an und liefert das Material ans Lager. Eine Mengeneinheit einer Bestellung steht erst dann zur Bedarfsdeckung zur Verfügung, nachdem die komplette Bestellung eingelagert worden ist. Dieses bei ERP- und PPS-Systemen übliche Vorgehen wird als geschlossene Produktion bezeichnet. Folglich sind die beiden Prozesse und das eigentliche Lager zusammen in einem so genannten Lagerhaltungssystem zu betrachten. Alternativ tritt ein Lager auch zwischen zwei Stufen einer Lieferkette, wie beispielsweise einem Händler und einem Lieferanten, auf.

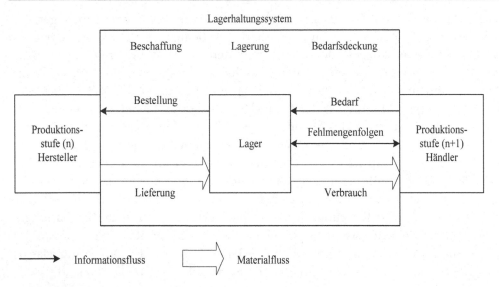

Abbildung 3-2: Lagerhaltungssystem

Wie bereits angesprochen worden ist, treten Bedarfe zu zufälligen Zeitpunkten in zufälliger Höhe auf. Häufig folgt die Bedarfsmenge einer Normalverteilung, weswegen beliebig hohe Nachfragen auftreten, allerdings recht selten. Deswegen kann das Auftreten von Fehlmengen nicht ausgeschlossen werden; dies wird im Abschnitt 3.2 näher begründet. Ihre Behandlung ist, wie bereits erwähnt, Gegenstand des Abschnitts 3.3.

Wie in der logistischen Kette bereits angesprochen worden ist und in den Abschnitten zu den Planungsverfahren noch vertieft werden wird, entstehen durch die Bedarfsplanung für jede Komponente in der Erzeugnisstruktur zu einem (End) Produkt Produktionsaufträge. Jeder Produktionsauftrag produziert aus eingehenden Produkten (Komponenten) neue Produkte. Dazu sind die eingehenden Produkte aus einem Lager vor Produktionsbeginn zu entnehmen. Nachdem der Produktionsauftrag vollständig abgearbeitet worden ist, werden alle durch ihn produzierten Produkte in ein Lager eingelagert. In der Regel werden diese durch einen oder mehrere Transportaufträge aus der Produktion in ein Lager transportiert, welches von der eigentlichen Produktion getrennt ist. Erst nach der Einlagerung stehen diese Produkte als eingehende Produkte für einen anderen Produktionsauftrag zur Verfügung; es liegt somit eine geschlossene Produktion vor. Deswegen handelt es sich bei den Beständen in den Planungsverfahren um Produkte, die sich in einem solchem Lager befinden.

In der Regel besteht die Produktion eines Produktionsauftrags aus der Abarbeitung mehrerer Arbeitsschritte und zwar oftmals an verschiedenen Anlagen. Ein dabei entstehendes Zwischenprodukt kann bei der in diesem Buch im Vordergrund stehenden Werkstattfertigung in der Regel nicht sofort an einer Station weiter bearbeitet werden, sondern erst nach einer gewissen, in der Regel zufälligen

Wartezeit. Verantwortlich dafür sind beispielsweise unterschiedliche Bearbeitungsgeschwindigkeiten, unterschiedliche Auslastungsgrade von Anlagen oder auch kurzzeitige Störungen an Anlagen. Dabei sind diese Wartezeiten typischerweise so gering, dass diese Zwischenprodukte nicht in einem Lager eingelagert werden können, sondern im Produktionsbereich in so genannten Puffern verbleiben. So existieren Material- und Teilepuffer vor Bearbeitungsstationen, Produktionsanlagen und Arbeitsplätzen. Deswegen dienen Puffer zur Sicherung eines möglichst unterbrechungsfreien Betriebs und damit einer gleichmäßig hohen Auslastung von Anlagen mit stochastisch schwankendem Zulauf und Verbrauch.

Es wird zwischen Puffern mit und ohne Disposition unterschieden. Ohne Disposition treten Warteschlangen vor den Anlagen mit zufallsabhängigem Zulauf und Ausgang auf. Puffer mit Disposition sind verbrauchsabhängig zu versorgen. Dabei wird, wie beim Lagern, nach dem Pull-Prinzip gearbeitet, wobei anders als beim Lagern ein minimaler Platzbedarf des Puffers angestrebt wird. (Bei Anwendung des Pull-Prinzips werden die Produktionsvorgänge durch das Auftreten eines Bedarfs ausgelöst, der eine Lücke im Lager hinterlässt, welche wiederum durch einen Produktionsvorgang geschlossen wird.)

In dieser Arbeit ergibt sich der Bedarf an Puffergröße durch die Planungsverfahren, und zwar primär durch die Fertigungssteuerung. Dabei ist es möglich, eine beschränkte Puffergröße als Restriktion bei der Fertigungssteuerung zu berücksichtigen.

Abschließend sei erwähnt, dass nicht nur in der Produktion Puffer auftreten, sondern auch vor Kommissionierplätzen und Verkaufstheken oder Regalen von Läden, Märkten und Handelsfilialen zur Sicherung einer vorgegebenen Warenverfügbarkeit. Solche Puffer werden als Warenpuffer bezeichnet.

Neben diesen beiden Bestandsarten (Puffern und Lagern) gibt es noch das Speichern. Für ihre unterschiedlichen Funktionen, Ziele und Merkmale sei auf [Gude03] verwiesen.

3.2 Grundlegende Überlegungen und Resultate

3.2.1 Verfahren bei konstanter Nachfrage und Lieferzeit

Mit einem Bestandsmanagement wird eine möglichst kostengünstige Lagerhaltung der einzelnen Produkte angestrebt. Wären die Nachfragemengen nach einem Produkt eines Unternehmens pro Zeiteinheit, z.B. einem Tag, konstant, nämlich d, so ließe sich deterministisch berechnen, wann das Lager (für dieses Produkt) leer ist. Ist die Produktionszeit eines Produkts ebenfalls konstant, nämlich t_p Zeiteinheiten, so müsste, bei einer geschlossenen Produktion, t_p Zeiteinheiten, bevor das Lager leer ist, mit der Produktion von Produkten begonnen werden; wodurch das Lager immer lieferfähig ist. Dadurch ist ein Optimierungsproblem bestimmt, dessen Lösung die in Abbildung 3-3 dargestellte Bestandsentwicklung hat. Ihr (sägezahnähnlicher) Verlauf ist durch eine konstante Losgröße q_{opt} festgelegt, dessen Höhe durch den Rüstkostensatz (K), den Lagerkostensatz (h), sowie die Produktionsgeschwindigkeit (p) über die Formel $q_{opt} = \sqrt{\dfrac{2 \cdot K \cdot d}{h} \cdot \dfrac{p}{(d+p)}}$ berechnet wird.

Seine Herleitung findet sich in der Literatur unter der Bezeichnung (klassisches) Losgrößenmodell mit konstantem Bedarf und endlicher Produktionsgeschwindigkeit bei einer geschlossenen Produktion; beispielsweise in [Herr09a]. Der durch die Produktionszeit (t_p) bestimmte Bestellzeitpunkt ist, wegen dem konstanten und kontinuierlichen Bedarfsverlauf, bestimmt durch einen bestimmten Bestand, dem so genannten Bestellbestand s_{opt}; teilweise wird er in der Literatur auch als Meldebestand oder als Bestellpunkt bezeichnet. Er berechnet sich durch $s_{opt} = t_p \cdot d$. Ein solches Lager kann folglich dadurch gesteuert werden, dass immer dann, wenn der Lagerbestand den Bestellbestand s_{opt} erreicht, eine Bestellung über q_{opt} aufgegeben wird, die nach einer Wiederbeschaffungszeit von $l = t_p$ im Lager eintrifft.

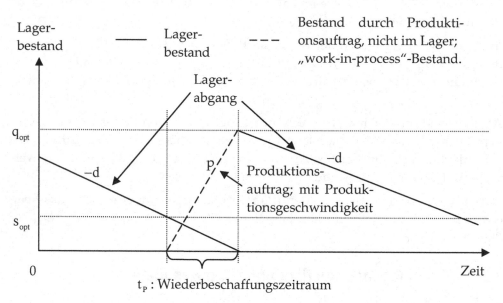

Abbildung 3-3:   Bestandsentwicklung bei konstanter Nachfragerate und endlicher Produktionsgeschwindigkeit

3.2.2   Verfahren bei stochastischer Nachfrage und Lieferzeit

Wie im Abschnitt 3.1 begründet worden ist, sind weder die Nachfragemengen noch die Lieferzeiten, bei denen es sich im Wesentlichen um die Durchlaufzeiten des Lieferanten eines Lagers handelt, konstant, sondern vielmehr zufällig. In der industriellen Praxis treffen die (Kunden-) Aufträge zufällig ein. Beispielsweise sind die Abstände zwischen den aufeinander folgenden Eintreffen von Kundenaufträgen (mit der Auftragsgröße von eins) exponentialverteilt. Dies ist gleichbedeutend mit einer Poisson-verteilten Nachfrage auf einer kontinuierlichen Zeitachse. Im Allgemeinen sind auch die Auftragsmengen zufällig und von den Abständen zwischen den aufeinander folgenden Eintreffen von Kundenaufträgen, also den Ankunftszeiten, unabhängig; das im Abschnitt über Prognose vorgestellte Verfahren von Croston basiert auf dieser Sichtweise. Üblicherweise ist die Arbeit in Unternehmen auf diskrete Perioden wie Tage, Wochen, usw. ausgerichtet. Dadurch beziehen sich die in der industriellen Praxis registrierten Nachfragemengen auf eben solche Perioden gleicher Länge. Deswegen liegt eine diskrete Zeitachse mit einem periodischen Nachfrageprozess vor. Er wird den meisten Prognosemodellen für einen regelmäßigen Bedarf unterstellt; s. hierzu den Abschnitt über Prognose. Liegen in einem Unternehmen nur Ankunftszeiten und Auftragsmengen vor, beispielsweise aufgrund einer empirischen Erfassung, dann ist die Periodennachfragemenge eine zufällige Summe von stochastisch unabhängigen Zufallsvariablen; für ihre Berechnung s. beispielsweise [Hübn03] oder [Herr09a]. Es sei angemerkt, dass die Annahme einer kontinuierlichen Zeitachse vertretbar ist, wenn die zeitlichen Abstände zwischen Nachfrageereignissen im Vergleich zur Periodenlänge sehr groß sind und wenn die Wiederbeschaffungszeit relativ lang ist. Diese in der industriellen Praxis anzutreffende Ausrichtung (von Nachfragemengen) auf Perioden gilt auch für Lieferzeiten.

Damit existiert eine Folge von Nachfragemengen pro Periode (d_i) und bei zufälligen Lieferzeiten auch eine Folge von Lieferzeiten (l_i). Aufgrund ihrer (gerade vorgestellten) zeitlichen Entwicklung handelt es sich um zwei so genannte stochastische Prozesse aus Zufallsvariablen. Für den Fall, dass diese Zufallsvariablen zu den Nachfragemengen pro Periode (D_i) stochastisch unabhängig und identisch verteilt mit einem gemeinsamen endlichen Mittelwert und einer gemeinsamen endlichen Standardabweichung sind sowie gegebenenfalls diese Zufallsvariablen zu den Lieferzeiten (L_i) ebenfalls stochastisch unabhängig und identisch verteilt mit einem gemeinsamen endlichen Mittelwert und einer gemeinsamen endlichen Standardabweichung sind, lässt sich ein Lager im Mittel optimal betreiben; s. [Herr09a]. Diese Forderung umfasst die Bedingungen an einen stationären stochastischen Prozess (s. den Abschnitt „Prognose") und wird deswegen im Folgenden als quasi-stationär bezeichnet. Bezogen auf die Nachfragemengen sei D die zu diesen Kenngrößen (gemeinsame) Zufallsvariable mit dem Erwartungswert $E(D)$ und der Standardabweichung $\sigma(D)$ sowie der Verteilungsfunktion Φ_D. Entsprechend ist für die Lieferzeiten L die zu diesen Kenngrößen (gemeinsame) Zufallsvariable mit dem Erwartungswert $E(L)$ und der Standardabweichung $\sigma(L)$ sowie der Verteilungsfunktion Φ_L.

3.2.2.1 Prinzipielle Arbeitsweise

Der optimale Betrieb eines solchen Lagers folgt einer ähnlichen Bestellregel wie beim (klassischen) Losgrößenmodell mit konstantem Bedarf und endlicher Produktionsgeschwindigkeit. Sie lautet: Immer dann, wenn der für die Disposition verfügbare Lagerbestand einen vorgegebenen Bestellbestand s_{opt} erreicht hat, wird eine Lagerbestellung der Größe q_{opt} ausgelöst, die nach einer Lieferzeit l im Lager eintrifft. In der industriellen Praxis wird in der Regel ein unendlich langer Planungshorizont unterstellt. Für einen solchen wurde in der Literatur (s. beispielsweise [Herr09a]) nachgewiesen, dass es sich bei dem Bestellbestand s_{opt} und bei der Bestellung q_{opt} um Konstanten handelt. Es sei nochmals betont, dass dieser Lagerbetrieb im Mittel optimal ist; dies ergibt sich aus der Betrachtung eines unendlichen Planungshorizonts und der Eigenschaft der Zufallsprozesse (s. hierzu z.B. [Herr09a]). Eine solche Lagerhaltungspolitik wird als (s, q)-Lagerhaltungspolitik bezeichnet. Wesentlich für die Bestellregel ist die Bestandsüberwachung. Wie die Nachfragemengen und Lieferzeiten ist auch diese der Ausrichtung auf Perioden unterworfen. Typisch für die industrielle Praxis ist der Beginn eines Tages. Allgemein existiert ein fest vorgegebener konstanter zeitlicher Abstand zwischen zwei (direkt) aufeinander folgenden Bestandserfassungen. Bei einer solchen periodischen Bestandsüberwachung wird der Lagerbestand in regelmäßigen Abständen, in dieser Ausarbeitung am Anfang einer Periode (alternativ ist auch das Ende einer Periode möglich), aktualisiert; andere feste Zeitpunkte innerhalb einer Periode sind genauso gut möglich. Es sei betont, dass der Anfang einer Periode und das Ende seiner Vorperiode zeitlich zusammenfallen. Bestandsreduzierungen, die innerhalb einer solchen Überwachungs-Periode auftreten, werden daher erst nach einer zeitlichen Verzögerung erkannt. Aufgrund dieser Bestandserfassung entscheidet die (s, q)-Bestellpolitik über eine Bestellung zu Periodenbeginn (z.B. zu Beginn eines Tages) und löst diese, im positiven Fall, (also zu Periodenbeginn) aus.

Diese Arbeitsweise einer (s, q)-Lagerhaltungspolitik wird nun exemplarisch für ein Beobachtungsintervall über 13 Perioden erläutert. Der dabei auftretende Bestandsverlauf ist in Abbildung 3-4 aufgezeichnet. Am Anfang des Beobachtungsintervalls beträgt der Bestand 80 Mengeneinheiten (ME). Es handelt sich um den Bestand am Ende der 0-ten Periode; in Abbildung 3-4 geht diese von 0 bis 1, ganz allgemein geht die i-te Periode von i bis $(i+1)$. Der Bedarf der 1-ten Periode reduziert den physischen Bestand um 10 ME auf 70 ME. Hierbei handelt es sich um den Bedarf am Ende der 1-ten Periode bzw. am Anfang der 2-ten Periode.

Ganz allgemein berechnet sich der Bestand zu Beginn der $(i+1)$-ten Periode (x_{i+1}) aus dem Bestand zu Beginn von der i-ten Periode (x_i) minus dem Bedarf in der i-ten Periode (d_i), also $x_{i+1} = x_i - d_i$. Maßgeblich sind folglich die Zeitpunkte zu Beginn einer Periode (die mit dem Ende der Vorperiode zusammenfallen). Da die

Lagerhaltungskosten für eine Periode aufgrund des Bestands an ihrem Perioden-ende berechnet werden (wie in diesem Buch generell – so wie auch in der Litera-tur), ist die Bestandsentwicklung als Stufe eingezeichnet; dabei drückt die Stufe aus, dass die in einer Periode benötigten Mengeneinheiten bereits zu Beginn der Periode entnommen werden. Eine gerade Verbindungslinie zwischen den Punkten würde den Eindruck erwecken, als läge ein gleichmäßiger Lagerabgang vor, was im Allgemeinen definitiv nicht zutrifft.

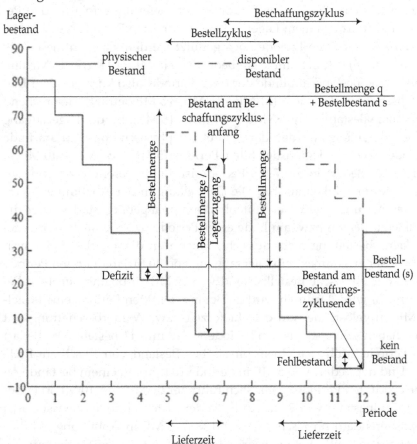

Abbildung 3-4: Entwicklung des Lagerbestands bei Einsatz einer (s, q)-Lagerhaltungs-politik

Die nächsten beiden Perioden reduzieren den Bestand um 15 und 20 ME auf 55 und 35 ME (am Beginn der jeweiligen Folgeperiode). Durch den Bedarf von 14 ME in der 4-ten Periode wird der physische Bestand von 21 ME zu Periodenbeginn der 5-ten Periode erreicht. Da dieser um 4 ME geringer als der Bestellbestand von 25 ME ist, wird zu Beginn der 5-ten Periode eine Bestellung von 50 ME ausgelöst, die eine Lieferzeit von 2 Perioden haben soll. Wegen dem Bedarf von 6 ME in Pe-riode 5 beträgt der physische Bestand am Ende der 5-ten Periode, also zu Beginn der 6-ten Periode, gerade 15 ME. Durch die offene Bestellung von 50 ME liegt dann ein für die Disposition verfügbarer Bestand von (15 ME + 50 ME =) 65 ME vor. Dieser wird als disponibler Lagerbestand bezeichnet (im Detail wird er noch weiter unten in erweiterter Form definiert) und durch eine gestrichelte Linie gekennzeichnet. Auch hier wird die Bestandsentwicklung als eine Stufe eingezeichnet, wobei angenommen wird, dass der disponible Bestand unmittelbar mit dem Aufsetzen einer Bestellung verfügbar ist, also zu Beginn von Periode 5 (von 71 ME); es sei betont, dass auch hier lediglich der Bestand am Periodenende für das Einzeichnen der Stufe berücksichtigt wird. Die Erfüllung der Lieferung erfolgt in den Perioden 5 und 6, und führt zu einem Lagerzugang in der 7-ten Periode, der zur Deckung des Bedarfs in der 7-ten Periode noch genutzt werden kann. In diesen Perioden (nämlich 5 und 6) tritt in Summe ein Bedarf von (6 ME+ 10 ME =) 16 ME auf, so dass der physische Bestand am Ende der 6-ten Periode, also kurz vor dem Eintreffen des Nachschubs in Periode 7, (21 ME – 16 ME =) 5 ME beträgt; entsprechend lautet der disponible Bestand dann 55 ME (= 71 ME – 16 ME). Da der Lagerzugang in der 7-ten Periode genutzt werden darf, lautet der physische Bestand am Ende der 7-ten Periode bzw. zu Beginn der 8-ten Periode (5 ME + 50 ME – 10 ME =) 45 ME, wobei 10 der Bedarf in der 7-ten Periode ist. Es sei betont, dass in dieser Periode keine Lieferunfähigkeit auftritt. Die Darstellung in der Abbildung 3-4 ergibt sich aus der Art und Weise der Stufenbildung; maßgeblich sind wieder die einzelnen Punkte zu Beginn bzw. am Ende einer Periode, wie sie im Text angegeben sind. Da keine Bestellung mehr aussteht, fallen nun disponibler und physischer Bestand wieder zusammen. Ein Lagerabgang von 20 ME in der 8-ten Periode führt dazu, dass der physische Bestellbestand von 25 ME zu Beginn der 9-ten Periode bereits erreicht wird. Dadurch wird zu Beginn der 9-ten Periode eine Bestellung von 50 ME ausgelöst, die nun eine Lieferzeit bzw. Wiederbeschaffungszeit von 3 Perioden haben soll; also aus den Perioden 9, 10 und 11 besteht. Der Bedarf von 15 ME in Periode 9 führt zu einem physischen Bestand von 10 ME am Ende von Periode 9. Und der Bedarf von 5 ME in Periode 10 führt zu einem Bestand von 5 ME am Ende der 10-ten Periode. Schließlich führt der Bedarf von 10 ME in Periode 11 zu einem Fehlbestand von 5 ME am Ende der 11-ten Periode; dies ist durch einen (nicht existierenden) physischen Bestand von -5 ME in Abbildung 3-4 dargestellt. Wie bei der ersten Bestellung begründet, lautet der disponible Bestand am Ende der 9-ten Periode (25 ME + 50 ME – 15 ME =) 60 ME, am Ende der 10-ten Periode (60 ME – 5 ME =) 55 ME und am Ende der 11-ten Periode (55 ME – 10 ME =) 45 ME. Der Lagerzugang von 50 ME in der 12-ten Periode wird zur Auslieferung der Fehlmenge am Ende der 11-ten Periode und zur Deckung des Bedarfs von 10 ME in der 12-ten Periode verwendet, weswegen der Bestand am Ende der 12-ten Periode gerade (-5 ME + 50 ME – 10 ME =) 35 ME ist. Hierbei handelt es sich um den Endbestand in diesem Beobachtungsintervall über 12 Perioden.

Es wird stets (im Rahmen dieser Ausarbeitung) angenommen, dass alle Nachfragemengen, die aufgrund mangelnder Lieferfähigkeit des Lagers nicht unverzüglich ausgeliefert werden können, als so genannte Fehlmengen (Rückstände) bzw.

Fehlbestand vorgemerkt und bei nächster Gelegenheit bevorzugt ausgeliefert werden; hierbei handelt es sich um ein für die industrielle Anwendung typisches Vorgehen, welches in der Literatur durchgehend zugrunde gelegt wird (s. beispielsweise [ScGS63], [Hoch69], [KlMi72] oder [Temp05]).

Angenommen, eine Lagerbestellung (B) würde zum Zeitpunkt t ausgelöst. Da der disponible Bestand mit dem Bestellbestand verglichen wird, kann eine Bestellung (und auch mehrere Bestellungen) ausgelöst werden, bevor B zu einem Lagerzugang führt. Folglich können mehrere offene Bestellungen im System existieren. Dieser Fall tritt vor allem bei stark schwankendem Bedarf auf. Es sei betont, dass bei einer geringen Losgröße eine Bestellung so klein sein kann, dass der durch sie bewirkte disponible Lagerbestand unterhalb des Bestellbestands liegt. In diesem Fall werden zu einem Zeitpunkt mehrere Bestellungen aufgesetzt, nämlich so viele, dass der dadurch insgesamt bewirkte disponible Lagerbestand über dem Bestellbestand liegt. In der Literatur wird diese Lagerhaltungspolitik teilweise präziser als $(s, n \cdot q)$-Lagerhaltungspolitik bezeichnet; s. hierzu beispielsweise [HaCa84].

Wegen diesen beiden Annahmen sind neben dem physischen Bestand auch die ausstehenden Bestellungen und die Fehlmengen bei einer Bestellentscheidung zu berücksichtigen. Dies erfolgt durch den so genannten disponiblen Lagerbestand. Für einen (beliebigen) Zeitpunkt t sei I_t^P der physische Lagerbestand des Produkts, $Bestell_t$ die Summe über die noch ausstehenden Bestellmengen und F_t die Rückstände aufgrund von Lieferunfähigkeit (also die Fehlmenge). Dann ist der disponible Lagerbestand zum Zeitpunkt t $\left(I_t^D\right)$ definiert durch $I_t^D = I_t^P + Bestell_t - F_t$.

Damit wird bei der (s, q)-Lagerhaltungspolitik zu Beginn einer (beliebigen) Periode t der disponible Bestand I_t^D überprüft und immer dann, wenn der disponible Lagerbestand den Bestellbestand s erreicht oder unterschritten hat (variable Termine), wird eine Lagerbestellung der Höhe q ausgelöst, die nach einer Wiederbeschaffungszeit l im Lager eintrifft.

Das Unterschreiten des Bestellbestands beim Auslösen einer Bestellung, wie sie im obigen Beispiel zu Beginn der 5-ten Periode auftritt (s. Abbildung 3-4), dürfte eher der Normalfall als die Ausnahme sein. Die dabei auftretende zufällige Differenz zwischen dem Bestellbestand und dem disponiblen Lagerbestand zu Beginn der Wiederbeschaffungszeit heißt („undershoot"). Die zugehörige Zufallsvariable wird durch U und auftretende konkrete Einzelwerte werden durch u bezeichnet.

Dieses Unterschreiten bewirkt auch, dass durch eine (s, q)-Lagerhaltungspolitik ein Lager im Allgemeinen nicht optimal betrieben wird. Ein im Mittel optimaler Lagerbetrieb wird erreicht, sofern nicht eine feste Bestellmenge q verwendet wird, sondern mit einer variablen Bestellmenge der für die Disposition verfügbare Bestand auf das so genannte Bestellniveau S angehoben wird; in dem in Abbildung 3-4 dargestellten Beispiel ist das Bestellniveau S gleich s + q – bei einer (s, q)-Lagerhaltungspolitik schwankt somit der maximale Lagerbestand, seine Stabilität bzw. Nervosität wurde in [InJe97] untersucht. Ist I_t^D der zum Zeitpunkt t für die Disposition verfügbare Lagerbestand, so hat die variable Bestellmenge die Höhe $(S - I_t^D)$. Diese Lagerhaltungspolitik wird als (s, S)-Lagerhaltungspolitik bezeichnet. Die Optimalität der (s, S)-Lagerhaltungspolitik wurde über mehrere wegweisende Arbeiten, innerhalb eines längeren Zeitraums, nachgewiesen. Ihre zentralen Einzelergebnisse mit Begründungen befinden sich in [Herr09a]; dort sind auch die Literaturstellen, in denen diese Einzelergebnisse bewiesen wurden, genannt.

Da die (s, S)-Lagerhaltungspolitik die (s, q)-Lagerhaltungspolitik mit einschließt, erreicht sie stets die geringsten Kosten. Allerdings besitzt eine (s, S)-Lagerhaltungspolitik zufällige Bestellmengen, deren Streuung von der Varianz des Defizits abhängt; dies wurde in [InJe97] untersucht. Dann können mengenabhängige Bestellkosten nicht minimiert werden. Genauso ungünstig sind wechselnde (variable) Transport- und Packungsgrößen. Solche variablen Mengen werden durch eine (s, q)-Lagerhaltungspolitik vermieden. Da konstante Bestellmengen in der industriellen Praxis als vorteilhaft angesehen werden, wird dieser Arbeit die in der industriellen Praxis bevorzugt eingesetzte (s, q)-Lagerhaltungspolitik zugrunde gelegt. Daneben existiert auch noch eine (r, S)-Lagerhaltungspolitik, die in konstanten Abständen von r Perioden jeweils eine Bestellung auslöst, die den disponiblen Lagerbestand auf das Bestellniveau S anhebt; es sei angemerkt, dass kein Defizit auftreten kann, da kein Bestellbestand existiert. In Unternehmen können durch eine (r, S)-Lagerhaltungspolitik die Beschaffungszeitpunkte für mehrere Erzeugnisse bei demselben Lieferanten aufeinander abgestimmt werden, um dadurch bessere Lieferbedingungen, vor allem geringere Preise, zu erhalten. Die zu erwartende Streuung der Bedarfe dürfte zu einer hohen Streuung der Beschaffungsmengen führen, worin ein Nachteil des Verfahrens zu sehen ist. Für eine tiefergehende Analyse der (r, S)-Lagerhaltungspolitik und einen Vergleich mit den anderen beiden Lagerhaltungspolitiken sei auf [Temp05] verwiesen.

3.2.2.2 Lieferfähigkeit

Nach dem Absetzen einer Bestellung vergeht eine Wiederbeschaffungszeit (l), bevor die bestellte Ware verfügbar ist und der Kundenbedarf gedeckt werden kann. Deshalb erfolgt eine Bestellung, solange das Lager noch ausreichend gefüllt ist, um während des Wiederbeschaffungszeitraumes lieferfähig zu sein. (Zur Vereinfachung wird angenommen, dass zum Bestellzeitpunkt der physische und der disponible Bestand übereinstimmen. Die Verallgemeinerung erfolgt im weiteren Verlauf dieser Ausführungen.) Wurde die Bestellung genau beim Vorliegen des Bestellbestands s im Lager aufgegeben, so tritt nur dann keine Lagerfehlmengensituation am Ende der Wiederbeschaffungszeit auf, wenn der gesamte Bedarf während der Wiederbeschaffungszeit kleiner als der Lagerbestand zum Bestellzeitpunkt ist.

Wie oben bereits erläutert wurde, folgt der Bedarf einem Zufallsprozess. Dadurch kann der Bedarf in der Wiederbeschaffungszeit als eine nichtnegative Zufallsvariable (Y) angesehen werden, auch dann, wenn die Wiederbeschaffungszeit konstant ist. Angenommen, dieser Bedarf in der Wiederbeschaffungszeit schwankt symmetrisch um seinen Erwartungswert, und dieser Erwartungswert ist identisch mit dem Bestellbestand s. Dann tritt in der Hälfte aller Wiederbeschaffungszeiträume ein Lagerfehlbestand auf. Wird der Bestellbestand erhöht, so reduziert sich der relative Anteil an Lagerfehlbestandssituationen. Viele Zufallsprozesse folgen einer Normalverteilung, wodurch beliebig große Abweichungen vom Erwartungswert auftreten (allerdings nimmt die Wahrscheinlichkeit für das Auftreten einer Abweichung mit zunehmender Größe ab). Das Auftreten solcher (beliebig großer) Abweichungen bedeutet folglich: Ein Ausschluss von Lieferunfähigkeit ist nur bei unendlich großem Bestellbestand möglich.

Angenommen, der Bedarf wäre konstant, wie beim klassischen Losgrößenmodell, so wird diese Eigenschaft durch das Auftreten von zufälligen Wiederbeschaffungszeiten hervorgerufen, da dann der Bedarf in der Wiederbeschaffungszeit zufällig ist und wie oben durch eine nichtnegative Zufallsvariable (Y) beschrieben werden kann. Damit treten die gleichen Entscheidungsprobleme auf.

Am Ende der einzelnen Wiederbeschaffungszeiträume liegen also nichtnegative und negative Lagerbestände vor. Wegen der stochastischen Einflussgrößen ist ein Maß für ihre Größe der Erwartungswert (bzw. der Durchschnitt) des Lagerbestandes bevor eine Lieferung eintrifft. Dieser Erwartungswert wird als Sicherheitsbestand bezeichnet; formal wird dieser weiter unten definiert werden. Ist s größer als der erwartete Bedarf, so ist der Sicherheitsbestand positiv. Damit bedeutet die obige Aussage: Ein Ausschluss von Lieferunfähigkeit ist ausschließlich bei einem unendlichen großen Sicherheitsbestand möglich. Unter stochastischen Bedingungen ist es also in der Regel nicht zu vermeiden, dass in einigen Perioden der physische Lagerbestand (also der Bestand, der sich zum Betrachtungszeitpunkt t tatsächlich (physisch) in dem Lager befindet) erschöpft ist und ein Bedarf für ein Produkt erst nach einer Wartezeit erfüllt werden kann. Es sei hier an die generelle Annahme erinnert, dass der Lagerprozess, der diesem Lagerhaltungsmodell zugrunde liegt, voraussetzt, dass sich die Nachfrage bei Lieferunfähigkeit nicht verringert, sondern direkt nach dem nächsten Lagerzugang befriedigt wird.

Deswegen dient der Bestellbestand zur Versorgung des Bedarfs in einem Wiederbeschaffungszeitraum und deswegen zur Sicherstellung einer ausreichenden Versorgung der Nachfrage bei stochastischem Bedarf oder stochastischer Dauer der Wiederbeschaffungszeit. Durch die Wiederbeschaffungszeit wird somit ein Risikoraum gebildet, und die Nachfragemenge in diesem Risikoraum ist unter stochastischen Bedingungen deswegen von besonderem Interesse.

Angenommen, zum Zeitpunkt t_1 würde eine Bestellung mit einer Lieferzeit l_1 ausgelöst und eine Periode später, nämlich in Periode $t_1 + 1$, würde eine zweite

Bestellung ausgelöst. Da zufällige Lieferzeiten möglich sind, könnte die Lieferzeit der zweiten Bestellung um 2 Perioden kürzer als die der ersten Bestellung sein; also $l_1 - 2$. Dann würde die Lieferung zur zweiten Bestellung zum Zeitpunkt $t_1 + 1 + l_1 - 2 = t_1 + l_1 - 1$ im Lager zur Verfügung stehen, während die Lieferung zur ersten Bestellung eine Periode später, nämlich zum Zeitpunkt $t_1 + l_1$, im Lager zur Verfügung stände. Die zweite Bestellung hätte die erste überholt. Ist ein solches Überholen von Bestellungen möglich, so kann das zugehörige Lager nicht mehr optimal betrieben werden; dies ist nach Ansicht des Autors in [Hoch69] sehr schön ausgearbeitet worden. Deswegen wird bei stochastischen Lieferzeiten davon ausgegangen, dass, falls mehrere Lagerbestellungen gleichzeitig ausstehen, sie in der Reihenfolge, in der sie aufgegeben worden sind, im Lager eintreffen.

Dies bedeutet: Wird ein Bestellauftrag (A) zum Zeitpunkt t bei einem disponiblen Lagerbestand von x angestoßen, so treffen die Bestellmengen zu allen (zu diesem Zeitpunkt) noch ausstehenden (offenen) Bestellungen vor dem Zeitpunkt ein, an dem die Bestellmenge zu A ins Lager geliefert werden wird. Mit einer Wiederbeschaffungszeit von l_A (zu A) handelt es sich um den Zeitpunkt $t + l_A$. Mit der gleichen Argumentation können alle nach dem Zeitpunkt t aufgesetzten Bestellaufträge nicht vor dem Zeitpunkt $t + l_A$ beendet sein. Mit anderen Worten: alle zum Zeitpunkt t offenen Bestellmengen, die die Differenz zwischen dem tatsächlichem physischen Bestand einschließlich einer etwaigen Fehlmenge und dem disponiblen Bestand ausmachen, und die gerade aufgesetzte Bestellmenge, aber keine weitere Menge, müssen zum Zeitpunkt $t + l_A$ ins Lager geliefert worden sein. Dieser konkrete Bestellauftrag A zum Zeitpunkt t kann zu einer Lieferunfähigkeit führen. Da alle eventuell zusätzlich vorhandenen offenen Bestellungen vor dem Zeitpunkt $t + l_A$ ins Lager geliefert sein werden, ist dies genau dann der Fall, wenn der Bestellbestand kleiner als der auftretende Bedarf im Zeitraum $[t, t + l_A]$ plus dem eventuell vorliegenden Defizit ist (und zwar gegenüber dem Bestellbestand zum Zeitpunkt t). Entscheidend jedoch ist, dass die durch die Bestellung A verursachte Lieferunfähigkeit unabhängig davon ist, ob noch offene Bestellungen vorliegen und vor allem, wann diese eintreffen werden. Da diese Überlegung für jeden Bestellzeitpunkt gilt, gilt somit insgesamt:

Die Lieferfähigkeit ist ausschließlich dadurch bestimmt, ob die Summe aus dem Bedarf (y) in der Wiederbeschaffungszeit und dem Defizit (u) (gegenüber dem Bestellbestand) zu Beginn der Wiederbeschaffungszeit den Bestellbestand s überschreitet. Diese Summe wird als Gesamtbedarf bzw. Gesamtnachfrage in der Wiederbeschaffungszeit bezeichnet und durch y^* abgekürzt.

Damit ist die Wirkung eines Bestellbestands s auf die Lieferfähigkeit unabhängig von dem Vorliegen von offenen Bestellungen zu einem Bestellzeitpunkt; mit anderen Worten: für die Analyse der Wirkung eines Bestellbestands s auf die Lieferfähigkeit kann angenommen werden, dass zum Bestellzeitpunkt keine Bestellung aussteht. Es sei angemerkt, dass diese Unabhängigkeit von dem Vorliegen offener Bestellungen auch für die Kosten gilt, die in einem (beliebigen) Wiederbeschaffungszeitraum anfallen. Klemm und Mikut (in [KlMi72]) nutzen dies zur Aufstellung eines Optimierungsmodells für den Lagerbetrieb und für seine Lösung.

Mit anderen Worten sagt die obige Aussage zur Lieferfähigkeit, dass für die Analyse der Lieferfähigkeit ausschließlich die Wiederbeschaffungszeiträume relevant sind. Dabei ist es möglich, dass zu Anfang der ersten Periode eines Wiederbeschaffungszeitraums ein Fehlbestand vorliegt. Da der Anfang dieser Periode mit dem Ende seiner Vorperiode zeitlich zusammenfällt, sind die Bestände zu diesen Zeitpunkten identisch. Folglich ist das Lager in dieser Vorperiode nicht lieferfähig. Es sei betont, dass dieser Fehlbestand über das Defizit in die Gesamtnachfrage zu diesem Wiederbeschaffungszeitraum eingeht und damit innerhalb dieses Wiederbeschaffungszeitraums berücksichtigt wird. Mit anderen Worten bedeutet dies: Ist l_B die Lieferzeit (Wiederbeschaffungszeit) und erfolgt die Lieferung in den Perioden P_{n+1} bis P_{n+l_B} (für ein $n \in \mathbb{N}$) – in der Periode P_{n+l_B+1} steht die Lieferung zur Bedarfsdeckung (in der Periode P_{n+l_B+1}) zur Verfügung –, so werden die Bedarfe von den Perioden P_{n+1} bis P_{n+l_B} vollständig berücksichtigt und von der Periode P_n (der Periode vor dem Wiederbeschaffungszeitraum – der Überwachungsperiode) wird das Defizit berücksichtigt; dabei ist angenommen worden, dass die Perioden mit natürlichen Zahlen durchnummeriert sind.

Die nun folgenden Überlegungen erweitern die obigen zur Lieferunfähigkeit, die auch zur Einführung eines Sicherheitsbestands führten, und formalisieren diese – sie sind [Herr09a], in dem auch die Beweise zu den Aussagen angegeben sind, entnommen worden; [Herr09a] enthält auch Erweiterungen für die konkreten Berechnungen der zu erwartenden Lagerbestände.

Nach der obigen Aussage zur Lieferfähigkeit ist keine Lieferunfähigkeit zu erwarten, wenn der Bestellbestand s ausreicht, um die Summe aus der erwarteten Nachfragemenge in der WBZ, E(Y), und dem erwarteten Defizit, E(U), (gegenüber dem Bestellbestand) zu Beginn der Wiederbeschaffungszeit, also dem erwarteten Gesamtbedarf in der Wiederbeschaffungszeit, zu decken. Also ist bei $s = E(Y) + E(U)$ der zu erwartende Lagerbestand am Ende einer Wiederbeschaffungszeit gleich Null. Da jedoch Y und U Zufallsvariablen sind, treten, beim Vorliegen einer Streuung von Y und U, sowohl größere als auch kleinere Werte der Zufallsvariablen $Y^* = Y + U$ als $\big(E(Y) + E(U)\big)$ auf, und es kommt zu negativen Lagerbeständen am Ende von Wiederbeschaffungszeiträumen. Ihre Wahrscheinlichkeit lässt sich durch eine Erhöhung des Bestellbestands reduzieren. Dadurch kommt es zu einem positiven zu erwartenden Lagerbestand am Ende einer Wiederbeschaffungszeit der Größe $\big(s - E(Y) - E(U)\big)$. Wie oben bereits erwähnt wurde, wird dieser als

Sicherheitsbestand bezeichnet, und es handelt sich um ein Mittel zur Erhöhung der Lieferfähigkeit.

3.2.2.3 Erwartungswert des physischen Bestands

Wie in [Herr09a] ausgearbeitet wurde, bietet es sich zur Berechnung des zu erwartenden physischen Bestands an, den Zeitraum zwischen dem Eintreffen von zwei direkt aufeinanderfolgenden Bestellungen – einem so genannten Beschaffungszyklus – zu betrachten und deswegen den Bestand am Ende eines solchen Beschaffungszyklus, d.h. unmittelbar vor dem Eintreffen einer Bestellung der Höhe q_{opt}, und am Anfang dieses Beschaffungszyklus, d.h. unmittelbar nach dem Eintreffen einer Bestellung der Höhe q_{opt}, zu betrachten. Es sei betont, dass zu beiden Zeitpunkten ein Fehlbestand vorliegen kann. Entsprechend bietet es sich für die Analyse der Fehlmengen an, solche Beschaffungszyklen zu betrachten. Wie das obige Beispiel nahelegt, s. Abbildung 3-4, dürfte ein Beschaffungszyklus aus einigen Perioden bestehen, in denen der physische Bestand über dem Bestellbestand liegt, und aus einem Wiederbeschaffungszeitraum bestehen, in dem eine Lieferunfähigkeit höchstens in einer oder mehreren seiner letzten Perioden vorliegt. Im Mittel muss sich ein Beschaffungszyklus so zerlegen lassen, weil ansonsten das Lager im Mittel in jeder Periode lieferunfähig ist; tatsächlich dürfte dann das Lager in den meisten Perioden lieferunfähig sein. Dies ist für die industrielle Praxis unbefriedigend, so dass sogar ein Lagerbetrieb angestrebt wird, bei dem in den meisten Wiederbeschaffungszeiträumen das Lager lieferfähig ist. Der Bestellbestand ist deswegen in der Regel so hoch, dass der Anteil der durchschnittlichen Fehlmenge (Rückstandsmenge) im Vergleich zum durchschnittlichen physischen Lagerbestand vernachlässigbar gering ist. Es sei erwähnt, dass es sich hierbei um die gängige Annahme zur optimalen Lösung dieses Lagerhaltungsproblems handelt (s. hierzu [Herr09a]). Folglich liegt dann im Mittel sogar in allen Perioden eine Lieferfähigkeit vor, und die mittlere Bestandsentwicklung hat den in Abbildung 3-5 dargestellten Verlauf. Dabei ist der mittlere Lagerabgang identisch mit der mittleren Periodennachfrage, also gleich E(D)). Wegen dem Defizit wird im Mittel der Bestellbestand um E(U)-Einheiten unterschritten. Bestellt wird die optimale Bestellmenge. Nach der Lieferzeit (bzw. Wiederbeschaffungszeit) trifft eine Bestellung im Lager ein. Im Mittel ist der physische Bestand unmittelbar vor dem Eintreffen der Bestellung positiv. Stochastische Schwankungen führen aufgrund des Sicherheitsbestands nicht zwangsläufig zu einem Fehlbestand. Nach dem Eintreffen einer Bestellung ist der Bestand über dem Bestellbestand und es vergehen einige Perioden bis zur nächsten Bestellung. Der Zeitraum zwischen zwei direkt nacheinander aufgesetzten Bestellungen heißt Bestellzyklus.

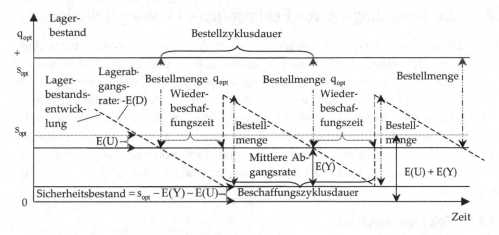

Abbildung 3-5: Entwicklung des mittleren physischen Lagerbestands bei einer (s, q)-Lagerhaltungspolitik

Aufgrund des vorgestellten Einflusses des Bestellbestands auf die Lieferunfähigkeit bietet es sich an, die Bestellmenge und den Bestellbestand unabhängig voneinander zu berechnen. Da die mittlere Lagerbestandsentwicklung, s. Abbildung 3-5, den gleichen sägezahnähnlichen Verlauf wie das klassische Losgrößenmodell mit konstantem Bedarf und endlicher Produktionsgeschwindigkeit, s. auch Abbildung 3-3, hat, bietet es sich an, die Bestellmenge, für das stochastische Lager, wie beim klassischen Losgrößenmodell zu berechnen; also durch $q_{opt} = \sqrt{\dfrac{2 \cdot K \cdot d}{h} \cdot \dfrac{p}{(d+p)}}$. Wie oben begründet worden ist, ist d durch E(D) zu ersetzen. Damit durch eine Bestellung der disponible Bestand sofort verfügbar ist, muss die Produktionsgeschwindigkeit p unendlich hoch sein. Mit $\lim\limits_{p \to \infty} \dfrac{p}{(d+p)} = 1$ ist $q_{opt} = \sqrt{\dfrac{2 \cdot K \cdot E(D)}{h}}$. Hierbei handelt es sich um die durch Harris 1915 entwickelte Formel zur Losgrößenberechnung. Ihre Anwendung bei der Steuerung eines Lagers zeigt, dass ihre Bedeutung über die des klassischen Losgrößenmodells mit unendlicher Produktionsgeschwindigkeit weit hinausgeht. Es sei betont, dass die in der industriellen Praxis eingesetzten heuristischen Losgrößenverfahren vielfach auf dieser Formel zur Losgrößenberechnung beruhen, aber auch hier das Entscheidungsmodell, welches sie näherungsweise lösen, deutlich über das klassische Losgrößenmodell mit unendlicher Produktionsgeschwindigkeit hinausgeht. Hierauf wird im Abschnitt über die Bedarfsplanung (genauer über die Losgrößenberechnung im Rahmen der Bedarfsplanung) näher eingegangen.

3.3   Berücksichtigung von Fehlmengen – Leistungskriterien

Eine (s,q)-Lagerhaltungspolitik verursacht, nach Abschnitt3.2, Kosten beim Aufsetzen einer Bestellung, beim Lagern von Produkten und beim Auftreten von Fehlmengen. Wie im Abschnitt 3.2 ausgearbeitet wurde (und anhand des Beispiels im Abschnitt 3.2 ersichtlich ist), bewirkt eine Erhöhung des Bestellbestands eine Verringerung der mittleren Fehlmenge, bei einer gleichzeitigen Zunahme des mittleren Lagerbestands. Eine Erhöhung der Bestellmenge vergrößert den mittleren zeitlichen Abstand zwischen zwei Bestellungen. Eine optimale Festlegung erfordert die Bewertung der Bestellkosten, der Lagerhaltungskosten und der Fehlmengenkosten.

3.3.1   Fehlmengenkosten

Während in Unternehmen in der Regel die Bestellkosten und die Lagerhaltungskosten mit einer hohen Genauigkeit vorliegen, ist die Festlegung der Fehlmengenkosten vielfach problematisch. Ihre Art und Höhe hängen davon ab, wie die Kunden und der Handelsbetrieb reagieren, wenn die Nachfrage nicht sofort befriedigt werden kann. Neben dem in dieser Arbeit verwendeten Fall, nach der die Nachfrage vorgemerkt wird, kann die Nachfrage (in seiner ursprünglichen Form) auch verloren gehen. In der Regel wird sie jedoch in anderer Form durch Sondermaßnahmen des Lagerssystems (selbst) oder der nachgelagerten Produktionsstufe befriedigt. So kann bei einem Ersatzteillager bei Lieferunfähigkeit des Originalersatzteils ein alternatives Ersatzteil ausgeliefert werden, das noch überarbeitet werden muss, wodurch entsprechende Mehrkosten anfallen; dieser Themenkomplex ist in [KlMi72] ausführlich diskutiert worden. Beim Vormerken des unbefriedigten Bedarfs und die nicht routinenmäßige Bedarfsdeckung entstehen dem Lagerhaltungssystem ebenfalls zusätzliche Kosten, wenn die nächste Lieferung eintrifft. Beispielsweise könnten Tische aus Tischplatten und Tischbeinen mittels Befestigungsschrauben montiert werden und anschließend wird ein kompletter Tisch lackiert. Eine Fehlmenge an Befestigungsschrauben verzögert den Beginn der Montage um die Dauer der Lieferunfähigkeit. Um im Montage- und Lackierprozess Zeit einzusparen, könnten für einen Auftrag über Tische die benötigten Tischplatten und Tischbeine lackiert werden und ihre Montage könnte soweit wie möglich vorbereitet werden. Bis eine neue Lieferung an Befestigungsschrauben eintrifft, werden diese Komponenten zwischengelagert. Dadurch entstehen Mehrkosten; konkrete und realistische Zahlen zu diesem Beispiel finden sich in [Herr09a]. Im Allgemeinen liegen die Hauptauswirkungen von Fehlmengen in der nächsten Produktionsstufe. Eine verzögerte Bedarfsdeckung verursacht Produktionsstörungen, denen durch Umdispositionen und Sondermaßnahmen (z.B. unplanmäßige Lagerung von Komplettierungserzeugnissen) begegnet wird, um die hier bestehenden Ziele trotzdem zu erreichen, oder die Ziele selbst werden gefährdet. Im Allgemeinen wachsen die Schwierigkeiten mit der fehlenden Menge und der Dauer des Fehlens. Fehlmengenkosten können weiter unterschieden werden in:

- ereignisabhängige Fehlmengenkosten. Sie treten bei jeder Fehlmengensituation in der gleichen Höhe auf, unabhängig von der Höhe der Fehlmenge.

- mengenabhängige Fehlmengenkosten. Diese Kosten hängen von der Höhe der Fehlmenge ab.

Dabei wird normalerweise von einer proportionalen Abhängigkeit ausgegangen. Im Fall der ereignisabhängigen Fehlmengenkosten ergeben sich die jährlichen Fehlmengenkosten somit aus der Anzahl der Fehlmengenereignisse pro Jahr, multipliziert mit dem Fehlmengenkostensatz. Im Fall der mengenabhängigen Fehlmengenkosten ergeben sich dadurch die jährlichen Fehlmengenkosten aus der gesamten jährlichen Fehlmenge multipliziert mit dem entsprechenden Kostensatz pro Fehlmengeneinheit (s. [Such96]).

Weit stärker ins Gewicht fallen diejenigen Fehlmengenkosten, die nicht direkt mit einer Lieferung verbunden sind. Ihre Existenz rührt von einem Phänomen her, das meist mit dem guten Ruf einer Firma bezeichnet wird und etwa die folgenden Begriffe umfasst:

- Ansehen, Vertrauenswürdigkeit der Firma,

- Bereitschaft der Kunden, weiterhin Geschäftsbeziehungen mit der Firma zu unterhalten.

Ein Handelsbetrieb verliert seinen guten Ruf, wenn er nicht lieferbereit ist. Die Verärgerung der Kunden und ihre nachlassende Bereitschaft, weiterhin dort zu kaufen, bedeuten für den Betrieb, dass er möglicherweise zukünftige Nachfragen und damit zukünftige Gewinne verliert.

Diese unterschiedlichen Arten von Fehlmengenkosten sind nach den typischen betriebswirtschaftlichen Größen klassifiziert worden und das Ergebnis findet sich in Abbildung 3-6.

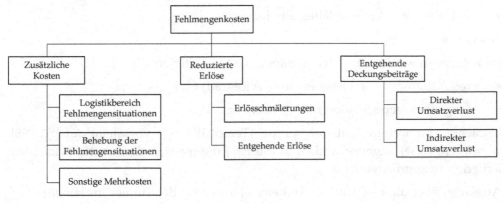

Abbildung 3-6:   Arten von Fehlmengenkosten

Entscheidend ist nun die Höhe dieser Kosten. Diese Frage ist unter industriellen Randbedingungen sehr schwierig und wenn überhaupt nur mit sehr hohem Aufwand zu beantworten. Um die Beantwortung zu umgehen, werden daher häufig zur Beschreibung der logistischen Leistung eines Lagers technizitäre Kriterien eingesetzt, deren Sollwerte von den Entscheidungsträgern festgelegt werden.

3.3.2 Servicegrade

In der Literatur werden verschiedene solcher technizitärer Leistungskriterien (s. [Schn81], [Robr91], [Such96] [SiPP98]) diskutiert, die sich sowohl in sachlicher Hinsicht, durch die Anzahl der in die Betrachtung einbezogenen Produkte, als auch z.T. durch ihren zeitlichen Bezug unterscheiden. Es handelt sich um die so genannten „Key-Performance"-Indikatoren eines Lagers, deren kontinuierliche Erfassung für die Beurteilung seines Leistungsbeitrags entscheidend ist.

Im Folgenden werden verschiedene, auf ein Produkt bezogene, Leistungsdefinitionen in Form von so genannten Servicegraden zur direkten Fehlmengenkontrolle vorgestellt (s. auch [Temp05] und [Assf76]). Da über die Servicegrade, die in der Vergangenheit realisiert wurden, meist Aufzeichnungen vorliegen und daraus Einblicke in die Auswirkungen verschiedener Servicegradvorgaben auf die verschiedenen Bestandscharakteristiken gewonnen werden können, haben sich diese in der industriellen Praxis durchgesetzt.

Bei Servicegraden besteht die Zielvorgabe für die Disposition meist in einer zu minimierenden Kostenfunktion und einer Nebenbedingung. Die Kostenfunktion beinhaltet dann die bestellfixen Kosten und die Lagerungskosten. Durch die Servicegradnebenbedingung wird üblicherweise die Wahrscheinlichkeit für

- das Eintreten eines Fehlmengen- oder Fehlbestandsereignisses,
- die Höhe der Fehlmenge oder des Fehlbestands oder
- die Dauer einer Lieferunfähigkeitssituation

beschränkt.

Im Folgenden werden die lieferantenfokussierten Kriterien

- ereignisbezogene Servicegrade (α-Servicegrad) und
- mengenbezogene Servicegrade (β-Servicegrad)

betrachtet; für weitere Kriterien sei auf [Temp05] sowie vor allem auf [SiPP98] verwiesen; es sei angemerkt, dass in [SiPP98] die meisten dem Autor bekannten Kriterien ausgearbeitet sind.

Aussagen über die Lieferunfähigkeit eines Lagers werden immer im Hinblick auf einen bestimmten Zeitraum, den Bezugs- oder Betrachtungszeitraum eines Servicegrads, getroffen. Dabei ist zu unterscheiden, ob es sich um eine Zeitspanne handelt, die bereits abgelaufen ist oder für die eine Planung durchzuführen ist:

- empirische Servicegrade: beziehen sich auf die Vergangenheit,

- Planungsservicegrade: dienen als Planungsvorgabe und werden für einen Planungszeitraum vorgegeben.

Die meisten Servicegrößen, die Zielvorgaben für die Disposition darstellen, beziehen sich auf eine Lagersituation, die in einer zukünftigen Periode oder in einem zukünftigen (Liefer-) Zyklus des Planungszeitraums vorliegen wird. Ausgangspunkt ist dabei die implizite Annahme einer Gleichverteilung hinsichtlich der zeitlichen Bezugsgröße. Das heißt, alle Zeitpunkte, alle Perioden oder alle Zyklen innerhalb des Planungszeitraums, auf den sich ein Servicegrad bezieht, sind gleichgewichtet. Diese Betrachtungsweise bewirkt eine zeitliche Durchschnittsbildung über alle Lagersituationen, die hinsichtlich der Bezugsgröße im Planungszeitraum stattfinden. Bei einem Servicegrad, der sich beispielsweise auf eine Periode bezieht, wird also eine Aussage über den Durchschnitt aller Lagersituationen getroffen, die in den Perioden des betrachteten Zeitraums auftreten, wobei die einzelnen Perioden gleichgewichtet werden. (s. [Such96] und [Schn79]).

Betrachtet wird zunächst der Fall, dass ein Kundenauftrag nur eine Auftragsposition enthält bzw. dass jede Auftragsposition wie ein isoliert eingegangener Einprodukteauftrag behandelt werden kann. Die Unterschiede zwischen den einzelnen auf ein Produkt bezogenen Leistungskriterien werden anhand der in Tabelle 3-1 angegebenen Lagerbestandsentwicklung erläutert. Es handelt sich hierbei um eine (s,q)-Politik ($s = 600$ Mengeneinheiten (ME), $q = 700$ ME), wobei die Lagerüberwachung immer am Anfang einer Periode erfolgt. In dem betrachteten Zeitraum (50 Perioden) werden am Anfang der Perioden 3, 8, 14, 20, 27, 33, 40 und 47 Lagerbestellungen mit einer Losgröße von 700 ME ausgelöst. Die Lieferzeit beträgt bei 4 von 8 Bestellungen 5 Perioden, und sie beträgt 3 Perioden für die Bestellung am Anfang der Perioden 3 und 47, 4 Perioden für die Bestellung am Anfang der Periode 20 sowie 6 Perioden für die Bestellung am Anfang der Periode 40. Der Anfangslagerbestand des Systems beträgt 700 ME.

Periode	Nachfrage	Bestand am Periodenende physisch	Bestand am Periodenende disponibel	Auslösen einer Bestellung oder Eintreffen eines Wareneingangs; l ist die WBZ	Fehlbestand (am Periodenende)	Fehlmenge (pro Zyklus)
1	97	603	603		-	-
2	109	494	494		-	-
3	127	367	1067	⊠ Bestellung, l = 3	-	-
4	121	246	946		-	-
5	123	123	823	🚚 Anlieferung	-	-
6	119	704	704	Lieferung verfügbar	-	-
7	133	571	571		-	-
8	127	444	1144	⊠ Bestellung, l = 5	-	-
9	109	335	1035		-	-
10	119	216	916		-	-
11	115	101	801		-	-
12	116	0	685	🚚 Anlieferung	15	15
13	117	568	568	Lieferung verfügbar	-	-
14	122	446	1146	⊠ Bestellung, l = 5	-	-
15	127	319	1019		-	-
16	125	194	894		-	-
17	119	75	775		-	-
18	121	0	654	🚚 Anlieferung	46	46
19	120	534	534	Lieferung verfügbar	-	-
20	97	437	1137	⊠ Bestellung, l = 4	-	-
21	97	340	1040		-	-
22	103	237	937		-	-
23	109	128	828	🚚 Anlieferung	-	-
24	112	716	716	Lieferung verfügbar	-	-
25	115	601	601		-	-
26	118	483	483		-	-
27	100	383	1083	⊠ Bestellung, l = 5	-	-
28	101	282	982		-	-
29	113	169	869		-	-
30	109	60	760		-	-
31	111	0	649	🚚 Anlieferung	51	51
32	121	528	528	Lieferung verfügbar	-	-
33	105	423	1123	⊠ Bestellung, l = 5	-	-

Tabelle 3-1 (1. Seite)

Periode	Nachfrage	Bestand am Periodenende physisch	Bestand am Periodenende dispo-nibel	Auslösen einer Bestellung oder Eintreffen eines Wareneingangs; l ist die WBZ	Fehlbestand (am Periodenende)	Fehlmenge (pro Zyklus)
34	100	323	1023		-	-
35	97	226	926		-	-
36	99	127	827		-	-
37	102	25	725	🚚 Anlieferung	-	-
38	101	624	624	Lieferung verfügbar	-	-
39	115	509	509		-	-
40	103	406	1106	⊠ Bestellung, l = 6	-	-
41	109	297	997		-	-
42	97	200	900		-	-
43	100	100	800		-	-
44	103	0	697		3	-
45	95	0	602	🚚 Anlieferung	98	98
46	100	502	502	Lieferung verfügbar	-	-
47	98	404	1104	⊠ Bestellung, l = 3	-	-
48	96	308	1008		-	-
49	97	211	911	🚚 Anlieferung	-	-
50	100	811	811	Lieferung verfügbar	-	-
Σ	5489					210

Tabelle 3-1: Lagerbestandsentwicklung mit Lagerüberwachung am Periodenanfang; es sei angemerkt, dass der Lagerbestand am Ende von Periode t gleich dem Lagerbestand am Beginn der Folgeperiode (t+1) ist

3.3.2.1 α-Servicegrad

Beim (ereignisbezogenen) α-Servicegrad handelt es sich um eine ereignisorientierte Kennziffer, und er stellt eine Realisation der Zufallsgröße fehlbestandsfreie Zeit (Perioden) für den (Beobachtungs-) Planungszeitraum dar. Er gibt die Wahrscheinlichkeit dafür an, dass der Gesamt-Bedarf in einer beliebigen Periode innerhalb dieser Periode vollständig aus dem vorhandenen physischen Lagerbestand (zu Beginn dieser Periode) gedeckt werden kann. Die Wahrscheinlichkeit, dass der Bedarf in einer beliebigen Periode gedeckt wird, ist gleich der Wahrscheinlichkeit, dass der physische Lagerbestand am Ende einer Periode nicht negativ wird (s. auch [Temp 02] und [Such96]); also kein Fehlbestand auftritt.

Wird als Periode der Zeitraum zwischen zwei aufeinander folgenden Nachfrage-Ereignissen verstanden, so beschreibt der (periodenbezogene) α-Servicegrad α_{Per} die Wahrscheinlichkeit, mit der ein zu einem beliebigen Zeitpunkt im Lager eintreffender Auftrag vollständig aus dem physischen Lagerbestand erfüllt werden kann. Anders ausgedrückt handelt es sich um die Wahrscheinlichkeit, dass kein

Fehlbestand am Ende einer zufällig (gleichverteilt) ausgewählten Periode vorhanden ist. Formal lautet der periodenbezogene α-Servicegrad (P steht für Wahrscheinlichkeit):

α_{Per} = P(Periodennachfragemenge $\leq$ physischer Bestand zu Beginn einer Periode)

= P(Periode ohne Fehlbestand).

Da alle Perioden gleichgewichtet sind, handelt es sich um eine Durchschnittsbildung über alle Lagerbestandssituationen von allen Perioden. Deswegen ist der Erwartungswert des Anteils an Perioden ohne Fehlbestand an allen Perioden gesucht, also

α_{Per} = E(Anteil Perioden ohne Fehlbestand an allen Perioden).

Bezogen auf einen (konkreten) Beobachtungszeitraum gilt damit:

$$\alpha_{Per} = \frac{\text{Anzahl der Perioden ohne Fehlmenge (im Beobachtungszeitraum)}}{\text{Gesamtanzahl der Perioden (im Beobachtungszeitraum)}}.$$

In dem in der Tabelle 3-1 angegebenen Beispiel beträgt der realisierte periodenbezogene α-Servicegrad $\alpha_{Per} = \frac{45}{50} \cdot 100 = 90\%$, da in fünf Perioden eine Fehlmenge aufgetreten ist.

Wie am Ende von Abschnitt 3.2 dargestellt worden ist, beginnt ein Beschaffungszyklus in der Regel (s. auch Abbildung 3-4) mit einigen Perioden, in denen der physische Bestand über dem Bestellbestand liegt, und anschließend folgt ein Wiederbeschaffungszeitraum, bei dem die ersten Perioden einen positiven physischen Bestand am Periodenende besitzen, und anschließend existieren höchstens ein oder mehrere Perioden ohne Lieferfähigkeit des Lagers. Somit existieren in der Regel Perioden vor dem Beginn eines Wiederbeschaffungszeitraums mit gesicherter Lieferfähigkeit des Lagers, die folglich keinen Einfluss auf eine Lieferunfähigkeit des Lagers haben, aber in den periodenbezogenen α-Servicegrad eingehen. Wie ebenfalls im Abschnitt 3.2 ganz allgemein festgestellt wurde, sind für die Analyse der Lieferfähigkeit ausschließlich die Wiederbeschaffungszeiträume relevant. Deswegen wird häufig als Bezugsgröße (statt einer Nachfrageperiode) der Wiederbeschaffungszeitraum gewählt. Dies führt zum wiederbeschaffungszeitbezogenen α-Servicegrad, der formal lautet:

α_{WBZ} = P(Nachfragemenge in der WBZ $\leq$ physischer Bestand zu Beginn der WBZ).

Der wiederbeschaffungszeitbezogene α-Servicegrad (α_{WBZ}) lässt sich als Wahrscheinlichkeit interpretieren, dass ein zufällig (gleichverteilt) herausgegriffener Wiederbeschaffungszeitraum keinen Fehlbestand (am Ende der Wiederbeschaffungszeit) aufweist. Also α_{WBZ} = P(WBZ ohne Fehlbestand). Da wiederum alle Wiederbeschaffungszeiträume gleichgewichtet sind, handelt es sich um eine

Durchschnittsbildung über alle Lagerbestandssituationen von allen Wiederbeschaffungszeiträumen. Daher ist dieses Kriterium gleichbedeutend mit dem Anteil an Wiederbeschaffungszeiträumen, in denen keine Fehlmenge auftritt. Der wiederbeschaffungszeitbezogene α-Servicegrad entspricht deswegen dem Erwartungswert des Anteils an Wiederbeschaffungszeiträumen, in denen keine Fehlmenge auftritt:

α_{WBZ} = E(Anteil an Wiederbeschaffungszeiträumen ohne Fehlbestand an allen Wiederbeschaffungszeiträumen).

Bezogen auf einen (konkreten) Beobachtungszeitraum gilt

$$\alpha_{WBZ} = \frac{\text{Anzahl an Wiederbeschaffungszeiträumen ohne Fehlmenge (im Beobachtungszeitraum)}}{\text{Gesamtanzahl an Wiederbeschaffungszeiträumen (im Beobachtungszeitraum)}}.$$

In dem in der Tabelle 3-1 angegebenen Beispiel beträgt der wiederbeschaffungszeitbezogene α-Servicegrad: $\alpha_{WBZ} = \frac{4}{8} \cdot 100 = 50\%$, da in vier der acht Zyklen der Lagerbestand zur vollständigen Bedarfsdeckung ausgereicht hat.

3.3.2.2 β-Servicegrad

Ein α-Servicegrad berücksichtigt lediglich die Häufigkeit des Eintretens eines Fehlmengenereignisses. Interessant ist auch die Höhe der auftretenden Fehlmenge. Dies führt zu dem so genannten β-Servicegrad. Es handelt sich um eine mengenorientierte Kennziffer, die sicherstellt, dass β den Anteil der erwarteten befriedigten Nachfrage an der insgesamt erwarteten Nachfrage beschreibt. Er lautet formal:

$$\beta = \frac{E(\text{befriedigte Nachfrage in einer Periode})}{E(\text{Gesamtnachfrage in einer Periode})}.$$

Dabei ist E(Gesamtnachfrage in einer Periode) = E(D), so dass die Formel lautet:

$$\beta = \frac{E(\text{befriedigte Nachfrage in einer Periode})}{E(D)}.$$

Wegen E(befriedigte Nachfrage einer Periode) = E(D) – E(Fehlmenge in einer Periode) gilt $\beta = \frac{E(D) - E(F)}{E(D)}$, wobei F die Zufallsvariable für die Fehlmenge in einer Periode ist, und damit $\beta = 1 - \frac{E(F)}{E(D)}$.

Bezogen auf einen (konkreten) Beobachtungszeitraum ist deswegen

$$\beta = 1 - \frac{\text{durchschnittliche Fehlmenge in einer Periode (im Beobachtungszeitraum)}}{\text{durchschnittliche Periodennachfrage (im Beobachtungszeitraum)}}$$

(s. auch [Schn81], [Temp05] und [Robr91]).

In dem in der Tabelle 3-1 angegebenen Beispiel ist bei einer durchschnittlichen Periodennachfrage von $\dfrac{\text{Gesamtnachfrage}}{\text{Gesamtanzahl der Perioden}} = \dfrac{5489}{50} = 109,78$ ME eine durch-

schnittliche Fehlmenge pro Periode von $\dfrac{15+46+51+3+95}{50} = 4,2$ ME aufgetreten.

Deswegen ist $\beta = \left(1 - \dfrac{4,2}{109,78}\right) \cdot 100 \approx 96,17\%$ der realisierte β-Servicegrad.

Wegen der Beziehung $\beta = 1 - \dfrac{E(F)}{E(D)} \Leftrightarrow \dfrac{E(F)}{E(D)} = 1 - \beta$ entspricht $(1-\beta)$ dem Anteil

der erwarteten Fehlmenge an der insgesamt erwarteten Nachfrage in einer Periode. Eine weitere Äquivalenzumformung ergibt eine Formel für die erwartete Fehlmenge $E(F) = (1-\beta) \cdot E(D)$.

Für die erwartete befriedigte Nachfrage ergibt sich durch Umformen der ersten Formel E(befriedigte Nachfrage einer Periode) = $\beta \cdot E(D)$.

Da alle Perioden gleichgewichtet sind, entspricht β dem Anteil der befriedigten Nachfrage an der insgesamt erwarteten Nachfrage. Dies ist gleich der Wahrscheinlichkeit dafür, dass eine beliebige Mengeneinheit der Nachfrage ohne lagerbedingte Wartezeit ausgeliefert wird.

Wegen der Betrachtung der Höhe der auftretenden Fehlmenge wird der β-Servicegrad in der Praxis bevorzugt als Leistungskriterium eines Lagers verwendet.

Abschließend sei diskutiert, in wie weit ein Zusammenhang zwischen dem mengenbezogenen β-Servicegrad und dem periodenbezogenen α-Servicegrad existiert. Da in einer Periode eine Lieferunfähigkeit existiert, wenn auch nur eine Einheit eines Produkts fehlt, gibt $(1-\alpha_{Per}) \cdot E(D)$ einen zu hohen Wert für die zu erwartende Fehlmenge in einer Periode an; sie stimmt mit der tatsächlichen zu erwartenden Fehlmenge in einer Periode überein, wenn stets beim Auftreten einer Fehlmenge der komplette Periodenbedarf fehlen würde. Liegt eine Lieferunfähigkeit ab einer Periode für n Perioden vor, so wird lediglich die Fehlmenge in der ersten der n Perioden überschätzt. Die tatsächlich zu erwartende Fehlmenge in einer Periode liefert die Berechnungsformel $E(F) = (1-\beta) \cdot E(D)$. Somit gilt: $(1-\beta) \cdot$

$E(D) = E(F) \le (1-\alpha_{Per}) \cdot E(D) \Leftrightarrow \alpha_{Per} \le \beta$. Eigene Simulationsexperimente zeigen, dass oftmals der periodenbezogene α-Servicegrad nur etwas geringer als der mengenbezogene β-Servicegrad ist, so dass es plausibel ist, den mengenbezogenen β-Servicegrad als Anhaltspunkt für den periodenbezogenen α-Servicegrad zu verwenden.

3.4 (s,q)-Lagerhaltungspolitiken

3.4.1 Periodische Bestandsüberwachung

Diesem Abschnitt liegt die im Abschnitt zur prinzipiellen Arbeitsweise eines Bestandsmanagements vorgestellte plausible Annahme zugrunde, nach der sich Bestellbestand und Bestellmenge gegenseitig nicht beeinflussen. Wie in diesem Abschnitt begründet worden ist, wird die Bestellmenge nach dem klassischen Losgrößenmodell mit unendlicher Produktionsgeschwindigkeit berechnet. Das resultierende Verfahren heißt (s,q)-Lagerhaltungspolitik mit periodischer Bestandsüberwachung.

3.4.1.1 Bestellbestand beim α- und β-Servicegrad

Wegen der prinzipiellen Arbeitsweise eines Bestandsmanagements nach Abschnitt 3.2 sind für die Analyse der Lieferfähigkeit ausschließlich die Wiederbeschaffungszeiträume relevant, wobei über das Defizit auch der Bedarf vor der Periode eines Wiederbeschaffungszeitraums berücksichtigt wird. Deswegen darf angenommen werden, dass die Lagerbestandsentwicklung außerhalb eines Wiederbeschaffungszeitraums konstant und kontinuierlich verläuft. Um die Abweichungen von den tatsächlichen Werten zu minimieren, wird diese Konstante gleich dem Durchschnitt der Periodenbedarfe gesetzt, also dem Erwartungswert E(D), wie dies in Abbildung 3-7 dargestellt ist (es sei daran erinnert, dass die Zufallsvariable D die Periodennachfrage beschreibt).

Zu einer konkreten Bestellung mit einer zufälligen Lieferzeit (l) liegt eine zufällige Summe $\left(y^*\right)$ aus dem Defizit (u) (gegenüber dem Bestellbestand) zu Beginn der Wiederbeschaffungszeit und dem Bedarf (y) in der Wiederbeschaffungszeit, also dem Gesamtbedarf in der Wiederbeschaffungszeit, vor, die wie Abbildung 3-7 zeigt, kleiner oder genauso groß wie ihr durchschnittlicher Wert $\left(E(U)+E(D)\cdot E(L)\right)$ oder sogar größer als der Bestellbestand s_{opt} sein kann; in Abbildung 3-7 ist der Fall $y^* = E(U)+E(D)\cdot E(L)$ eingezeichnet (es sei daran erinnert, dass die Zufallsvariable U das Defizit und die Zufallsvariable L die Lieferzeit beschreibt). Das stochastische Verhalten von den auftretenden Summen $\left(y^*\right)$ wird durch eine Zufallsvariable Y^* beschrieben. Zunächst wird eine stetige Zufallsvariable mit der Dichte φ_{Y^*} angenommen. Die Wahrscheinlichkeit, dass die zufällige Summe $\left(y^*\right)$ größer als der Bestellbestand s_{opt} ist, und somit ein Fehlbestand auftritt, beträgt $\varphi_{Y^*}\left(y^*\right)$. Damit ist $\int_{s_{opt}}^{\infty} \varphi_{Y^*}\left(y^*\right) dy^*$ die Wahrscheinlichkeit dafür, dass ein Fehlbestand in der Lieferzeit (im Mittel) auftritt, s. Abbildung 3-7, und mit

$$1 - \int\limits_{s_{opt}}^{\infty} \varphi_{Y^*}\left(y^*\right) dy^* = \int\limits_{-\infty}^{s_{opt}} \varphi_{Y^*}\left(y^*\right) dy^* = \Phi_{Y^*}\left(s_{opt}\right) \quad \text{ist die Verteilungsfunktion zu} \quad Y^*$$

$\left(\Phi_{Y^*}\left(s_{opt}\right)\right)$ die Wahrscheinlichkeit dafür, dass das Lager in einer Lieferzeit oder Wiederbeschaffungszeit (im Mittel) lieferfähig ist.

Dies ist identisch mit dem wiederbeschaffungszeitbezogenen α-Servicegrad $\left(\alpha_{WBZ}\right)$, so dass $\alpha_{WBZ} = \Phi_{Y^*}\left(s_{opt}\right) = P\left(Y^* \le s_{opt}\right)$ gilt. Diese Aussage ist unabhängig davon, ob es sich um eine stetige, diskrete oder allgemeine Zufallsvariable handelt; sie gilt folglich in allen Fällen. Da, nach der Definition von Verteilungsfunktionen, Φ_{Y^*} auch eine in s monoton steigende Funktion ist, wird s_{opt} bei einer stetigen Verteilungsfunktion $\left(\Phi_{Y^*}\right)$ durch $s_{opt} = \Phi_{Y^*}^{-1}\left(\alpha_{WBZ}\right)$ berechnet, und im Fall einer diskreten Verteilungsfunktion $\left(\Phi_{Y^*}\right)$ ist s_{opt} das kleinste s mit $s \ge \Phi_{Y^*}^{-1}\left(\alpha_{WBZ}\right)$; es sei erwähnt, dass es bei einer diskreten Verteilungsfunktion möglich ist, dass kein s mit $s = \Phi_{Y^*}^{-1}\left(\alpha_{WBZ}\right)$ existiert. Beispiele zu diesen Berechnungsformeln befinden sich weiter unten.

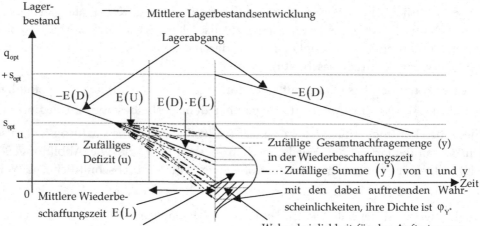

$\left(y^* - s_{opt}\right)$, mit $y^* \ge s_{opt}$, ist die auftretende Fehlmenge. Damit ist $\int\limits_{s_{opt}}^{\infty} \left(y^* - s_{opt}\right) \cdot \varphi_{Y^*}\left(y^*\right) dy^*$

der zu erwartende Fehlbestand am Ende einer Lieferzeit.

Abbildung 3-7: Mittlere Bestandsentwicklung bei stochastischer Nachfrage und Wiederbeschaffungszeit sowie beispielhafte zufällige Gesamt-Nachfragemengen in der Wiederbeschaffungszeit

Bewirkt eine konkrete zufällige Summe y^* einen Fehlbestand (es gilt: $y^* \geq s_{opt}$), so

hat dieser die Höhe $\left(y^* - s_{opt}\right)$. Damit ist $E\left(I_{Y^*}^{f,End}\left(s_{opt}\right)\right) = \int\limits_{s_{opt}}^{\infty}\left(y^* - s_{opt}\right)\cdot\varphi_{Y^*}\left(y^*\right) dy^*$

der zu erwartende Fehlbestand am Ende einer Lieferzeit bzw. eines Beschaffungs-zyklus. Wie am Ende von Abschnitt 3.2 begründet worden ist, ist die Fehlmenge der Beschaffungszyklen zu analysieren. Die Fehlmenge von einem Beschaffungs-zyklus besteht aus der Differenz zwischen der Fehlmenge am Ende von diesem Beschaffungszyklus und der Fehlmenge am Anfang von diesem Beschaffungszyk-lus. Der Anfang von einem Beschaffungszyklus ist der Zeitpunkt unmittelbar nach dem Eintreffen einer Bestellung der Höhe q_{opt}; s. auch Abbildung 3-5 im Abschnitt 3.2. Deswegen beträgt der Fehlbestand zu einer konkreten zufälligen Summe y^* gerade $\left(y^* - s_{opt} - q_{opt}\right)$. Damit ist der zu erwartende Fehlbestand am Anfang von

einem Beschaffungszyklus: $E\left(I_{Y^*}^{f,Anf}\left(s_{opt}\right)\right) = \int\limits_{s_{opt}+q_{opt}}^{\infty}\left(y^* - s_{opt} - q_{opt}\right)\cdot\varphi_{Y^*}\left(y^*\right) dy^*$. Folg-

lich ist $E\left(F_{Y^*}\left(s_{opt}\right)\right) = E\left(I_{Y^*}^{f,End}\left(s_{opt}\right)\right) - E\left(I_{Y^*}^{f,Anf}\left(s_{opt}\right)\right)$ die erwartete Fehlmenge von einem Beschaffungszyklus.

Für den β-Servicegrad, s. Abschnitt 3.2, wird die zu erwartende Fehlmenge pro Periode durch die zu erwartende Nachfragemenge pro Periode dividiert. Weil nun die zu erwartende Fehlmenge pro Beschaffungszyklus vorliegt, darf alternativ dieser Wert durch die zu erwartende Gesamtnachfragemenge pro Beschaffungs-zyklus geteilt werden. Zu seiner Bestimmung werden zunächst die Bestellzyklen betrachtet. Da die Fehlmenge annahmegemäß vorgemerkt wird, ist die mittlere Lagerbestandsentwicklung kontinuierlich und konstant und zwar mit dem Erwar-tungswert E(D) als Konstante; dies ist in Abbildung 3-5 im Abschnitt 3.2 darge-stellt. Da im Mittel eine Bestellung beim gleichen Bestellbestand aufgesetzt wird, muss der mittlere Verbrauch in den Bestellzyklen konstant sein. Dies ist nur mög-lich, wenn im Mittel dieser mittlere Verbrauch bestellt wird. Da q_{opt} bestellt wird, ist der mittlere Verbrauch in einem Bestellzyklus gleich q_{opt}. Weil die mittlere Be-stellzyklusdauer konstant ist und der zeitliche Abstand zwischen dem Aufsetzen einer Bestellung und dem Anfang von dem Bestellzyklus, der durch die Lieferung dieser Bestellung beginnt, im Mittel konstant ist, ist die mittlere Beschaffungszyk-lusdauer genauso lang wie die mittlere Bestellzyklusdauer. Deswegen ist die zu erwartende Nachfragemenge in einem Beschaffungszyklus gleich q_{opt}. Damit er-gibt sich für den β-Servicegrad (in Abhängigkeit von q_{opt}):

$$\beta\left(s_{opt}\right) = 1 - \frac{\int\limits_{s_{opt}}^{\infty}\left(y^* - s_{opt}\right)\cdot\varphi_{Y^*}\left(y^*\right) dy^* - \int\limits_{s_{opt}+q_{opt}}^{\infty}\left(y^* - s_{opt} - q_{opt}\right)\cdot\varphi_{Y^*}\left(y^*\right) dy^*}{q_{opt}}.$$

Damit liegt eine konkrete Berechnungsformel für den Fall einer kontinuierlichen Zufallsvariable vor. Im Fall einer diskreten Zufallsvariable Y^*, berechnet sich der Erwartungswert des Fehlbestands am Anfang eines Beschaffungszyklus durch

$$E\left(I_{Y^*}^{f,Anf}\left(s_{opt}\right)\right) = \sum_{y^*=s_{opt}+q_{opt}+1}^{y_{max}} \left(y^* - s_{opt} - q_{opt}\right) \cdot P\left(Y^* = y^*\right)$$ und am Ende eines Beschaf-

fungszyklus durch: $E\left(I_{Y^*}^{f,End}\left(s_{opt}\right)\right) = \sum_{y^*=s_{opt}+1}^{y_{max}} \left(y^* - s_{opt}\right) \cdot P\left(Y^* = y^*\right)$, wobei bei nicht nach

oben beschränkten zufälligen Summen y^* y_{max} durch ∞ ersetzt wird. Dann gilt für den β-Servicegrad:

$$\beta\left(s_{opt}\right) = 1 - \frac{\displaystyle\sum_{y^*=s_{opt}+1}^{y_{max}} \left(y^* - s_{opt}\right) \cdot P\left(Y^* = y^*\right) - \sum_{y^*=s_{opt}+q_{opt}+1}^{y_{max}} \left(y^* - s_{opt} - q_{opt}\right) \cdot P\left(Y^* = y^*\right)}{q_{opt}}.$$

Für die Bestimmung von s_{opt} ist zu berücksichtigen, dass die zu erwartende Fehlmenge $E\left(F_{Y^*}\left(s_{opt}\right)\right) = E\left(I_{Y^*}^{f,End}\left(s_{opt}\right)\right) - E\left(I_{Y^*}^{f,Anf}\left(s_{opt}\right)\right)$ keine stetige Funktion ist; es also möglich ist, dass kein s_{opt} mit $E\left(F_{Y^*}(s)\right) = \left(1-\beta(s)\right) \cdot q_{opt}$ existiert. Da $E\left(F_{Y^*}\left(s_{opt}\right)\right)$ eine monoton fallende Funktion ist, ist der gesuchte Bestellbestand s_{opt} das kleinste s mit $E\left(F_{Y^*}(s)\right) \leq \left(1-\beta(s)\right) \cdot q_{opt}$.

Weil im Folgenden der Bestellbestand s_{opt} zu einem vorgegebenen β-Servicegrad berechnet werden soll, wird $\beta\left(s_{opt}\right)$ durch β ersetzt. Wie für den wiederbeschaffungszeitbezogenen α-Servicegrad befinden sich Beispiele zu diesen Berechnungsformeln weiter unten.

Entscheidend für die Berechnung des β-Servicegrad sind die beiden Integrale bzw. die beiden Summen. Sie werden in der Stochastik unter der Bezeichnung Verlustfunktion 1. Ordnung diskutiert. Formal lautet für eine Zufallsvariable X mit einer kontinuierlichen Verteilung (Dichte $\varphi_X(z)$) die Verlustfunktion 1. Ordnung zu X:

$\Phi_X^1(s) = \int_x^\infty (z-s) \cdot \varphi_X(z)\, dz$. Ist X eine diskrete Zufallsvariable, so lautet die Verlust-

funktion 1. Ordnung: $\Phi_X^1(s) = \sum_{x=x_{min}}^{x_{max}} (x-s) \cdot P(X=x)$, wobei x_{min} der minimale und

x_{max} der maximale Wert aus dem Wertevorrat von X ist; gegebenenfalls ist für x_{min} $-\infty$ und für x_{max} ∞ zu verwenden.

3.4.1.2 Berechnung von Nachfragemengen

In konkreten Unternehmenssituationen liegen Aufzeichnungen über Periodennachfragen und über Lieferzeiten in der jüngeren Vergangenheit vor. Diese müssen über einen langen Zeitraum bekannt sein, da ansonsten die Daten statistisch nicht signifikant sind und für die Periodennachfragen sowie die Lieferzeiten die oben geforderten Eigenschaften, insbesondere die Stationarität, nicht nachgewiesen werden können. Für beide Arten von Werten wird ein Histogramm erstellt, das die jeweilige empirisch gefundenen Verteilung in Form einer diskreten Verteilung beschreibt. Solche empirisch gefundenen Verteilungen lassen sich häufig durch theoretische Verteilungen approximieren. So ist die Nachfrage beim Einzelhandel oft annähernd poissonverteilt. Mit Hilfe der Exponentialverteilung kann die Nachfrage in vielen Großhandelslagern beschrieben werden. Die Nachfragemengen beim Hersteller unterliegen meist einer Normalverteilung (s. [Ropp68], [Hoch69] und [Assf76]).

Im Folgenden wird vorgestellt, wie sich aus den Verteilungen zu den Periodennachfragemengen und zu den Lieferzeiten eine Verteilung für die zufällige Summe y^* aus dem Bedarf (y) in der Wiederbeschaffungszeit und aus dem Defizit (u) (gegenüber dem Bestellbestand) zu Beginn der Wiederbeschaffungszeit, also dem Gesamtbedarf in der Wiederbeschaffungszeit, also ist $y^* = y + u$, berechnen lässt.

Bei deterministischen Wiederbeschaffungszeiten ergibt sich für einen bekannten, konstanten, Wert l der Wiederbeschaffungszeit die Wahrscheinlichkeitsverteilung des Bedarfs (y) in der Wiederbeschaffungszeit (also im Wiederbeschaffungszeitraum) durch die Zufallsvariable Y als Summe der l Periodennachfragemengen: $Y = \sum_{i=1}^{l} D$. Ist D eine stetige Zufallsvariable, so ist Y ebenfalls eine stetige Zufallsvariable, und ist D eine diskrete Zufallsvariable, so ist Y ebenfalls eine diskrete Zufallsvariable. Ihr Erwartungswert lautet $E(Y) = E\left(\sum_{i=1}^{l} D \right) = l \cdot E(D)$ und ihre Varianz lautet: $Var(Y) = Var\left(\sum_{i=1}^{l} D \right) = l \cdot Var(D)$; zum Nachweis dieser Aussage sei auf [Herr09a] verwiesen.

Liegen stochastische Wiederbeschaffungszeiten vor, so ergibt sich die Wahrscheinlichkeitsverteilung des Bedarfs (y) in der Wiederbeschaffungszeit durch die Zufallsvariable Y als zufällige Summe der Periodennachfragemengen: $Y = \sum_{i=1}^{L} D$. Ist D eine stetige Zufallsvariable, so ist Y ebenfalls eine stetige Zufallsvariable, und ist D eine diskrete Zufallsvariable, so ist Y ebenfalls eine diskrete Zufallsvariable. Ihr Erwartungswert lautet

$$E(Y) = E(L) \cdot E(D) \text{ und } Var(Y) = E(L) \cdot Var(D) + Var(L) \cdot (E(D))^2$$

ist ihre Varianz; zum Nachweis dieser Aussage sei auf [Herr09a] verwiesen.

Für die zweite zu bestimmende Größe, nämlich das Defizit (u) (gegenüber dem Bestellbestand) zu Beginn einer Wiederbeschaffungszeit, können keine Aufzeichnungen existieren, da diese erst nach dem Implementieren einer (s,q)-

Lagerhaltungspolitik gemessen werden können. Allerdings werden die stochastischen Eigenschaften der Zufallsvariable zum Defizit (U) maßgeblich durch die Verteilung der Periodennachfragemenge beeinflusst. Nach der Erneuerungstheorie (s. [Herr09a]) gelten für die (realistische) Annahme, dass die Bestellmenge im Vergleich zur mittleren Periodennachfragemenge $E(D)$ groß ist:

$$\Phi_U(u) \approx \frac{1}{E(D)} \cdot \int_0^u [1 - \Phi_D(d)]\, dd \quad \text{für } u \geq 0 \text{ im kontinuierlichen Fall und}$$

$$P(U = u) \approx \frac{1 - P(D \leq u)}{E(D)} = \frac{\sum_{d=u+1}^{\infty} P(D = d)}{E(D)} \quad \text{im diskreten Fall, beide Approximationen}$$

folgen aus einem zentralen Satz zur Erneuerungstheorie, der in [Herr09a] bewiesen ist.

Es darf davon ausgegangen werden, dass das Defizit U und die Periodennachfragemenge D stochastisch unabhängige Zufallsvariablen sind. Wiederum, aufgrund des obigen zentralen Satzes zur Erneuerungstheorie, ist bei einer kontinuierlichen Verteilung der Periodennachfragemenge $E(U) = \dfrac{E(D)^2 + \mathrm{Var}(D)}{2 \cdot E(D)}$ der Erwartungswert des Defizits. Hieraus lässt sich für die Varianz des Defizits die Formel

$$\mathrm{Var}(U) = \frac{E\big((D - E(D))^3\big)}{3 \cdot E(D)} + \frac{1}{2}\mathrm{Var}(D) \cdot \left[1 - \frac{\mathrm{Var}(D)}{2 \cdot E(D)^2}\right] + \frac{1}{12} \cdot E(D)^2 \quad \text{durch Umformen}$$

von $\mathrm{Var}(U) = E(U^2) - E(U)^2$ herleiten.

Zunächst ergibt sich mit $E(U) = \dfrac{E(D)^2 + \mathrm{Var}(D)}{2 \cdot E(D)}$:

$$E(U)^2 = \left(\frac{E(D)^2 + \mathrm{Var}(D)}{2 \cdot E(D)}\right)^2 = \frac{E(D)^4 + 2 \cdot E(D)^2 \cdot \mathrm{Var}(D) + \mathrm{Var}(D)^2}{4 \cdot E(D)^2}.$$

Wiederum, aufgrund des obigen zentralen Satzes zur Erneuerungstheorie, ist bei einer kontinuierlichen Verteilung der Periodennachfragemenge $E(U^2) = \dfrac{E(D^3)}{3 \cdot E(D)}$.

Die Terme der rechten Seiten der beiden Ausdrücke lassen sich durch einen Ausdruck für das dritte zentrale Moment der Wahrscheinlichkeitsverteilung von der Periodennachfragemenge zusammenfassen. Dieser ergibt sich durch die folgenden Umformungen:

$$E\big((D - E(D))^3\big) = E\left[D^3 - 3 \cdot D^2 \cdot E(D) + 3 \cdot D \cdot E(D)^2 - E(D)^3\right]$$

$$= E\left(D^3\right) - 3 \cdot E\left(D^2\right) \cdot E\left(D\right) + 3 \cdot E\left(D\right) \cdot E\left(D\right)^2 - E\left(D\right)^3$$

$$= E\left(D^3\right) - 3 \cdot E\left(D^2\right) \cdot E\left(D\right) + 2 \cdot E\left(D\right)^3 .$$

Damit ergibt sich: $E\left(U^2\right) = \dfrac{E\left(D^3\right)}{3 \cdot E\left(D\right)} = \dfrac{E\left(\left(D - E(D)\right)^3\right) + 3E\left(D^2\right) \cdot E\left(D\right) - 2 \cdot E\left(D\right)^3}{3 \cdot E\left(D\right)} .$

Durch Einsetzen in $\operatorname{Var}\left(U\right) = E\left(U^2\right) - E\left(U\right)^2$ und Umformen gilt:

$$\operatorname{Var}\left(U\right) = E\left(U^2\right) - E\left(U\right)^2 = \dfrac{E\left(\left(D - E(D)\right)^3\right) + 3E\left(D^2\right) \cdot E\left(D\right) - 2 \cdot E\left(D\right)^3}{3 \cdot E\left(D\right)}$$

$$- \dfrac{E\left(D\right)^4 + 2 \cdot E\left(D\right)^2 \cdot \operatorname{Var}\left(D\right) + \operatorname{Var}\left(D\right)^2}{4 \cdot E\left(D\right)^2}$$

$$= \dfrac{E\left(\left(D - E(D)\right)^3\right)}{3 \cdot E\left(D\right)} + \underbrace{E\left(D^2\right)}_{= \operatorname{Var}(D) + E(D)^2} \underbrace{- \dfrac{2}{3} \cdot E\left(D\right)^2 - \dfrac{1}{4} \cdot E\left(D\right)^2}_{= -\frac{11}{12} \cdot E(D)^2} - \dfrac{1}{2} \cdot \operatorname{Var}\left(D\right) - \dfrac{\operatorname{Var}\left(D\right)^2}{4 \cdot E\left(D\right)^2}$$

$$= \dfrac{E\left(\left(D - E(D)\right)^3\right)}{3 \cdot E\left(D\right)} + \operatorname{Var}\left(D\right) + E\left(D\right)^2 - \dfrac{11}{12} \cdot E\left(D\right)^2 - \dfrac{1}{2} \cdot \operatorname{Var}\left(D\right) - \dfrac{\operatorname{Var}\left(D\right)^2}{4 \cdot E\left(D\right)^2}$$

$$= \dfrac{E\left(\left(D - E(D)\right)^3\right)}{3 \cdot E\left(D\right)} + \dfrac{1}{2} \operatorname{Var}\left(D\right) + \dfrac{1}{12} \cdot E\left(D\right)^2 - \dfrac{\operatorname{Var}\left(D\right)^2}{4 \cdot E\left(D\right)^2} .$$

Damit ergibt sich insgesamt die behauptete Formel.

3.4.1.3 Bestellbestand bei einer Normalverteilung

Wie im Abschnitt „Durchführung eines Bestandsmanagementprojekts" noch näher begründet werden wird, tritt in der industriellen Praxis sehr häufig eine Normalverteilung für die Periodennachfragemengen D, also eine $N\left(E(D), \left(\sigma(D)\right)^2\right)$-Verteilung, auf, und es tritt entweder eine konstante Wiederbeschaffungszeit oder ebenfalls eine Normalverteilung für die Wiederbeschaffungszeiten L, also eine $N\left(E(L), \left(\sigma(L)\right)^2\right)$-Verteilung, auf. Dann ist die Nachfragemenge in der Wiederbeschaffungszeit Y ebenfalls normalverteilt, also eine $N\left(E(Y), \left(\sigma(Y)\right)^2\right)$-Verteilung, deren Erwartungswert und Varianz sich aus den entsprechenden oben angegebenen Formeln ergibt.

Beispielsweise könnten Schrauben gelagert werden, deren Nachfrage (D) pro Tag normalverteilt mit einem Erwartungswert von 1000 Schrauben und einer Streuung, also $\sigma(D) = \sqrt{\text{Var}(D)}$, von 200 Schrauben ist. Bei einer konstanten Lieferzeit von 4 Tagen folgt die Nachfragemenge in der Wiederbeschaffungszeit (Y) einer Normalverteilung mit einem Erwartungswert von $E(Y) = E(D) \cdot 1 = 1000 \cdot 4 = 4000$ Schrauben und einer Streuung von $\sigma(Y) = \sqrt{\text{Var}(Y)} = \sqrt{\text{VAR}(D) \cdot 1} = \sqrt{200 \cdot 200 \cdot 4} = 400$ Schrauben vor. Würde die Lieferzeit einer Normalverteilung mit einem Erwartungswert (E(L)) von 4 Tagen und einer Streuung $(\sigma(L))$ von einem Tag folgen, so folgt die Nachfragemenge in der Wiederbeschaffungszeit (Y) ebenfalls einer Normalverteilung, mit einem Erwartungswert von $E(Y) = E(L) \cdot E(D) = 4 \cdot 1000 = 4000$

Schrauben und einer Streuung von $\sqrt{\text{Var}(Y)} = \sqrt{E(L) \cdot \text{Var}(D) + \text{Var}(L) \cdot (E(D))^2}$

$= \sqrt{4 \cdot 200^2 + 1 \cdot (1000)^2} = 200 \cdot \sqrt{29} = 1077{,}033$ Schrauben. Damit ist die Nachfrage während der Wiederbeschaffungszeit bestimmt. Unberücksichtigt ist das Defizit (U), weswegen die Zufallsvariable $Y^* = Y + U$ zu betrachten ist. Nach den Regeln für die Summe von Zufallsvariablen ist $E(Y^*) = E(Y) + E(U)$ der Erwartungswert von Y^* und $\text{Var}(Y^*) = \text{Var}(Y) + \text{Var}(U)$ seine Varianz. Nach den obigen Formeln

ist $E(U) = \dfrac{(E(D))^2 + \text{Var}(D)}{2 \cdot E(D)} = \dfrac{1000^2 + 200 \cdot 200}{2 \cdot 1000} = 520$ Schrauben der Erwartungs-

wert von U und seine Varianz berechnet sich durch die Berechnungsformel

$\text{Var}(U) = \dfrac{1}{2} \cdot \text{Var}(D) \cdot \left[1 - \dfrac{\text{Var}(D)}{2 \cdot E(D)^2}\right] + \dfrac{1}{12} \cdot E(D)^2 = \dfrac{1}{2} \cdot 200 \cdot 200 \cdot \left[1 - \dfrac{200 \cdot 200}{2 \cdot 1000^2}\right]$

$+ \dfrac{1}{12} \cdot 1000^2 = 102933{,}33$ Schrauben², wobei der Term $E\left((D - E(D))^3\right)$, wegen dem Vorliegen einer Normalverteilung von D, gleich Null ist (für eine Begründung sei auf [Herr09a] verwiesen), und die Streuung beträgt: 320,83 Schrauben. Damit ist der Erwartungswert $E(Y^*) = E(Y) + E(U) = 4000 + 520 = 4520$ Schrauben, und beim Vorliegen einer konstanten Lieferzeit berechnet sich die Varianz von Y^* folglich durch $\text{Var}(Y^*) = \text{Var}(Y) + \text{Var}(U) = 400^2 + 102933{,}33 = 262933{,}33$ Schrauben² und die Streuung ist 512,77 Schrauben. Tritt zusätzlich eine Streuung von einem Tag bei der Lieferzeit auf, so liegt der gleiche Erwartungswert, aber eine höhere Streuung von 1123,8 Schrauben vor.

Wesentlich für die konkrete Berechnung der Verteilungsfunktion zu Y^* und der Verlustfunktion 1. Ordnung zu Y^* ist die Kenntnis der Verteilung. Generell bietet es sich bei einer normalverteilten Nachfragemenge in der Wiederbeschaffungszeit an, auch für Y^* eine Normalverteilung zu unterstellen; es sei betont, dass sich diese Aussage mathematisch nicht nachweisen lässt – bei einer langen Wiederbeschaffungszeit folgt diese aus dem zentralen Grenzwertsatz. In diesem Beispiel folgt die

Gesamtnachfrage in der Wiederbeschaffungszeit einer Normalverteilung mit den gerade berechneten Momenten.

Für einen bestimmten vorgegebenen wiederbeschaffungszeitbezogenen α-Servicegrad (α_{WBZ}) lässt sich nun über $\alpha_{WBZ} = \Phi_{Y^*}(s_{opt})$ der erforderliche Bestellbestand berechnen. Die konkrete Berechnung der Verteilungsfunktion $\Phi_{Y^*}(s_{opt})$ erfolgt nach einem Standardverfahren der Stochastik, in dem die allgemeine Zufallsvariable Y^* über die Standardisierte $\dfrac{Y^* - E(Y^*)}{\sigma(Y^*)}$ in eine $\mathcal{N}(0,1)$-verteilte Zufallsvariable überführt wird. Nach der Stochastik gilt dann

$$\Phi_{\mathcal{N}\left(E(Y^*),\left(\sigma(Y^*)\right)^2\right)}(y^*) = \Phi_{\mathcal{N}(0,1)}\left(\frac{y^* - E(Y^*)}{\sigma(Y^*)}\right) \text{ und mit } \alpha_{WBZ} = \Phi_{\mathcal{N}\left(E(Y^*),\left(\sigma(Y^*)\right)^2\right)}(s_{opt}) \text{ ist:}$$

$$\alpha_{WBZ} = \Phi_{\mathcal{N}\left(E(Y^*),\left(\sigma(Y^*)\right)^2\right)}(s_{opt}) = \Phi_{\mathcal{N}(0,1)}\left(\frac{s_{opt} - E(Y^*)}{\sigma(Y^*)}\right) \Leftrightarrow \Phi_{\mathcal{N}(0,1)}^{-1}(\alpha_{WBZ}) = \frac{s_{opt} - E(Y^*)}{\sigma(Y^*)}$$

$$\Leftrightarrow s_{opt} = E(Y^*) + \Phi_{\mathcal{N}(0,1)}^{-1}(\alpha_{WBZ}) \cdot \sigma(Y^*).$$

Die Verteilungsfunktion der $\mathcal{N}(0,1)$-verteilten Zufallsvariable kann durch einschlägige Approximationsfunktionen berechnet oder in einschlägigen stochastischen Tabellen (s. z.B.: [Herr09a]) nachgeschlagen werden. Die Werte können auch in Excel berechnet werden, und zwar mit $\Phi_{\mathcal{N}(0,1)}(x) = \text{NORMVERT}(x;0;1;\text{WAHR})$ sowie durch $\Phi_{\mathcal{N}(0,1)}^{-1}(x) = \text{NORMINV}(x;0;1)$; deswegen werden in diesem Buch keine Tabellen angegeben.

Angenommen, die Lieferzeit sei konstant und der wiederbeschaffungszeitbezogene α-Servicegrad ist beispielsweise $\alpha_{WBZ} = 95\%$, so ist mit $\Phi_{\mathcal{N}(0,1)}^{-1}(0,95) = 1,65$ gerade $s_{opt} = E(Y^*) + \Phi_{\mathcal{N}(0,1)}^{-1}(\alpha_{WBZ}) \cdot \sigma(Y^*) = 4520 + \Phi_{\mathcal{N}(0,1)}^{-1}(0,95) \cdot 512,77 = 5366,07$ Schrauben. Bei einer Streuung der Lieferzeit von einem Tag beträgt $s_{opt} = 4520 + 1.65 \cdot 1123,8 = 6374,27$ Schrauben. Läge kein Defizit vor, also ist $U = 0$, so wäre $s_{opt} = E(Y) + \Phi_{\mathcal{N}(0,1)}^{-1}(\alpha_{WBZ}) \cdot \sigma(Y)$ zu berechnen. In diesem Fall ist bei der konstanten Lieferzeit $s_{opt} = 4000 + 1,65 \cdot 400 = 4660$ Schrauben. Diese Reduktion des Bestellbestands bei der Nichtberücksichtigung des Defizits um 13,16% bzw. um 706,07 $(= 5366,07 - 4660)$ Schrauben bewirkt einen geringeren wiederbeschaffungszeitbezogenen α-Servicegrad. Mit $s_{opt} = E(Y^*) + \Phi_{\mathcal{N}(0,1)}^{-1}(\alpha_{WBZ}) \cdot \sigma(Y^*)$ berechnet sich α_{WBZ} durch $\Phi_{\mathcal{N}(0,1)}^{-1}(\alpha_{WBZ}) = \dfrac{s_{opt} - E(Y^*)}{\sigma(Y^*)} \Leftrightarrow \alpha_{WBZ} = \Phi_{\mathcal{N}(0,1)}\left(\dfrac{s_{opt} - E(Y^*)}{\sigma(Y^*)}\right)$.

Im konkreten Fall ist $\alpha_{WBZ} = \Phi_{N(0,1)}\left(\dfrac{4660-4520}{512,77}\right) = \Phi_{N(0,1)}(0,27) = 60,64\%$. Der nunmehr realisierte Servicegrad ist deutlich geringer.

Aufgrund von $E(U) = \dfrac{(E(D))^2 + Var(D)}{2\cdot E(D)}$ ist der Erwartungswert des Defizits über die Hälfte von dem Erwartungswert der Periodennachfrage. Entscheidend ist sein Einfluss auf $E(Y^*)$. Wegen $E(Y^*) = E(Y) + E(U) = E(D) + E(U)$ ist sein Einfluss bei einer Lieferzeit von 1 über 50%. Wegen $E(Y) = E(L)\cdot E(D)$ nimmt sein Einfluss mit zunehmender Lieferzeit ab. Die Varianz des Defizits ist aufgrund von der Formel

$$Var(U) = \frac{1}{2}\cdot Var(D)\cdot\left[1 - \frac{Var(D)}{2\cdot E(D)^2}\right] + \frac{1}{12}\cdot E(D)^2 \quad \text{hoch; im Beispiel ist diese sogar}$$

höher als die der Periodennachfrage. Ihr Einfluss auf $Var(Y^*)$ nimmt mit zunehmender Lieferzeit wegen den beiden Beziehungen $Var(Y^*) = Var(Y) + Var(U)$ und $Var(Y) = E(L)\cdot Var(D) + Var(L)\cdot(E(D))^2$ ab. Maßgeblich ist die Differenz zwischen $E(Y^*)$ und $E(Y)$ sowie zwischen $Var(Y^*)$ und $Var(Y)$. Wegen der Formel $Var(Y) = E(L)\cdot Var(D) + Var(L)\cdot(E(D))^2$ ist die Differenz der Varianzen bei einer Streuung in der Lieferzeit kleiner als bei einer konstanten Lieferzeit. Dadurch ist die Verringerung des Servicegrads bei einer zufälligen Lieferzeit (deutlich) geringer. Diese Überlegungen gelten generell für alle Verteilungen.

Im Beispiel ist bei einer Streuung der Lieferzeit von 1 zusätzlich der optimale Bestellbestand ohne die Berücksichtigung des Defizits zu berechnen. Er beträgt $s_{opt} = 4000 + 1,65\cdot 1077,03 = 5777,1$ Schrauben. Dies bedeutet eine Reduktion des Bestellbestands um 9,37% bzw. um 597,17 $(= 6374,27 - 5777,1)$ Schrauben. Dadurch wird nur noch ein wiederbeschaffungszeitbezogener α-Servicegrad von

$$\alpha_{WBZ} = \Phi_{N(0,1)}\left(\frac{s_{opt} - E(Y^*)}{\sigma(Y^*)}\right) = \Phi_{N(0,1)}\left(\frac{5777,1 - 4520}{1123,8}\right) = \Phi_{N(0,1)}(1,12) = 86,86\% \text{ erreicht.}$$

Aus dieser Analyse über den Einfluss des Defizits folgt, dass es sich bei einer Nichtberücksichtigung des Defizits, und zwar unabhängig von der verwendeten Verteilung, um einen Modellierungsfehler handelt; er ist in vielen Softwaresystemen zum Bestandsmanagement zu finden und wird in vielen Lehrbüchern ignoriert.

Dieses Vorgehen ist richtig, sofern zum Zeitpunkt der Auslösung einer Lagerbestellung der disponible Lagerbestand genau gleich dem Bestellbestand s ist, so dass das Defizit U stets gleich Null ist. Diese Eigenschaft eines Bestellbestands ist genau dann erfüllt, wenn

(a) der disponible Lagerbestand nach jedem Abgang vom disponiblen Lagerbestand überwacht wird und

(b) die nachgefragte Menge zwischen zwei aufeinander folgenden Inspektionen des Lagers entweder 0 oder 1 ist.

In diesem Fall wird von einer (s, q)-Lagerhaltungspolitik mit kontinuierlicher Bestandsüberwachung gesprochen. Sind die beiden Bedingungen ((a) und (b)) nicht erfüllt, und wird ein Defizit von Null unterstellt, so wird in der Literatur auch von einer (s, q)-Lagerhaltungspolitik mit kontinuierlicher Bestandsüberwachung gesprochen.

Statt eines wiederbeschaffungszeitbezogenen α-Servicegrads kann auch ein β-Servicegrad berechnet werden. Ausgangspunkt ist wieder die $N\left(E\left(Y^*\right), \sigma^2\left(Y^*\right)\right)$-verteilte Zufallsvariable Y^*. Mit der Verlustfunktion erster Ordnung für eine Standardnormalverteilung (d.h. $\Phi^1_{N\left(E\left(Y^*\right), \sigma^2\left(Y^*\right)\right)}(x) = \int_x^\infty (z-x) \cdot \varphi_{N\left(E\left(Y^*\right), \sigma^2\left(Y^*\right)\right)}(z)\, dz$) ergibt sich nach der obigen Berechnungsvorschrift:

$$\beta = 1 - \frac{\Phi^1_{N\left(E\left(Y^*\right), \sigma^2\left(Y^*\right)\right)}\left(s_{opt}\right) - \Phi^1_{N\left(E\left(Y^*\right), \sigma^2\left(Y^*\right)\right)}\left(s_{opt} + q_{opt}\right)}{q_{opt}}.$$

Diese Verlustfunktion erster Ordnung mit einem beliebigen Erwartungswert und einer beliebigen Streuung lässt sich auf die Verlustfunktion erster Ordnung mit einem Erwartungswert von Null und einer Streuung von eins zurückführen; diese Umformung ist im Detail in [Herr09a] angegeben. Die resultierende Formel lautet:

$$\Phi^1_{N\left(\mu, \sigma^2\right)}(s) = \sigma\left(Y^*\right) \cdot \Phi^1_{N(0,1)}(v_s) \quad \text{mit } v_s = \frac{s - E\left(Y^*\right)}{\sigma\left(Y^*\right)}.$$ Durch das Einsetzen ergibt sich

für den β-Servicegrad:

$$\beta = 1 - \frac{\sigma\left(Y^*\right) \cdot \Phi^1_{N(0,1)}\left(\frac{s_{opt} - E\left(Y^*\right)}{\sigma\left(Y^*\right)}\right) - \sigma\left(Y^*\right) \cdot \Phi^1_{N(0,1)}\left(\frac{s_{opt} + q_{opt} - E\left(Y^*\right)}{\sigma\left(Y^*\right)}\right)}{q_{opt}}.$$

Die Verlustfunktion erster Ordnung zu der $N(0,1)$-verteilten Zufallsvariable kann durch einschlägige Approximationsfunktionen berechnet oder in einschlägigen stochastischen Tabellen (s. z.B.: [Herr09a]) nachgeschlagen werden. Die Werte können auch in Excel durch

$$\Phi^1_{N(0,1)}(x) = (\text{Normvert}(x; 0; 1; \text{falsch}) - x^*(1 - \text{Normvert}(x; 0; 1; \text{wahr})))$$

berechnet werden; deswegen werden in diesem Buch keine Tabellen angegeben. Da die Verlustfunktion erster Ordnung bei einer Standardnormalverteilung streng monoton fallend ist, existiert die Umkehrfunktion zu $\Phi^1_{N(0,1)}$.

Da $E\left(F_{N(0,1)}(s)\right)=\Phi^1_{N(0,1)}\left(\dfrac{s-E\left(Y^*\right)}{\sigma\left(Y^*\right)}\right)-\Phi^1_{N(0,1)}\left(\dfrac{s+q_{opt}-E\left(Y^*\right)}{\sigma\left(Y^*\right)}\right)$, also die Fehlmen-

genfunktion streng monoton fällt und sie stetig ist, ist der Wert v_s, mit

$v_s=\dfrac{s-E\left(Y^*\right)}{\sigma\left(Y^*\right)}$, gesucht, der $\dfrac{(1-\beta)\cdot q_{opt}}{\sigma\left(Y^*\right)}=\Phi^1_{N(0,1)}\left(v_s\right)-\Phi^1_{N(0,1)}\left(v_s+\dfrac{q_{opt}}{\sigma\left(Y^*\right)}\right)$ erfüllt.

Da dem Autor keine geschlossene Funktion oder eine Approximation für das Inverse von $\Phi^1_{N(0,1)}(x)$ bekannt ist, kann v_s effektiv über Berechnungen von $\Phi^1_{N(0,1)}$ dadurch gefunden werden, in dem nach dem kleinsten Wert von v_s gesucht wird,

mit welchem $\dfrac{(1-\beta)\cdot q_{opt}}{\sigma\left(Y^*\right)}\geq\Phi^1_{N(0,1)}\left(v_s\right)-\Phi^1_{N(0,1)}\left(v_s+\dfrac{q_{opt}}{\sigma\left(Y^*\right)}\right)$ gerade noch erfüllt ist.

Der gesuchte Bestellbestand $\left(s_{opt}\right)$ ergibt sich dann durch: $s_{opt}=E\left(Y^*\right)+v_{s_{opt}}\cdot\sigma\left(Y^*\right)$

mit $v_{s_{opt}}=\dfrac{s_{opt}-E\left(Y^*\right)}{\sigma\left(Y^*\right)}$.

Aufgrund der Beziehung $SB=s_{opt}-E(Y^*)$ für den Sicherheitsbestand ergibt sich durch Einsetzen von $s_{opt}=E\left(Y^*\right)+v_{s_{opt}}\cdot\sigma\left(Y^*\right)$ gerade $SB=v_{s_{opt}}\cdot\sigma\left(Y^*\right)$, weswegen $v_{s_{opt}}$ auch als Sicherheitsfaktor bezeichnet wird.

Für eine beispielhafte Berechnung werden die oben berechneten Werte für $E\left(Y^*\right)$ von 4520 Schrauben und $\sigma\left(Y^*\right)$ von 512,77 Schrauben verwendet, der zu realisierende β-Servicegrad sei 95% und die Bestellmenge betrage lediglich 500 Schrauben, die sich nach der klassischen Losgrößenformel $q_{opt}=\sqrt{\dfrac{2\cdot K\cdot E(D)}{h}}$ mit einem Rüstkostensatz K von 50 Geldeinheiten und einem Lagerkostensatz h von 0,4 Geldeinheiten ergeben; $q_{opt}=\sqrt{\dfrac{2\cdot K\cdot E(D)}{h}}=\sqrt{\dfrac{2\cdot 50\cdot 1000}{0,4}}=500$ Schrauben. Dies bedeutet eine erwartete Fehlmenge von $(1-\beta)\cdot q_{opt}=(1-0,95)\cdot 500=25$ Schrauben.

Zur Berechnung von $v_{s_{opt}}$ bietet es sich an, zunächst $\dfrac{(1-\beta)\cdot q_{opt}}{\sigma\left(Y^*\right)}$ zu berechnen,

nämlich durch: $\dfrac{(1-\beta)\cdot q_{opt}}{\sigma\left(Y^*\right)}=\dfrac{(1-0,95)\cdot 500}{512,77}=0,05$. Nach dem oben genannten Vorgehen ist $v_{s_{opt}}=1,22$. Damit beträgt $s_{opt}=4520+1,22\cdot 512,77=5145,6$ Schrauben. In diesem Fall lautet die Fehlmenge zu Beginn eines Beschaffungszyklus

$$\sigma\left(Y^*\right)\cdot\Phi^1_{N(0,1)}\left(v_{s_{opt}}+\frac{q_{opt}}{\sigma\left(Y^*\right)}\right)=512,77\cdot\Phi^1_{N(0,1)}\left(1,22+\frac{500}{512,77}\right)=512,77\cdot\Phi^1_{N(0,1)}\left(2,2\right)$$

$=512,77\cdot0,0049=2,51$ Schrauben, während sie am Ende eines Beschaffungszyklus

entsprechend $\qquad \sigma\left(Y^*\right)\cdot\Phi^1_{N(0,1)}\left(v_{s_{opt}}\right)=512,77\cdot\Phi^1_{N(0,1)}\left(1,22\right)=512,77\cdot0,0561=28,77$

Schrauben beträgt. In vielen Literaturquellen wird die Fehlmenge zu Beginn eines Beschaffungszyklus generell nicht berücksichtigt. Dann wird der Wert von $v_{s_{opt}}$ mit

$$\Phi^1_{N\left(E\left(Y^*\right),\sigma^2\left(Y^*\right)\right)}\left(v_{s_{opt}}\right)=\frac{\left(1-\beta\right)\cdot q_{opt}}{\sigma\left(Y^*\right)}\text{ bestimmt. In diesem Beispiel ist dann }v_{s_{opt}}=1,26.$$

Damit ist mit $\quad s_{opt}=E\left(Y^*\right)+v_{s_{opt}}\cdot\sigma\left(Y^*\right)\quad$ eben $\quad s_{opt}=4520+1,26\cdot512,77=5166,1$

Schrauben der Bestellbestand. Die Nichtberücksichtigung der Fehlmenge zu Beginn eines Beschaffungszyklus führt gegebenenfalls zu einem unnötig hohen Bestellbestand und dadurch zu einem zu hohen β-Servicegrad – in diesem Beispiel ergibt sich ein um lediglich 20,5 Schrauben höherer Bestellbestand und der β-Servicegrad lautet nun 95,37%.

In der Regel dürfte der vorgegebene β-Servicegrad so hoch sein, dass der Sicherheitsbestand $s-E\left(Y^*\right)$ nicht negativ ist. Da für die Verlustfunktion erster Ordnung für eine Standardnormalverteilung $\Phi^1_{N(0,1)}\left(x\right)\approx0$ für alle $x\geq3,09$ gilt, ist

mit der Beziehung $\dfrac{s_{opt}+q_{opt}-E\left(Y^*\right)}{\sigma\left(Y^*\right)}=\dfrac{s_{opt}-E\left(Y^*\right)}{\sigma\left(Y^*\right)}+\dfrac{q_{opt}}{\sigma\left(Y^*\right)}$ der zweite Term für die

Fehlmengenberechnung $\left(\sigma\left(Y^*\right)\cdot\Phi^1_{N(0,1)}\left(\dfrac{s_{opt}+q_{opt}-E\left(Y^*\right)}{\sigma\left(Y^*\right)}\right)\right)$ bei einer Bestellmenge

größer (oder gleich) $3,09\cdot\sigma\left(Y^*\right)$ vernachlässigbar. Vielfach ist unter industriellen Randbedingungen diese Bedingung erfüllt. Anderenfalls führt die Vernachlässigung der Fehlmenge zu Beginn eines Beschaffungszyklus (also unmittelbar nach dem Eintreffen einer Bestellung der Höhe q_{opt}), nach den obigen Überlegungen, zu einer Überschätzung des β-Servicegrads.

In dem obigen Beispiel werden nun 2500 Schrauben bestellt, die sich nach der klassischen Losgrößenformel $q_{opt}=\sqrt{\dfrac{2\cdot K\cdot E\left(D\right)}{h}}$ mit einem Rüstkostensatz K von 50 Geldeinheiten und einem Lagerkostensatz h von 0,016 Geldeinheiten ergeben;

$q_{opt}=\sqrt{\dfrac{2\cdot K\cdot E\left(D\right)}{h}}=\sqrt{\dfrac{2\cdot50\cdot1000}{0,016}}=2500$ Schrauben. Die genannte Bedingung ist

wegen $2500>3,09\cdot\sigma\left(Y^*\right)=3,09\cdot512,77=1584,46$ erfüllt. Damit beträgt die erwartete Fehlmenge $(1-\beta)\cdot q_{opt} = (1-0,95)\cdot 2500 = 125$ Schrauben. Zur Berechnung von

$v_{s_{opt}}$ wird wieder $\dfrac{(1-\beta)\cdot q_{opt}}{\sigma(Y^*)}$ durch $\dfrac{(1-\beta)\cdot q_{opt}}{\sigma(Y^*)} = \dfrac{(1-0,95)\cdot 2500}{512,77} = 0,244$ berechnet.

So ist $v_{s_{opt}} = 0,36$. Mit $s_{opt} = E(Y^*) + v_{s_{opt}}\cdot\sigma(Y^*)$ ist $s_{opt} = 4520 + 0,36\cdot 512,77 = 4704,6$ Schrauben.

Auch in diesem Fall soll der Fall der Nichtberücksichtigung des Defizits betrachtet werden. Dann ist $\dfrac{(1-\beta)\cdot q_{opt}}{\sigma(Y)}$ zu berechnen: $\dfrac{(1-\beta)\cdot q_{opt}}{\sigma(Y)} = \dfrac{(1-0,95)\cdot 2500}{400} = 0,31$ und

$v_{s_{opt}} = 0,19$. Mit $s_{opt} = E(Y) + v_{s_{opt}}\cdot\sigma(Y)$ ist $s_{opt} = 4000 + 0,19\cdot 400 = 4076$ Schrauben. Diese Reduktion des Bestellbestands bei der Nichtberücksichtigung des Defizits um 13,36% bzw. um 628,6 $(= 4704,6 - 4076)$ Schrauben bewirkt einen geringeren

β-Servicegrad. Mit $s_{opt} = E(Y^*) + v_{s_{opt}}\cdot\sigma(Y^*) \Leftrightarrow v_{s_{opt}} = \dfrac{s_{opt} - E(Y^*)}{\sigma(Y^*)}$ ergibt sich für

$v_{s_{opt}}$ eben $v_{s_{opt}} = \dfrac{4076 - 4520}{512,77} = -0,87$; damit ist ein negativer Sicherheitsfaktor mög-

lich. Mit $\Phi^1_{N(0,1)}(v_{s_{opt}}) = \Phi^1_{N(0,1)}(-0,87) = 0,97$ und $\beta = 1 - \dfrac{\sigma(Y^*)\cdot\Phi^1_{N(0,1)}(v_{s_{opt}})}{q_{opt}}$ ergibt

sich ein β-Servicegrad von $\beta = 1 - \dfrac{512,77\cdot 0,97}{2500} = 80,1\%$. Es liegt somit eine sehr

signifikante Verringerung des β-Servicegrads vor. Das Ergebnis unterstreicht die bereits bei der Untersuchung zum wiederbeschaffungszeitbezogenen α-Servicegrad erkannte Notwendigkeit der Berücksichtigung des Defizits und diese methodische Schwäche vieler Softwaresysteme und Lehrbücher zum Bestandsmanagement.

Gerade die Nachfragemenge in der Wiederbeschaffungszeit ist die Summe aus einer (mehr oder weniger) großen Anzahl von Periodennachfragemengen. Nach dem zentralen Grenzwertsatz aus der Stochastik ist die Summe einer ausreichend großen Anzahl von unabhängigen Zufallsvariablen (hier Periodennachfragemengen) normalverteilt. Einschränkend sei die Faustregel erwähnt, nach der die Verteilung einer Summe von 30 beliebigen stochastisch unabhängige Zufallsvariablen bereits sehr gut durch eine Normalverteilung approximiert wird; diese Faustregel ist in [Herr09a] näher erläutert – dort ist auch ein Experiment beschrieben worden, bei dem bereits eine Summe von zwei gleichverteilten Zufallsvariablen eine deutliche unimodale symmetrische Struktur aufweist, wie sie für eine Normalverteilung charakteristisch ist, und eine deutliche Ähnlichkeit mit einer Normalverteilung besitzt; unimodal bedeutet, dass die Dichtefunktion ein eindeutiges globales Maximum besitzt. Dennoch erscheint eine Lieferzeit von 30 Perioden unrealistisch

hoch zu sein. Dem kann jedoch mit einer Reduktion der Periodengröße, beispielsweise auf Schichten oder halbe Schichten, begegnet werden. Bei zufälligen Wiederbeschaffungszeiten treten zufällige Summen auf. Für diese gilt der zentrale
Grenzwertsatz (der Stochastik) auch, aber es ist zu erwarten, dass über 30 stochastisch unabhängigen Zufallsvariablen benötigt werden, damit die Summe gegen
eine Normalverteilung konvergiert. Dies erklärt, warum die Normalverteilung auf
viele empirische Verteilungen zutrifft. Außerdem ist die Normalverteilung die
Grenzverteilung für eine ganze Reihe von Verteilungen (etwa Binomial-, Poisson-
und Gammaverteilung (s. [Assf76])). Deswegen wird eine Nachfrageverteilung
sehr häufig durch eine Normalverteilung approximiert.

3.4.1.4 Bestellbestand bei einer Gammaverteilung

Möglich ist eine hohe Streuung bei einem geringen Erwartungswert für den Gesamtbedarf in der Wiederbeschaffungszeit Y^*, so dass die Annahme des Vorliegens einer Normalverteilung eine nicht vernachlässigbare Wahrscheinlichkeit für
negative Werte bedeutet. Beispielsweise betrage der Erwartungswert der Nachfrage 25 und seine Streuung laute 15. Die Normalverteilung mit diesen (1-ten) Momenten hat die in Abbildung 3-8 dargestellte Gestalt, und es liegen nicht vernachlässigbare Wahrscheinlichkeiten für negative Gesamtnachfragemengen vor. In
vielen solchen Fällen treten dann kleinere positive Werte auf. Dadurch ist es oftmals möglich, die Nachfrageverteilung durch eine Gammaverteilung zu approximieren.

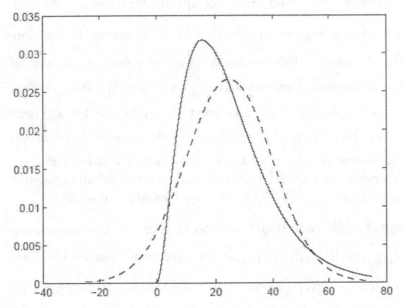

Abbildung 3-8: Normalverteilung („- -"-Linie) und Gammaverteilung („-"-Linie) jeweils
mit dem Erwartungswert von 25 und Streuung von 15

Im Abschnitt „Durchführung eines Bestandsmanagementprojekts" wird noch begründet werden, dass die Gammaverteilung gut geeignet ist, um eine sporadische Nachfrageverteilung zu approximieren. Deswegen werden nun die Berechnungsformeln für die beiden Servicegrade beim Vorliegen einer Gammaverteilung erläutert und wie bei der Normalverteilung anhand eines Beispiels illustriert.

Eine Gammaverteilung zu einer Zufallsvariable X ist durch die beiden Parameter α und k bestimmt und wird durch $\Gamma(\alpha, k)$ bezeichnet; α wird als Skalenparameter und k als Formparameter bezeichnet – im Detail ist die Gammaverteilung in [Herr09a] beschrieben. Wichtige Momente der Gammaverteilung lauten: der Erwartungswert ist $\dfrac{k}{\alpha}$ und die Varianz ist $\dfrac{k}{\alpha^2}$ – zur Betonung der Abhängigkeit von der Zufallsvariable wird statt α eben α_X bzw. statt k eben k_X verwendet.

Die Verteilungsfunktion $\Phi_{\Gamma(\alpha,k)}$ zur Gammaverteilung kann in Excel berechnet werden durch $\Phi_{\Gamma(\alpha,k)}(x) = \text{Gammavert}(x;k;\dfrac{1}{\alpha};\text{Wahr})$ und ihre Inverse wird berechnet durch $\Phi_{\Gamma(\alpha,k)}^{-1}(x) = \text{Gammainv}(x;k;\dfrac{1}{\alpha})$; deswegen werden in diesem Buch keine Tabellen angegeben.

Angenommen, die Gesamtnachfragemenge y^* folge einer Gammaverteilung mit einem Skalenparameter α von $\dfrac{1}{9}$ und einem Formparameter k von $\dfrac{25}{9}$; dadurch ist 25 Schrauben ihr Erwartungswert $\left(E\left(Y^*\right)\right)$ und 15 Schrauben beträgt ihre Streuung $\left(\sigma\left(Y^*\right)\right)$. Zu einem wiederbeschaffungszeitbezogenen α-Servicegrad $\left(\alpha_{WBZ}\right)$ von 95% beträgt der Bestellbestand $s_{opt} = \Phi_{\Gamma(\alpha,k)}^{-1}(0,95) = 53,65$. Würde fälschlicherweise eine Normalverteilung unterstellt, so ergibt sich für s_{opt} eben $s_{opt} = E(Y^*) + \Phi_{N(0,1)}^{-1}(\alpha_{WBZ}) \cdot \sigma\left(Y^*\right) = 25 + 1,65 \cdot 15 = 49,75$ der Bestellbestand, so dass ein zu niedriger Bestellbestand berechnet wird und statt einem wiederbeschaffungszeitbezogenen α-Servicegrad von 95% würde nur ein wiederbeschaffungszeitbezogener α-Servicegrad von $\alpha_{WBZ} = \Phi_{\Gamma(\alpha,k)}(49,75) = 93,11$ realisiert werden.

Für den β-Servicegrad ist die Verlustfunktion erster Ordnung für eine Gammaverteilung Y, also $\Phi_{\Gamma(\alpha,k)}^1(s) = \int\limits_s^\infty (y - s) \cdot \varphi_{\Gamma(\alpha,k)}(y)\, dy$, zu berechnen. Diese lässt sich auf die Verteilungsfunktion $\Phi_{\Gamma(\alpha,k)}(s)$ zurückführen. Für die dazu erforderlichen Umformungen wird ihre Dichte $\varphi_{\Gamma(\alpha,k)}(x) = \begin{cases} \dfrac{1}{\Gamma(k)} \cdot \alpha^k \cdot x^{k-1} \cdot e^{-\alpha \cdot x} & x > 0 \\ 0 & \text{sonst} \end{cases}$, ihre

Verteilungsfunktion $\Phi_{\Gamma(\alpha,k)}(x) = \int\limits_{-\infty}^{x} \varphi_{\Gamma(\alpha,k)}(y)\,dy = \int\limits_{-\infty}^{x} \frac{1}{\Gamma(k)} \cdot \alpha^k \cdot y^{k-1} \cdot e^{-\alpha \cdot y}\,dy$ sowie die

Gammafunktion $\Gamma(k) = \int\limits_{0}^{\infty} t^{k-1} \cdot e^{-t}\,dt$ für $k > 0$ verwendet. Es ergeben sich:

$$\Phi^1_{\Gamma(\alpha,k)}(s) = \int\limits_{s}^{\infty}(y-s) \cdot \varphi_{\Gamma(\alpha,k)}(y)\,dy = \int\limits_{s}^{\infty} y \cdot \varphi_{\Gamma(\alpha,k)}(y)\,dy - \int\limits_{s}^{\infty} s \cdot \varphi_{\Gamma(\alpha,k)}(y)\,dy$$

$$= \int\limits_{-\infty}^{\infty} y \cdot \varphi_{\Gamma(\alpha,k)}(y)\,dy - \int\limits_{-\infty}^{s} y \cdot \varphi_{\Gamma(\alpha,k)}(y)\,dy - s \cdot \int\limits_{-\infty}^{\infty} \varphi_{\Gamma(\alpha,k)}(y)\,dy + s \cdot \int\limits_{-\infty}^{s} \varphi_{\Gamma(\alpha,k)}(y)\,dy \ .$$

Mit $E(Y) = \dfrac{k}{\alpha} = \int\limits_{-\infty}^{\infty} y \cdot \varphi_{\Gamma(\alpha,k)}(y)\,dy$ und $\int\limits_{-\infty}^{\infty} \varphi_{\Gamma(\alpha,k)}(y)\,dy = 1$ gilt:

$$= \frac{k}{\alpha} - \int\limits_{-\infty}^{s} y \cdot \varphi_{\Gamma(\alpha,k)}(y)\,dy - s + s \cdot \int\limits_{-\infty}^{s} \varphi_{\Gamma(\alpha,k)}(y)\,dy \ .$$

Dabei ist $\int\limits_{-\infty}^{s} y \cdot \varphi_{\Gamma(\alpha,k)}(y)\,dy = \int\limits_{-\infty}^{s} y \cdot \dfrac{1}{\Gamma(k)} \cdot \alpha^k \cdot y^{k-1} \cdot e^{-\alpha \cdot y}\,dy = \int\limits_{-\infty}^{s} \dfrac{1}{\Gamma(k)} \cdot \alpha^k \cdot y^k \cdot e^{-\alpha \cdot y}\,dy$

$$= \frac{\Gamma(k+1)}{\alpha \cdot \Gamma(k)} \int\limits_{-\infty}^{s} \frac{1}{\Gamma(k+1)} \cdot \alpha^{k+1} \cdot y^k \cdot e^{-\alpha \cdot y}\,dy \text{ und mit } \Gamma(k+1) = k \cdot \Gamma(k) \text{ ist}$$

$$= \frac{k \cdot \Gamma(k)}{\alpha \cdot \Gamma(k)} \int\limits_{-\infty}^{s} \frac{1}{\Gamma(k+1)} \cdot \alpha^{k+1} \cdot y^k \cdot e^{-\alpha \cdot y}\,dy = \frac{k}{\alpha} \int\limits_{-\infty}^{s} \frac{1}{\Gamma(k+1)} \cdot \alpha^{k+1} \cdot y^k \cdot e^{-\alpha \cdot y}\,dy \ .$$

Mit $\Phi_{\Gamma(\alpha,k)}(x) = \int\limits_{-\infty}^{x} \dfrac{1}{\Gamma(k)} \cdot \alpha^k \cdot y^{k-1} \cdot e^{-\alpha \cdot y}\,dy$ ist $\int\limits_{-\infty}^{s} \dfrac{1}{\Gamma(k+1)} \cdot \alpha^{k+1} \cdot y^k \cdot e^{-\alpha \cdot y}\,dy = \Phi_{\Gamma(\alpha,k+1)}(s)$.

Damit ergibt sich insgesamt: $\int\limits_{-\infty}^{s} y \cdot \varphi_{\Gamma(\alpha,k)}(y)\,dy = \dfrac{k}{\alpha} \cdot \Phi_{\Gamma(\alpha,k+1)}(s)$.

Daraus folgt: $\Phi^1_{\Gamma(\alpha,k)}(s) = \int\limits_{s}^{\infty}(y-s) \cdot \varphi_{\Gamma(\alpha,k)}(y)\,dy = \dfrac{k}{\alpha} - s - \dfrac{k}{\alpha} \cdot \Phi_{\Gamma(\alpha,k+1)}(s) + s \cdot \Phi_{\Gamma(\alpha,k)}(s)$.

Für die Gesamtnachfrage in der Wiederbeschaffungszeit, Y^*, wird der Erwartungswert des Fehlbestands am Ende eines Bestellzyklus, $E\left(I^{f,End}_{\Gamma(\alpha_{Y^*},k_{Y^*})}(s_{opt}) \right)$, und

am Anfang eines Bestellzyklus, $E\left(I^{f,Anf}_{\Gamma(\alpha_{Y^*},k_{Y^*})}(s_{opt}) \right)$, berechnet durch:

$$E\left(I^{f,End}_{\Gamma(\alpha_{Y^*},k_{Y^*})}(s_{opt}) \right) = \frac{k_{Y^*}}{\alpha_{Y^*}} - s_{opt} - \frac{k_{Y^*}}{\alpha_{Y^*}} \cdot \Phi_{\Gamma(\alpha_{Y^*},k_{Y^*}+1)}(s_{opt}) + s_{opt} \cdot \Phi_{\Gamma(\alpha_{Y^*},k_{Y^*})}(s_{opt}) \text{ sowie}$$

$$E\left(I^{f,Anf}_{\Gamma(\alpha_{Y^*},k_{Y^*})}(s_{opt}) \right) = \frac{k_{Y^*}}{\alpha_{Y^*}} - (s_{opt} + q_{opt}) - \frac{k_{Y^*}}{\alpha_{Y^*}} \cdot \Phi_{\Gamma(\alpha_{Y^*},k_{Y^*}+1)}(s_{opt} + q_{opt})$$

$+\left(s_{opt}+q_{opt}\right)\cdot\Phi_{\Gamma\left(\alpha_{Y^*},k_{Y^*}\right)}\left(s_{opt}+q_{opt}\right)$ und der β-Servicegrad berechnet sich damit

durch $\beta=1-\dfrac{E\left(F_{\Gamma\left(\alpha_{Y^*},k_{Y^*}\right)}\left(s_{opt}\right)\right)}{q_{opt}}=1-\dfrac{E\left(I^{f,End}_{\Gamma\left(\alpha_{Y^*},k_{Y^*}\right)}\left(s_{opt}\right)\right)-E\left(I^{f,Anf}_{\Gamma\left(\alpha_{Y^*},k_{Y^*}\right)}\left(s_{opt}\right)\right)}{q_{opt}}$. Da die

Fehlmengenfunktion, also $E\left(F_{\Gamma\left(\alpha_{Y^*},k_{Y^*}\right)}\left(s_{opt}\right)\right)$, streng monoton fällt und sie stetig ist,

ist der Wert s_{opt} gesucht, welcher die Beziehung $(1-\beta)\cdot q_{opt}=E\left(F_{\Gamma\left(\alpha_{Y^*},k_{Y^*}\right)}\left(s_{opt}\right)\right)$

erfüllt. Wie bei der Normalverteilung kann der optimale Bestellbestand $\left(s_{opt}\right)$ effektiv über Berechnungen von $\Phi_{\Gamma\left(\alpha_{Y^*},k_{Y^*}\right)}$ gefunden werden, in dem nach dem

kleinsten Wert von s_{opt} gesucht wird, mit dem $(1-\beta)\cdot q_{opt}\geq E\left(F_{\Gamma\left(\alpha_{Y^*},k_{Y^*}\right)}\left(s_{opt}\right)\right)$ gerade noch erfüllt wird.

Für eine Beispielberechnung wird die oben genannte Gammaverteilung für die Gesamtnachfragemenge y^*, also mit einem Skalenparameter α von $\dfrac{1}{9}$ und einem

Formparameter k von $\dfrac{25}{9}$ verwendet; dadurch ist 25 Schrauben ihr Erwartungswert $\left(E\left(Y^*\right)\right)$ und 15 Schrauben beträgt ihre Streuung $\left(\sigma\left(Y^*\right)\right)$. Die optimale Bestellmenge betrage 60 Schrauben. Es bietet sich an, zunächst $(1-\beta)\cdot q_{opt}$ durch $(1-\beta)\cdot q_{opt}=(1-0,95)\cdot 60=3$ zu berechnen. Nach dem oben genannten Vorgehen ist $s_{opt}=33,7$ Schrauben. In diesem Fall lautet die erwartete Fehlmenge zu Beginn eines Beschaffungszyklus $E\left(I^{f,Anf}_{Y^*}\left(s_{opt}\right)\right)=0,0165$ Schrauben, während sie am Ende eines Beschaffungszyklus entsprechend $E\left(I^{f,End}_{Y^*}\left(s_{opt}\right)\right)=3,3337$ Schrauben beträgt. Wäre fälschlicherweise die $N(25,225)$-Verteilung zugrunde gelegt worden, dann betrüge der optimale Bestellbestand gerade $s_{opt}=32,4$ Schrauben; also eine Abnahme um 3,86 %. Dieser geringere Bestellbestand würde, sofern die Gammaverteilung vorliegt, zu einem β-Servicegrad von 94,47 % führen.

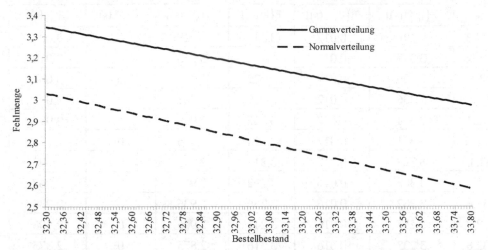

Abbildung 3-9: Fehlmengenfunktion zu einem Bereich des Bestellbestands für die Gamma- und die Normalverteilung jeweils mit dem Erwartungswert von 25 und der Streuung von 225 sowie einer Bestellmenge von 60

Abbildung 3-9 zeigt die Entwicklung der zu erwartenden Fehlmenge bei einer Erhöhung des Bestellbestands von einem zu niedrigen Bestellbestand bis zu einem zu hohen Bestellbestand unter der Annahme einer Gamma- und einer Normalverteilung; die konkreten Einzelwerte sind in Tabelle 3-2 angegeben.

In diesem Beispiel ist bei einer Normalverteilung eine Nichtberücksichtigung der Fehlmenge zu Beginn eines Beschaffungszyklus zulässig. Bei der korrekterweise zu verwendenden Gammaverteilung führt eine Nichtberücksichtigung der Fehlmenge zu Beginn eines Beschaffungszyklus zu einem Bestellbestand von 33,76 Schrauben, der um 0,06 Schrauben zu hoch ist. Er bedeutet, dass ein etwas höherer β-Servicegrad von 95,03 % realisiert wird.

s	$E\left(I_\Gamma^{f,End}(s)\right)$	$E\left(I_\Gamma^{f,Anf}(s)\right)$	$E\left(F_\Gamma(s)\right)$	$E\left(I_N^{f,End}(s)\right)$	$E\left(I_N^{f,Anf}(s)\right)$	$E\left(F_N(s)\right)$
32,3	3,36	0,017	3,343	3,029	0	3,029
32,35	3,347	0,017	3,33	3,013	0	3,013
32,38	3,339	0,017	3,322	3,004	0	3,004
32,39	3,336	0,017	3,319	3,001	0	3,001
32,4	3,334	0,017	3,317	2,998	0	2,998
32,41	3,331	0,017	3,314	2,995	0	2,995
32,42	3,329	0,017	3,312	2,992	0	2,992
32,5	3,308	0,016	3,292	2,967	0	2,967
32,6	3,282	0,016	3,266	2,936	0	2,936
32,7	3,257	0,016	3,241	2,906	0	2,906
32,8	3,232	0,016	3,216	2,875	0	2,875
32,9	3,207	0,016	3,191	2,845	0	2,845
33	3,182	0,016	3,166	2,816	0	2,816
33,1	3,157	0,015	3,142	2,786	0	2,786
33,2	3,133	0,015	3,118	2,757	0	2,757
33,3	3,108	0,015	3,093	2,728	0	2,728
33,4	3,084	0,015	3,069	2,699	0	2,699
33,6	3,036	0,014	3,022	2,642	0	2,642
33,68	3,018	0,014	3,004	2,619	0	2,619
33,69	3,015	0,014	3,001	2,616	0	2,616
33,7	3,013	0,014	2,999	2,613	0	2,613
33,71	3,01	0,014	2,996	2,611	0	2,611
33,72	3,008	0,014	2,994	2,608	0	2,608
33,75	3,001	0,014	2,987	2,599	0	2,599
33,76	2,999	0,014	2,985	2,597	0	2,597
33,8	2,989	0,014	2,975	2,585	0	2,585

Tabelle 3-2:　　Fehlmengenfunktion zu einem Bereich des Bestellbestands für die Gammaverteilung (mit Index Γ) und die Normalverteilung (mit Index N) jeweils mit dem Erwartungswert von 25 und der Streuung von 225 sowie einer Bestellmenge von 60

Für die Anwendung der genannten Formeln zum wiederbeschaffungszeitbezogenen α-Servicegrad und zum β-Servicegrad muss die Gesamtnachfrage in der Wiederbeschaffungszeit Y^* einer Gammaverteilung folgen. Folgt die Periodennachfrage D einer Gammaverteilung und ist die Wiederbeschaffungszeit entweder konstant oder folgt ebenfalls einer Gammaverteilung, so ist die Nachfrage in der Wiederbeschaffungszeit Y ebenfalls eine Gammaverteilung. Ihr Erwartungswert und ihre Varianz lässt sich aus den oben genannten Sätzen aus der Stochastik zu einer (zufälligen) Summe von Zufallsvariablen berechnen. Wie bei der Normalverteilung bietet es sich an, dann auch für Y^* eine Gammaverteilung zu unterstellen; auch dies lässt sich mathematisch nicht beweisen. Nach den oben vorgestellten Formeln, aufgrund der Erneuerungstheorie, berechnet sich der Erwartungswert

des Defizits durch $E(U) = \dfrac{(E(D))^2 + \text{Var}(D)}{2 \cdot E(D)}$ und die Varianz des Defizits berech-

net sich durch $\text{Var}(U) = \dfrac{E\big((D - E(D))^3\big)}{3 \cdot E(D)} + \dfrac{1}{2}\text{Var}(D) \cdot \left[1 - \dfrac{\text{Var}(D)}{2 \cdot E(D)^2}\right] + \dfrac{1}{12} \cdot E(D)^2.$

Diese beide Formeln lassen sich durch den Skalenparameter α_D und den Formparameter k_D zu der Gammaverteilung zu D umformen zu:

$$E(U) = \frac{E(D)^2 + \text{Var}(D)}{2 \cdot E(D)} = \frac{\left(\dfrac{k_D}{\alpha_D}\right)^2 + \dfrac{k_D}{\alpha_D^2}}{2 \cdot \dfrac{k_D}{\alpha_D}} = \frac{k_D^2 + k_D}{\alpha_D^2} \cdot \frac{\alpha_D}{2 \cdot k_D} = \frac{k_D + 1}{2 \cdot \alpha_D}.$$

Für die nicht-zentrierten Momente im Fall einer Gammaverteilung gilt:

$$E(D^k) = \int_0^\infty x^k \cdot \varphi_{\Gamma(\alpha_D, k_D)}(x)\,dx = \frac{1}{\Gamma(k_D)} \int_0^\infty x^k \cdot x^{k_D-1} \cdot \alpha_D^{k_D} \cdot e^{-\alpha_D \cdot x}\,dx$$

$$= \frac{1}{\Gamma(k_D)} \int_0^\infty x^{k_D+k-1} \cdot \alpha_D^{k_D} \cdot e^{-\alpha_D \cdot x}\,dx.$$

Es gilt: $z = \alpha_D \cdot x \Rightarrow x = \dfrac{z}{\alpha_D}$ und $\dfrac{dz}{dx} = \alpha_D \Rightarrow dx = \dfrac{1}{\alpha_D} \cdot dz$. Damit ist:

$$E(D^k) = \frac{1}{\Gamma(k_D)} \int_0^\infty x^{k_D+k-1} \cdot \alpha_D^{k_D} \cdot e^{-\alpha_D \cdot x} \cdot dx = \frac{1}{\Gamma(k_D)} \int_0^\infty \frac{z^{k_D+k-1}}{\alpha_D^{k_D+k-1}} \cdot \alpha_D^{k_D} \cdot e^{-z} \cdot \frac{1}{\alpha_D}\,dz$$

$$= \frac{1}{\Gamma(k_D)} \cdot \frac{\alpha_D^{k_D}}{\alpha_D \cdot \alpha_D^{k_D+k-1}} \cdot \underbrace{\int_0^\infty z^{k_D+k-1} \cdot e^{-z} \cdot dz}_{=\Gamma(k_D+k)} = \frac{1}{\Gamma(k_D)} \cdot \frac{\alpha_D^{k_D}}{\alpha_D^{k_D+k-1+1}} \cdot \Gamma(k_D + k)$$

$$= \frac{\Gamma(k + k_D)}{\alpha^k \cdot \Gamma(k_D)}.$$

Wegen der Beziehung $\Gamma(1 + x) = x \cdot \Gamma(x)$ gilt:

$$E(D^k) = \frac{\Gamma(k + k_D)}{\alpha^k \cdot \Gamma(k_D)} = \frac{\Gamma\left(1 + \overbrace{[k - 1 + k_D]}^{\text{wird als x betrachtet}}\right)}{\alpha^k \cdot \Gamma(k_D)} = \frac{(k - 1 + k_D) \cdot \Gamma(k - 1 + k_D)}{\alpha^k \cdot \Gamma(k_D)}$$

$$= \frac{(k-1+k_D)\cdot \Gamma\left(1+\overbrace{[k-2+k_D]}^{\text{wird als x betrachtet}}\right)}{\alpha^k \cdot \Gamma(k_D)} = \frac{(k-1+k_D)\cdot(k-2+k_D)\Gamma(k-2+k_D)}{\alpha^k \cdot \Gamma(k_D)}$$

und eine wiederholte Anwendung von diesem Schritt ergibt schließlich:

$$= \frac{(k-1+k_D)\cdot(k-2+k_D)\cdot\ldots\cdot k_D \cdot \Gamma(k_D)}{\alpha^k \cdot \Gamma(k_D)}.$$

Also ist $E(D^k) = \dfrac{1}{\alpha_D^k}\cdot \displaystyle\prod_{j=0}^{k-1}(k_D+j)$ und insbesondere ist

$$E(D^3) = \frac{k_D \cdot (k_D+1)\cdot(k_D+2)}{\alpha_D^3}.$$

Wie oben, bei der Herleitung einer Formel für $\mathrm{Var}(U)$, hergeleitet wurde, gilt:

$$E\left((D-E(D))^3\right) = E(D^3) - 3\cdot E(D^2)\cdot E(D) + 2\cdot E(D)^3.$$

Durch Einsetzen der obigen Formeln für $E(D)$, $E(D^2)$, $E(D^3)$ ergibt sich:

$$\begin{aligned}
E\left((D-E(D))^3\right) &= \frac{k_D \cdot (k_D+1)\cdot(k_D+2)}{\alpha_D^3} - 3\cdot \frac{k_D \cdot(k_D+1)}{\alpha_D^2}\cdot\frac{k_D}{\alpha_D} + 2\cdot\left(\frac{k_D}{\alpha_D}\right)^3 \\[2mm]
&= k_D \cdot \frac{(k_D+1)\cdot(k_D+2) - 3\cdot k_D \cdot(k_D+1) + 2\cdot k_D^2}{\alpha_D^3} \\[2mm]
&= k_D \cdot \frac{k_D^2 + 2\cdot k_D + k_D + 2 - 3\cdot k_D^2 - 3\cdot k_D + 2\cdot k_D^2}{\alpha_D^3} \\[2mm]
&= \frac{2\cdot k_D}{\alpha_D^3}.
\end{aligned}$$

Einsetzen dieser Formeln in die obige für die Varianz des Defizits führt zu:

$$\begin{aligned}
\mathrm{Var}(U) &= \frac{E\left((D-E(D))^3\right)}{3\cdot E(D)} + \frac{1}{2}\mathrm{Var}(D)\cdot\left[1 - \frac{\mathrm{Var}(D)}{2\cdot E(D)^2}\right] + \frac{1}{12}\cdot E(D)^2 \\[3mm]
&= \frac{2\cdot k_D}{3\cdot \alpha_D^3 \cdot \dfrac{k_D}{\alpha_D}} + \frac{1}{2}\cdot\frac{k_D}{\alpha_D^2}\cdot\left[1 - \frac{\dfrac{k_D}{\alpha_D^2}}{2\cdot\dfrac{k_D^2}{\alpha_D^2}}\right] + \frac{1}{12}\cdot\frac{k_D^2}{\alpha_D^2} \\[3mm]
&= \frac{2}{3\cdot\alpha_D^2} + \frac{1}{2}\frac{k_D}{\alpha_D^2}\cdot\left[1-\frac{1}{2\cdot k_D}\right] + \frac{1}{12}\cdot\frac{k_D^2}{\alpha_D^2} = \frac{2}{3\cdot\alpha_D^2} + \frac{k_D}{2\cdot\alpha_D^2} - \frac{1}{4\cdot\alpha_D^2} + \frac{k_D^2}{12\cdot\alpha_D^2}
\end{aligned}$$

$$= \frac{8 + 6 \cdot k_D - 3 + k_D^2}{12 \cdot \alpha_D^2} \quad .$$

Also wird die Varianz des Defizits berechnet durch: $\mathrm{Var}\left(U \right) = \dfrac{k_D^2 + 6 \cdot k_D + 5}{12 \cdot \alpha_D^2}$.

3.4.1.5 Bestellbestand bei einer diskreten Verteilung

Möglich, und auch dies wird im Abschnitt „Durchführung eines Bestandsmanagementprojekts" im Detail analysiert, ist, dass weder eine Normalverteilung noch eine Gammaverteilung vorliegt. Dann wird vorgeschlagen werden, eine diskrete Verteilung zu verwenden. Beispielsweise könnte die Zufallsvariable Y^* zur zufälligen Summe y^* aus dem Bedarf an Tischen in der Wiederbeschaffungszeit und aus dem Defizit an Tischen (gegenüber dem Bestellbestand) zu Beginn der Wiederbeschaffungszeit, also die Gesamtnachfrage in der Wiederbeschaffungszeit, die in Tabelle 3-3 angegebene Form haben. Aus ihrer Visualisierung in Abbildung 3-10 ist ersichtlich, dass es sich weder um eine Normal- noch um eine Gammaverteilung handelt.

y^*	88	90	92	94	96	98	100
$P\left(Y^* = y^* \right)$	0,45	0,25	0,1	0,09	0,05	0,01	0,05
$\Phi_{Y^*}\left(y^* \right)$	0,45	0,7	0,8	0,89	0,94	0,95	1

Tabelle 3-3: Verteilung der Zufallsvariable Y^* zum Gesamtbedarf in der Wiederbeschaffungszeit

Nach der obiger Überlegung zu einer diskreten Verteilungsfunktion $\left(\Phi_{Y^*} \right)$ ist der Bestellbestand s_{opt} zum Erreichen eines wiederbeschaffungszeitbezogenen α-Servicegrads das kleinste s mit $s \geq \Phi_{Y^*}^{-1}\left(\alpha_{WBZ} \right)$. Für einen wiederbeschaffungszeitbezogenen α-Servicegrad von 95% ist nach Tabelle 3-3 somit $s_{opt} = 98$ Tische.

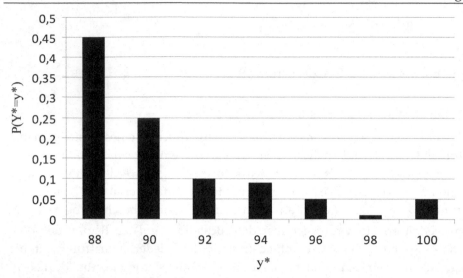

Abbildung 3-10: Verteilung der Zufallsvariable Y^* zum Gesamtbedarf in der Wiederbeschaffungszeit

Exemplarisch wird noch der Fehler beim Verwenden einer Normal- bzw. einer Gammaverteilung verdeutlicht. In beiden Fällen werden der Erwartungswert $E(Y^*) = 90,54$ Tische und die Streuung $\sigma(Y^*) = 3,29$ Tische benötigt. Für eine Normalverteilung lautet aufgrund von $s_{opt} = E(Y^*) + \Phi^{-1}_{N(0,1)}(\alpha_{WBZ}) \cdot \sigma(Y^*)$ und $\Phi^{-1}_{N(0,1)}(0,95) = 1,65$ der Bestellbestand $s_{opt} = 90,54 + 1,65 \cdot 3,29 = 95,97$ Tische. Würde – bezogen auf die diskrete Verteilung – dieser Bestellbestand verwendet, so würde nur ein wiederbeschaffungszeitbezogener α-Servicegrad von 89% erreicht werden. Bei einer Gammaverteilung ergibt sich ein Bestellbestand von $s_{opt} = 96,01$ Tischen, wodurch, bezogen auf die diskrete Verteilung, ein wiederbeschaffungszeitbezogener α-Servicegrad von 94% realisiert wird.

Bei einem ß-Servicegrad ist der gesuchte Bestellbestand s_{opt} das kleinste s für welches $E(F_{Y^*}(s)) \leq (1 - \beta(s)) \cdot q_{opt}$ gerade noch erfüllt ist. Somit sind die zu erwartenden Fehlmengen für die möglichen Bestellbestände anzugeben. Es liege die realistische Annahme vor, dass die optimale Bestellmenge mindestens 100 Tische beträgt. Dadurch ist der Erwartungswert des Fehlbestands am Anfang eines Beschaffungszyklus $\left(E\left(I_{Y^*}^{f,Anf}(s) \right) = \sum_{y^* = s + q_{opt} + 1}^{y_{max}} \left(y^* - s - q_{opt} \right) \cdot P\left(Y^* = y^* \right) \right)$ stets Null. Da der Erwartungswert des Fehlbestands am Ende eines Beschaffungszyklus mit der Formel $E\left(I_{Y^*}^{f,End}(s) \right) = \sum_{y^* = s + 1}^{y_{max}} \left(y^* - s \right) \cdot P\left(Y^* = y^* \right)$ streng monoton fällt, sind die Werte ab einem Bestellbestand s von 81 in Tabelle 3-4 angegeben; ab einem Bestellbestand von 100 ist die zu erwartende Fehlmenge Null. Bei einem ß-Servicegrad von 95 %

ist der einzuhaltende zu erwartende Fehlbestand $(1-\beta)\cdot q_{opt}=(1-0{,}95)\cdot 100=5$ Tische. Damit beträgt der optimale Bestellbestand 86 Tische, wodurch tatsächlich ein ß-Servicegrad von 95,46 % erreicht wird.

S	81	82	83	84	85	86	87	88	89	90
$E\left(I_{Y^{*}}^{f,End}(s)\right)$	9,54	8,54	7,54	6,54	5,54	4,54	3,54	2,54	1,99	1,44
s	91	92	93	94	95	96	97	98	99	100
$E\left(I_{Y^{*}}^{f,End}(s)\right)$	1,14	0,84	0,64	0,44	0,33	0,22	0,16	0,1	0,05	0

Tabelle 3-4: Erwartungswert des Fehlbestands am Ende eines Beschaffungszyklus zu verschiedenen Bestellbeständen s zu dem in Tabelle 3-3 angegebenen Gesamtbedarf in der Wiederbeschaffungszeit

Für die Anwendung der genannten Formeln zum wiederbeschaffungszeitbezogenen α-Servicegrad und zum β-Servicegrad wird die diskrete Verteilung zu dem Gesamtbedarf in der Wiederbeschaffungszeit benötigt. Wie oben bereits dargestellt worden ist, stellen die in einem Unternehmen existierenden Aufzeichnungen über die Periodenbedarfe und Lieferzeiten diskrete Verteilungen dar. Ihre zufällige Summe bestimmt die gesuchte diskrete Verteilung zu dem Gesamtbedarf in der Wiederbeschaffungszeit. Nach der Stochastik wird sie über die Faltungsformel berechnet.

X und Y seien stochastisch unabhängige und diskrete Zufallsvariablen mit den Wahrscheinlichkeiten $P(X=x)$ und $P(Y=y)$ sowie den Wertevorräten $W(X)$ und $W(Y)$; es sei angemerkt, dass die hierfür typischen Begriffsbildungen und Kernresultate der Stochastik in den Präliminarien zu dem Buch [Herr09a] detailliert erläutert sind. Dann ist die Wahrscheinlichkeit der Summe $(X+Y)$ mit dem Wertevorrat $Z=\left\{x+y\mid x\in W(X)\wedge y\in W(Y)\right\}$ durch die so genannte Faltungsformel gegeben: $P(X+Y=z)=\displaystyle\sum_{\substack{x\in W(X)\,\wedge\,y\in W(Y)\\ \text{mit } x+y=z}} P(X=x)\cdot P(Y=z-x)\quad \forall\ z\in Z$. Deswegen existiert eine Laufvariable x in Abhängigkeit von z, so dass $x\in W(X)$ und $y=z-x\in W(Y)$ gilt.

Liegt eine konstante Lieferzeit von l_B vor, so ist die Zufallsvariable Y zum Bedarf in der Wiederbeschaffungszeit die Summe der Zufallsvariablen zu den Nachfragemengen aus l_B aufeinander folgenden Perioden, also ist $Y^{(l_B)}=\displaystyle\sum_{i=1}^{l_B}D$. Dadurch ist $P\left(Y^{(l_B)}=y^{(l_B)}\right)$ die Wahrscheinlichkeit für den Bedarf in einem Wiederbeschaffungszeitraum aus l_B Perioden. Dieser Bedarf berechnet sich iterativ durch die Formeln: $P\left(Y^{(1)}=y^{(1)}\right)=P\left(D=y^{(1)}\right)$ und $P\left(Y^{(l_B)}=y^{(l_B)}\right)=P\left(Y^{(l_B-1)}+D=y^{(l_B)}\right)$ bei

$$l_B \geq 2, \quad \text{wobei} \quad P\left(Y^{(l_B-1)} + D = y^{(l_B)}\right) = \sum_{\substack{d \in W(D) \,\wedge\, y^{(l_B-1)} \in W\left(Y^{(l_B-1)}\right) \\ \text{mit } d+y^{(l_B-1)}=y^{(l_B)}}} P(D=d) \cdot P\left(Y^{(l_B-1)} = y^{(l_B-1)}\right)$$

aufgrund der Faltungsformel gilt.

Für $l_B \geq 2$ lautet der Wertevorrat von $Y^{(l_B)}$:

$$W\left(Y^{(l_B)}\right) = \left\{ y^{(l_B-1)} + d \,\middle|\, y^{(l_B-1)} \in W\left(Y^{(l_B-1)}\right) \wedge d \in W(D) \right\}.$$

Handelt es sich bei dem Wertevorrat von D um ein Intervall von d_{min} nach d_{max}, so ist der Wertevorrat von $Y^{(2)} = (D+D)$ bestimmt durch $(d+d)$ für alle $d \in W(D)$. Damit ist der Wertevorrat von $Y^{(2)}$ das Intervall $[d_{min} + d_{min}, d_{max} + d_{max}]$. Mit $\min\left(W\left(Y^{(l_B)}\right)\right) = d_{min}$ und $\max\left(W\left(Y^{(l_B)}\right)\right) = d_{max}$ für $l_B = 1$ handelt es sich um das Intervall $\left[\min\left(W\left(Y^{(l_B)}\right)\right) + d_{min}, \max\left(W\left(Y^{(l_B)}\right)\right) + d_{max}\right]$. Dieses Argument kann iterativ für alle l_B mit $l_B \geq 2$ fortgesetzt werden, so dass der Wertevorrat von $Y^{(l_B)}$ $\left[\min\left(W\left(Y^{(l_B-1)}\right)\right) + d_{min}, \max\left(W\left(Y^{(l_B-1)}\right)\right) + d_{max}\right]$ für $l_B \geq 2$ ist.

Als Beispiel diene ein Möbelhersteller, der über sehr gut ausgebildete Fachkräfte verfügt, die besonders hochwertige Möbel herstellen können. Der Möbelhersteller hat mehrere solcher Produkte im Angebot und produziert daneben auch Standardmöbel in hohen Stückzahlen. Hier wird ein teurer Spezialschrank mit einer geringen Nachfrage zwischen 1 und 3 Aufträgen pro Woche betrachtet. Eine Analyse der Auftragsentwicklung in den letzten Jahren ergab, dass die Nachfrage der in Tabelle 3-5 angegebenen diskreten Verteilung folgt; aufgrund der Marktdurchdringung des Möbelherstellers kann davon ausgegangen werden, dass diese Verteilung auch die Nachfrage in den nächsten Jahren korrekt beschreibt.

Wöchentliche Nachfrage	Wahrscheinlichkeit
1	0,1
2	0,6
3	0,3

Tabelle 3-5:   Wahrscheinlichkeit der wöchentlichen Nachfrage nach Spezialschränken

Wegen dem hohen Aufwand für diese Spezialschränke und der Tatsache, dass die dafür geeigneten Fachkräfte in der restlichen Produktion eingebunden sind, beträgt die Bearbeitungszeit sowohl für einen als auch für mehrere solcher Spezialschränke konstant l = 3 Wochen. Im Sinne des Bestandsmanagements handelt es sich dabei um eine Wiederbeschaffungszeit von 3 Wochen. Aufgrund der oben genannten Formeln berechnet sich die Wahrscheinlichkeitsverteilung der Nachfragemenge in der Wiederbeschaffungszeit schrittweise (i.e. für eine, zwei und schließlich drei Wochen) wie folgt:

$l_B = 1$: Der Wertevorrat von $Y^{(l_B)}$ ist gleich dem Wertevorrat von D.

$y^{(1)}$	$P\left(D = y^{(1)}\right)$	$P\left(Y^{(1)} = y^{(1)}\right) = P\left(D = y^{(1)}\right)$
1	0,1	0,1
2	0,6	0,6
3	0,3	0,3

Tabelle 3-6: Wahrscheinlichkeitsverteilung der Nachfragemenge bei einer Wiederbeschaffungszeit von 1 Woche für teure Spezialschränke

$l_B = 2$: In diesem Fall ist der Wertevorrat von $Y^{(2)}$ gleich

$$\left[\min\left(W\left(Y^{(1)}\right)\right) + d_{min}, \max\left(W\left(Y^{(1)}\right)\right) + d_{max}\right] = [1+1, 3+3] = [2, 6].$$

$y^{(2)}$	$P\left(Y^{(2)} = y^{(2)}\right) = \displaystyle\sum_{\substack{d \in [1,3] \,\wedge\, y^{(1)} \in [1,3] \\ \text{mit } d + y^{(1)} = y^{(2)}}} P(D=d) \cdot P\left(Y^{(1)} = y^{(1)}\right)$	$P\left(Y^{(2)} = y\right)$
2	$P(D=1) \cdot P\left(Y^{(1)} = 1\right) = 0,1 \cdot 0,1$	0,01
3	$P(D=1) \cdot P\left(Y^{(1)} = 2\right) + P(D=2) \cdot P\left(Y^{(1)} = 1\right)$ $= 0,1 \cdot 0,6 + 0,6 \cdot 0,1$	0,12
4	$P(D=1) \cdot P\left(Y^{(1)} = 3\right) + P(D=2) \cdot P\left(Y^{(1)} = 2\right)$ $+P(D=3) \cdot P\left(Y^{(1)} = 1\right) = 0,1 \cdot 0,3 + 0,6 \cdot 0,6 + 0,3 \cdot 0,1$	0,42
5	$P(D=2) \cdot P\left(Y^{(1)} = 3\right) + P(D=3) \cdot P\left(Y^{(1)} = 2\right)$ $= 0,6 \cdot 0,3 + 0,3 \cdot 0,6$	0,36
6	$P(D=3) \cdot P\left(Y^{(1)} = 3\right) = 0,3 \cdot 0,3$	0,09

Tabelle 3-7: Wahrscheinlichkeitsverteilung der Nachfragemenge bei einer Wiederbeschaffungszeit von 2 Wochen für teure Spezialschränke

$l = 3$: In diesem Fall ist der Wertevorrat von $Y^{(3)}$ gleich

$$\left[\min\left(W\left(Y^{(2)}\right)\right) + d_{min}, \max\left(W\left(Y^{(2)}\right)\right) + d_{max}\right] = [2+1, 6+3] = [3, 9]$$

$y^{(3)}$	$P\left(Y^{(3)}=y^{(3)}\right)=\displaystyle\sum_{\substack{d\in[1,3]\,\wedge\,y^{(2)}\in[2,6]\\ \text{mit } d+y^{(2)}=y^{(3)}}} P(D=d)\cdot P\left(Y^{(2)}=y^{(2)}\right)$	$P\left(Y^{(3)}=y\right)$
3	$P(D=1)\cdot P\left(Y^{(2)}=2\right)=0,1\cdot 0,01$	0,001
4	$P(D=1)\cdot P\left(Y^{(2)}=3\right)+P(D=2)\cdot P\left(Y^{(2)}=2\right)$ $=0,1\cdot 0,12+0,6\cdot 0,01$	0,018
5	$P(D=1)\cdot P\left(Y^{(2)}=4\right)+P(D=2)\cdot P\left(Y^{(2)}=3\right)$ $+P(D=3)\cdot P\left(Y^{(2)}=2\right)=0,1\cdot 0,42+0,6\cdot 0,12+0,3\cdot 0,01$	0,117
6	$P(D=1)\cdot P\left(Y^{(2)}=5\right)+P(D=2)\cdot P\left(Y^{(2)}=4\right)$ $+P(D=3)\cdot P\left(Y^{(2)}=3\right)=0,1\cdot 0,36+0,6\cdot 0,42+0,3\cdot 0,12$	0,324
7	$P(D=1)\cdot P\left(Y^{(2)}=6\right)+P(D=2)\cdot P\left(Y^{(2)}=5\right)$ $+P(D=3)\cdot P\left(Y^{(2)}=4\right)=0,1\cdot 0,09+0,6\cdot 0,36+0,3\cdot 0,42$	0,351
8	$P(D=2)\cdot P\left(Y^{(2)}=6\right)+P(D=3)\cdot P\left(Y^{(2)}=5\right)$ $=0,6\cdot 0,09+0,3\cdot 0,36$	0,162
9	$P(D=3)\cdot P\left(Y^{(2)}=6\right)=0,3\cdot 0,09$	0,027

Tabelle 3-8: Wahrscheinlichkeitsverteilung der Nachfragemenge bei einer Wiederbeschaffungszeit von 3 Wochen

In Abbildung 3-11 sind die einzelnen Werte aus den letzten drei Tabellen graphisch dargestellt.

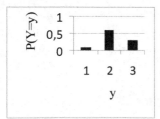 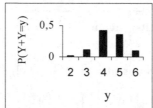 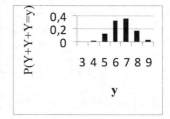

Abbildung 3-11: Wahrscheinlichkeitsverteilung der Nachfragemenge in der Wiederbeschaffungszeit bei konstanten Lieferzeiten von 1, 2 und 3 Wochen

Nun liege eine diskrete Wahrscheinlichkeitsverteilung der Wiederbeschaffungszeiten mit der Zufallsvariable L vor, dessen Wertevorrat aus dem Intervall $[l_{min}, l_{max}]$ besteht. Dann kann nachgewiesen werden, dass $P(Y\le y)$ sich durch die

Formel $P(Y \leq y) = \sum\limits_{l_B = l_{min}}^{l_{max}} P(Y^{l_B} \leq y) \cdot P(L = l_B)$ berechnen lässt. Es sei angemerkt, dass

der Wertevorrat von Y die Vereinigung der Wertevorräte von Y^{l_B} für alle $l_B \in [l_{min}, l_{max}]$ ist.

Als Beispiel diene der oben bereits vorgestellte Möbelhersteller. Er stellt fest, dass seine teuren Spezialschränke unterschiedliche Lieferzeiten besitzen. So benötigt er neben 3 Wochen in 5 Prozent der Fälle nur eine Woche und in 30 Prozent der Fälle nur zwei Wochen. Damit folgt die Lieferzeit einer diskreten Verteilung mit den in Tabelle 3-9 angegebenen Wahrscheinlichkeiten.

Lieferzeit	Wahrscheinlichkeit
1	0,05
2	0,3
3	0,65

Tabelle 3-9: Lieferzeit von Aufträgen für teure Spezialschränke

Durch Einsetzen der Summengrenzen in die obige Formel für die Wahrscheinlichkeitsverteilung der Nachfragemenge in der Wiederbeschaffungszeit ergibt sich die

Formel $P(Y = y) = \sum\limits_{l_B = l_{min} = 1}^{l_{max} = 3} P(Y^{l_B} = y) \cdot P(L = l_B)$, wobei $P(Y^{l_B} = y)$ im vorherge-

henden Beispiel berechnet worden ist. Der Wertevorrat von Y ist deswegen gleich

$\left[\min\left(W\left(Y^{(1)}\right)\right), \max\left(W\left(Y^{(3)}\right)\right) \right] = [1, 9]$.

Die einzelnen Werte der Verteilung sind in Abbildung 3-12 angegeben.

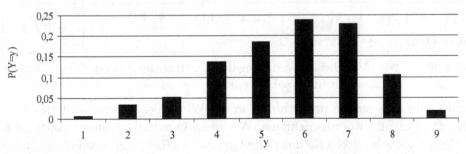

Abbildung 3-12: Wahrscheinlichkeitsverteilung der Nachfragemenge in der Wiederbeschaffungszeit für teure Spezialschränke

y	$P(Y=y)=\sum_{l=1}^{3}P(Y^{l}=y)\cdot P(L=l)$	$P(Y=y)$
1	$P(Y^{(1)}=1)\cdot P(L=1)+P(Y^{(2)}=1)\cdot P(L=2)+P(Y^{(3)}=1)\cdot P(L=3)$ $=0,1\cdot 0,05+0+0=0,005$	0,005
2	$P(Y^{(1)}=2)\cdot P(L=1)+P(Y^{(2)}=2)\cdot P(L=2)+P(Y^{(3)}=2)\cdot P(L=3)$ $=0,6\cdot 0,05+0,01\cdot 0,3+0=0,033$	0,033
3	$P(Y^{(1)}=3)\cdot P(L=1)+P(Y^{(2)}=3)\cdot P(L=2)+P(Y^{(3)}=3)\cdot P(L=3)$ $0,3\cdot 0,05+0,12\cdot 0,3+0,001\cdot 0,65=0,05165$	0,05165
4	$P(Y^{(1)}=4)\cdot P(L=1)+P(Y^{(2)}=4)\cdot P(L=2)+P(Y^{(3)}=4)\cdot P(L=3)$ $0+0,42\cdot 0,3+0,018\cdot 0,65=0,1377$	0,1377
5	$P(Y^{(1)}=5)\cdot P(L=1)+P(Y^{(2)}=5)\cdot P(L=2)+P(Y^{(3)}=5)\cdot P(L=3)$ $0+0,36\cdot 0,3+0,117\cdot 0,65=0,18405$	0,18405
6	$P(Y^{(1)}=6)\cdot P(L=1)+P(Y^{(2)}=6)\cdot P(L=2)+P(Y^{(3)}=6)\cdot P(L=3)$ $0+0,09\cdot 0,3+0,324\cdot 0,65=0,2376$	0,2376
7	$P(Y^{(1)}=7)\cdot P(L=1)+P(Y^{(2)}=7)\cdot P(L=2)+P(Y^{(3)}=7)\cdot P(L=3)$ $0+0+0,351\cdot 0,65=0,22815$	0,22815
8	$P(Y^{(1)}=8)\cdot P(L=1)+P(Y^{(2)}=8)\cdot P(L=2)+P(Y^{(3)}=8)\cdot P(L=3)$ $0+0+0,162\cdot 0,65=0,1053$	0,1053
9	$P(Y^{(1)}=9)\cdot P(L=1)+P(Y^{(2)}=9)\cdot P(L=2)+P(Y^{(3)}=9)\cdot P(L=3)$ $0+0+0,027\cdot 0,65=0,01755$	0,01755

Tabelle 3-10:   Wahrscheinlichkeitsverteilung der Nachfragemenge in der stochastischen Wiederbeschaffungszeit für teure Spezialschränke

Um die Verteilung der Gesamtnachfrage in der Wiederbeschaffungszeit zu erhalten, ist das Defizit zu berücksichtigen. Wie oben bereits dargestellt worden ist, wird die Wahrscheinlichkeit für das Eintreten eines Defizits von u berechnet durch

die Formel $P(U=u)\approx\dfrac{1-P(D\le u)}{E(D)}=\dfrac{\sum_{d=u+1}^{\infty}P(D=d)}{E(D)}$. Die Güte dieser Approximation

wurde in [BaPF96] untersucht. [BaPF96] enthält auch ein Verfahren zur exakten Bestimmung der Wahrscheinlichkeitsverteilung des Defizits bei diskreter Periodennachfrage.

Zu der oben genannten diskreten Periodennachfrage ergibt sich die in Tabelle 3-11 angegebene diskrete Wahrscheinlichkeitsverteilung für das Defizit; $E(D)=2,2$

und da der Bestand am Anfang der Periode, in der der Bedarf zum Erreichen oder Unterschreiten des Bestellbestands am Anfang der folgenden Periode führt, um mindestens eins höher als der Bestellbestand ist, ist mit $W(D) = \{1, 2, 3\}$ das kleinste Defizit $1 - 1 = 0$ und das größte Defizit $3 - 1 = 2$.

d	1	2	3
P(D=d)	0,1	0,6	0,3
u	0	1	2
P(U=u)	0,45455	0,40909	0,13636

Tabelle 3-11: Wahrscheinlichkeitsverteilung des Defizits U zu der Wahrscheinlichkeitsverteilung der Periodennachfrage D für teure Spezialschränke

Die Gesamtnachfrage ist die Summe aus der Nachfrage in der Wiederbeschaffungszeit und diesem Defizit. Für eine konstante Wiederbeschaffungszeit von drei Wochen befindet sie sich in Tabelle 3-8 und für eine zufällige Wiederbeschaffungszeit in Tabelle 3-10. In beiden Fällen erfolgt die Summenbildung über die Faltungsformel $P(Y + U = z) = \sum_{\substack{y \in W(Y) \wedge u \in W(U) \\ \text{mit } y+u=z}} P(Y = y) \cdot P(U = u) \quad \forall \; z \in Z$, wobei im ersten

Fall $Z = \{y + u \mid y \in W(Y) = [3,9] \wedge u \in W(U) = [0,2]\} = [3,11]$ und im zweiten Fall $Z = \{y + u \mid y \in W(Y) = [1,9] \wedge u \in W(U) = [0,2]\} = [1,11]$ ist. Die Ergebnisse der Faltung befinden sich im ersten Fall in Tabelle 3-12 mit ihrer Visualisierung in Abbildung 3-13 und im zweiten Fall in Tabelle 3-13 mit ihrer Visualisierung in Abbildung 3-14.

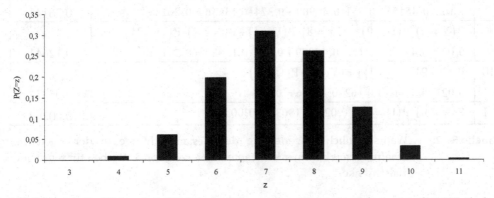

Abbildung 3-13: Wahrscheinlichkeitsverteilung der Gesamtnachfrage in der Wiederbeschaffungszeit bei einer konstanten Lieferzeit von 3 Wochen für teure Spezialschränke

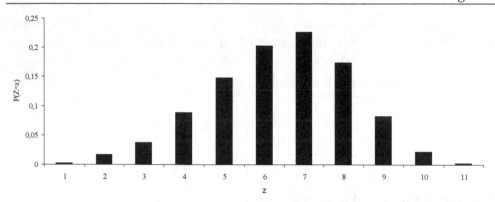

Abbildung 3-14: Wahrscheinlichkeitsverteilung der Gesamtnachfrage in der Wiederbeschaffungszeit bei einer zufälligen Lieferzeit für teure Spezialschränke

y	$P(Y+U=z)=\displaystyle\sum_{y\in[3,9]\,\wedge\,u\in[0,2]\text{ mit }y+u=z}P(Y=y)\cdot P(U=u)$	$P(Z=z)$
3	$P(Y=3)\cdot P(U=0)=0,001\cdot0,45455=0,00045$	0,00045
4	$P(Y=3)\cdot P(U=1)+P(Y=4)\cdot P(U=0)$ $=0,001\cdot0,40909+0,018\cdot0,45455=0,00859$	0,00859
5	$P(Y=5)\cdot P(U=0)+P(Y=4)\cdot P(U=1)+P(Y=3)\cdot P(U=2)$ $0,117\cdot0,45455+0,018\cdot0,40909+0,001\cdot0,13636=0,06068$	0,06068
6	$P(Y=6)\cdot P(U=0)+P(Y=5)\cdot P(U=1)+P(Y=4)\cdot P(U=2)$ $0,324\cdot0,45455+0,117\cdot0,40909+0,018\cdot0,13636=0,19759$	0,19759
7	$P(Y=7)\cdot P(U=0)+P(Y=6)\cdot P(U=1)+P(Y=5)\cdot P(U=2)$ $0,351\cdot0,45455+0,324\cdot0,40909+0,117\cdot0,13636=0,30805$	0,30805
8	$P(Y=8)\cdot P(U=0)+P(Y=7)\cdot P(U=1)+P(Y=6)\cdot P(U=2)$ $0,162\cdot0,45455+0,351\cdot0,40909+0,324\cdot0,13636=0,26141$	0,26141
9	$P(Y=9)\cdot P(U=0)+P(Y=8)\cdot P(U=1)+P(Y=7)\cdot P(U=2)$ $0,027\cdot0,45455+0,162\cdot0,40909+0,351\cdot0,13636=0,26141$	0,12641
10	$P(Y=9)\cdot P(U=1)+P(Y=8)\cdot P(U=2)$ $0,027\cdot0,40909+0,162\cdot0,13636=0,03314$	0,03314
11	$P(Y=9)\cdot P(U=2)=0,027\cdot0,13636=0,00368$	0,00368

Tabelle 3-12: Wahrscheinlichkeitsverteilung der Gesamtnachfrage in der Wiederbeschaffungszeit bei einer konstanten Lieferzeit von 3 Wochen für teure Spezialschränke

y	$P(Y+U=z) = \displaystyle\sum_{y\in[1,9] \,\wedge\, u\in[0,2] \text{ mit } y+u=z} P(Y=y)\cdot P(U=u)$	$P(Z=z)$
1	$P(Y=1)\cdot P(U=0) = 0,005\cdot 0,45455 = 0,00227$	0,00227
2	$P(Y=2)\cdot P(U=0) + P(Y=1)\cdot P(U=1)$ $= 0,033\cdot 0,45455 + 0,018\cdot 0,40909 = 0,01705$	0,01705
3	$P(Y=3)\cdot P(U=0) + P(Y=2)\cdot P(U=1) + P(Y=1)\cdot P(U=2)$ $0,05165\cdot 0,45455 + 0,033\cdot 0,40909 + 0,005\cdot 0,13636 = 0,03766$	0,03766
4	$P(Y=4)\cdot P(U=0) + P(Y=3)\cdot P(U=1) + P(Y=2)\cdot P(U=2)$ $0,1377\cdot 0,45455 + 0,05165\cdot 0,40909 + 0,033\cdot 0,13636 = 0,08822$	0,08822
5	$P(Y=5)\cdot P(U=0) + P(Y=4)\cdot P(U=1) + P(Y=3)\cdot P(U=2)$ $0,18405\cdot 0,45455 + 0,1377\cdot 0,40909 + 0,05165\cdot 0,13636 = 0,14703$	0,14703
6	$P(Y=6)\cdot P(U=0) + P(Y=5)\cdot P(U=1) + P(Y=4)\cdot P(U=2)$ $0,2376\cdot 0,45455 + 0,18405\cdot 0,40909 + 0,1377\cdot 0,13636 = 0,20207$	0,20207
7	$P(Y=7)\cdot P(U=0) + P(Y=6)\cdot P(U=1) + P(Y=5)\cdot P(U=2)$ $0,22815\cdot 0,45455 + 0,2376\cdot 0,40909 + 0,18405\cdot 0,13636 = 0,226$	0,226
8	$P(Y=8)\cdot P(U=0) + P(Y=7)\cdot P(U=1) + P(Y=6)\cdot P(U=2)$ $0,1053\cdot 0,45455 + 0,22815\cdot 0,40909 + 0,2376\cdot 0,13636 = 0,1736$	0,1736
9	$P(Y=9)\cdot P(U=0) + P(Y=8)\cdot P(U=1) + P(Y=7)\cdot P(U=2)$ $0,01755\cdot 0,45455 + 0,1053\cdot 0,40909 + 0,22815\cdot 0,13636 = 0,08217$	0,08217
10	$P(Y=9)\cdot P(U=1) + P(Y=8)\cdot P(U=2)$ $0,01755\cdot 0,40909 + 0,1053\cdot 0,13636 = 0,02154$	0,02154
11	$P(Y=9)\cdot P(U=2) = 0,01755\cdot 0,13636 = 0,00239$	0,00239

Tabelle 3-13: Wahrscheinlichkeitsverteilung der Gesamtnachfrage in der Wiederbeschaffungszeit bei einer zufälligen Lieferzeit für teure Spezialschränke

3.4.2 Simultane Optimierung von Bestellbestand und -menge

Bisher wurde die aus dem Abschnitt zur prinzipiellen Arbeitsweise eines Bestandsmanagements sich ergebende plausible Annahme verwendet, dass sich Bestellbestand und Bestellmenge gegenseitig nicht beeinflussen. Inwieweit diese Annahme gerechtfertigt ist, wird im Folgenden untersucht.

3.4.2.1 Optimierungsproblem

Bei dem hier verfolgten Ansatz zur Entwicklung einer Lagerhaltungspolitik mit einem unendlichen Horizont werden die erwarteten Kosten pro Zeiteinheit bzw. Periode minimiert. Diese setzen sich zusammen aus den Bestellkosten E(BK) und den Lagerhaltungskosten E(LK); es sei erinnert, dass die Fehlmengenkosten über den Servicegrad abgeschätzt werden. Bezogen auf eine Bestellmenge von q dauert im Mittel ein Bestellzyklus $\dfrac{q}{E(D)}$ Perioden. Mit den variablen Produktionskosten c betragen diese in einem Bestellzyklus im Mittel $c \cdot q$ Geldeinheiten. Wegen den fixen Rüstkosten von K Geldeinheiten lauten die Bestellkosten in einem Bestellzyklus im Mittel $K + c \cdot q$ Geldeinheiten. Damit lauten die erwarteten Bestellkosten

pro Zeiteinheit bzw. Periode: $E(BK) = \dfrac{K + c \cdot q}{\dfrac{q}{E(D)}} = (K + c \cdot q) \cdot \dfrac{E(D)}{q}$.

In [Herr09a] wurde nachgewiesen, dass die erwarteten Lagerhaltungskosten lauten: $E(LK)) = \left(s - E(Y^*) + \dfrac{q}{2} \right) \cdot h$. Es sei betont, dass dies unter gewissen Annahmen gilt, die in der Regel, vor allem in der industriellen Anwendung, erfüllt sind, und auf die deswegen nicht näher eingegangen wird; diese Annahmen finden sich im Detail in [Herr09a].

Damit lautet die Kostenfunktion: $C(s, q) = (K + c \cdot q) \cdot \dfrac{E(D)}{q} + \left(s - E(Y^*) + \dfrac{q}{2} \right) \cdot h$.

Bei Verfolgen eines wiederbeschaffungszeitbezogenen α_{WBZ}-Servicegrads hat die Nebenbedingung eines Optimierungsproblems wegen der Definition des α_{WBZ}-Servicegrads durch P(Nachfragemenge in der WBZ $\leq$ physischer Bestand zu Beginn der WBZ) sicher zu stellen, dass die Wahrscheinlichkeit dafür, dass die Nachfrage während der Lieferzeit den Bestellbestand s nicht überschreitet, mindestens α_{WBZ} beträgt, weswegen $P(Y^* \leq s) = \Phi_{Y^*}(s) \geq \alpha_{WBZ}$ die Restriktion in dem Optimierungsproblem ist.

Für das Verfolgen des β-Servicegrads ist nach seiner Definition sicherzustellen, dass der Anteil der befriedigten Nachfrage mindestens β beträgt. Bei bekannter zu erwartender neu auftretender Fehlmenge $E(F_{Y^*}(s))$ in der Wiederbeschaffungszeit in Abhängigkeit vom Bestellbestand s lautet dieser Anteil, s. die Umformung bei der Definition des β-Servicegrads, $1 - \dfrac{E(F_{Y^*}(s))}{q}$. Also lautet die Restriktion in dem Optimierungsproblems: $1 - \dfrac{E(F_{Y^*}(s))}{q} \geq \beta$.

Das Optimierungsproblem lautet insgesamt:

Minimiere $C(s, q) = (K + c \cdot q) \cdot \dfrac{E(D)}{q} + \left(s - E(Y^*) + \dfrac{q}{2} \right) \cdot h$ mit der Restriktion

bei einem α_{WBZ}-Servicegrad: $\Phi_{Y^*}(s) \geq \alpha_{WBZ}$ und

bei einem β-Servicegrad: $1 - \dfrac{E(F_{Y^*}(s))}{q} \geq \beta$.

3.4.2.2 Optimaler α-Servicegrad

Zunächst möge die Restriktion durch einen α_{WBZ}-Servicegrad bestimmt sein.

Die Zielfunktion ist eine in s monoton steigende Funktion. Deswegen ist das optimale s_{opt} bestimmt durch den kleinsten Wert, für den die Nebenbedingung noch erfüllt ist. Nach der Definition von Verteilungsfunktionen ist Φ_{Y^*} auch eine in s monoton steigende Funktion. Also ist, wie oben bereits dargestellt wurde,

bei einer stetigen Zufallsvariablen Y^*: $s_{opt} = \Phi_{Y^*}^{-1}(\alpha_{WBZ})$ und

bei einer diskreten Zufallsvariablen Y^*: $s_{opt} = \min\{s | s \geq \Phi_{Y^*}^{-1}(\alpha_{WBZ})\}$.

Hieraus folgt, dass die Bestellmenge q keinen Einfluss auf die Optimierung des Bestellbestands hat.

Durch Einsetzen des optimalen Bestellbestands (s_{opt}) in die (obige) Zielfunktion ergibt sich das folgende Minimierungsproblem für die Bestellmengen

$$\min_q \left((K + c \cdot q) \cdot \frac{E(D)}{q} + \left(s_{opt} - E(Y^*) + \frac{q}{2} \right) \cdot h \right)$$

$$= c \cdot E(D) + \left(s_{opt} - E(Y^*) \right) \cdot h + \min_q \left(K \cdot \frac{E(D)}{q} + \frac{q}{2} \cdot h \right)$$

Der Ausdruck $K \cdot \frac{E(D)}{q} + \frac{q}{2} \cdot h$ ist identisch mit den Gesamtkosten eines Loses q pro Zeiteinheit beim klassischen Losgrößenmodell; s. [Herr09a]. Seine optimale Lösung lautet: $q_{opt} = \sqrt{\frac{2 \cdot K \cdot E(D)}{h}}$. Es bestätigt die am Ende von Abschnitt 3.2 begründete hohe Bedeutung dieser Formel zur Losgrößenberechnung im klassischen Losgrößenmodell. Damit dienen die oben aufgeführten Beispiele auch als Beispiele für dieses Optimierungsproblem, und die obige Annahme ist richtig.

3.4.2.3 Optimaler β-Servicegrad

Im Fall der Einhaltung eines β-Servicegrads enthalten die Restriktion und die Kostenfunktion beide Steuerungsparameter, wodurch eine gegenseitige Beeinflussung vorliegt. Im Folgenden werden die Methoden der mathematischen Optimierung angewendet, die im Detail in [Herr09a] beschrieben sind und die im Kern aus dem Bilden der ersten Ableitung, ihrem Nullsetzen, dem Auflösen nach den Entscheidungsvariablen und der Prüfung, ob ein Minimum vorliegt, bestehen. Dies setzt allerdings voraus, dass eine zu minimierende Gesamt-Kostenfunktion vorliegt. Dazu wird die Restriktion in die oben genannte Kostenfunktion integriert. Eine häufig eingesetzte Möglichkeit besteht in der Bildung einer Lagrange-Funktion. Das dabei erforderliche Vorgehen ist beispielsweise im Detail in [Herr09a] beschrieben. Danach wird die Restriktion in die Form $g(s,q) \le 0$, für alle nicht negativen Bestellmengen (q) und Bestellbestände (s) (also für alle $(s,q) \in \left(\mathbb{R}^+ \setminus \{0\}\right) \times \left(\mathbb{R}^+ \setminus \{0\}\right)$), transformiert, wodurch $g(s,q) = \dfrac{E\left(F_{Y^*}(s)\right)}{q} - (1-\beta) \le 0$

entsteht. Die Funktion g wird mit einem so genannten Lagrange-Multiplikator (κ) multipliziert, und um diesen Term wird die oben genannte Kostenfunktion als Summand erweitert. Allerdings weicht seine Einheit von denen der restlichen Terme ab. Dies ist durch Multiplikation mit E(D) zu korrigieren, so dass insgesamt die folgende Lagrange-Funktion (Kostenfunktion) entsteht:

$$L(q,s,\kappa) = (K + c \cdot q) \cdot \frac{E(D)}{q} + \left(s - E\left(Y^*\right) + \frac{q}{2}\right) \cdot h + \kappa \cdot E(D) \cdot \left(\frac{E\left(F_{Y^*}(s)\right)}{q} - (1-\beta)\right).$$

Interessant ist an dieser Stelle der Vergleich zur Kostenfunktion im Optimierungsmodell für die Minimierung der Fehlmengenkosten. Sie enthält statt dem Term $\kappa \cdot E(D) \cdot \left(\dfrac{E\left(F_{Y^*}(s)\right)}{q} - (1-\beta)\right)$ die expliziten Fehlmengenkosten; und ansonsten sind die Kostenfunktionen identisch. Mit einem Fehlmengenkostensatz p pro Mengeneinheit (ME) unbefriedigter Nachfrage lassen sich die expliziten Fehlmengenkosten durch $p \cdot \dfrac{E(D)}{q} E\left(F_{Y^*}(s)\right)$ berechnen; für Details sei exemplarisch auf [Herr09a] verwiesen. Wegen dieses Zusammenhangs kann der Lagrange-Multiplikator κ als impliziter Kostensatz (marginale Opportunitätskosten) interpretiert werden.

Um problemlos differenzieren zu können, wird nur eine kontinuierliche Verteilungsfunktion für die Zufallsvariable Y^* betrachtet. Um das Vorgehen methodisch einzuordnen, sei erwähnt, dass die so genannte Karush-Kuhn-Tucker-Bedingung angewendet wird; für Details s. [Herr09a]. Nach der Karush-Kuhn-Tucker-Bedingung sind zu bilden:

Formel 3-1: $\nabla\left((K + c \cdot q) \cdot \dfrac{E(D)}{q} + \left(s - E\left(Y^*\right) + \dfrac{q}{2}\right) \cdot h\right)$ und

$$\nabla\left(E(D) \cdot \left(\frac{E\left(F_{Y^*}(s)\right)}{q} - (1-\beta)\right)\right).$$

Es sei angemerkt, dass die Restriktion $g(s,q) = E(D) \cdot \left(\dfrac{E\left(F_{Y^*}(s)\right)}{q} - (1-\beta)\right)$ betrachtet

wird; also die Originalrestriktion mit E(D) als Faktor, damit wie bereits erwähnt, die Restriktion die gleiche Einheit wie die Terme in der zu minimierenden Kostenfunktion besitzt. Ferner sei betont, dass der Lagrange-Multiplikator κ über die Karush-Kuhn-Tucker-Bedingung integriert wird.

Die partielle Ableitung der ersten Formel in Formel 3-1 nach q und s ergibt:

$$\nabla\left((K+c\cdot q)\cdot\frac{E(D)}{q}+\left(s-E\left(Y^*\right)+\frac{q}{2}\right)\cdot h\right)=\begin{pmatrix}-K\cdot\dfrac{E(D)}{q^2}+\dfrac{h}{2}\\[2mm]h\end{pmatrix}.$$

Die partielle Ableitung der zweiten Formel in Formel 3-1 nach q führt zu:

$$\frac{\partial}{\partial q}\left(E(D)\cdot\left(\frac{E\left(F_{Y^*}(s)\right)}{q}-(1-\beta)\right)\right)=-E(D)\cdot\frac{E\left(F_{Y^*}(s)\right)}{q^2},$$

und diejenige nach s ergibt

$$\frac{\partial}{\partial s}\left(E(D)\cdot\left(\frac{E\left(F_{Y^*}(s)\right)}{q}-(1-\beta)\right)\right)=\frac{E(D)}{q}\cdot\frac{\partial}{\partial s}\cdot E\left(F_{Y^*}(s)\right).$$

Wie oben bereits hergeleitet worden ist, gilt (s. die Herleitung zum β-Servicegrad):

$$E\left(F_{Y^*}(s)\right)=E\left(I_{Y^*}^{f,End}(s)\right)-E\left(I_{Y^*}^{f,Anf}(s)\right)\text{ mit }E\left(I_{Y^*}^{f,End}(s)\right)=\int_{s}^{\infty}\left(y^*-s\right)\cdot\varphi_{Y^*}\left(y^*\right)dy^*\text{ und}$$

$$E\left(I_{Y^*}^{f,Anf}(s)\right)=\int_{s+q}^{\infty}\left(y^*-s-q\right)\cdot\varphi_{Y^*}\left(y^*\right)dy^*\text{ und damit insgesamt:}$$

Formel 3-2: $\quad E\left(F_{Y^*}(s)\right)=\int_{s}^{\infty}\left(y^*-s\right)\cdot\varphi_{Y^*}\left(y^*\right)dy^*-\int_{s+q}^{\infty}\left(y^*-s-q\right)\cdot\varphi_{Y^*}\left(y^*\right)dy^*.$

Es gilt (nach der Kettenregel für Ableitungen):

$$\frac{\partial\int_{s}^{\infty}\left(y^*-s\right)\cdot\varphi_{Y^*}\left(y^*\right)dy^*}{\partial s}=-\left(1-\Phi_{Y^*}(s)\right)=-\left(1-P\left(Y^*\leq s\right)\right)=-P\left(Y^*>s\right).$$

Damit gilt: $\quad\dfrac{\partial E\left(I_{Y^*}^{f,End}(s)\right)}{\partial s}=-\left(1-\Phi_{Y^*}(s)\right)=-\left(1-P\left(Y^*\leq s\right)\right)=-P\left(Y^*>s\right)$ und

$$\frac{\partial E\left(I_{Y^*}^{f,Anf}(s)\right)}{\partial s}=-\left(1-\Phi_{Y^*}(s+q)\right)=-\left(1-P\left(Y^*\leq s+q\right)\right)=-P\left(Y^*>s+q\right).$$

Damit ist insgesamt: $\dfrac{\partial}{\partial s}E\left(F_{Y^*}(s)\right)=-\left(1-\Phi_{Y^*}(s)\right)+\left(1-\Phi_{Y^*}(s+q)\right).$

Einsetzen führt zu

$$\frac{\partial}{\partial s}\left(E(D)\cdot\left(\frac{E\left(F_{Y^*}(s)\right)}{q}-(1-\beta)\right)\right) \quad = \frac{E(D)}{q}\cdot\left(-\left(1-\Phi_{Y^*}(s)\right)+\left(1-\Phi_{Y^*}(s+q)\right)\right)$$

$$= \frac{E(D)}{q}\cdot\left(\Phi_{Y^*}(s)-\Phi_{Y^*}(s+q)\right).$$

Mit $\Phi_{Y^*}(s)=P\left(Y^*\leq s\right)$ gilt:

$$= \frac{E(D)}{q}\cdot\left(P\left(Y^*\leq s\right)-P\left(Y^*\leq s+q\right)\right).$$

Also $\nabla\left(E(D)\cdot\left(\frac{E\left(F_{Y^*}(s)\right)}{q}-(1-\beta)\right)\right) = \begin{pmatrix} -E(D)\cdot\dfrac{E\left(F_{Y^*}(s)\right)}{q^2} \\[3mm] \dfrac{E(D)}{q}\cdot\left(P\left(Y^*\leq s\right)-P\left(Y^*\leq s+q\right)\right) \end{pmatrix}.$

Nach der Karush-Kuhn-Tucker-Bedingung, genauer in ihrer vereinfachten Form, wie sie in [Herr09a] angegeben ist, ist das folgende Gleichungssystem zur Bestimmung von $\left(q_{opt},s_{opt},\kappa_{opt}\right)$ zu lösen:

$$\begin{pmatrix} -K\cdot\dfrac{E(D)}{q_{opt}^2}+\dfrac{h}{2}-\kappa_{opt}\cdot E(D)\cdot\dfrac{E\left(F_{Y^*}\left(s_{opt}\right)\right)}{q_{opt}^2}=0 \quad (1) \\[4mm] h+\dfrac{\kappa_{opt}\cdot E(D)}{q_{opt}}\cdot\left(P\left(Y^*\leq s_{opt}\right)-P\left(Y^*\leq s_{opt}+q_{opt}\right)\right)=0 \quad (2) \\[4mm] \kappa_{opt}\cdot E(D)\cdot\left(\dfrac{E\left(F_{Y^*}\left(s_{opt}\right)\right)}{q_{opt}}-(1-\beta)\right)=0 \quad (3) \\[4mm] E(D)\cdot\left(\dfrac{E\left(F_{Y^*}\left(s_{opt}\right)\right)}{q_{opt}}-(1-\beta)\right)\leq 0 \quad (4) \\[4mm] \kappa_{opt}\geq 0 \quad (5) \end{pmatrix}.$$

Bedingungen (1) lässt sich nach q_{opt} umformen:

$$-K\cdot\frac{E(D)}{q_{opt}^2}+\frac{h}{2}-\kappa_{opt}\cdot E(D)\cdot\frac{E\left(F_{Y^*}\left(s_{opt}\right)\right)}{q_{opt}^2}=0$$

$$\Leftrightarrow \quad \frac{1}{q_{opt}^2}\left(K\cdot E(D)+\kappa_{opt}\cdot E(D)\cdot E\left(F_{Y^*}\left(s_{opt}\right)\right)\right)=\frac{h}{2}.$$

Damit lautet die Bestimmungsformel für q_{opt}

Formel 3-3 $q_{opt} = \sqrt{\dfrac{2 \cdot E(D) \cdot \left(K + \kappa_{opt} \cdot E\left(F_{Y^*}\left(s_{opt}\right)\right)\right)}{h}}$.

Die Umformung von Bedingung (2) lautet:

$$h + \frac{\kappa_{opt} \cdot E(D)}{q_{opt}} \cdot \left(P\left(Y^* \leq s_{opt}\right) - P\left(Y^* \leq s_{opt} + q_{opt}\right)\right) = 0$$

$$\Leftrightarrow \quad h = \frac{\kappa_{opt} \cdot E(D)}{q_{opt}} \cdot \left(P\left(Y^* \leq s_{opt} + q_{opt}\right) - P\left(Y^* \leq s_{opt}\right)\right) .$$

Die Bestimmungsformel für κ_{opt} ist daher:

Formel 3-4 $\kappa_{opt} = \dfrac{h \cdot q_{opt}}{E(D) \cdot \left(P\left(Y^* \leq s_{opt} + q_{opt}\right) - P\left(Y^* \leq s_{opt}\right)\right)}$.

Nach der 3. Bedingung ist $\kappa_{opt} = 0$ oder $E(D) \cdot \left(\dfrac{E\left(F_{Y^*}\left(s_{opt}\right)\right)}{q_{opt}} - (1-\beta)\right) = 0$. Im ersten

Fall wäre nach Formel 3-4 auch $q_{opt} = 0$. Dies ist ein Widerspruch zur Nebenbedin-

gung des Optimierungsproblems. Wegen $E(D) > 0$ ist $\dfrac{E\left(F_{Y^*}\left(s_{opt}\right)\right)}{q_{opt}} - (1-\beta) = 0$

und ihre Umformung $E\left(F_{Y^*}\left(s_{opt}\right)\right) = (1-\beta) \cdot q_{opt}$ führt nach Formel 3-2 zu der fol-

genden Bestimmungsformel für s_{opt} :

Formel 3-5 $\displaystyle\int_{s_{opt}}^{\infty}\left(y^* - s_{opt}\right) \cdot \varphi_{Y^*}\left(y^*\right) dy^* - \int_{s_{opt}+q_{opt}}^{\infty}\left(y^* - s_{opt} - q_{opt}\right) \cdot \varphi_{Y^*}\left(y^*\right) dy^* = (1-\beta) \cdot q_{opt}$.

Die Bestimmung des Erwartungswertes der Fehlmenge ist für eine konkrete Wahrscheinlichkeitsverteilung der Nachfragemenge in der Wiederbeschaffungszeit
durch eine geeignete Formel berechenbar. Dies führt zu entsprechend angepassten
Formeln; einige solcher Formeln finden sich beispielsweise in [Schn79]. Es sei daran erinnert, dass es sich bei den Integralen um die Verlustfunktion 1. Ordnung
handelt, deren Berechnung im Fall einer Normalverteilung und einer Gammaverteilung, bei der Entwicklung für Formeln für den β-Servicegrad, angegeben und
durch Beispiele illustriert worden ist.

3.4.2.4 Algorithmus und Ergebnisverbesserung

Eine Lösung für $\left(q_{opt}, s_{opt}, \kappa_{opt}\right)$ wird iterativ wie folgt bestimmt: Zunächst wird
eine Anfangslösung für die Bestellmenge errechnet, indem Fehlmengen ausge-
schlossen werden; dazu kann implizit $\kappa_{opt} = 0$ in Formel 3-3 gesetzt werden – das
Ergebnis ist eine Bestellmenge wie nach dem deterministischen Modell der wirt-

schaftlichen Losgröße. Diese Anfangsbestellmenge wird in Formel 3-5 eingesetzt, wodurch eine Anfangsfehlmenge und ein Anfangsbestellbestand berechnet werden. Wird dieser Anfangsbestellbestand in Formel 3-4 eingesetzt, so ergibt sich der Anfangswert für den Lagrange-Multiplikator κ. Das Einsetzen dieses Anfangswerts für den Lagrange-Multiplikator und der Anfangsfehlmenge in Formel 3-3 liefert die zweite Bestellmenge. Über Formel 3-5 wird zunächst die zweite Fehlmenge und dann der zweite Bestellbestand berechnet. Dieses Vorgehen wird solange wiederholt, bis zwei aufeinander folgende Bestellmengen und Bestellbestände nahezu identisch sind.

Der folgende Algorithmus 2 ist nur anwendbar, wenn die in diesem Abschnitt genannten Annahmen vorliegen – sie sind Teil der in [Herr09a] angegeben Beschreibung eines Algorithmus zur simultanen Berechnung von Bestellmenge und Bestellbestand, bei dem statt einem einzuhaltenden Servicegrad die Fehlmengenkosten berücksichtigt werden.

Algorithmus 2

Voraussetzung:

- Nachfragemenge in der Wiederbeschaffungszeit wird durch die stetige Zufallsvariable Y^* mit Dichte φ_{Y^*} und Verteilungsfunktion Φ_{Y^*} beschrieben.
- Abweichungsgrenze (ε) für zwei aufeinanderfolgende Bestellmengen bzw. Bestellbestände.
- Vorgegebener β-Servicegrad.

Datenstruktur:

Felder

- $q[1..\infty]$ für die Bestellmengen,
- $E[0..\infty]$ für die Fehlmengen,
- $s[1..\infty]$ für die Bestellbestände sowie
- $\kappa[0..\infty]$ für die Lagrange-Multiplikatoren.

Anweisungen:

$E[0] = 0$;

$\kappa[0] = 0$;

$i = 0$;

Repeat

$\quad i = i+1$;

$$q[i] = \sqrt{\frac{2 \cdot E(D) \cdot \left(K + \kappa[i-1] \cdot E[i-1]\right)}{h}} \; ;$$

$$E[i] = (1-\beta) \cdot q[i] \; ;$$

Ermittle $s[i]$, so dass gilt:

$$\int_{s[i]}^{\infty}\left(y^*-s[i]\right)\cdot\varphi_{Y^*}\left(y^*\right)dy^* - \int_{s[i]+q[i]}^{\infty}\left(y^*-s[i]-q[i]\right)\cdot\varphi_{Y^*}\left(y^*\right)dy^* = (1-\beta)\cdot q[i];$$

$$\kappa[i]=\frac{h\cdot q[i]}{E(D)\cdot\left(P\left(Y^*\le s[i]+q[i]\right)-P\left(Y^*\le s[i]\right)\right)};$$

until $\left(\left|\left(q[i]-q[i-1]\right)\right|\le\varepsilon\ \text{ and }\ \left|\left(s[i]-s[i-1]\right)\right|\le\varepsilon\right)$.

Die Konvergenz des Verfahrens ist aus folgenden Gründen gewährleistet. Die in der 1. Iteration berechnete Bestellmenge basiert auf einer im allgemeinen erheblichen Unterschätzung des optimalen Lagrange-Multiplikators κ_{opt} und damit auf einer Überschätzung des optimalen Bestellbestands s_{opt}. Daher ist der Wert $q[1]$ niedriger als die optimale Bestellmenge q_{opt}. Für die lagerbedingte Lieferzeit eines Auftrags hat dies zur Folge, dass im Vergleich zur kostenminimalen Situation ein zu geringer Anteil des „Lieferzeit-Risikos" durch die Höhe der Bestellmenge absorbiert wird. Denn je höher die Bestellmenge ist, umso länger ist ein durchschnittlicher Bestellzyklus und umso geringer ist der relative Anteil der Länge der Wiederbeschaffungszeit, in der in der Regel eine lagerbedingte Lieferzeit auftreten kann, an der Gesamtlänge von einem Bestellzyklus. Dies führt zu einer Unterschätzung der Fehlmenge pro Periode. Wegen eines positiven Lagrange-Multiplikators $\kappa[1]$ und eines vorhandenen Fehlbestands steigt die Schätzung der optimalen Bestellmenge in der zweiten Iteration, wodurch $q[2]$ nun einen höheren Anteil des „Lieferzeit-Risikos" absorbiert. Dies erhöht die Fehlmenge und bewirkt eine geringere Überschätzung des optimalen Bestellbestands s_{opt} (durch $s[2]$), da ein Anstieg des Bestellbestands die durch die Erhöhung der Bestellmenge bewirkte höhere Absorbierung des „Lieferzeit-Risikos" durch die Bestellmenge wieder verringern würde. Da aber der Lagrange-Multiplikator mit monoton steigender Bestellmenge $q[2]$ und monoton sinkendem Bestellbestand $s[2]$ monoton steigt, also keinesfalls abnimmt, steigt die Bestellmenge in der nächsten Iteration monoton (nimmt also keinesfalls ab). Dadurch steigt erneut die Fehlmenge monoton und bewirkt auch hier, dass der Bestellbestand monoton sinkt. Genauso wie in der zweiten Iteration bewirkt dies einen monotonen Anstieg des Lagrange-Multiplikators. In den nächsten Iterationen wiederholt sich dieser Prozess, so dass die Folge $\left(q[i]\right)_{i=1}^{\infty}$ monoton steigend und die Folge $\left(s[i]\right)_{i=1}^{\infty}$ monoton fallend ist.

(Der Vollständigkeit halber sei erwähnt, dass die beiden Folgen $\left(E[i]\right)_{i=1}^{\infty}$ und $\left(\kappa[i]\right)_{i=1}^{\infty}$ monoton steigen.) Dieser Anstieg der Bestellmengen bei gleichzeitiger Verringerung der Bestellbestände bedeutet, dass ein Teil der Risikoabsicherung

vom Sicherheitsbestand auf den durch die Bestellmenge beeinflussten Grundla-
gerbestand verschoben wird. Da der Bestellbestand nicht beliebig klein wird und
die Bestellmenge nicht beliebig hoch wird, konvergieren die Bestellmengen und
die Bestellbestände gegen endliche Grenzwerte q und s. Deswegen bewirkt die
Abbruchbedingung im Algorithmus, dass der Algorithmus terminiert und die
Bestellmenge und der Bestellbestand der letzten Iteration (n), also $q[n]$ und $s[n]$,
haben eine geringe Abweichung zu den Grenzwerten q und s.

Das Verfahren stellt damit eine schrittweise Anpassung der vorläufigen Schätz-
werte der Bestellmenge und des Bestellbestands (sowie der Fehlmenge und des
Lagrange-Multiplikators) an ihre optimalen Werte dar. Das optimale Verhältnis
von Bestellbestand und Bestellmenge ist dann erreicht, wenn eine kostenminimale
Verteilung des „Lieferzeit-Risikos" auf die Bestellmenge q und den Bestellbestand
s vorliegt.

Das folgende Beispiel demonstriert die Arbeitsweise von Algorithmus 2. Ein Hersteller von Spezialtischen verkauft täglich im Mittel 200 Tische mit einer Streuung
von 10 Tischen. Der fixe Kostensatz (K) für eine Bestellung beträgt 75 € und der

Lagerkostensatz (h) beträgt $0,01 \dfrac{\text{€}}{\dfrac{\text{Tische}}{\text{Tag}}}$ Die Lieferzeit beträgt konstant 5 Tage.

Zunächst wird die Gesamtnachfrage Y^* in der Wiederbeschaffungszeit ermittelt.
Da die Periodennachfrage normalverteilt ist und eine konstante Lieferzeit vorliegt,
wird, wie oben begründet, angenommen, dass Y^* normalverteilt ist. Mit den oben
genannten Formeln werden ihre Momente berechnet durch:

$$E\left(Y^*\right) = 1 \cdot E\left(D\right) + \frac{\left(E\left(D\right)\right)^2 + \text{Var}\left(D\right)}{2 \cdot E\left(D\right)} = 5 \cdot 200 + \frac{\left(200\right)^2 + 10 \cdot 10}{2 \cdot 200} = 1100,25 \ \text{Tische und}$$

$$\text{Var}\left(Y^*\right) = 1 \cdot \text{Var}\left(D\right) + \frac{1}{2} \cdot \text{Var}\left(D\right) \cdot \left[1 - \frac{\text{Var}\left(D\right)}{2 \cdot E\left(D\right)^2}\right] + \frac{1}{12} \cdot E\left(D\right)^2$$

$$= 5 \cdot 100 + \frac{1}{2} \cdot 100 \cdot \left[1 - \frac{100}{2 \cdot 200^2}\right] + \frac{1}{12} \cdot 200^2 = 3883,27 \ \text{Tische}^2, \text{ also eine Streu-}$$

ung von 62,32 Tischen.

In der ersten Iteration wird eine Anfangsbestellmenge $(q[1])$ berechnet durch

$$q[1] = \sqrt{\frac{2 \cdot E\left(D\right) \cdot K}{h}} = \sqrt{\frac{2 \cdot 200 \dfrac{\text{Tische}}{\text{Tag}} \cdot 75\text{€}}{0,01 \dfrac{\text{€}}{\dfrac{\text{Tische}}{\text{Tag}}}}} = 1732,05 \ \text{Tische}.$$

Dies bestimmt zunächst durch $E[1]=(1-\beta)\cdot q[1]=(1-0,95)\cdot 1732,05=86,6$ Tische die zu erwartende Fehlmenge. Für die Berechnung von $s[1]$ wird die Rückführung der Verlustfunktion erster Ordnung von einer $N\left(E(Y^*),\sigma^2(Y^*)\right)$-verteilten Zufallsvariable Y^* auf die Verlustfunktion erster Ordnung für eine Standardnormalverteilung, die oben erläutert wurde, verwendet. Nach den oben vorgestellten Umformungen ist, allgemein in der i-ten Iteration, ein $s[i]$ zu ermitteln, so dass,

mit $\quad v[i]=\dfrac{s[i]-E(Y^*)}{\sigma(Y^*)},\quad \dfrac{(1-\beta)\cdot q[i]}{\sigma(Y^*)}=\Phi^1_{N(0,1)}(v[i])-\Phi^1_{N(0,1)}\left(v[i]+\dfrac{q[i]}{\sigma(Y^*)}\right)\quad$ gilt. Da

hier $q[1]\ge 3,09\cdot\sigma(Y^*)$ $(1732,05\ge 3,09\cdot 62,32 =192,57)$ gilt, ist $\Phi^1_{N(0,1)}\left(v[1]+\dfrac{q[1]}{\sigma(Y^*)}\right)$

(wie oben erläutert wurde) vernachlässigbar. $\Phi^1_{N(0,1)}(v[1])=\dfrac{(1-\beta)\cdot q[1]}{\sigma(Y^*)}=1,39$ wird

durch $v[1]=-1,35$ erfüllt und mit $v[1]=\dfrac{s[1]-E(Y^*)}{\sigma(Y^*)}\Leftrightarrow s[1]=v[1]\cdot\sigma(Y^*)+E(Y^*)$

ist $s[1]=1016,12$ Tische. Mit $\kappa[1]=\dfrac{h\cdot q[1]}{E(D)\cdot\left(P(Y^*\le s[1]+q[1])-P(Y^*\le s[1])\right)}$ ist eben

$\kappa[1]=0,0951$. Durch Einsetzen in $q[2]=\sqrt{\dfrac{2\cdot E(D)\cdot(K+\kappa[1]\cdot E[1])}{h}}$ ergibt sich in der

zweiten Iteration eine Bestellmenge über 1824,58 Tische. Dies bestimmt die zu erwartende Fehlmenge durch $E[2]=(1-\beta)\cdot q[2]$ von $(1-0,95)\cdot 1824,58=91,23$ Tischen. Auch in diesem Fall ist $q[2]\ge 3,09\cdot\sigma(Y^*)$, weswegen ein $v[2]$ gesucht

wird, so dass die Beziehung $\Phi^1_{N(0,1)}(v[2])=\dfrac{(1-\beta)\cdot q[2]}{\sigma(Y^*)}=1,46$ erfüllt ist, was

$v[2]=-1,43$ leistet. Mit $s[2]=v[2]\cdot\sigma(Y^*)+E(Y^*)$ ist $s[2]=1011,13$. Damit ist

schließlich wegen der Formel $\kappa[2]=\dfrac{h\cdot q[2]}{E(D)\cdot\left(P(Y^*\le s[2]+q[2])-P(Y^*\le s[2])\right)}$ eben

$\kappa[2]=0,0989$.

Gegenüber der Anfangsbestellmenge und dem Anfangsbestellpunkt, aus der ersten Iteration, weichen diese Aktualisierungen der Bestellmenge und des Bestellpunkts deutlich ab, weswegen eine weitere Iteration durchzuführen ist. Ihre Ergebnisse sind in Tabelle 3-14 angegeben, und ihre Abweichungen zu den Steuerungsparametern der vorhergehenden Iteration sind nicht vernachlässigbar. Vernachlässigbare Abweichungen liegen ab der 7-ten Iteration vor; der Algorithmus terminiert mit einer vorgegebenen Abweichung von 0,005 nach der siebten Iteration. Die Ergebnisse zu den sieben Iterationen befinden sich in Tabelle 3-14 und sind in Abbildung 3-15 visualisiert.

Iteration	Bestellmenge	Fehlmenge	Bestellbestand	Lagrange-Multiplikator
1	1732,05	86,6025	1016,12	0,0951
2	1824,58	91,229	1011,13	0,0989
3	1833,16	91,66	1010,51	0,09913
4	1833,97	91,698	1010,46	0,09916
5	1834,04	91,7021	1010,45897	0,099163
6	1834,05	91,7025	1010,45858	0,0991632
7	1834,05	91,70252	1010,45854	0,0991633

Tabelle 3-14: Wert der Bestellmenge (in Tischen), der Fehlmenge (in Tischen), des Bestellbestands (in Tischen) und des Lagrange-Multiplikators

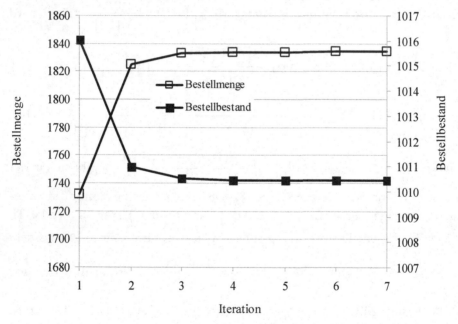

Abbildung 3-15: Wert der Bestellmenge (in Tischen), der Fehlmenge (in Tischen), des Bestellbestands (in Tischen) und des Lagrange-Multiplikators

Das optimale Bestandsmanagement arbeitet mit einer Bestellmenge von 1834,05 Tischen und einem Bestellbestand von 1010,46 Tischen. Gegenüber der Anfangsbestellmenge und dem Anfangsbestellbestand, also die Lösung einer (s, q)-Lagerhaltungspolitik mit periodischer Bestandsüberwachung, tritt eine Erhöhung der Bestellmenge um 5,89 % und eine Reduktion des Bestellbestands um 0,55 % auf; es liegt also eine deutliche gegenseitige Beeinflussung von Bestellmenge und Bestellbestand vor. Die optimale Lösung führt zu einer deutlichen Reduktion des Lagerbestands. Dabei tritt im Mittel eine Fehlmenge von 91,7 Tischen, und zwar am Ende von einem Beschaffungszyklus, auf. In [Herr09a] sind Beispiele angeführt, bei denen eine noch viel stärkere gegenseitige Beeinflussung von Bestellmenge und Bestellbestand vorliegt. Die Analyse in [Herr09a] zeigt, dass eine solche gegenseitige Beeinflussung von Bestellmenge und Bestellbestand durch eine zunehmende Lieferzeit, einen zunehmenden Lagerkostensatz sowie abnehmende fixe Bestellkosten noch verstärkt werden kann. Daneben existieren auch Datenkonstellationen, bei denen die optimale Lösung bereits nach der ersten Iteration vorliegt, weswegen dann eine (s, q)-Lagerhaltungspolitik mit periodischer Bestandsüberwachung optimal ist. [Herr09a] enthält Beispiele mit und ohne starke gegenseitige Beeinflussung von Bestellmenge und Bestellbestand.

Ist die Gesamtnachfrage in der Wiederbeschaffungszeit diskret verteilt, so dürften Formel 3-3 bis Formel 3-5 weiterhin gelten. Dann ist im Algorithmus 2 die Verlustfunktion 1. Ordnung für eine kontinuierliche Verteilung durch die Verlustfunktion 1. Ordnung für eine diskrete Verteilung zu ersetzen und die Verteilungsfunktion ist diskret. Empirische Untersuchungen des Verfassers zeigen, dass auch in diesem Fall die Bestellmengen monoton ansteigen und die Bestellbestände monoton abnehmen; auch die anderen Folgen verhalten sich wie im Fall des Vorliegens einer kontinuierlichen Verteilung. Dies gilt auch dann, wenn für die Bestellmenge oder für den Bestellbestand mit ganzzahligen Werten gerechnet wird.

3.5 Durchführung eines Bestandsmanagementprojekts

3.5.1 Anwendbarkeit der (s,q)-Lagerhaltungspolitiken

Die Lösung stochastischer Lagerhaltungsprobleme bei einem unendlich langen Planungshorizont belegt, dass jedes Lager in der industriellen Praxis durch eine geeignete Lagerhaltungspolitik mit den gleichen Steuerungsparametern im Mittel optimal gesteuert werden kann, sofern ein sehr langer Planungshorizont (T), der als unendlich lang angesehen werden kann, unterstellt werden kann und die in diesem Planungshorizont anfallenden Periodenbedarfe und bei zufälligen Wiederbeschaffungszeiten auch die Wiederbeschaffungszeiten jeweils einen quasistationären stochastischen Prozess bilden, d.h. sie lassen sich durch stochastisch unabhängige und identisch verteilte Zufallsvariablen mit einem gemeinsamen endlichen Mittelwert und einer gemeinsamen endlichen Streuung beschreiben.

Eine gravierende Einschränkung für viele industrierelevante Probleme ist die Forderung nach stochastischer Unabhängigkeit. Allerdings kann auf so genannte dynamische Sicherheitsäquivalente, aus der stochastischen dynamischen Optimierung, zurückgegriffen werden, mit denen der stochastische Prozess durch gewisse als Prognosen deutbare bedingte Erwartungswerte beschrieben werden kann; s. z.B. [Hoch69]. Daher wird vorgeschlagen, das Vorliegen von stochastischer Unabhängigkeit anzunehmen.

Der Rest der gerade genannten Bedingung impliziert, dass die jüngsten Vergangenheitswerte zu den Periodenbedarfen und den Wiederbeschaffungszeiten über einen langen Zeitraum bekannt sind, und diese müssen einen im Zeitablauf konstanten Mittelwert und eine im Zeitablauf konstante Streuung besitzen. Deswegen wird vorgeschlagen, beim Erfüllen dieser Bedingung die eigentliche restliche Bedingung als erfüllt anzusehen. Produkte mit einem ausgeprägten Lebenszyklus haben keinen Bedarfsverlauf mit einem im Zeitablauf konstanten Mittelwert und einer im Zeitablauf konstanten Standardabweichung. Diese Bedingung wird in der Regel auch in der Anlaufphase und am Ende von einem Lebenszyklus eines Produkts verletzt. Auf solche Produkte sind die oben erläuterten stochastischen Lagerhaltungspolitiken nicht anwendbar, und diese Produkte werden deswegen von der weiteren Betrachtung ausgeschlossen.

Für die Anwendung der einzelnen Varianten der (s, q)-Lagerhaltungspolitik werden für jedes Produkt seine konkreten Kostensätze, die Verteilung seiner Nachfrage in der Wiederbeschaffungszeit einschließlich des Defizits und sein Servicegrad benötigt.

Bei den Kostensätzen sind der fixe Rüstkostensatz und der Lagerkostensatz anzugeben. Nach den Überlegungen in [Gude03] sind die fixen Rüstkosten bestimmt durch Bestellmengenkosten (k_{NAuf}), spezifische Transportkosten (k_{TrLE}), spezifische Einlagerkosten (k_{Lein}) und das Fassungsvermögen der Ladeeinheiten (C_{LE}) über die Formel $(k_{NAuf} + (k_{TrLE} + k_{Lein}) \cdot (C_{LE} - 1)/2 \cdot C_{LE})$. Der Lagerkostensatz ist bestimmt durch den Beschaffungspreis pro Verbrauchseinheit (P_{VE}), den Lagerzinssatz (z_L), der sich aus einem Kapazitätszinssatz und einem Risikozinssatz zusammensetzt, den Lagerordnungsfaktor (f_{LO}), den spezifischen Lagerplatzkosten (k_{LPl}) sowie das Fassungsvermögen der Ladeeinheiten (C_{LE}) über

$$\left(P_{VE} \cdot z_L + 2 \cdot f_{LO} \cdot \frac{k_{LPl}}{C_{LE}} \right).$$

Für die Anwendung der einzelnen Varianten der (s, q)-Lagerhaltungspolitik ist eine konkrete Verteilung der Gesamtnachfrage in der Wiederbeschaffungszeit notwendig. Da die Gesamtnachfrage in der Wiederbeschaffungszeit nicht gemessen werden kann, ist ihre Verteilung, wie im Abschnitt „Verfahren" erläutert wurde, aus der Verteilung der Periodennachfrage und der Verteilung der Lieferzeiten zu berechnen. Bei diesen drei Zeitfolgen handelt es sich um quasi-stationäre Zeitfolgen. Deswegen lassen sie sich in die im Abschnitt „Prognose" genannten Typen von stationären Zeitfolgenverläufen einordnen. Entlang dieser RSU-Klassifikation wird nun untersucht, welche Verteilungen zu erwarten sind. Ihr konkretes Vorliegen lässt sich mit dem Kolmogorov-Smirnov Test (s. z.B. [BrSe81]) überprüfen.

Ein regelmäßiger und konstanter Zeitfolgenverlauf lässt sich sehr gut durch den (n-periodischen) gleitenden Durchschnitt prognostizieren. Wie in [Herr09a] ausführlich begründet worden ist, folgen die Prognosewerte einer Normalverteilung, sofern n hinreichend hoch ist; es sei betont, dass wegen der Annahme eines unendlich langen Betrachtungshorizonts ein solches n gebildet werden kann. Deswegen darf eine Normalverteilung für die Prognosewerte unterstellt werden. Beim Anwenden des alternativen Verfahrens der exponentiellen Glättung erster Ordnung ist für einen beliebigen Glättungsparameter nicht bekannt, welcher Verteilung die Prognosewerte folgen; siehe die ausführliche Diskussion in [Herr09a]. Wegen des, in [Herr09a] ausführlich begründeten, asymptotischen Zusammenhangs zwischen der exponentiellen Glättung erster Ordnung und dem (n-periodischen) gleitenden Durchschnitt bietet es sich an, auch in diesem Fall eine Normalverteilung für die Prognosewerte zu unterstellen. Deswegen wird im Leitfaden überprüft, ob bei einem regelmäßigen und konstanten Zeitfolgenverlauf eine Normalverteilung vorliegt. Einzige Ausnahme ist das Auftreten von starken Schwankungen. Da dann, nach den obigen Überlegungen im Abschnitt „Verfahren" eine Gammaverteilung besser geeignet ist, sollte in diesem Fall eine Gammaverteilung unterstellt, und überprüft, werden.

Liegt zusätzlich ein saisonaler Einfluss vor, so folgen nach [Herr09a] seine Prognosefehler einer Normalverteilung, sofern die Zeitfolge durch die multiple lineare Regressionsrechnung prognostiziert wird. Daher ist es plausibel anzunehmen, dass auch die Prognosewerte einer Normalverteilung folgen. Wird eine Zeitreihendekomposition angewendet, so wird, wie im Abschnitt über Prognoseverfahren dargestellt wurde, eine um den saisonalen Einfluss bereinigte Zeitfolge prognostiziert, und ihre Multiplikation mit den Saisonfaktoren ergibt die eigentliche Prognose. Weil für die um den saisonalen Einfluss bereinigte Zeitfolge, die einen regelmäßigen und konstanten Bedarfsverlauf aufweisen muss, eine Normalverteilung oder bei starken Schwankungen eine Gammaverteilung unterstellt werden darf, sollte auch in diesem Fall eine Normal- oder Gammaverteilung unterstellt und überprüft werden.

Nun wird das Vorliegen eines unregelmäßigen Zeitfolgenverlaufs entlang der obigen Klassifizierung betrachtet. Ist der Zeitfolgenverlauf nicht sporadisch, aber sehr stark schwankend, so darf nach den oben vorgestellten Überlegungen von einer Gammaverteilung ausgegangen werden, so dass eine Gammaverteilung unterstellt, und überprüft, werden sollte.

Zu behandeln sind noch die beiden anderen Varianten eines unregelmäßigen Zeitfolgenverlaufs, nämlich das Vorliegen von einem sporadischen Zeitfolgenverlauf, der stark schwankend sein darf. Zunächst sei eine Wiederbeschaffungszeit von Null erläutert: Eine Bestandsüberwachung erfolgt immer zu Beginn einer Periode, also beispielsweise morgens um 8 Uhr. Eine Wiederbeschaffungszeit von einer Periode bedeutet, dass die Bestellung zu Beginn der Folgeperiode zur Verfügung steht. Folglich bedeutet eine Wiederbeschaffungszeit von Null eine unmittelbare physische Verfügbarkeit der Bestellung im Lager, die nicht existieren kann. Damit treten keine sporadischen Wiederbeschaffungszeiten auf. Ihre Behandlung kann mit den oben erläuterten Methoden erfolgen. Ist die Berücksichtigung der Bestellung noch in der gleichen Periode uneingeschränkt möglich, beispielsweise im Rahmen einer Lieferung über Nacht, so wird eine Wiederbeschaffungszeit von Null wie jede andere positive Wiederbeschaffungszeit behandelt und eine der anderen oben behandelten Zeitfolgenverläufe unterstellt. Da eine negative Wiederbeschaffungszeit ausgeschlossen ist, liegt eine Normalverteilung in der Regel nur bei einer hohen Wiederbeschaffungszeit vor, so dass primär eher eine Gammaverteilung zu erwarten ist. Folglich sollte für die Verteilung der Lieferzeit eine Gamma- und eine Normalverteilung unterstellt, und überprüft, werden.

Im Fall der Periodennachfrage und der Gesamtnachfrage in der Wiederbeschaffungszeit nennt die Literatur zwei mögliche Verteilungen. Bei der einen handelt es sich um die Poissonverteilung, die besonders dann geeignet ist, wenn die Nachfrage mit einer einheitlichen Auftragsgröße von einer großen Anzahl voneinander unabhängiger Abnehmer stammt; s. hierzu auch das Ende von dem Abschnitt über die Prognose des sporadischen Bedarfs und auch [Temp08]. Die Gammaverteilung kann auch eingesetzt werden, um einen sporadischen Bedarfsverlauf zu approximieren, s. hierzu [Schn79].

In manchen Situationen liegt ein sporadischer Bedarf nur deswegen vor, weil die Periodengröße zu klein ist. Ihre Vergrößerung bewirkt die Berücksichtigung von mehreren Bedarfen, und diese Summen haben häufig einen regelmäßigen Bedarfsverlauf, für den dann nach dem vorgestellten Verfahren eine oftmals kontinuierliche Verteilung bestimmt werden kann.

Somit ist für die Verteilung zu einer Zeitfolge eine Normal-, eine Gamma- oder eine Poissonverteilung zu erwarten; dies ist in Tabelle 3-15 entlang der RSU-Klassifikation dargestellt. Es sei betont, dass aufgrund des zentralen Grenzwertsatzes aus der Stochastik viele Zeitfolgen einer Normalverteilung genügen; die Analyse von Prognosewerten in [Herr09a] basiert auf dem zentralen Grenzwertsatz.

RSU-Klassifikation	Kolmogorov-Smirnov Test auf	
regelmäßig	Normalverteilung	Gammaverteilung
saisonaler Einfluss (regelmäßig)	auch auf saisonbereinigten Zeitfolgenverlauf	
	Normalverteilung	Gammaverteilung
unregelmäßig	Poissonverteilung	Gammaverteilung

Tabelle 3-15:   Zu einem Zeitfolgenverlauf die zu testenden Verteilungen; beachte die für die Wiederbeschaffungszeit formulierte Ausnahme bei einem sporadischen Zeitfolgenverlauf

In einer konkreten Unternehmenssituation wird aus den jüngsten Vergangenheitswerten zu den Periodenbedarfen und den Wiederbeschaffungszeiten über einen langen Zeitraum (T) jeweils ein Histogramm erstellt, das die jeweilige empirisch gefundene Verteilung in Form einer diskreten Verteilung beschreibt. Durch den Kolmogorov-Smirnov Test auf eine Normalverteilung und eine Gammaverteilung kann eventuell statt dieser diskreten Verteilung eine der beiden kontinuierlichen Verteilungen oder die diskrete Poissonverteilung verwendet werden. Mit den im Abschnitt „Verfahren" vorgestellten Formeln wird aus diesen die Verteilung der Gesamtnachfrage in der Wiederbeschaffungszeit berechnet. Wird für jedes Produkt ein Servicegrad festgelegt, so liegen alle Informationen zur Anwendung einer der Varianten der (s, q)-Lagerhaltungspolitik (s. den Abschnitt „Verfahren"), vor. Selbst für die aufwendigste Variante der simultanen Berechnung von der Bestellmenge und dem Bestellbestand sowie der Verwendung von einer diskreten Verteilung benötigt ein Computer nur eine geringe Rechenzeit. Da diese Steuerungsparameter einmal eingestellt werden, nämlich für einen relativ langen Planungszeitraum T, könnte das optimale Verfahren für jedes Produkt angewendet werden.

Die Lösungsgüte ist jedoch dadurch bestimmt, wie gut die Kostensätze und die Verteilungen (letztlich die Verteilung der Gesamtnachfrage in der Wiederbeschaffungszeit) die industrielle Realität im Planungszeitraum T abbildet. Leider liegen in vielen Unternehmen die Kostensätze nicht oder nur ungenau vor. Seitens der Kostensätze beeinflussen der Rüst- und der Lagerhaltungskostensatz (bzw. ihre oben dargestellten Verfeinerungen) die optimale Bestellmenge. Im klassischen Losgrößenmodell mit konstantem Bedarf sind die Kosten relativ unempfindlich gegenüber Abweichungen von der optimalen Bestellmenge (siehe hierzu z.B. [Herr09a]). Weicht beispielsweise die Bestellmenge von der optimalen um 20 Prozent ab, so ist die Kostenabweichung höchstens 2,5 %; eine Berechnungsformel hierzu befindet sich in [Herr09a]. Eine ungenaue Angabe der Kostensätze führt folglich nur zu sehr geringen Erhöhungen der Gesamtkosten. Sofern eine Abweichung von der optimalen Bestellmenge nur einen geringen Einfluss auf den optimalen Bestellbestand hat, unterscheiden sich die Kostenfunktion in diesem klassischen Modell von der Kostenfunktion E(BK) + E(LK) für die stochastische Lagerhaltung nur durch eine Konstante; s. dazu die Kostenfunktion in diesem klassischen Modell, die z.B. in [Herr09a] angegeben ist, und die oben angegebene Kostenfunktion für die stochastische Lagerhaltung. Dann gilt die Sensitivitätsaussage für das klassische Modell selbst bei der simultanen Berechnung von Bestellmenge und Bestellbestand; in jedem Fall gilt sie bei der Berechnung der optimalen Bestellmenge wie beim klassischen Modell. Wie bei der Analyse der simultanen Berechnung von Bestellmenge und Bestellbestand begründet worden ist, haben variable Produktions- und Bestellkosten einen deutlichen Einfluss auf die Gesamtkosten.

Nach den im Abschnitt „Verfahren" vorgestellten Beispielen, wird die Einhaltung eines vorgegebenen Servicegrads stark durch die Genauigkeit der (verwendeten) Verteilung der Gesamtnachfrage in der Wiederbeschaffungszeit bestimmt. Dies betrifft sowohl die Genauigkeit der Vergangenheitswerte als auch die Prozessgenauigkeit, also die tatsächliche Einhaltung der Verteilung im Planungszeitraum T durch die (möglichst effiziente und effektive) Bestandsüberwachung und die Bestellabwicklung. Datenungenauigkeiten in den ERP- bzw. PPS-Systemen entstehen beispielsweise durch fehlerhaft eingegebene Bedarfe, die durch Rückbuchungen, und damit negative Bedarfe korrigiert werden. Negative Bedarfe entstehen auch durch Retouren.

Für möglichst genaue Daten ist somit ein hoher Aufwand bei deren Erhebung bzw. eventuell deren Korrektur und ein hoher Aufwand für eine hohe Prozessqualität erforderlich. Eine Verringerung der durch die Datenqualität verursachten Kontrollkosten wird durch eine einfache Erhebung der zu verwendenden Verteilung und eine einfache Kontrolle auf ihre Einhaltung bewirkt. Dabei können, eventuell nur vermutete, Ungenauigkeiten in den Vergangenheitswerten, vor allem im Hinblick auf die tatsächliche zukünftige Entwicklung der Periodenbedarfe und ggf. der Wiederbeschaffungszeiten, durch eine Approximation behoben werden. Dies ermöglicht wiederum die Vorgabe eines besseren Prozesses. Bei diesem Vorgehen wird mit den durch eine Approximation erzeugten Werten weitergearbeitet; also statt der Beobachtungswerte. Die oben genannte Forderung nach Quasi-Stationarität gilt dann für diese Werte. Für eine Approximation bietet sich ein Prognoseverfahren an, da, wie oben begründet wurde, ihre Prognosewerte häufig einer Normal- oder Gammaverteilung folgen. Nach der Analyse der Prognoseverfahren, s. auch [Herr09a], sollte eine regelmäßige und konstante Zeitfolge durch den n-periodischen gleitenden Durchschnitt mit einem hohen n prognostiziert werden, und zwar auch dann, wenn eine um einen saisonalen Einfluss bereinigte Zeitfolge betrachtet wird. Ihr Erwartungswert ist gleich dem Mittelwert der tatsächlichen, empirisch gefundenen, Zeitfolge, und ihre Streuung ist entsprechend die Streuung der tatsächlichen Zeitfolge. Somit kann in diesem Fall auf die Anwendung von dem Kolmogorov-Smirnov-Test verzichtet werden, da bekannt ist, dass eine Normalverteilung vorliegt und wie ihre charakterisierenden Parameter berechnet werden können. Ist aufgrund von hohen Schwankungen eine Gammaverteilung zu unterstellen, so ist diese durch diesen Erwartungswert und diese Varianz bestimmt. Wegen der schlechten Prognosequalität sollte bei einem sporadischen Zeitfolgenverlauf auf eine Prognose verzichtet werden. Abschließend sei auf die Anwendung der exponentiellen Glättung 1. Ordnung statt dem n-periodischen gleitenden Durchschnitt eingegangen. Wegen des asymptotischen Zusammenhangs zwischen diesen beiden Prognoseverfahren, der in [Herr09a] ausführlich analysiert worden ist, ist ein sehr kleiner Glättungsparameter zu wählen. Aus der in [Herr09a] vorgestellten Beschreibung des asymptotischen Zusammenhangs der beiden Prognoseverfahren folgt, dass die Folge der Prognosewerte nicht quasi-stationär sein könnte – sie ist asymptotisch quasi-stationär. Deswegen wird der n-periodische gleitende Durchschnitt vorgeschlagen.

Obwohl, wie oben bereits ausgeführt worden ist, die Rechenzeit für eine simultane Berechnung von Bestellmenge und Bestellbestand bei einer (s, q)-Lagerhaltungspolitik moderat ist, sind unwirtschaftliche Rechenzeiten zu vermeiden. Ferner bietet es sich nicht an, ein optimales Verfahren auf eine ungenaue Verteilung der Gesamtnachfrage in der Wiederbeschaffungszeit anzuwenden.

Insgesamt werden je nach Lösungsgüte unterschiedlich hohe und zum Teil beträchtliche Kosten durch das Sammeln von benötigten Daten, das Durchführen von Berechnungen, insbesondere für die unterschiedlich aufwendigen Formeln für die Steuerungsparameter, das Ausstellen von Aktivitätsberichten usw. verursacht, die als Kontrollkosten für das Lagerhaltungssystem bezeichnet werden. Höhere Kontrollkosten sind nur dann wirtschaftlich, wenn diese zu höheren Einsparungen bei den Kosten der Lagerhaltung führen. Zur Illustration dieses Sachverhalts wird das folgende Beispiel betrachtet. Bei einem einfachen Bestandsmanagement betragen für ein Produkt P_1 die Kosten für die Lagerhaltung 1000 € pro Jahr und für ein zweites Produkt P_2 100 € pro Jahr. Wird ein aufwendigeres Bestandsmanagement eingesetzt, so reduzieren sich diese jährlichen Kosten für die Lagerhaltung bei beiden Produkten um 10 %. Dafür fallen jeweils Kontrollkosten von 50 € pro Jahr an. Für Produkt P_1 führt dies zu einer Reduktion der jährlichen Gesamtkosten von $50 € - 0,1 \cdot 1000 € = -50 €$, während bei Produkt P_2 die jährlichen Gesamtkosten um $50 € - 0,1 \cdot 100 € = 40 €$ ansteigen. Somit sollte für Produkt P_1 das aufwendige und für Produkt P_2 das einfache Bestandsmanagement eingesetzt werden.

Nach den obigen Überlegungen lassen sich insgesamt die Kontrollkosten variieren und auch abschätzen. Für die jährlichen Gesamtkosten der Lagerhaltung sind nach dem oben vorgestellten Optimierungsmodell die jährlichen Kosten für die Wiederbeschaffung, die Lagerhaltung und die Fehlmengen verantwortlich. Da hohe Gesamtkosten ein hohes Einsparungspotential implizieren, dürfen diese Kosten als ein Maß für einen angemessenen Aufwand einer Lagerhaltungspolitik angesehen werden. Die Forderung nach einem Kostensatz für die Fehlmengen mag überraschen, da bei der Lösung stochastischer Lagerhaltungsprobleme ein vorgegebener Servicegrad einzuhalten ist und nicht ein Optimierungsproblem, bei dem Fehlmengen durch eine Kostenfunktion bewertet werden, gelöst wird. In diesem Zusammenhang sei auch an die Schwierigkeit erinnert, einen Fehlmengenkostensatz genau erheben zu können. Die Wichtigkeit eines Produkts, beispielsweise als Komponente für ein Endprodukt (oder auch für das Produktspektrum, z.B. für das Prestige), ist bestimmt durch die Auswirkung einer Fehlmenge. Ohne eine Information über eine Fehlmenge kann daher das Einsparungspotential durch ein aufwendigeres Bestandsmanagement nicht bewertet werden. Da sicher nicht alle Produkte unterschiedliche Lagerhaltungspolitiken haben werden, bietet sich eine ABC-Klassifizierung nach diesem Kriterium an.

3.5.2   Vorgehen bei A-Teilen

Bezogen auf eine solche ABC-Klassifizierung wird vorgeschlagen, für jedes A-Teil anzunehmen, dass selbst kleine prozentuale Einsparungen in den jährlichen Kosten für die Wiederbeschaffung, die Lagerhaltung und die Fehlmengen wirtschaftlich sind. Folglich ist ein hoher Aufwand für die Genauigkeit der Daten und die Berechnung von Bestellmenge und Bestellbestand gerechtfertigt. Deswegen werden bei A-Teilen die vorliegenden Daten systematisch und soweit wie möglich vollständig auf Korrektheit überprüft und ggf. korrigiert. Mit einem Prognoseverfahren können sinnvolle Glättungen der Daten vorgeschlagen werden, weswegen Prognoseverfahren in diesem Sinne an dieser Stelle im Leitfaden eingesetzt werden. Es wird angenommen, dass die so gefundene empirische Verteilung der Periodennachfragemengen und ggf. die der Wiederbeschaffungszeiten die Realität im Unternehmen, vor allem was die tatsächliche zukünftige Entwicklung angeht, exakt beschreiben. Mit diesen Verteilungen wird nach den oben angegebenen Formeln die Verteilung der Gesamtnachfrage in der Wiederbeschaffungszeit ermittelt; sie beschreibt folglich auch die Realität im Unternehmen exakt. Dann wird mit dieser diskreten Verteilung oder einer sehr guten Approximation durch eine kontinuierliche Verteilung eine simultane Berechnung von Bestellmenge und Bestellbestand durchgeführt. Dies entspricht dem Vorgehen in der Literatur, s. beispielsweise [SiPP98].

Ein wichtiger Spezialfall liegt bei Produkten mit einem sehr geringen Bedarf in der Wiederbeschaffungszeit, den so genannten Langsam-Drehern vor; demgegenüber wird bei einem hohen Bedarf von so genannten Schnell-Drehern gesprochen. Im Extremfall ist die Nachfrage in der Wiederbeschaffungszeit so klein, dass die Bestellmenge auf eine Einheit gesetzt werden darf; also liegt eine $(s,1)$-Lagerhaltungspolitik vor.

Eine solche Lagerhaltungspolitik wird in der Literatur auch untersucht, sofern eine kontinuierliche Lagerhaltungspolitik vorliegt und die zuletzt beobachtete Nachfragemenge unverzüglich beim Lieferanten bestellt wird. Dazu wird in der Lagerbuchhaltung der Nettobestand um eine Einheit verringert und der Bestellbestand um eine Einheit erhöht. Dadurch bleibt der disponible Bestand als Summe aus dem Nettobestand und dem Bestellbestand im Zeitablauf konstant; in der englischsprachigen Literatur wird eine solche Lagerhaltungspolitik als Base-Stock-Politik bezeichnet.

In diesem Fall ist es am wirkungsvollsten, mit einer Poisson-Verteilung in der Periodennachfrage zu arbeiten. Bei einer festen Lieferzeit l ist die Nachfrage in der Wiederbeschaffungszeit (Y) ebenfalls Poisson-verteilt mit dem Parameter $l \cdot \lambda$. Bei einem wiederbeschaffungszeitbezogenen α-Servicegrad (α_{WBZ}) ist die Verteilungsfunktion dieser Poisson-Verteilung zu berechnen. Damit lautet die Berechnungs-

vorschrift: $s_{opt} = \min\left\{s'\middle|\Phi_Y(s') \geq \alpha_{WBZ}\right\}$ mit $\Phi_Y(s) = e^{-1\cdot\lambda} \cdot \sum_{x_i \leq s} \frac{(1\cdot\lambda)^{x_i}}{x_i!}$.

Im Falle eines einzuhaltenden β-Servicegrads folgt die Lagerhaltungspolitik der Formel $\beta = P\left(Y^{(1)} \leq s-1\right)$; ihre Herleitung ist in [Temp05] angegeben.

Die Resultate bleiben erhalten, sofern eine zufällige Lieferzeit mit Zufallsvariable L vorliegt. Dann ist l durch $E(L)$ zu ersetzen (s. [SiPP98]); es sei angemerkt, dass die Herleitung sehr viel aufwendiger ist. Ferner sei angemerkt, dass die Herleitung nicht von der Form der Periodennachfrage abhängt, so dass ähnliche Resultate auch für andere diskrete Verteilungen gelten dürften; diese Aussage ist aus [SiPP98] entnommen.

3.5.3 Vorgehen bei B-Teilen

Gegenüber A-Teilen wird bei B-Teilen angenommen, dass eine periodische Bestandsüberwachung mit einer Normalverteilung (oder bei einer hohen Streuung mit einer Gammaverteilung) der Gesamtnachfragemenge in der Wiederbeschaffungszeit zu dem besten Kompromiss zwischen moderaten Kontrollkosten für das Lagerhaltungssystem und den jährlichen Kosten für die Wiederbeschaffung, die Lagerhaltung und die Fehlmengen führt. Damit sind die Einsparungen bei den Lagerhaltungskosten durch eine simultane Berechnung von Bestellmengen und Bestellbestand geringer als die dafür notwendigen höheren Aufwände in den Kontrollkosten, und die Einsparungen bei den Kontrollkosten durch eine einfachere Berechnung der Steuerungsparameter sind geringer als die dadurch verursachten höheren Gesamtlagerhaltungskosten. Eine Normalverteilung dürfte die Prozessrealität oftmals nur ungenau abbilden. Folglich erscheint ihre genaue Erhebung nicht erforderlich zu sein. Deswegen wird vorgeschlagen, die Daten nur mit einem moderaten Aufwand zu überprüfen und ggf. mit einfachen Maßnahmen zu bereinigen. Für die Periodennachfragemengen und ggf. die Wiederbeschaffungszeiten wird jeweils eine Normalverteilung (oder bei hohen Streuungen eine Gammaverteilung) als hinreichend genau angesehen. Bestätigt die Anwendung des Kolmogorov-Smirnov-Tests auf die so erhobenen Vergangenheitsdaten dies nicht, so wird mit einem der oben angesprochenen Prognoseverfahren versucht, die Daten so zu korrigieren, dass sie einer dieser beiden Verteilungen genügt. Je geringer die jährlichen Kosten für die Wiederbeschaffung, die Lagerhaltung und die Fehlmengen für ein B-Teil sind, desto ungenauer darf eine Normalverteilung (oder bei hohen Streuungen eine Gammaverteilung) die Prozessrealität abbilden. Wird auf diese Weise für höherwertige B-Teile keine Normal- oder Gammaverteilung erreicht, so wird versucht, dieses Produkt als A-Teil einzustufen. Im Fall von niederwertigen B-Teilen wird durch ihre Einstufung als C-Teil, wie weiter unten noch erläutert werden wird, das Verwenden einer diskreten Verteilung vermieden. In allen anderen Fällen wird mit einer diskreten Verteilung gerechnet, wodurch eine Ausnahme von der für B-Teile vorgeschlagenen Variante einer (s, q)-Lagerhaltungspolitik vorliegt. Eine weitere Ausnahme bietet sich bei starken gegenseitigen Abhängigkeiten zwischen dem Bestellbestand und der Bestellmenge mit beträchtlichen Auswirkungen auf die Gesamtkosten an. Dann wird eine simultane Berechnung von Bestellbestand und Bestellmenge durchgeführt. Kriterien hierzu ergeben sich aus der Analyse der simultanen Berechnung von Bestellbestand und Bestellmenge im Abschnitt „Verfahren". Demgegenüber schlagen Wissenschaftler wie Silver, Pyke und Peterson (s. [SiPP98]) für B-Teile eine noch weitergehende Verfahrensvereinfachung vor, nach der eine kontinuierliche Bestandsüberwachung mit der Berechnung der Bestellmenge über die klassische Losgrößenformel sowie des Bestellbestands im Kern über die Verlustfunktion 1. Ordnung und zwar möglichst mit einer Normalverteilung zur Beschreibung der Nachfrage in der Wiederbeschaffungszeit implementiert werden sollte.

Durch dieses Vorgehen haben B-Teile überwiegend eine normalverteilte (oder bei hohen Streuungen eine gammaverteilte) Gesamtnachfrage in der Wiederbeschaffungszeit. Dadurch scheidet ein sporadischer Bedarfsverlauf in der Wiederbeschaffungszeit häufig aus, und bei diesen Produkten handelt es sich in der Regel nicht um Langsam-Dreher. Insbesondere dürfte der Fall einer Bestellmenge von einer Einheit – also einer (s, 1)-Lagerhaltungspolitik – nicht auftreten. Anderenfalls wird das unter A-Teile beschriebene Verfahren verwendet.

3.5.4   Vorgehen bei C-Teilen

Bezogen auf die ABC-Klassifizierung wird vorgeschlagen, für jedes C-Teil anzunehmen, dass nur eine marginale Einsparung in den jährlichen Kosten für die Wiederbeschaffung, die Lagerhaltung und die Fehlmengen durch eine optimale Lagerhaltungspolitik gegenüber einer sehr einfachen Lagerhaltung erzielt werden kann. Aufgrund der simultanen Berücksichtigung von drei Kostenkriterien ist nicht zu erwarten, dass, wie bei einer ABC-Klassifikation üblich, nahezu 80% der Produkte eben C-Teile sind. Zu erwarten ist eine Einstufung von jedem Produkt als B- bzw. C-Teil so, dass zwischen 30 und 50 % der Produkte C-Teile sind. Dadurch dürfte es sich bei einem signifikanten Anteil an Produkten um B-Teile, mit einem im Kern regelmäßigen Bedarfsverlauf, handeln. Beispielsweise betrug in einem realistischen Unternehmensszenario über 2003 Produkte der Anteil an A-Teilen 18,72 %, der Anteil an B-Teilen 38,19 % und schließlich der Anteil an C-Teilen 43,09 %. 78,56 % der B-Teile hatten einen regelmäßigen Bedarfsverlauf, deren empirische Verteilungen in 92,68 % der Fälle normalverteilt waren. Normalverteilungen traten bei A- und B-Teilen auf. Von den insgesamt 1140 A- und B-Teilen hatten 69,47 % eine Normalverteilung; für weitere Details sei auf [Herr10] verwiesen.

Da bei C-Teilen nur geringe Einsparungsmöglichkeiten durch eine aufwendigere Lagerhaltungspolitik existieren, sollten nur Lagerhaltungssysteme mit geringen Kontrollkosten verwendet werden. In vielen Fällen ist es sogar besser, auf eine

Lagerhaltung zugunsten einer Beschaffung im Bedarfsfall ganz zu verzichten. So wird vorgeschlagen, eine Bereitstellung im Bedarfsfall durchzuführen, wenn lediglich marginale Fehlmengenkosten auftreten. Bei einem sporadischen Bedarfsverlauf dürfen die, in einem Unternehmen vorliegenden, Bedarfe als ungenau angesehen werden, weswegen eine Bereitstellung im Bedarfsfall in vielen Fällen als hinreichend genau erscheint und in der Literatur vielfach empfohlen wird; s. z.B. [SiPP98]. In allen anderen Fällen, also bei einem Bedarfsverlauf der Gesamtnachfrage in der Wiederbeschaffungszeit, der regelmäßig ist und einem saisonalen Einfluss unterliegen darf, sowie der unregelmäßig, aber nicht sporadisch, ist, wird vorgeschlagen, die Gesamtnachfrage in der Wiederbeschaffungszeit grundsätzlich durch eine Normalverteilung zu approximieren. Nach dem zentralen Grenzwertsatz aus der Stochastik (s. hierzu beispielsweise [Bosc84] oder [Hübn03]) bewirkt die Zusammenfassung hinreichend vieler Periodenbedarfe eine Normalverteilung mit einer so kleinen Streuung, dass keine negativen Bedarfe auftreten. Eine solche Zusammenfassung bedeutet eine produktspezifische Erhöhung der Periodenlänge. Ist eine neue Periodenlänge das N-fache der alten Periodenlänge, von typischerweise einem Tag, und sind d_i die Bedarfe zu den alten Perioden, so sind

$$d_i' = \sum_{k=1}^{N} d_{N \cdot (i-1)+k}$$ die neuen Periodenbedarfe. Die zugehörigen normalverteilten Zu-

fallsvariablen D_i' sind wieder stochastisch unabhängig und identisch verteilt mit einem endlichen Mittelwert und einer endlichen Standardabweichung und D' ist die gemeinsame Zufallsvariable. Da die Lieferzeiten bei C-Teilen gegenüber der Anzahl an zusammengefassten Perioden klein sind, wird diese gegenüber der neuen Periodenlänge gleich eins gesetzt; D' ist dann die Zufallsvariable für die normalverteilte Gesamtnachfrage in der Wiederbeschaffungszeit. Es sei betont, dass beim Vorliegen eines saisonalen Einflusses eine so große Zusammenfassung an Perioden gebildet werden kann, dass der saisonale Einfluss nur noch einen geringen Einfluss auf die Streuung hat. Die somit mögliche Anwendung einer periodischen Bestandsüberwachung mit einer Normalverteilung für die Gesamtnachfragemenge in der Wiederbeschaffungszeit dürfte zu unnötig hohen Lagerbeständen führen, die wegen der geringen Lagerhaltungskosten von C-Teilen jedoch unproblematisch ist; geringe jährliche Kosten für die Wiederbeschaffung, die Lagerhaltung und die Fehlmengen implizieren geringe Lagerhaltungskosten. Wegen den geringen Lagerhaltungskosten können negative Auswirkungen der Nichtberücksichtigung eines Defizits durch einen hohen Lagerbestand vermieden werden. Dadurch ist eine kontinuierliche Bestandsüberwachung möglich. Eine weitere Vereinfachung lässt sich erreichen, in dem nur wenige Zeitpunkte zugelassen werden, an denen eine Bestandsüberwachung erfolgt. Dies ist gleichbedeutend mit einer produktspezifischen Erhöhung der Periodenlänge. In vielen Unternehmen sind Periodenlängen von 6, 12 und 18 Monaten günstig. Im oben erwähnten realistischen Unternehmensszenario wurden 6 und 12 Monate als Periodenlängen verwendet; s. [Herr10]. Möglich ist, dass für einige Produkte auf diese Weise keine

Normalverteilung für die Gesamtnachfrage in der Wiederbeschaffungszeit entsteht. Dann bietet es sich an, ein solches Produkt als B-Teil einzustufen. Bei einem sporadischen Periodenbedarfsverlauf, eventuell liegen sogar Langsam-Dreher vor, so wird in der Literatur, s. z.B. [SiPP98], vorgeschlagen, eine Poissonverteilung zu unterstellen und die Streuung durch $\sqrt{E(D')}$, die Lieferzeit ist 1, zu approximieren. In diesem Fall wird der Bestellbestand, wie beim Vorliegen einer Normalverteilung, durch $E(D') + \Phi_{\mathcal{N}(0,1)}^{-1} \sqrt{E(D')}$ berechnet.

Vielfach wird in der Literatur die folgende weitere Vereinfachung vorgeschlagen, s. z.B. [SiPP98], in dem nur wenige Lieferzeitpunkte in Form von hohen mittleren Bestellzyklen τ zugelassen werden; dabei ist ein Bestellzyklus die zeitliche Differenz zwischen zwei Bestellungen. Ist D die Zufallsvariable für den produktspezifischen Periodenbedarf in dem Bestellzyklus τ, so ist $q = \tau \cdot E(D)$ die mittlere Bestellmenge, die als (produktspezifische) optimale Bestellmengen verwendet wird; es sei erinnert, dass beim klassischen Modell mit der konstanten Bedarfsrate d $q = \tau \cdot d$ gilt. Nach den Überlegungen zu den (s, q)-Lagerhaltungspolitiken ist dieses Vorgehen unproblematisch, sofern die Fehlmengen an C-Teilen unbedeutend sind, eine geringe Bedeutung ergibt sich durch das Gesamtkostenkriterium für ein C-Teil. Auch bei geringeren Fehlmengenkosten für C-Teile sollte die Streuung gering sein. In dem oben erwähnten realistischen Unternehmensszenario liefern Bestellzyklen über 6 und 12 Monate sehr gute Ergebnisse.

Trotz geringer Kostenauswirkungen ist vielfach ein kurzer Überwachungszeitraum vorteilhaft. Zu seiner Realisierung wird in der Literatur ein so genanntes Zwei-Behältersystem diskutiert. Dazu wird der physische Bestand in zwei so genannte Behälter zerlegt. Die Kapazität eines der beiden Behälter wird auf den Bestellbestand gesetzt. Die Bedarfe werden durch den anderen Behälter befriedigt. Es handelt sich um den Auslieferungsbehälter, und der andere heißt Reservebehälter. Beim Anbrechen des Reservebehälters wird eine Bestellung ausgelöst. Beim Eintreffen der Anlieferung wird der Reservebehälter gefüllt und quasi wieder „verschlossen", da dann die Bedarfe wieder von dem Auslieferungsbehälter befriedigt werden. Im Detail beschrieben ist das Vorgehen beispielsweise in [SiPP98].

3.5.5   Festlegung von Servicegraden

Wegen der unterschiedlichen Bedeutung der A-, B- und C-Teile sollte A-Teilen ein höherer Servicegrad als B-Teilen zugeordnet werden. Bei dem vorgeschlagenen Vorgehen bei C-Teilen sind die Gesamtnachfragen in der Wiederbeschaffungszeit normalverteilt, weswegen den C-Teilen insgesamt ein Servicegrad zugeordnet werden sollte. Da für einen vorgegebenen Servicegrad der erforderliche Sicherheitsbestand bei einem regelmäßigen Bedarfsverlauf mit geringer Streuung sicher kleiner als bei einem stark schwankenden sporadischen Bedarfsverlauf ist, bietet es sich an, die RSU-Klassifizierung bei der Festlegung des Servicegrads mit zu berücksichtigen. Deswegen werden Servicegrade im Leitfaden für jede Kombination der beiden Klassifizierungsarten angegeben. Die sich aus jeder Kombination der beiden Klassifizierungsarten ergebenden sieben Produktgruppen sind in Tabelle 3-16 als ABC / RSU-Klassifizierung dargestellt. Damit berücksichtigt der Leitfaden sowohl die wertmäßige Bedeutung der Produkte, in Form von jährlichen Kosten für die Wiederbeschaffung, die Lagerhaltung und die Fehlmengen, als auch die Rechenaufwände für die Verfahren.

Für eine solche ABC / RSU-Klassifizierung spricht auch, dass für die einzelnen Zeitfolgenverläufe, nämlich den regelmäßigen (R), den regelmäßigen mit einem saisonalen Einfluss (S) und den unregelmäßigen (U), unterschiedliche Verfahren erforderlich sind, um die Verteilung für eine Lagerhaltungspolitik festzulegen. Ferner sind den A-, B- und C-Teilen spezifische Lagerhaltungspolitiken zugeordnet. Servicegrade für ein realistisches Unternehmensszenario befinden sich in [Herr10].

ABC / RSU	R	S	U
A	AR	AS	AU
B	BR	BS	BU
C		C	

Tabelle 3-16: Klassifizierung von Zeitfolgenverläufen zu Gesamtnachfragemengen in der Wiederbeschaffungszeit

3.5.6 Leitfaden

Nach den Überlegungen dieses Abschnitts sind in einem Bestandsmanagementprojekt im Kern die folgenden Schritte durchzuführen:

1. Erhebung aller Kostensätze für die Wiederbeschaffung, die Lagerhaltung und die Fehlmengen.
2. ABC-Klassifikation aller Produkte aufgrund von jährlichen Kosten für die Wiederbeschaffung, die Lagerhaltung und die Fehlmengen.
3. Erhebung von produktspezifischen Kostensätzen für die Berechnungsvorschriften mit der für die ABC-Klassifikation geforderten Genauigkeit.
4. Produktspezifische Erhebung der Periodennachfrage und der Wiederbeschaffungszeit. Daraus Bestimmung für jedes Produkt die Verteilung seiner Periodennachfrage, Wiederbeschaffungszeit und Gesamtnachfrage in der Wiederbeschaffungszeit. Alle Daten und Verteilungen werden für jedes Produkt mit der durch seine Einordnung in die ABC-Klassifikation geforderten Genauigkeit ermittelt; es sei daran erinnert, dass dabei Daten durch ein Prognoseverfahren erzeugt bzw. korrigiert werden können.
5. RSU-Klassifikation der Gesamtnachfragen in der Wiederbeschaffungszeit.
6. Festlegung der Servicegrade der Klassen in der ABC/RSU-Klassifizierung.

7. Berechnung für jedes Produkt seine Bestellmenge und seinen Bestellpunkt mit dem durch seine Einordnung in die ABC/RSU-Klassifizierung festgelegten Verfahren und für den durch seine Einordnung in die ABC/RSU-Klassifizierung festgelegten Servicegrad.

Es sei betont, dass es sich dabei um einen Verfahrensrahmen handelt, der an verschiedenen Stellen unternehmensspezifisch zu präzisieren ist. So ist beispielsweise unternehmensspezifisch festzulegen, was unter Genauigkeit der zukünftigen Entwicklung der Periodenbedarfe verstanden werden soll. In [Herr10] ist eine Konkretisierung eines solchen Leitfadens angegeben worden, dessen Einzelschritte gegenüber den in diesem Abschnitt vorgestellten etwas einfacher sind. Seine Anwendung auf ein realistisches Unternehmensszenario führte zu einer Verringerung des Bestellbestands bei A-Teilen im Mittel um 45 %, bei B-Teilen im Mittel um 30 % sowie bei C-Teilen um 15 %. Die detailliere Beschreibung der Einzelschritte des Leitfadens gibt bereits an, wie diese durch ein Softwaresystem weitgehend automatisch durchgeführt werden können. Durch interaktive Eingriffsmöglichkeiten werden die nicht berechenbaren Teilschritte gesteuert. In [Herr10] ist ein solches Softwaresystem beschrieben.

4 Planungsverfahren

Die bereits im Abschnitt über die logistische Prozesskette eingeführten Planungs-verfahren „Produktionsprogrammplanung", „Bedarfsplanung" und „Fertigungs-steuerung" werden im Folgenden in den gleichnamigen Abschnitten im Detail erläutert. Eine methodische Begründung für ihre Verknüpfung in einem hierarchi-schen Planungssystem erfolgt im Abschnitt „hierarchische Produktionsplanung".

4.1 Hierarchische Produktionsplanung

Die Planung der Aufträge für die Produktion könnte durch einen so genannten simultanen Planungsansatz erfolgen. In ihm sind die Steuergrößen, die die in der Planung verfolgte Zielsetzung, wie z.B. die Minimierung der Kosten, beeinflussen, zu berücksichtigen. Hierzu gehören beschränkt verfügbare Ressourcen (z.B. eine beschränkte Anlagenkapazität) und vorgegebene Lieferverpflichtungen. Solche Restriktionen lassen sich durch ein lineares Optimierungsmodell beschreiben. Um es realistisch zu gestalten, müsste es Endscheidungsvariablen und Nebenbedin-gungen besitzen, die beispielsweise die Produktionsstruktur, die Maschinenbele-gungsplanung und die Personaleinsatzplanung erfassen. Dadurch entsteht unter industriellen Rahmenbedingungen fast immer ein Optimierungsproblem mit einer riesigen Anzahl an Entscheidungsvariablen und Nebenbedingungen, welches selbst mit dem besten bekannten Lösungsalgorithmus erst nach einer exorbitant langen Laufzeit gelöst wird. Damit eignen sich solche simultanen Planungsmodelle nicht zur Lösung praktischer Planungsprobleme. Ihr Nutzen besteht in der Darstel-lung der Zusammenhänge und Abhängigkeiten der einzelnen Steuergrößen, die für kleine Problemgrößen analysiert werden können; es ist zu erwarten, dass die dabei gewonnenen Erkenntnisse auch für praktische Planungsprobleme gelten.

Neben der Laufzeit treten bei solchen simultanen Planungsansätzen zwei weitere Schwierigkeiten auf: Untersuchungen zeigen, dass alle benötigten Daten für alle Perioden auf einmal verfügbar sein müssen, um eine optimale Lösung erstellen zu können; in [Herr09a] ist eine solche Untersuchung für die optimale Lösung des einstufigen Losgrößenproblems angegeben worden. Beispielsweise durch eintref-fende Kundenaufträge oder Änderungen an bereits existierenden Kundenaufträ-gen ist eine solche Verfügbarkeit nicht gegeben, sondern tatsächlich werden fort-laufend neue Daten bekannt und vorliegende werden geändert; die weit in der Zukunft liegenden Daten dürften ohnehin sehr ungenau sein. Zum anderen benut-zen solche simultanen Planungsansätze selten die hierarchischen Strukturen (also die Organisationsstrukturen), die zur Koordination der dezentralen Entschei-dungsfindung in Unternehmen häufig anzufinden sind.

Statt einem simultanen Planungsansatz ist eine Zerlegung der (Gesamt-) Planungs-
aufgabe in einfachere Teilprobleme möglich, wobei deren Teil-Lösungen zu einem
(Gesamt-) Plan zusammengesetzt werden. Durch die Bildung von Teilproblemen
dürften in der Regel Zusammenhänge zwischen verschiedenen Entscheidungs-
größen zerschnitten werden, die eigentlich simultan betrachtet werden müssten.
Zwar sollten solche Größen, die in einer besonders engen Beziehung zueinander
stehen, gemeinsam betrachtet werden, die beabsichtigte Vereinfachung durch eine
Dekomposition lässt sich jedoch nur erreichen, wenn einige Interdependenzen
unberücksichtigt bleiben. Auf Grund dieser Schwäche führen eine Dekomposition
und eine anschließende Zusammensetzung im Allgemeinen nicht zu einer optimalen Lösung eines Planungsproblems, sondern zu einer Näherungslösung. Ihre Güte hängt davon ab, wie die einzelnen Teilprobleme definiert werden, bzw. welche
Interdependenzen zerschnitten werden. Neben dieser in der Regel durch organisatorische Gesichtspunkte motivierten Dekomposition ist noch die zeitliche Dekomposition zu betrachten, nach der die Zeit sinnvoll in diskrete Perioden aufgeteilt
wird und Planungshorizonte festgelegt werden. Die Wahl der verwendeten Periodenlänge (Schicht, Tag, Woche oder Monat) und des Planungshorizontes ist nicht
unproblematisch. Von der Wahl der Periodenlänge hängt z.B. die Periodenkapazi-
tät, die in den Planungsmodellen den Zulässigkeitsbereich der Entscheidungsvariablen beeinflusst, ab. Die Wahl des Planungshorizontes ist kritisch für die Güte
der (Näherungs-) Lösung; ein Beispiel ist die oben zitierte Untersuchung zur optimalen Lösung eines einstufigen Losgrößenproblems in [Herr09a].

Eine Dekomposition ist die von Hax und Meal, s. [HaMe75], vorgeschlagene hierarchische Produktionsplanung. Aus ihr wurde das hierarchische Planungssystem
in einer logistischen Prozesskette entwickelt, welches aus den nacheinander zu
durchlaufenden Planungsschritten Produktionsprogrammplanung, Bedarfsplanung und Fertigungssteuerung, s. den Abschnitt „logistische Prozesskette", besteht
und Bestandteil kommerziell verfügbarer ERP- und PPS-Systeme wie dem SAP®-
System ist. Das Prinzip der hierarchischen Produktionsplanung wird nun anhand
einer Fallstudie zur Produktion von Tee vorgestellt, die der Unternehmenssituation entspricht, für die Hax und Meal, s. [HaMe75], ihre hierarchische Produktionsplanung entwickelten. Das Unternehmen stellte ein Produkt mit ausgeprägter saisonaler Nachfragestruktur her. Eine solche tritt beispielsweise bei Automobilrei-
fen, bei Bekleidungsartikeln oder bei Lebensmitteln auf. Im Buch von Jahnke und
Biskup (s. [JaBi99]) wurde das Entwicklungsprojekt von Hax und Meal anhand
einer Fallstudie zur Tee-Produktion erläutert. Die folgenden Ausführungen zur
Fallstudie wurden dem Buch von Jahnke und Biskup (s. [JaBi99]) entnommen, sie
sind an einigen Stellen nicht so ausführlich, da eine ausführliche Erläuterung der
hierarchischen Produktionsplanung den Rahmen dieses Buches sprengen würde.

Der Teekonsum unterliegt jahreszeitlichen Schwankungen. Während im Winter
große Mengen von Kräuter- und Früchtetee wie z.B. Pfefferminz-, Hagebutten-,
oder Fencheltee getrunken werden, werden in der wärmeren Jahreszeit bevorzugt

aromatisierte schwarze Tees konsumiert, da sie sich besonders gut zur Herstellung von Eistee nutzen lassen. Der saisonale Verlauf der Nachfrage bewirkt aufgrund des niedrigen Lagerhaltungsniveaus im Handel entsprechend schwankende Produktionsmengen beim Hersteller.

Der Herstellungsprozess besteht aus den folgenden drei Produktionsschritten; sie sind in Abbildung 4-1 dargestellt. Im ersten Produktionsschritt wird die jeweilige Teesorte aus den verschiedenen Rohtees zusammengemischt. Die Teemischung wird dann im zweiten Produktionsschritt ohne Zwischenlagerung in einer direkt mit der Mischanlage verbundenen Verpackungsmaschine portioniert und in Beutel gefüllt. Ein sortenspezifisches Etikett wird mit einem Faden an jedem Beutel befestigt. Im letzen Produktionsschritt werden die Teebeutel in die ebenfalls sortenspezifischen Kartons unterschiedlicher Größe (z.B. 25-er, 50-er und 100-er Kartons) gepackt und eingelagert. Dabei definiert jede Verpackungsgröße ein Endprodukt.

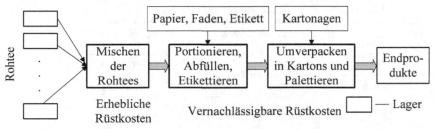

Abbildung 4-1: Herstellungsprozess in der Fallstudie zur Teeproduktion

Da der Mischvorgang große Mengen an Teepartikeln freisetzt, die sich in der Anlage absetzen, muss vor der Verarbeitung einer neuen Teesorte die Anlage gründlich gereinigt werden, um geschmackliche Beeinträchtigungen des Endprodukts zu vermeiden, wenn beispielsweise Pfefferminztee nach schwarzem Tee hergestellt werden soll. An der ersten Station der Fertigung entsteht also beim Wechsel der Teesorte ein nicht zu vernachlässigender Rüstaufwand. Demgegenüber ist der Rüstaufwand an der Verpackungsanlage aufgrund eines Übergangs zu einer neuen Verpackungsgröße gering.

Das Planungsproblem besteht also im Kern darin, bei beschränkten Anlagenkapazitäten die saisonal schwankende Nachfrage nach den verschiedenen Artikeln mit möglichst niedrigen Kosten, primär für die Lagerung der Produkte und für die Reinigung der Mischanlage, zu befriedigen; eine Analyse der für solche Probleme auftretenden Kosten und der Lösungsmöglichkeiten befindet sich beispielsweise in [Herr09a], da dort für solche Probleme geeignete Optimierungsmodelle angegeben sind.

Deswegen werden im Grundmodell der hierarchischen Produktionsplanung zunächst die Fertigungskapazitäten unter Vernachlässigung der Rüstproblematik für einen längeren Planungszeitraum so auf die verschiedenen Produkte verteilt, dass die saisonalen Schwankungen in der Nachfrage mit möglichst niedrigen Lagerkosten zu bewerkstelligen sind und die Kosten für eventuell notwendige Überstunden bzw. Zusatzschichten minimal sind. Um einen Produktionsausgleich über die komplette Saison, d.h. einen Aufbau an Lagerbestand vor dem jeweiligen Saisongipfel und nur noch kleine Bestände am Saisonende, sicherzustellen, umfasst der Planungszeitraum mindestens einen gesamten Saisonzyklus, in der Fallstudie 15 Monate. In einer zweiten Planungsphase wird versucht, die Rüstkosten bei der Wahl der Produktionsmengen für einen kürzeren Zeitraum, in der Fallstudie für den jeweils folgenden Monat, möglichst gering zu halten; s. hierzu auch Abbildung 4-3, die im Weiteren noch erläutert werden wird.

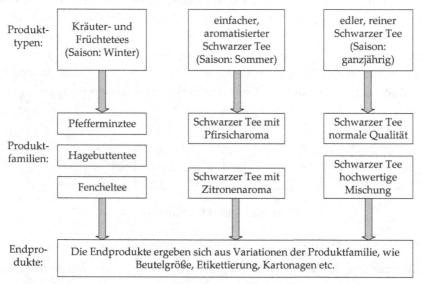

Abbildung 4-2:   Aggregation in der Fallstudie zur Teeproduktion

Um ein Planungsproblem zu erhalten, welches unter industriellen Randbedingungen gelöst werden kann, werden durch eine Aggregation viele Produkte zu wenigen so genannten Produktfamilien und diese zu Produkttypen zusammengefasst. Im Einzelnen besteht eine Produktfamilie aus Produkten, die weitgehend gemeinsam gefertigt werden können, d.h. die Ressourcenfolgen für die Produktionsaufträge zu den Produkten sind im Wesentlichen gleich und die eventuell anfallenden Umrüstzeiten und -kosten von einem Produkt auf ein anderes Produkt im Allgemeinen vernachlässigbar. Deswegen bieten sich in der Fallstudie die Teesorten als Produktfamilien an; sie sind in Abbildung 4-2 angegeben. Ein Produkttyp besteht nun aus Produktfamilien, deren Produktionsprozess ähnlich ist und die folglich dieselben Ressourcen benötigen, ähnliche Lagerkosten besitzen und einen ähnlichen saisonalen Nachfrageverlauf aufweisen. Dadurch können die tatsächlichen Lagerhaltungskosten auf Endproduktebene durch Lagerhaltungskosten auf Typenebene mit einer ausreichenden Genauigkeit abgeschätzt werden. Es sei betont, dass sich hier der approximative Charakter der hierarchischen Produktionsplanung zeigt; eine Untersuchung der Lagerbestände auf Endproduktebene wäre natürlich genauer, würde aber die Komplexität des Planungsproblems so erhöhen, dass die dadurch hervorgerufenen Kosten in der Regel in keinem vertretbaren Verhältnis zum erzielbaren Gewinn stehen. In der Fallstudie bilden Kräuter- sowie Früchtetee, Schwarzer Tee – einfach und aromatisiert – und Schwarzer Tee – edel und rein – drei Produkttypen; sie sind in Abbildung 4-2 mit ihren saisonalen Nachfragehöhepunkten angegeben. Dass diese Produkttypen die oben genannte charakterisierende Eigenschaft von Produkttypen erfüllen, wird im Buch von Jahnke und Biskup (s. [JaBi99]) begründet.

Die drei Aggregationsstufen entsprechen den drei Planungsebenen der hierarchischen Produktionsplanung. Bezogen auf die Fallstudie sind sie in Abbildung 4-3 und für den allgemeinen Fall in Abbildung 4-4 dargestellt. Anhand dieser beiden Abbildungen wird nun der Ablauf der hierarchischen Planung erläutert.

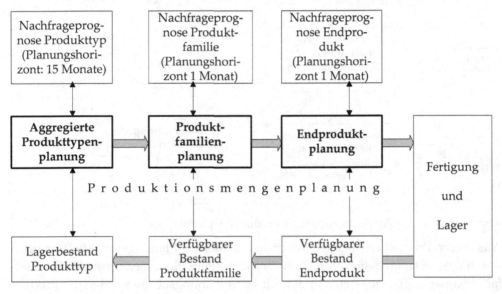

Abbildung 4-3: Planungsmodule im Grundmodell zur hierarchischen Produktionsplanung

Produkttypen werden durch eine aggregierte Produktionsplanung geplant. Der Planungszeitraum umfasst typischerweise ein bis zwei Jahre; es sei erwähnt, dass die Länge des Zeitraums von den Bearbeitungszeiten abhängt. Jede Teilperiode entspricht dabei typischerweise einem Monat. In der Fallstudie umfasst der Planungszeitraum insgesamt 15 Monate. Für die ersten drei Monate verwendeten Hax und Meal Monatsprognosen und für die folgenden zwölf Monate vier Quartalsprognosen, wodurch der Planungshorizont aus sieben Perioden bestand, deren Periodenlängen teilweise verschieden waren. Das aggregierte Produktionsplanungsproblem lässt sich in der Regel durch ein lineares Optimierungsmodell beschreiben, welches in der Literatur als aggregierte Gesamtplanung oder auch als Beschäftigungsglättung bezeichnet wird. Seine Lösung liefert für jede der T Perioden des Planungszeitraums die zu produzierenden Mengen der Produkttypen und eventuell notwendige zusätzliche Überstunden bzw. Sonderschichten zur Kapazitätserweiterung. Die zu minimierenden Kosten sind also die Lagerhaltungskosten und die Überstundenkosten.

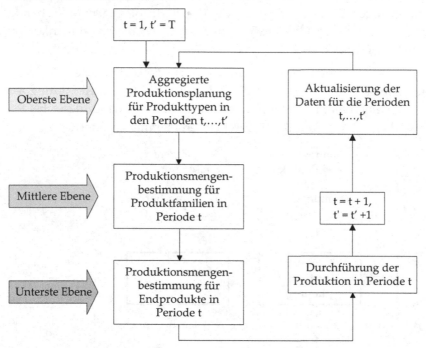

Abbildung 4-4:   (rollende) hierarchische Produktionsplanung

Aus diesen Produktionsmengen der ersten (aktuellen) Planungsperiode (t) werden durch eine Disaggregation Vorgaben für die mittlere Planungsebene (der Produktfamilienplanung) abgeleitet. Auf der mittleren Planungsebene werden die Produktionsmengen der Produktfamilien für die erste (aktuelle) Planungsperiode t bestimmt. Statt einer Disaggregation der Nachfrageprognose wird eine Nachfrageprognose der Produktfamilien verwendet, wodurch eine genauere Prognose vorliegen dürfte. Eine weitere Verbesserung wird durch die Berücksichtigung der bereits für die Periode t vorliegenden Kundenaufträge erreicht. Da die kumulierten Produktionsmengen aller Produktfamilien eines Produkttyps mit den vorgegebenen periodenspezifischen Produktionsmengen (in der Fallstudie eben die Monatsproduktionsmengen) dieses Produkttyps übereinstimmen sollen, ist zu erwarten, dass die Lagerhaltungs- und die Überstundenkosten aus der aggregierten Produktionsplanung weitgehend eingehalten werden, so dass Lagerhaltungskosten in der mittleren Planungsebene nicht berücksichtigt zu werden brauchen. Zu minimieren sind vielmehr die Rüstkosten bei einem Wechsel von einer gefertigten Produktfamilie zur nächsten.

Diese Produktionsmengen der Produktfamilien für die (aktuelle) Planungsperiode t sind die Vorgaben für die unterste Planungsebene (der Endproduktplanung), auf der die Produktionsmengen der einzelnen Endprodukte ebenfalls für die erste (aktuelle) Planungsperiode t bestimmt werden. Auch in diesem Fall kann die Aggregation der einzelnen Endprodukte zu Produktfamilien zu Ungenauigkeiten bei der Nachfrageprognose führen, weswegen auch hier gegenüber der mittleren Planungsebene eine genauere Prognose der Nachfrage auf Endproduktebene verwendet wird und die bereits für die Periode t vorliegenden Kundenaufträge für Endprodukte berücksichtigt werden. Nachdem die Produktion der aktuellen Periode (t) erfolgt ist, werden die Daten für die sich anschließenden T Perioden aktualisiert, und dann wird für den um eine Periode in die Zukunft (die aktuelle Periode ist die Gegenwart) verschobenen Planungszeitraum erneut eine aggregierte Produktionsplanung durchgeführt. Es sei betont, dass diese rollende Planung eine gewisse Rückkopplung der beiden untergeordneten Planungsebenen zu der bzw. den übergeordneten Planungsebenen über die Aktualisierung der Daten, beispielsweise für die Lagerbestände, bewirkt.

Es sei erwähnt, dass in [Neum96] und [JaBi99] Optimierungsmodelle zu den drei Planungsebenen angeben sind, deren Anwendung auf die Fallstudie in [JaBi99] erläutert worden ist.

Aufgrund der periodengenauen Berechnung der Produktionsmengen, in der Fallstudie eben monatsgenau, fehlen Angaben über die Produktionsreihenfolge dieser Produktionsmengen. Dadurch kann eine Erfüllung der Periodennachfrage sogar nicht möglich sein; ein Beispiel hierzu findet sich in [Herr09a] im Rahmen der Beschreibung des mehrstufigen Losgrößenproblems mit beschränkten Kapazitäten. Ferner betrachtet die skizzierte hierarchische Produktionsplanung nur die Endprodukte. Tatsächlich ist aber, wie dies bereits in der logistischen Prozesskette angesprochen worden ist (s. hierzu gegebenenfalls auch den Abschnitt zur Bedarfsplanung), auch jedes in ein Endprodukt eingehende Erzeugnis zu betrachten. Eine solche Erweiterung ist sehr anspruchsvoll und Gegenstand laufender Forschungsvorhaben.

Die hierarchische Produktionsplanung wurde bisher in der industriellen Praxis in erster Linie in der Großserienfertigung angewendet. In der Literatur wird ihre Anwendung in der Kleinserienfertigung untersucht; s. z.B. [Stev94]. Um sie sinnvoll einsetzen zu können, ist die prinzipielle Vorgehensweise stets den besonderen Produktionsverhältnissen des betreffenden Unternehmens anzupassen.

4.2 Produktionsprogrammplanung

4.2.1 Zusammenhang zur hierarchischen Produktionsplanung

Eine Produktionsprogrammplanung, Bedarfsplanung und Fertigungssteuerung sind die in kommerziellen ERP- und PPS-Systemen verfügbaren Module zur Umsetzung einer hierarchischen Produktionsplanung. Ziel der Produktionsprogrammplanung ist die Festlegung eines mittel- bis langfristigen Produktionsprogramms für Produkte, die durch ein Produktionssegment hergestellt werden, auf der Basis der Nachfrage über einen ebenso langen Zeitraum; ein Produktionssegment ist ein Teilbereich der Produktion, der typischerweise organisatorisch zusammengefasst ist und in dem eben ein oder mehrere Produkte hergestellt werden – er kann aus wenigen Ressourcen bestehen oder es kann sich um eine Werkstatt handeln. Damit entspricht die Produktionsprogrammplanung der aggregierten Produktionsplanung im Abschnitt „hierarchische Produktionsplanung". Die Nachfrage, im Sinne von möglichen Verkäufen, wird auf der Ebene von Produkttypen (in kommerziellen Systemen werden sie auch als Produktgruppen bezeichnet) für gröbere Periodenraster wie Wochen, Monate oder Quartale durch die im Abschnitt „Prognose" genannten Verfahren in enger Abstimmung mit dem Marketing und gegebenenfalls auch mit dem Vertriebsbereich ermittelt. Die Produktionsprogrammplanung versucht nun das durch die Infrastruktur des Produktionssystems geschaffene Leistungspotential durch die Nachfrage möglichst gut auszuschöpfen. Es legt folglich auch den realisierbaren Absatz fest. Dieser Verzahnung wird in vielen kommerziellen ERP- und PPS-Systemen durch eine Bezeichnung wie Absatz- und Produktionsgrobplanung Rechnung getragen.

Wie im Abschnitt „hierarchische Produktionsplanung" erläutert wurde, ist die beschränkte Kapazität zu berücksichtigen. In kommerziell verfügbaren ERP- und PPS-Systemen erfolgt dies durch so genannte Kapazitätsprofile, die stets die Kapazitäten der Anlagen und Arbeitskräfte enthalten und vielfach zusätzlich noch die Kapazitäten für Werkzeuge enthalten. Dabei werden Gruppen von Einzelanlagen (auch Werkzeugen) und Arbeitskräften gebildet. Über solche Kapazitätsprofile kann die Belastung jeder einzelnen aggregierten Ressource durch ein konkretes Produktionsprogramm für Produkttypen errechnet werden. Durch die manuelle Änderung des Produktionsprogramms und eine Kapazitätserweiterung durch Überstunden bzw. Sonderschichten kann die Kapazitätsrestriktion jeder einzelnen Ressource erfüllt werden. Nach den Überlegungen zur aggregierten Produktionsplanung im Abschnitt „hierarchische Produktionsplanung" ist ein Ausgleich zwischen den durch eine Vorproduktion verursachten Lagerkosten und den durch einen Einsatz zusätzlicher personeller Kapazität (Überstunden) bedingten zusätzlichen Produktionskosten zu schaffen. Um eine optimale Lösung zu erhalten, ist ein entsprechendes lineares Optimierungsproblem zu lösen; s. hierzu z.B. [Neum96]. Einfache Algorithmen sind zu seiner Lösung nicht bekannt, so dass das durch

ERP- und PPS-Systeme unterstützte Vorgehen zu eher bescheidenen Ergebnissen führen dürfte.

Um ein Produktionsprogramm für Produkte zu erhalten, kann in kommerziellen ERP- und PPS-Systemen eine solche Absatz- und Produktionsgrobplanung auch direkt für einzelne Produkte erfolgen. Erfolgt sie für Produkttypen, so können die ermittelten Produktionsmengen auf die Produkte eines konkreten Produkttyps herunter gebrochen, also disaggregiert, werden.

4.2.2 Order Penetration Point

Bisher unberücksichtigt blieb die Beziehung des Produktionsprogramms zum Absatzmarkt. Extrempositionen sind die reine Kundenproduktion (die in der Literatur übliche Bezeichnung lautet „make-to-order"), nach der mit der Produktion eines Produkts erst beim Vorliegen eines Kundenauftrags begonnen wird, und die Lagerproduktion (die in der Literatur übliche Bezeichnung lautet „make-to-stock"), bei der Produkte auftragsneutral produziert und danach eingelagert werden. Möglich ist eine Mischform, die als Montageproduktion (die in der Literatur übliche Bezeichnung lautet „assemble-to-order") bezeichnet wird, bei der durch eine Lagerproduktion verfügbare Komponenten und eventuell auch durch eine Kundenproduktion verfügbare Komponenten für einen konkreten Kundenauftrag zusammengebaut (bzw. montiert) werden. Für diese Produktionsprogrammstrategie ist somit festzulegen, welche Komponenten durch eine Lagerproduktion und welche durch eine Kundenproduktion zu produzieren sind. Bezogen auf einen Wertschöpfungsprozess ist somit die Stelle zu bestimmen, an der die auftragsneutrale Produktion in die auftragsbezogene Produktion übergeht, also die Stelle, an der ein konkreter Kundenauftrag in den Produktionsprozess eingeht. Diese Stelle wird als Order Penetration Point (OPP) bezeichnet. Ein solcher zerlegt einen Prozess in einen so genannten Pre-OPP-Prozess, der dem OPP vorgelagert ist, und einen Post-OPP-Prozess, der dem OPP nachgelagert ist; dies ist in der Abbildung 4-5 dargestellt. Erstmals wurde der Order Penetration Point 1984 von Sharman eingeführt und als "point where product specifications typically get frozen, and as the last point at which inventory is held" definiert. Teilweise heißt der OPP auch „Customer Order Decoupling Point (CODP)" , wodurch der Einfluss von Kundenaufträgen hervorgehoben wird. In der deutschsprachigen Literatur wird oft vom Entkopplungspunkt gesprochen.

Generell erfolgt der Pre-OPP-Prozess entkoppelt von tatsächlichen Kundenaufträgen. Durch eine Prognose der Marktnachfrage wird das Produktionsprogramm für einen Pre-OPP-Prozess festgelegt; somit arbeitet der Prozess nach dem Push-Prinzip, s. Abbildung 4-5. Dadurch liegt ein Bezug zum (prognostizierten) Absatz vor. Ferner sind damit die Erzeugnisse in einem Pre-OPP-Prozess noch keinem konkreten Kundenauftrag zugeordnet. Demgegenüber sind die Erzeugnisse im Post-OPP-Prozess einem konkreten Kundenauftrag zugeordnet; dieser Prozess arbeitet daher nach dem Pull-Prinzip, s. Abbildung 4-5. Hier bestimmen die Kundenaufträge das Produktionsprogramm. Es sei angemerkt, dass die in Abbildung 4-5 angegebenen Produktionsschritte jeweils in einem Produktionssegment ausgeführt werden.

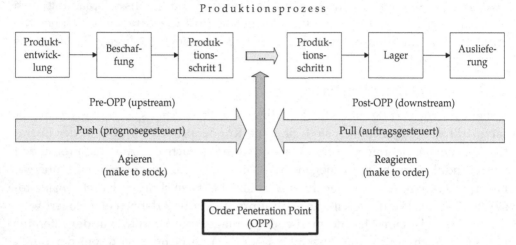

Abbildung 4-5:   Order Penetration Point (OPP) in der Wertschöpfungskette

4.2.3   Bestimmung eines Order Penetration Points

Wegen der hohen Bedeutung des Order Penetration Points wird seine Bestimmung genauer betrachtet. Die Erläuterung einzelner Aspekte wird durch die folgende einfache Tischproduktion unterstützt. Es handelt sich um ein mittelständisches Unternehmen, welches verschiedene Tischmodelle entwirft und produziert. Rohstoffe wie das Holz für die Tischplatten und Fremdbauteile wie Metallbeine oder Schubladen werden von externen Lieferanten zugekauft. Die hergestellten Tische werden in einem eigenen Geschäft sowohl an Privatkunden als auch an Geschäftskunden, die typischerweise mehrere Tische abnehmen, direkt verkauft. Weitere Großhändler sind nicht zwischengeschaltet.

Der Produktionsprozess zur Tischherstellung ist in Abbildung 4-6 dargestellt. Rohstoffe und Fremdbauteile werden von Fremdlieferanten beschafft. Im Produktionssegment „Sägerei" werden die Rohlinge für die Tischplatten entsprechend der gewünschten Größe und des Verwendungszwecks zugesägt. Danach wird die Oberfläche der Tischplatte veredelt. Dabei stehen Holzfurniere in verschiedenen Farben und Mustern zur Verfügung. Des Weiteren ist eine schlagfeste Kunststoffbeschichtung möglich, auch eine Versiegelung gegen erhöhte Hitzeeinwirkung ist möglich. Beim letzten Produktionsschritt ist zu beachten, dass die Tischplatte nach der Behandlung für einen Tag zwischengelagert werden muss, damit die verwendeten Beschichtungen aushärten können. Wenn die Tischplatten fertig für die Weiterverarbeitung sind, gelangen sie ins Produktionssegment „Bohrerei", in der Löcher für Tischbeine und für eventuelle Zusatzanbauten in die einzelnen Tischplatten gebohrt werden. Anschließend werden die Tischbeine montiert. Hierbei gibt es unterschiedliche Ausführungen, es gibt Holztischbeine und Beine aus Metall, auch gibt es für den Unterbau des Tisches eine normale oder eine extra stabile Ausführung, die jedoch spezielle Bohrungen der vorherigen Station benötigt. Im letzten Schritt werden noch Zusatzanbauten wie z.B. Ablagefächer, Schubladen oder PC-Abstellmöglichkeiten im Produktionssegment „Spezialfertigung" montiert.

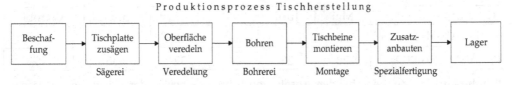

Abbildung 4-6: Produktionsprozess der Tischherstellung in der Fallstudie

Mit den in Abbildung 4-7 angegebenen Bearbeitungs-, Transport- und Liegezeiten für die Herstellung von einem Schreibtisch in Arbeitstagen werden Auswirkungen des OPP exemplarisch quantifiziert. Danach beträgt die Summe an Bearbeitungszeiten in den Produktionssegmenten 0,4 Arbeitstage, und die Summe an Transport- und Liegezeiten zwischen den Produktionssegmenten beträgt in Summe 1,1 Arbeitstage. Unter der Prämisse, dass alle Rohstoffe und Fremdbauteile vorrätig sind, hat ein Schreibtisch eine Netto-Bearbeitungszeit von 1,5 Arbeitstagen.

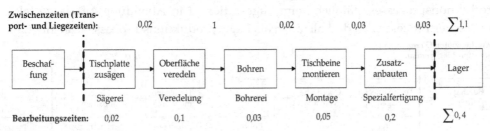

Abbildung 4-7: Zeiten in der Fallstudie zur Produktion von einem Schreibtisch in Arbeitstagen

Die Tischproduktion erfolgt durch eine Lagerproduktion. Kunden können sich in einem Ausstellungsraum einen Tisch aussuchen und in der gewünschten Anzahl kaufen. Individuelle Anpassungen sind standardmäßig nicht vorgesehen und nur mit erheblichem Aufwand realisierbar.

Der Bedarf der jeweiligen Schreibtischmodelle wird auf Monatsbasis mit der exponentiellen Glättung erster Ordnung, mit dem Glättungsparameter $\alpha = 0,3$, ermittelt. Die Prognose wird bei Bedarf zusätzlich um besondere Einflüsse, wie Werbekampagnen, Rabattaktionen etc. ergänzt. Die Prognose wird nur für aggregierte Produktfamilien durchgeführt, z.B. eine Prognose für Schreibtische, eine für Küchentische etc.. Unterschiedliche Ausführungen innerhalb einer Produktfamilie werden anhand des aktuellen Nachfrageverhaltens kurzfristig geplant.

Exemplarisch wurden für die Monate Mai bis September die in Tabelle 4-1 angegebenen Schreibtische verkauft. Mit dem Bedarf y_t in Periode t und der Prognose p_t in Periode t wird die Prognose in Periode t+1 durch $p_{t+1} = \alpha \cdot y_t + (1-\alpha) \cdot p_t$ berechnet und ist ebenfalls in Tabelle 4-1 angegeben; beispielsweise berechnet sich die Prognose für Oktober durch $p_{Okt.} = 0,3 \cdot 25 + 0,7 \cdot 35 = 32$.

t [Monat]	Mai	Juni	Juli	August	September	Oktober
y_t (Ist-Absatz)	30	33	46	42	25	
p_t (Absatzprognose)	20	23	26	32	35	32

Tabelle 4-1: Zeitreihe für den Absatz von Schreibtischen in der Fallstudie zur Tischproduktion und seine Prognose durch die exponentielle Glättung erster Ordnung

Folglich bietet es sich an, im September prognosegesteuert 32 Schreibtische zu produzieren, die die Kunden ab Oktober mit einer Lieferzeit von 0 Arbeitstagen kaufen können – ggf. fällt eine Lieferzeit für den Transport an. Dadurch ist der komplette Produktionsprozess vor einer Kundenbestellung abgeschlossen. Die tatsächliche Nachfrage der Kunden tritt erst dann ein, wenn sich alle 32 Schreibtische im Lager befinden. Deshalb liegt der OPP in der Abbildung ganz am Ende des Produktionsprozesses, nämlich beim Lager; dies ist in Abbildung 4-8 dargestellt. Ein solcher Prozess wird deshalb auch als Lagerproduktions-Prozess bezeichnet.

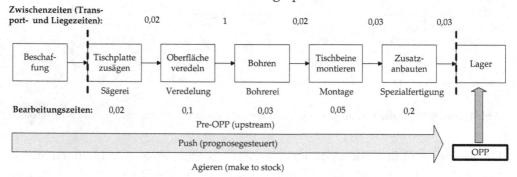

Abbildung 4-8: OPP bei einem Lagerproduktions-Prozess in der Fallstudie zur Schreibtischproduktion; Zeiten in Arbeitstagen

Prognosen bilden die tatsächlich eintretende Nachfrage in der Regel ungenau ab. Mit der Länge des Prognosehorizonts nimmt diese Ungenauigkeit zu. Deswegen hat eine Lagerproduktion die folgenden Risiken:

- Hohe Lagerbestände
  Um Lieferunfähigkeit zu vermeiden, dürfte das Produktionsprogramm in der Regel über der Nachfrage liegen, wodurch hohe Lagerbestände entstehen, die hohe Lagerhaltungskosten verursachen. Je weniger zeitnah ein Produkt abgesetzt wird, desto höher werden seine Lagerhaltungskosten sein. Dieser zeitliche Abstand zwischen Fertigstellung eines Produkts und seines Verkaufs dürf-

te mit zunehmender Schwankung der Nachfrage zunehmen. Eventuell kann es sich sogar zum Ladenhüter entwickeln, insbesondere dann, wenn beispielsweise ein langfristiger Trend nicht prognostiziert worden ist. Bei hochwertigen Tischen mit entsprechend langer Produktionszeit kann leicht eine zu hohe Kapitalbindung entstehen, die bei kleineren Herstellern zu Liquiditätsproblemen führen kann.

- Zu lange Reaktionszeit bei Großaufträgen
  Zum Zeitpunkt der Kundennachfrage steht nur der aktuelle Lagerbestand zur Verfügung. Eventuelle Großaufträge müssen im Kern komplett zusätzlich produziert werden und haben dadurch seine Netto-Bearbeitungszeit als Lieferzeit; diese Netto-Bearbeitungszeit ist bestimmt durch seine Anzahl, die Anzahl an simultan produzierbaren Schreibtischen und die Netto-Bearbeitungszeit für einen Schreibtisch. Diese Netto-Bearbeitungszeit könnte zu lange dauern.

- Geringe Flexibilität bei Kundenwünschen
  Da alle Varianten der Schreibtische bereits komplett montiert und gefertigt sind, können individuelle Kundenwünsche nur mit erheblichem (Umbau-) Aufwand realisiert werden. Es besteht keine Möglichkeit, früher in den Produktionsprozess einzugreifen, um dort bereits auf individuelle Anpassungen einzugehen.

Aufgrund dieser Schwierigkeiten entscheidet sich der Tischproduzent dazu, auf eine reine Kundenproduktion umzustellen. Dann soll der Kunde seinen Schreibtisch nicht mehr im Ausstellungsraum auswählen, sondern in einem Katalog; auch über das Internet. Zusätzlich zum Modell legt dieser vor Produktionsbeginn sämtliche individuellen Merkmale wie Farbe, Oberfläche, Tischbeine, Ablagefächer, Schubladen etc. fest. Dadurch werden kundenindividuell auch direkt die passenden Rohstoffe und Fremdbauteile vom Lieferanten bestellt. Dies reduziert das Eingangslager auf wenige Hilfs- und Betriebsstoffe. Deswegen hat jeder Kundenauftrag über einen Schreibtisch die Netto-Bearbeitungszeit von 1,5 Arbeitstagen als Lieferzeit und bei mehreren Schreibtischen ist sie bestimmt durch seine Anzahl, die Anzahl an simultan produzierbaren Schreibtischen und diese Netto-Bearbeitungszeit von 1,5 Arbeitstagen für einen Schreibtisch. Zum Zeitpunkt des Kundenauftragseingangs kann keine Produktionsleistung zu seiner Erfüllung verwendet werden. Deshalb liegt der OPP in der Abbildung ganz am Anfang des Produktionsprozesses, nämlich bei der Beschaffung; dies ist in Abbildung 4-9 dargestellt.

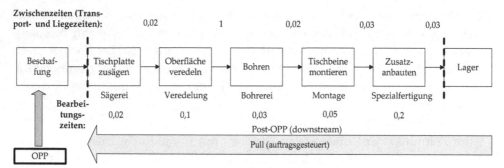

Abbildung 4-9:   OPP bei einem Kundenproduktions-Prozess in der Fallstudie zur Schreibtischproduktion; Zeiten in Arbeitstagen

Bei einem solchen Kundenproduktions-Prozess gehört somit jedes Produkt in der Produktion zu einem konkreten Kundenauftrag. Dadurch liegen geringe Lagerbestände vor; dies impliziert eine geringe Kapitalbindung. Großaufträge können leichter in die Produktion eingelastet werden, da die Kapazitäten nicht mit unsicheren, prognostizierten Aufträgen ausgelastet sind. Die Ansprüche der Kunden an individuelle Anpassungen können optimal berücksichtigt werden, da sie schon vor Produktionsbeginn bekannt sind. Dennoch hat diese Lösung die folgenden nicht unerheblichen Nachteile:

- Lange Lieferzeiten

  Da jeder Tisch kundenindividuell gefertigt wird, werden auch die Rohstoffe und Fremdbauteile erst nach Auftragseingang beschafft. Die tatsächliche Lieferzeit setzt sich also aus der eigenen Netto-Bearbeitungszeit und der Lieferzeit der Rohstoffe zusammen. Störungen in der Produktion führen unmittelbar zu einer Verlängerung der Netto-Bearbeitungszeit; sie können nicht durch Vorleistungen in Form von Beständen verringert oder ganz vermieden werden. In vielen Fällen dürften die Kunden solche langen, zum Teil sogar nicht vorhersehbaren Produktionszeiten nicht akzeptieren.

- Hohe Rüstkosten

  Die Reihenfolge der Produktion richtet sich bei diesem Prozess hauptsächlich nach der Reihenfolge der Auftragseingänge. Eine eigene Produktionsplanung, die gegebenenfalls eine optimale Losgröße anhand der Rüst- und Lagerkosten ermittelt, existiert nicht. Dies spielt vor allem eine Rolle, wenn der Betrieb nicht nur ein Tischmodell (Schreibtische), sondern mehrere Modelle produziert. Auch bei einzelnen Stationen mit hohem Rüstaufwand wäre es besser, gleichartige Aufträge wenn möglich zusammenhängend zu fertigen.

In vielen Fällen sind sowohl eine reine Lagerproduktion als auch eine reine Kundenproduktion ungünstig. Bessere Ergebnisse dürften sich durch eine Wahl des OPP in einem Produktionsprozess zwischen den beiden Extrempositionen erreichen lassen. Nach den Schwierigkeiten mit der reinen Kundenproduktion bietet es sich an, für ein Produkt die von den Kunden tolerierte Lieferzeit und die für die Produktion tatsächlich benötigte Durchlaufzeit zu betrachten. Ist diese tolerierte Lieferzeit mindestens so hoch wie die Durchlaufzeit, so darf eine reine Kunden-produktion verwendet werden. Ist sie kleiner, so sollte der OPP im Produktions-prozess so gewählt werden, dass die Durchlaufzeit des Post-OPP-Prozesses nicht länger als diese tolerierte Lieferzeit ist. Wie im Detail vorgegangen werden könnte, wird nun anhand der Fallstudie erläutert.

Die Durchlaufzeit bezeichnet die Zeit von der Freigabe des Produktionsauftrags in die Produktion (mit der Produktion darf begonnen werden) bis zur Fertigstellung (die Produktion ist beendet). Nach der Fertigstellung wird das Produkt je nach Produktionsprogrammstrategie direkt an den Kunden geliefert oder geht in das Fertigteillager. Zur Charakterisierung der Durchlaufzeit werden die mittlere Durchlaufzeit (E(L)) und die Streuung $(\sigma(L))$, als Maß für die Schwankungsbreite, verwendet. Mit den folgenden Parametern

l_i = (produktionssegmentspezifische) Durchlaufzeit von Auftrag i und

k = Anzahl der Aufträge der betrachteten Periode (über alle Produktionssegmente)

lauten diese Formeln $E(L) = \frac{1}{k} \cdot \sum_{i=1}^{k} l_i$ sowie $\sigma(L) = \sqrt{\frac{1}{k-1} \cdot \sum_{i=1}^{k} (l_i - E(L))^2}$.

Um die Rechnung in der Fallstudie einfach zu halten, werden beispielhaft nur die Zahlen von drei Aufträgen der Schreibtischproduktion betrachtet; sie sind in Ta-belle 4-2 dargestellt. Eine realistische Berechnung würde alle Schreibtischaufträge über einen längeren Planungszeitraum einbeziehen.

Produzierte Einheit „Schreibtisch" (für die Perioden Juli bis September)	...	n	m	p	...
Durchlaufzeit (l) [Arbeitstage]	...	9	12	10	...

Tabelle 4-2: Beispielwerte für Durchlaufzeiten und Bearbeitungszeiten in der Fallstu-die zur Tischproduktion

Damit ist die mittlere Durchlaufzeit $E(L) = \frac{9+12+10}{3}$ Arbeitstage = $10\frac{1}{3}$ Arbeits-

tage und die Varianz $\sigma^2(L) = \frac{1}{2}\left(\left(9-10\frac{1}{3}\right)^2 + \left(12-10\frac{1}{3}\right)^2 + \left(10-10\frac{1}{3}\right)^2\right) = 2\frac{1}{3}$ Ar-

beitstage sowie damit die Streuung $\sigma(L)$ = 1,53 Arbeitstage.

Für die Bewertung der Auswirkungen einer Streuung ist das Verhältnis zur mittle-ren Durchlaufzeit interessant. Dieses Verhältnis lässt sich durch den Quotienten

aus der Streuung und mittlerer Durchlaufzeit bestimmen, also $V(L) = \frac{\sigma(L)}{E(L)}$. Diese relative Streuung wird als Variationskoeffizient bezeichnet; s. hierzu auch [Herr09a]. In der Fallstudie beträgt der Variationskoeffizient gerade 0,15. Es sei angemerkt, dass in der Praxis Variationskoeffizienten von über 2 beobachtet werden. Ein hoher Variationskoeffizient für die Lieferzeit bedeutet eine hohe Schwankung in der Lieferzeit und erschwert dadurch die Bestimmung möglichst zuverlässiger Liefertermine für Kundenaufträge; also Liefertermine, die weder über- noch unterschritten werden. Nach [Jodl08] ist ein Variationskoeffizient von unter 0,5 günstig.

Als nächstes wird die tolerierte Reaktionszeit der Kunden (lt) betrachtet. Seine Höhe lässt sich durch eine Befragung und eine Marktforschung ermitteln. Die tolerierten Lieferzeiten sind marktsegmentspezifisch und können sich deutlich unterscheiden. Die in Tabelle 4-3 angeführten Beispiele mögen dies demonstrieren.

Beispiel	Tolerierte Lieferzeiten
Supermarkt	0 Tage. Wenn die Ware nicht vorhanden ist, greift der Kunde zum Konkurrenzprodukt.
Buch	0-1 Tag(e). Buchhändler können diese Erwartung durch optimierte Logistik (Beschaffung vom Grossisten) in der Regel erfüllen. Internetbuchhandlungen müssen sich dieser Lieferzeit stellen.
Computer	0-14 Tage. Je nach Ausstattungsanspruch und individuellen Wünschen werden längere Reaktionszeiten in Kauf genommen.
Auto	10 - x Tage, hängt vom bestellten Automobil ab. Ungerechtfertigt lange Reaktionszeiten können bewusst vom Hersteller inszeniert werden, um ein Auto als Luxusgut zu etablieren.

Tabelle 4-3:   Beispiele für tolerierte Lieferzeiten

In der Fallstudie sind die Geschäftskunden in der Regel bereit, 8 Arbeitstage auf eine Lieferung von mehreren Schreibtischen zu warten.

Um, für ein Produkt, die tolerierte Reaktionszeit der Kunden mit seiner Durchlaufzeit in Bezug zu setzen, wird der Quotient $\rho = \dfrac{E(L) + \kappa}{lt}$ betrachtet, bei dem neben der mittleren Durchlaufzeit auch seine Streuung berücksichtigt wird, so dass für κ beispielsweise der Wert $\sigma(L)$ oder $2 \cdot \sigma(L)$ gesetzt werden könnte. Ist der Variationskoeffizient klein, so kann auf die Berücksichtigung der Schwankungen in der Durchlaufzeit verzichtet werden; dann wird κ gleich Null gesetzt. Daher ist in der Fallstudie $\rho = \dfrac{E(L) + \sigma(L)}{lt} = \dfrac{10,34 + 1,53}{8} = 1,48$ für $\kappa = \sigma(L)$ bzw. für $\kappa = 0$ ist $\rho = \dfrac{E(L)}{lt} = \dfrac{10,34}{8} = 1,29$.

Ist ρ kleiner als eins, so ist eine Kundenproduktion möglich. In der Fallstudie ist folglich eine ausschließliche Kundenproduktion nicht möglich. Problematisch bei einer Lagerproduktion als ihre Alternative sind Schwankungen in den Nachfragemengen; die, wie oben begründet wurde, zu hohen Lagerbeständen führen. Auch hier dient der Variationskoeffizient als Quotient aus der Streuung der Nachfrage und der mittleren Nachfrage als Maß für die Schwankungsbreite; er lautet also:

$$V(D) = \frac{\sigma(D)}{E(D)} \text{ mit } E(D) = \frac{\sum_{i=1}^{n} d_i}{n} \text{ und } \sigma(D) = \sqrt{\frac{\sum_{i=1}^{n}(d_i - E(D))^2}{n-1}} \text{. In der Fallstudie hat}$$

die Nachfrage den in Tabelle 4-4 (Tabelle 4-1) angegebenen Verlauf, und sein Mittelwert beträgt $E(D) = 35,2$ Schreibtische und seine Streuung ist $\sigma(D) = 8,64$ Schreibtische. Damit lautet der Variationskoeffizient $V(D) = 0,25$. Obwohl dieser Variationskoeffizient nicht hoch ist, enthält er doch eine deutliche Planungsunsicherheit, was eine Kundenproduktion favorisiert. Eine Berücksichtigung beider Empfehlungen ist durch eine Montageproduktion möglich, indem mit seinem Pre-OPP-Prozess einer Planungsunsicherheit begegnet wird und mit seinem Post-OPP-Prozess eine tolerierte Lieferzeit sichergestellt wird.

t [Monat]	Mai	Juni	Juli	August	September	Oktober
y_t (Ist-Absatz)	30	33	46	42	25	

Tabelle 4-4: Zeitreihe für den Absatz von Schreibtischen in der Fallstudie zur Tischproduktion

Diese Überlegungen erklären die folgende Entscheidungsmatrix, die in Abbildung 4-10 visualisiert ist:

- Bei $\rho \leq 1$ und einer hohen Streuung der Bedarfe sollte eine Kundenproduktion realisiert werden.
- Bei $\rho \leq 1$ und einer geringen Streuung sind sowohl eine Kundenproduktion als auch eine Lagerproduktion möglich; eine Auswahl sollte durch andere Kriterien wie Rüstaufwände, zugunsten einer Lagerproduktion, oder kleine Produktionsmengen, zugunsten einer Kundenproduktion, erfolgen.
- Bei $\rho > 1$ und einer geringen Streuung der Bedarfe sollte eine Lagerproduktion realisiert werden.
- Bei $\rho > 1$ und einer hohen Streuung der Bedarfe sollte mit einer Kundenproduktion der Planungsunsicherheit begegnet werden und mit einer Lagerproduktion eine tolerierte Lieferzeit sichergestellt werden. Deswegen sollte eine Montageproduktion realisiert werden.

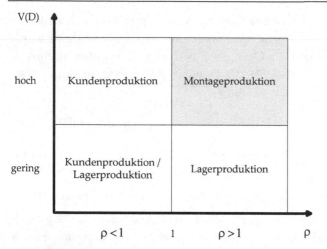

Abbildung 4-10: Zuordnung der Beziehungen des Produktionsprogramms zum Absatz-markt

Die Konzeption einer Montageproduktion für den Fall einer hohen Streuung der Bedarfe und einem $\rho > 1$ wird nun genauer betrachtet. Um eine tolerierte Liefer-zeit zu realisieren, muss die Durchlaufzeit im Post-OPP-Prozess dann dem Krite-rium $\rho \leq 1$ genügen. Für die Lagerproduktion im Pre-OPP-Prozess sollte eine hohe Planungssicherheit vorliegen. Häufig hat die Summe von selbst stark schwankenden Bedarfen zu verschiedenen Produkten lediglich eine geringe Schwankung. Dann haben auch die Bedarfe nach Komponenten, die in allen End-produkten benötigt werden, jeweils nur geringe Schwankungen. Solche so genann-ten generischen Komponenten haben eine hohe Planungssicherheit und sollten (prognosegesteuert) im Pre-OPP-Prozess hergestellt werden. Die Fertigstellung der Produkte, durch eine Montage, erfolgt bei Bedarf (auftragsgesteuert) im Post-OPP-Prozess. Diese Aufspaltung ist in Abbildung 4-11 dargestellt. Bei den Endproduk-ten handelt es sich somit um so genannte Varianten. Nach diesen Überlegungen sollte die Variantenbildung nicht im Pre-OPP-Prozess erfolgen. Der Ort der Va-riantenbildung muss nicht mit dem OPP zusammenfallen, er kann auch im Post-OPP-Prozess liegen.

Für die Konkretisierung des OPP in der Fallstudie wird von mittleren Bearbei-tungs-, Transport-, Warte- und Liegezeiten von Aufträgen über, in der Regel, meh-rere Schreibtische ausgegangen, die durch eine REFA-Analyse, s. z.B. [REFA02], erhoben werden können. Sie sind in Abbildung 4-12 angegeben. In diesem Beispiel haben die durch beschränkte Produktionskapazitäten verursachten Wartezeiten eine signifikante Auswirkung, wodurch eine mittlere Durchlaufzeit von 10 Ar-beitstagen vorliegt.

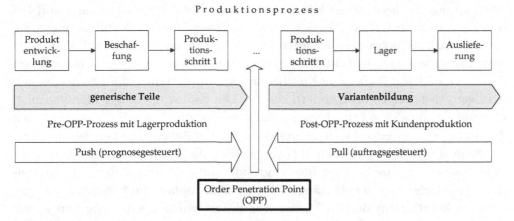

Abbildung 4-11: Aufteilung des Produktionsprozesses bei einer Montageproduktion

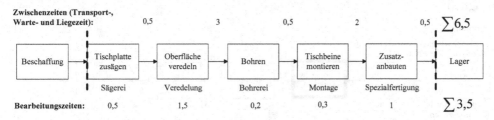

Abbildung 4-12: Mittlere Zeiten in der Fallstudie zur Produktion von mehreren Schreibtischen in Arbeitstagen

Aufgrund der tolerierten Lieferzeit von 8 Arbeitstagen darf der OPP nicht vor dem Arbeitsschritt „Oberfläche veredeln" liegen, da anderenfalls die mittlere Durchlaufzeit mit wenigstens 9 Arbeitstagen zu hoch ist. Liegt der OPP vor dem Arbeitsschritt „Bohren", so beträgt seine mittlere Durchlaufzeit nur 4,5 Arbeitstage, so dass selbst bei einer hohen Abweichung einer konkreten Durchlaufzeit von der mittleren Durchlaufzeit die tolerierte Lieferzeit eingehalten werden dürfte. Dies ist in Abbildung 4-13 dargestellt.

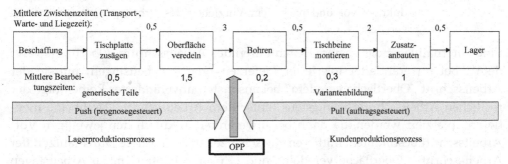

Abbildung 4-13: OPP bei einer Montageproduktion in der Fallstudie zur Schreibtischproduktion

Bezogen auf die generischen Komponenten liegt die folgende Situation vor. Bei den Zusatzanbauten handelt es sich um kundenindividuelle Produktvarianten, die unterschiedliche Bohrungen erfordern. Beide liegen im Kundenproduktionsprozess. Die Veredelung der Schreibtischplatten durch Holzfurniere in verschiedenen Farben wie Ahorn, Buche oder Kirschbaum unterliegt Trends, die sich in unregelmäßigen Abständen schnell ändern können. Die dadurch bedingte Planungsunsicherheit im Hinblick auf eine Lagerproduktion kann durch eine Erhöhung der vom Absatzmarkt tolerierten Lieferzeit auf wenigstens 9 Arbeitstage behoben werden, da dann der OPP vor dem Arbeitsschritt „Oberfläche veredeln" gelegt werden kann. Diesem Ansatz liegt die Idee zugrunde, dass ein Kunde für „sein" individuell gefertigtes Produkt eine längere Lieferzeit akzeptiert. Im Rahmen der so genannten kundenindividuellen Massenproduktion wurde dieses Vorgehen in der industriellen Praxis erfolgreich angewendet. In der Fallstudie ist dies jedoch nicht möglich.

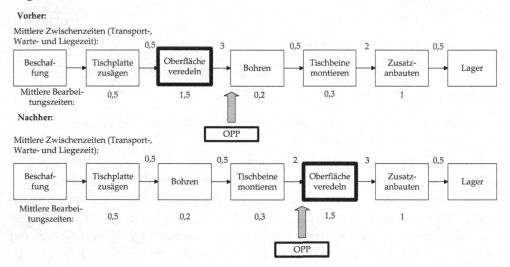

Abbildung 4-14: OPP bei einer Montageproduktion in der Fallstudie zur Schreibtischproduktion: vor und nach dem Vorziehen des Arbeitsschritts „Oberfläche veredeln"

Eine Alternative ist das spätere Durchführen des Arbeitsschritts „Oberfläche veredeln". Bei unveränderter tolerierter Lieferzeit (von 8 Arbeitstagen) müsste der Arbeitsschritt „Oberfläche veredeln" bei ansonsten unveränderter Reihenfolge der restlichen Arbeitsschritte wenigstens hinter dem Arbeitsschritt „Tischbeine montieren" platziert werden, da dann bei unveränderten, durch den jeweiligen Vor-Arbeitsschritt bestimmten, mittleren Zwischenzeiten die mittlere Durchlaufzeit der Arbeitsschritte „Oberfläche veredeln" und „Zusatzanbauten" mit 6 Arbeitstagen unter der geforderten tolerierten Lieferzeit von 8 Arbeitstagen liegt; dies ist graphisch in Abbildung 4-14 dargestellt. Allerdings geht dies zu Lasten der Bohrungen für die kundenindividuellen Zusatzanbauten. Da Bohrungen in der Regel nicht so aufwendig sind, könnten die für Zusatzanbauten spezifischen Bohrungen im gleichnamigen Arbeitsschritt erfolgen oder alle Schreibtische erhalten alle Bohrungen, die teilweise im Arbeitsschritt „Zusatzanbauten" nicht genutzt werden; im letzten Fall könnte ein Schreibtisch nachgerüstet werden. Bei diesem Ansatz erfolgt eine Standardisierung von Komponenten, so dass sie in mehreren Produkten verbaut werden können. Generell ist dies vorteilhaft, sofern der konstruktive und fertigungstechnische Aufwand dafür gering ist. Ein Beispiel sind Netzteile von elektronischen Produkten, die sowohl in 110 V als auch in 220 V Stromnetzen funktionieren.

Die angesprochenen Maßnahmen zeigen einen starken Einfluss von (taktischen und strategischen) Entscheidungen im Produkt- und Prozessdesign auf die Variantenbildung. Es sei angemerkt, dass hierzu noch mehr Ansätze als die angesprochenen existieren und noch weitere Verbesserungsziele bzw. Kostentreiber berücksichtigt werden; seitens der Literatur werden solche Fragestellungen typischerweise im Supply Chain Management wie in [Alic05], [SLKS03] und [Thone05] diskutiert. Deswegen ist in vielen Einführungs- und Verbesserungsprojekten von ERP- und PPS-Systemen davon auszugehen, dass die Produktvarianten feststehen und auf dieser Basis der OPP zu einem verkaufsfähigen Produkt einzustellen ist. Unter diesen Prämissen können die Einstellmöglichkeiten von einem OPP wie folgt ermittelt werden. Die erlaubte Durchlaufzeit für einen Kundenproduktionsprozess zu einem Produkt ist durch seine tolerierte Lieferzeit auf dem Absatzmarkt beschränkt. Dadurch ist ein Produktionssegment n bestimmt, an dem frühestens mit einem Kundenproduktionsprozess begonnen werden darf, der noch wirtschaftlich betrieben werden kann. Da ein Lagerproduktionsprozess prognosegesteuert erfolgt, sollte er auf die Produktionssegmente (bzw. Produktionsschritte) beschränkt sein, deren Endprodukte einen gut prognostizierbaren Bedarf haben, da dadurch eine hohe Planungssicherheit gegeben ist. Dadurch ist ein Produktionssegment m bestimmt, bis zu dem ein Lagerproduktionsprozess beendet sein muss, der noch wirtschaftlich betrieben werden kann. In vielen Fällen dürfte das Produktionssegment n vor dem Produktionssegment m liegen, so dass diese beiden Größen den Rahmen festlegen, in dem sich der OPP zu einem Produkt bewegen darf. Anderenfalls ist zu überlegen, ob durch eine Veränderung der Variantenbildung eine solche Situation hergestellt werden kann und sollte.

Zusammengefasst wird die Position eines OPP beeinflusst durch markt-, produkt- und produktionsprozessbezogene Einflussfaktoren. Er wirkt auf zentrale produktionslogistische Kennzahlen wie Lieferservice und Bestände. Es handelt sich somit um eine Aufgabe im taktischen, gegebenenfalls sogar im strategischen, Produktmanagement. Sie ist deswegen bezogen auf den Schwerpunkt des Buches, nämlich der operativen Planung, von geringerer Bedeutung und wird folglich nicht weiter vertieft. Wegen den in der operativen Planung erfahrungsgemäß signifikanten Schwankungen in den tatsächlichen Durchlaufzeiten, deren unvermeidliche Entstehung in den folgenden beiden Abschnitten näher begründet werden wird, ist es plausibel, einen Kundenproduktionsprozess mit einer eher geringen Durchlaufzeit zu bevorzugen.

Für die Ermittlung des OPP zu einem Produkt wurde die bisher in der Produktionsprogrammplanung zugrundegelegte aggregierte Ressource für Produkttypen in Produktionssegmente zerlegt. Aus dem bisherigen Produktionsprogramm werden nun die Produktionsprogramme für die einzelnen Produktionssegmente im Lagerproduktionsprozess erstellt. In kommerziell verfügbaren ERP- und PPS-Systemen wird dazu im Kern eine Disaggregation durchgeführt, die manuell, durch einen Benutzer, oder auch automatisch, durch das System, erfolgen kann. Sie disaggregiert zunächst die Produktionsmengen für gröbere Perioden wie typischerweise Wochen oder Monate in solche für diejenigen Perioden, die in der nachfolgenden Bedarfsplanung geplant werden, wobei es sich typischerweise um Tage handelt. Anschließend disaggregiert sie diese verfeinerten Produktionsmengen auf die einzelnen Produktionssegmente und nimmt auch eine zeitliche Zuordnung (zwischen einer Produktionsmenge und einem Produktionssegment) vor, für die die zu erwartende Durchlaufzeit durch die einzelnen Produktionssegmente berücksichtigt werden. Diese Disaggregation kann auch das Herunterbrechen eines konkreten Produkttyps in Produkte enthalten. Die einzelnen Produktionsprogramme für die Produktionssegmente werden als Planprimärbedarfe bezeichnet; es sei betont, dass es sich bei einem Planprimärbedarf zu einem Produktionssegment um einen Planprimärbedarf für das Produkt handelt, welches durch dieses Produktionssegment hergestellt wird. Für die Produktionssegmente im Kundenproduktionsprozess werden aus konkreten Kundenaufträgen entsprechend terminierte Bedarfsmengen erstellt, die als Kundenprimärbedarfe bezeichnet werden. Diese Planprimärbedarfe und Kundenprimärbedarfe je Produktionssegment sind die Vorgaben für die nachgelagerte Bedarfsplanung.

Die Planung von Produktionssegmenten als Stufen von Produktionsprozessen, wie sie beispielsweise in Abbildung 4-11 dargestellt sind, ist auch durch ein Optimierungsmodell möglich. Dazu ist das Optimierungsmodell zur aggregierten Produktionsplanung geeignet zu verfeinern. Statt Produkttypen zu einer aggregierten Ressource zu planen, werden eben mehrere Produktionssegmente geplant. Dabei sind Abstimmungen zwischen den einzelnen Stufen eines Produktionsprozesses erforderlich. Die einzelnen Produktionsschritte können teilweise auch durch alternative Produktionssegmente bearbeitet werden; es sei betont, dass es sich dabei nicht nur um ersetzende Produktionssegmente handeln muss, sondern sogar statt einer konventionellen Werkstattfertigung ein flexibles Fertigungssystem, oder umgekehrt, verwendet werden kann. Entscheidend dabei ist zu berücksichtigen, dass die Produktion eines Produkts auf mehreren Produktionssegmenten freie Kapazität erfordert. So sind im linearen Optimierungsmodell solche Kapazitätsbelastungen über die einzelnen Erzeugnisstufen und Arbeitsvorgänge zu verdichten und den Produktionssegmenten sowie den Endprodukten, für die eine Nachfrage existiert, zuzuordnen. Dabei ist die zeitliche Verteilung der Kapazitätsbelastung zu erfassen; es sei erwähnt, dass in kommerziellen ERP- und PPS-Systemen eine solche zeitliche Verteilung der Kapazitätsbelastung durch die zu erwartende Durchlaufzeit im Rahmen der Disaggregation berücksichtigt wird. In der Literatur werden solche Modelle unter der Bezeichnung Hauptproduktionsprogrammplanung, s. hierzu beispielsweise [GüTe09], und in der englischsprachigen Literatur unter der Bezeichnung „rough cut capacity check", s. hierzu beispielsweise [WETW96], oder unter der Bezeichnung „rough cut capacity planning", s. hierzu beispielsweise [VoBW97], diskutiert.

In kommerziell verfügbaren ERP- und PPS-Systemen ist ein OPP unterschiedlich realisiert. Im SAP®-System erfolgt dies über so genannte Planungsstrategien. Im Kern wird für jedes durch ein Produktionssegment hergestellte Produkt eine geeignete Planungsstrategie, im Materialstamm, eingestellt. Neben Planungsstrategien für die Lager- und Kundenproduktion existieren viele, mit denen eine Montageproduktion realisiert wird. Ein Beispiel ist die Planungsstrategie „Vorplanung ohne Endmontage". Durch sie wird die Produktion bis zur Produktionsstufe vor der Endmontage durchgeführt, wodurch die zur Produktion des Enderzeugnisses E notwendigen Baugruppen und Komponenten hergestellt werden und bis zum Eintreffen eines Kundenauftrags für E in ein Lager gelegt werden. Die Produktion einer Baugruppe erfolgt, wie bisher, durch ein Produktionssegment. Da für eine Baugruppe, die für die Endmontage benötigt wird, ebenfalls diese Planungsstrategie eingestellt werden kann, lässt sich so ein OPP für E vor irgendeinem Produktionssegment im Produktionsprozess zur Herstellung von E legen und dadurch eine Montageproduktion im Sinne von Abbildung 4-11 realisieren.

4.2.4 Verrechnung

4.2.4.1 Aufgabe

Bei der Steuerung eines Montageproduktionsprozesses treffen Kundenaufträge ein. Zur Bearbeitung eines Kundenauftrags werden in der Regel n Produktionssegmente im Sinne von Abbildung 4-11 benötigt. Nun kann für jedes dieser benötigten Produktionssegmente ein Kundenprimärbedarf erzeugt werden, mit denen dieser Kundenauftrag produziert wird. Erfolgt die Produktion in einem dieser Produktionssegmente PS durch eine Lagerproduktion, so müsste der Kundenprimärbedarf für PS durch den Lagerbestand gedeckt werden können, der durch die Planprimärbedarfe für PS produziert werden wird. Dann existiert ein Planprimärbedarf für PS, mit dem dieser Kundenprimärbedarf für PS gedeckt wird. Im Idealfall stimmen diese beiden Primärbedarfe sowohl zeitlich als auch mengenmäßig überein. Nach den Überlegungen im Abschnitt „hierarchische Produktionsplanung" dürfte dies aus Kapazitätsgründen nicht immer möglich sein und mit einer Vorratsproduktion (aufgrund dieser zeitlichen Differenz zwischen einem Kundenprimärbedarf und dem dazugehörenden Planprimärbedarf) werden eben Kapazitätsengpässe behoben. Auch muss nicht zwangsläufig der Idealfall aus Rüst- und Lagerkostengründen sinnvoll sein. Dann existiert eine geplante Abweichung. Ist die vorliegende höher, so handelt es sich um einen Fehler in der Produktionsprogrammplanung. Der Einfachheit halber wird zunächst der Idealfall angenommen. Einige der möglichen Fehler lassen sich durch einfache Maßnahmen beheben. Gut beheben lässt sich der Fall, bei dem, zu einem Produkt P, die Kundenprimärbedarfe, zu P, gegenüber den Planprimärbedarfen, zu P, aufgrund eines Prognosefehlers zeitlich um eine konstante Anzahl (n) an Perioden in die Zukunft versetzt sind. Graphisch ist dieser Fall in Abbildung 4-15 dargestellt. Er bewirkt, dass Mengeneinheiten von P zu früh produziert werden, wodurch Lagerbestände nämlich über n Perioden, sofern die geplanten Produktionstermine eingehalten werden, anfallen. Durch eine Verrechnung eines Kundenprimärbedarfs KB mit dem um n Perioden zeitlich vorher liegenden Planprimärbedarf PB lässt sich diese zu frühe Produktion vermeiden; dies wird als Rückwärtsverrechnung bezeichnet. Hierzu wird KB in das Produktionsprogramm aufgenommen und der Planprimärbedarf PB gelöscht. Erfolgt dies für alle Kundenprimärbedarfe, so sind die beiden Kurven wieder deckungsgleich und es werden keine Lagerbestände produziert; dadurch wird die Kurve für die Planprimärbedarfe um n Perioden in die Zukunft (nach rechts) verschoben. Genauso kann vorgegangen werden, wenn die Kundenprimärbedarfe gegenüber den Planprimärbedarfen aufgrund eines zeitlichen Prognosefehlers um eine konstante Anzahl (n) an Perioden in die Vergangenheit versetzt sind. Dadurch werden Mengeneinheiten von P zu spät produziert und es treten Fehlmengen auf. In diesem Fall ist ein Kundenprimärbedarf mit dem um n Perioden zeitlich nachher liegenden Planprimärbedarf zu verrechnen; dies wird als Vorwärtsverrechnung bezeichnet. Auch in diesem Fall wird KB in das Produktionsprogramm aufgenommen und der Planprimärbedarf PB wird gelöscht.

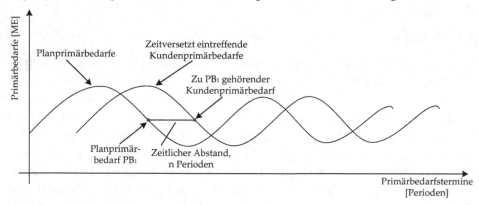

Abbildung 4-15: Zeitliche Verschiebung zwischen Planprimärbedarfen und Kundenprimärbedarfen – ME bedeutet Mengeneinheiten

4.2.4.2 Verfahren

In einem konkreten Unternehmensprozess sind diese zeitlichen Abweichungen nicht konstant, sondern spezifisch für jedes Paar aus einem Kundenprimärbedarf und dem dazugehörenden Planprimärbedarf. Außerdem können noch mengenmäßige Abweichungen auftreten, auf die weiter unten noch näher eingegangen werden wird. Für die operationelle Durchführung einer solchen Verrechnung in einem kommerziell verfügbaren ERP- und PPS-System wird angenommen, dass keine Information über einen zeitlichen Abstand zwischen einem Paar aus einem Kundenprimärbedarf und dem dazugehörenden Planprimärbedarf aufgrund der Produktionsprogrammplanung vorliegt. Beispielsweise erfolgt die operationelle Durchführung einer solchen Verrechnung im SAP®-System durch das folgende Verfahren. Es verwendet die Parameter Verrechnungsmodus und Verrechnungshorizont. Der Verrechnungsmodus bestimmt, ob die Verrechnung auf der Zeitachse vorwärts oder rückwärts erfolgen soll (einseitige Verrechnung), beide Möglichkeiten zugelassen sind (beidseitige Verrechnung) oder die Verrechnung ganz entfällt. Der Verrechnungshorizont legt fest, mit welcher zeitlichen Toleranz eintreffende Kundenprimärbedarfe vorhandene Planprimärbedarfe ablösen dürfen. Die Verfahrensschritte lauten nun im Einzelnen:

1. Ein Kundenprimärbedarf KB zu einem Produkt P wird ins Produktionsprogramm aufgenommen (und führt zu einem Bedarf im Produktionsprogramm).

2. Nach dem im Verrechnungsmodus genannten Vorgehen wird innerhalb des Verrechnungshorizonts der Planprimärbedarf PB zu P gesucht, der den geringsten zeitlichen Abstand zum Kundenprimärbedarf KB (in Verrechnungsrichtung) besitzt. PB wird um den Bedarf von KB reduziert. Für einen etwaigen Restbedarf wird dieser Schritt 2 wiederholt. Diese Wiederholung wird solange fortgesetzt, bis KB vollständig verrechnet ist oder bis kein PB zu P innerhalb des Verrechnungshorizonts, der nach dem Verrechnungsmodus berücksichtigt werden darf, mehr existiert. (Planprimärbedarfe, die außerhalb des Verrechnungshorizonts liegen, werden also nicht verrechnet.)

In der aktuellen Periode wird zwangsläufig immer verrechnet. Dies erfolgt bei einem Verrechnungshorizont von Null oder bei keinem angegebenen Horizont – wenn also die Verrechnung ganz entfällt. Ist n der Verrechnungshorizont und t die aktuelle Periode, so wird bei einer Rückwärtsverrechnung von der Periode $t - n$ bis zur Periode t, jeweils einschließlich, verrechnet. Entsprechend ergeben sich die zu berücksichtigenden Perioden bei einer Vorwärtsverrechnung oder bei beidseitiger Verrechnung.

Im Folgenden wird die Arbeitsweise von diesem Algorithmus zur Verrechnung anhand eines Beispiels demonstriert. Die Planprimärbedarfe aus dem Produktionsprogramm sind in Tabelle 4-5 aufgeführt. Sie enthält auch die Kundenprimärbedarfe, die in der Reihenfolge ihrer Periodennummern eintreffen. Planprimärbedarfe und Kundenprimärbedarfe sind in Abbildung 4-16 visualisiert.

Periode	1	2	3	4	5	6	7	8	9	10
Planprimärbedarf PB	50	50	50	50	50	50	50	50	50	50
Kundenprimärbedarf KB			70	90		130	70	20	60	

Tabelle 4-5: Beispiel für Plan-und Kundenprimärbedarfe für ein Produkt

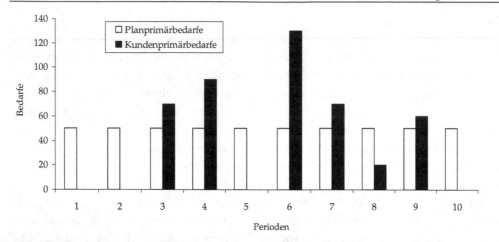

Abbildung 4-16: Beispiel für Plan-und Kundenprimärbedarfe für ein Produkt

Es erfolgt eine Rückwärtsterminierung mit einem Verrechnungshorizont von 6 Perioden. Nach der Reihenfolge der eintreffenden Kundenprimärbedarfe ist in Periode 3 ein Kundenprimärbedarf von 70 Einheiten zu verrechnen. Die Verrechnung beginnt in der dem Kundenprimärbedarf zugeordneten Periode, also Periode 3. Der Planprimärbedarf in dieser Periode beträgt 50 Einheiten und reicht also nicht, um den gesamten Kundenprimärbedarf in dieser Periode zu befriedigen. Da die Verrechnungsrichtung rückwärts gewählt ist, wird die Verrechnung nun an der aktuellen Periode – 1 fortgesetzt. Der Planprimärbedarf der Periode 2 beträgt wiederum 50 Einheiten und reicht damit aus, den restlichen Kundenprimärbedarf von Periode 3 zu decken. Es bleibt ein Planprimärbedarf von 30 Einheiten in Periode 2 übrig. In Periode 4 beträgt der Kundenprimärbedarf 90. Davon werden 50 Einheiten in der Periode 4 verrechnet, wodurch 40 Einheiten übrigblieben. Periode 3 hat aufgrund der vorhergehenden Verrechnung keinen Planprimärbedarf. Mit den noch vorhandenen 30 Einheiten in Periode 2 und 10 Einheiten in Periode 1 werden die noch zu verrechnenden 40 Einheiten verrechnet. Dadurch bleibt ein Planprimärbedarf von 40 Einheiten in Periode 1 übrig. Der Kundenprimärbedarf von 130 Einheiten in Periode 6 wird mit den 50 Einheiten aus Periode 6, den 50 Einheiten aus Periode 5 und den 40 Einheiten in Periode 1 verrechnet, so dass ein Planprimärbedarf von 10 Einheiten in Periode 1 übrigbleibt. Der Kundenbedarf von 70 Einheiten in Periode 7 wird zunächst mit den 50 Einheiten aus Periode 7 verrechnet. 10 der 20 dadurch noch nicht verrechneten Einheiten werden mit dem verbliebenen Planprimärbedarf in Periode 1 verrechnet. Der noch zu verrechnende Kundenprimärbedarf von 10 Einheiten in Periode 7 verbleibt zusätzlich im Produktionsprogramm, und zwar in der Periode 7, in der dieser benötigt wird. Der Kundenbedarf von 20 Einheiten in Periode 8 wird durch den Planprimärbedarf in dieser Periode verrechnet, wodurch ein Planprimärbedarf von 30 Einheiten in Periode 8 übrigbleibt. Der Kundenbedarf von 60 Einheiten in Periode 9 wird durch den Planprimärbedarf in dieser Periode und durch 10 Einheiten von dem Planprimärbedarf in Periode 8 verrechnet, wodurch ein Planprimärbedarf von 20 Einheiten in Periode 8 übrigbleibt. Wegen der Rückwärtsterminierung werden die 50 Einheiten in Periode 10 nicht verrechnet. Insgesamt ergeben sich die in Abbildung 4-17 angegebenen Kundenprimärbedarfe und noch vorhandenen Planprimärbedarfe.

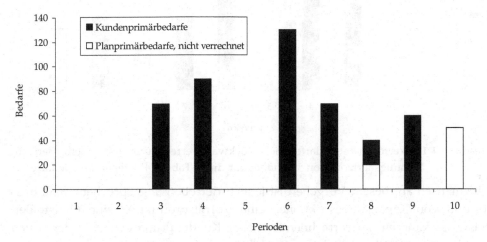

Abbildung 4-17: Verrechnete Bedarfe nach Rückwärtsverrechnung mit einem Verrechnungshorizont von 6 Perioden für die in Tabelle 4-5 genannten Bedarfe

Eine Reduktion des Verrechnungshorizonts auf 5 Perioden bewirken die in Abbildung 4-18 angegebenen Kundenprimärbedarfe und noch vorhandenen Planprimärbedarfe.

Mit diesem Verfahren wird (bei ausschließlichen zeitlichen Verschiebungen von Kundenprimärbedarfen gegenüber Planprimärbedarfen) jeder eintreffende Kundenprimärbedarf mit Planprimärbedarfen verrechnet, sofern in beide Richtungen verrechnet wird und der Verrechnungshorizont unbeschränkt ist. Dies schließt auch den Fall ein, dass die einzelnen Paare aus einem Kundenprimärbedarf und dem dazugehörenden Planprimärbedarf unterschiedliche zeitliche Abstände haben. Eine solche vollständige Verrechnung verhindert, dass ein Planprimärbedarf nicht verrechnet wird und zu einer Produktion von Produkten führt, zu denen kein Kundenauftrag existieren wird; eine Nicht-Verrechnung trifft auf die Verrechnung, die zur Abbildung 4-18 führte, zu, sofern kein Kundenprimärbedarf für die Perioden 1 oder 2 mehr auftritt.

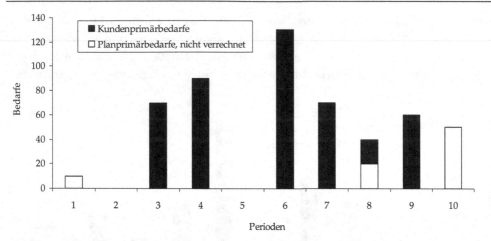

Abbildung 4-18: Verrechnete Bedarfe nach Rückwärtsverrechnung mit einem Verrechnungshorizont von 5 Perioden für die in Tabelle 4-5 genannten Bedarfe

Problematisch an diesem Vorgehen ist jedoch der oben angesprochene Fall, dass
aufgrund von Kapazitätsrestriktionen eine Vorratsproduktion sinnvoll ist. Beispielsweise kann ein zu verrechnender hoher Kundenprimärbedarf in der nahen
Zukunft auftreten. Aufgrund des Produktionsprogramms wird er durch einen
Planprimärbedarf PB in der Vergangenheit gedeckt; dies bedeutet, dass PB bereits
produziert werden sollte und die Deckung durch den Lagerbestand erfolgen sollte.

 Dieser ist aber bereits fälschlicherweise durch einen anderen Kundenprimärbedarf
(oder durch mehrere andere Kundenprimärbedarfe) verrechnet worden, so dass in
früheren Perioden weniger produziert wird, als unter Kapazitätsgesichtspunkten
möglich ist. Nun könnte es sein, dass dieser Kundenprimärbedarf nur durch weit
in der Zukunft liegende Planprimärbedarfe verrechnet werden kann. Durch den
obigen Algorithmus würde dieser Kundenprimärbedarf ins Produktionsprogramm
aufgenommen werden und dürfte zu einem Kapazitätsbedarf führen, der aktuell
nicht gedeckt werden kann. Dann wäre es besser gewesen, eine in dem Produktionsprogramm vorgesehene Vorratsproduktion nicht nach dem obigen Algorithmus zu verrechnen und damit abzubauen, sondern den Planprimärbedarf beizu-
behalten. Dies dürfte zu einer besseren Termineinhaltung und einem höheren
Durchsatz führen.

Da die Verrechnung (im SAP®-System) keine Information über eine solche gewünschte oder benötigte Vorratsproduktion enthält, bietet es sich an, den Verrechnungshorizont zu limitieren. Es ist plausibel, dass die Verrechnungshorizonte umso länger sein sollen, je größer die zeitlichen Prognosefehler sind. Dies wird durch
empirische Untersuchungen, auf die weiter unten noch genauer eingegangen werden wird, bestätigt werden.

Durch die Limitierung der Verrechnungshorizonte entstehen nicht verrechnete
Planprimärbedarfe. Sie bewirken Lagerbestände, mit denen zeitlich später sehr
hohe Nachfragen termingerecht befriedigt werden können. Dabei ist zu entschei-

den, wann diese Lagerbestände verwendet werden dürfen. Werden sie zu früh verwendet, so wird die beabsichtigte Wirkung verfehlt. Wurde zu viel produziert, so wäre eine möglichst frühe Verwendung günstig.

Möglich ist das Auftreten von Mengenabweichungen gegenüber dem Idealfall, wodurch ein Kundenprimärbedarf und der dazugehörende Planprimärbedarf nicht zeitlich versetzt auftreten, sondern nur unterschiedliche Mengen haben können. Dazu wird zunächst wieder von dem oben genannten Idealfall ausgegangen. Ein schematisches Beispiel findet sich in Abbildung 4-19.

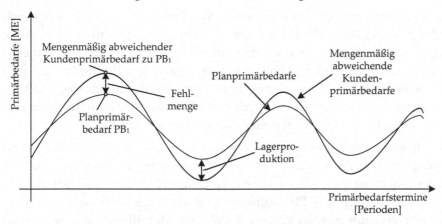

Abbildung 4-19: Mengenmäßige Verschiebung zwischen Planprimärbedarfen und Kundenprimärbedarfen – ME bedeutet Mengeneinheiten

Wirken die in Abbildung 4-15 dargestellte zeitliche Abweichung und die in Abbildung 4-19 dargestellte mengenmäßige Abweichung gleichzeitig, so ergeben sich die in Abbildung 4-20 angegebenen Verläufe von Planprimärbedarfen und mengenmäßig abweichende sowie zeitversetzt eintreffende Kundenprimärbedarfe.

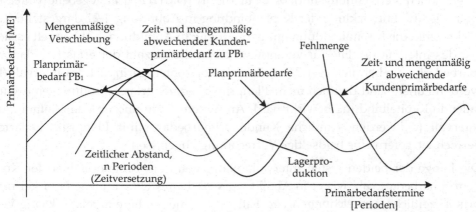

Abbildung 4-20: Zeit- und mengenmäßige Verschiebung zwischen Planprimärbedarfen und Kundenprimärbedarfen – ME bedeutet Mengeneinheiten

4.2.4.3 Einstellhinweise und Wirkung

Solche Abweichungen ergeben sich durch die zwangsläufig auftretenden Schwankungen in den Kundenaufträgen. Aufgrund der Überlegungen zu Prognoseverfahren lassen sie sich mit einer begrenzten Genauigkeit vorhersagen. Mit ihr sind die Verrechnungsparameter so einzustellen, dass die Summe der Lagerbestände und Fehlmengen minimiert wird; also bezogen auf Abbildung 4-20 die gesamte Fläche zwischen den Kurven minimal ist. Hierzu ist ein gewisses antizyklisches Vorgehen erforderlich:

- In den Perioden vor dem Eintreffen eines (Kundenprimär-) Bedarfs, der durch das (dann vorliegende) Kapazitätsangebot nicht gedeckt werden kann, sollte ausreichend viel vorproduziert werden, um spätere Fehlmengen durch diesen Bedarf zu vermeiden (vgl. in Abbildung 4-19 die als Lagerproduktion gekennzeichnete Fläche). Im obigen Algorithmus lässt sich dies durch einen kleinen Verrechnungshorizont erreichen, durch den nicht alle Planprimärbedarfe verrechnet werden, sondern Lagerbestände aufgebaut werden.

- Ist jedoch mit einem Nachfragerückgang zu rechnen, so sollte möglichst nur so viel produziert werden, wie aktuell an (Kundenprimär-) Bedarfen vorliegt. Dazu ist möglichst viel zu verrechnen. Geht die Nachfrage nämlich zurück, führen nicht verrechnete Planprimärbedarfe zu Lagerbeständen, die dann nicht mehr verkauft werden können. Im obigen Algorithmus sind in solchen Fällen längere Verrechnungshorizonte vorteilhaft.

Damit lässt sich die Termineinhaltung durch die Verringerung des Verrechnungshorizonts verbessern. Bei einem kaum zu vermeidenden Übersteuern führt dies zu nicht benötigtem Lagerbestand und geht somit zu Lasten der Kapitalbindung.

Ein geringer Lagerbestand, und damit eine geringe Kapitalbindung, entsteht durch einen hohen Verrechnungshorizont. Für die in [DMHH09] angegebene Untersuchung ist die Entwicklung der Kapitalbindung in Abbildung 4-21 dargestellt. Zunächst sinkt die Kapitalbindung nur geringfügig; in Abbildung 4-21 handelt es sich um das Intervall (a). Hierfür verantwortlich ist die Anzahl der erfassten Planprimärbedarfe, die bei niedrigen Verrechnungshorizonten gering ist. Im Intervall (b) werden zunehmend deutlich mehr Planprimärbedarfe erfasst, wodurch eine stark fallende Kapitalbindung bewirkt wird. An seinem Ende und ab dem Anfang von Intervall (c), werden sämtliche Kundenprimärbedarfe mit Planprimärbedarfen verrechnet, sofern eine beidseitige Verrechnung zugelassen ist.

Die Länge der beiden ersten Intervalle hängt von dem Prognosefehler der Kundenprimärbedarfe ab, wie er in Abbildung 4-20 dargestellt ist. Liegen nur geringe, primär zeitliche Abweichungen vor (Fall 1), so genügen bereits relativ kleine Verrechnungshorizonte zum Ausgleich solcher Prognosefehler, und die Intervalle sind vergleichsweise kurz. Demgegenüber erfordern hohe zeitliche Prognosefehler (Fall 2) vergleichsweise lange Intervalle – und damit vergleichsweise lange Verrechnungshorizonte – um eine ähnliche Verringerung der Kapitalbindung zu erzielen.

In Abbildung 4-21 ist dies anhand dem zweiten Intervall dargestellt. Fall 1 bewirkt das Intervall (b) bzw. (c) und Fall 2 bewirkt das Intervall (b')bzw. (c'). Generell fällt mit steigenden Verrechnungshorizonten die Kapitalbindung umso schneller, je geringer die Streuung der Zeitabweichungen um ihren Mittelwert ist.

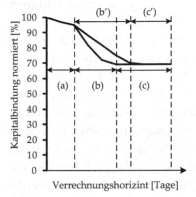 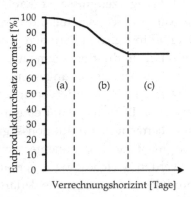

Abbildung 4-21: Verlauf der Kennzahlen Kapitalbindung und Endproduktdurchsatz bei zunehmendem Verrechnungshorizont für die in [DMHH09] angegebene Untersuchung

Nach [DMHH09] sind die Auswirkungen des Verrechnungshorizonts sehr beträchtlich. Für die in [DMHH09] angegebene Untersuchung, s. Abbildung 4-21, tritt eine Verringerung der Kapitalbindung um 31 Prozentpunkte auf. Diese Untersuchung belegt auch, dass eine einseitige Verrechnung nur zu einer geringeren Verringerung der Kapitalbindung führt; dies ist hier nicht dargestellt.

Die Erhöhung des Verrechnungshorizonts wirkt auf den Endproduktdurchsatz ähnlich wie auf die Kapitalbindung, allerdings ist die Verringerung nicht ganz so ausgeprägt. Für die in [DMHH09] angegebene Untersuchung, s. Abbildung 4-21, tritt eine Verringerung des Endproduktdurchsatzes um 24 Prozentpunkte auf. Diese hohe Verringerung des Endproduktdurchsatzes demonstriert die möglichen Nachteile eines langen Horizonts. Eine vollständige Verrechnung verhindert eine Lagerproduktion, mit dem auch die Kundenprimärbedarfe befriedigt werden, die mit dem aktuellen Kapazitätsangebot nicht gedeckt werden können, so dass ein geringerer Endproduktdurchsatz entsteht. Dies wird durch plötzliche Eilaufträge noch verschärft; sie können nicht rechtzeitig befriedigt werden und reduzieren den Endproduktdurchsatz. Aus diesen Ergebnissen und Überlegungen folgt, dass sich generell die Folgen ungünstiger Verrechnungsparameter im Vorhinein nur schwer abschätzen lassen.

4.3   Bedarfsplanung

Entlang der logistischen Kette, s. dazugehörende Abbildung im gleichnamigen Abschnitt, wird durch die Produktionsprogrammplanung ermittelt, welche Produkte (nämlich Fertigerzeugnisse, verkaufsfähige Baugruppen, wichtige Baugruppen, Handelswaren und Ersatzteile) durch welche Produktionssegmente, in welchen Mengen und in welchen Perioden produziert werden sollen. Daraus ergeben sich perioden- und produktionssegmentspezifische (Primär-) Bedarfe für Endprodukte und Baugruppen. Es sei angemerkt, dass sich der Begriff Endprodukt auf das gerade betrachtete Produktionssegment bezieht, es kann auch für den Absatz bestimmt sein. Eine Baugruppe mit einem Primärbedarf ist auch ein Endprodukt für das gerade betrachtete Produktionssegment – als Baugruppe wird es in dem Produktionssegment als Komponente weiter verwendet. Es kann als Ersatzteil interpretiert werden, welches sogar verkauft wird. Ein Beispiel für Bedarfe von einem Endprodukt sind tagesgenaue Bedarfe eines Motors für fünf Arbeitstage, die in Tabelle 4-6 angegeben sind; in diesem Fall dürfte der Motor ein Endprodukt für das Produktionssegment „Motorfertigung" sein und nicht verkauft, sondern in Autos eingebaut werden.

Periode	Montag	Dienstag	Mittwoch	Donnerstag	Freitag
Bedarfe	100	120	140	125	133

Tabelle 4-6:   Bedarfsmengen eines Produkts

Die Termine zu diesen Bedarfen markieren die spätesten zulässigen Zeitpunkte für die Weitergabe der Produkte an ein unmittelbar folgendes Produktionssegment oder an einen Kunden; in diesem Fall an das Produktionssegment zur Herstellung eines Autos. In der Regel bestehen solche Produkte aus untergeordneten Erzeugnissen. Beispielsweise kann ein Tisch aus einer Tischplatte, acht Befestigungselementen und vier Tischbeinen bestehen sowie ein Tischbein kann seinerseits aus einem Befestigungselement und einem Tischfuss, so wie dies in Abbildung 4-22 dargestellt ist, bestehen. Deswegen ist für jedes untergeordnete Erzeugnis festzulegen, in welchen Mengen und zu welchen Terminen dieses Erzeugnis produziert werden soll. Dies schließt die Festlegung des Einsatzes der vorhandenen Ressourcen ein. Neben einer Eigenfertigung tritt auch eine Fremdbeschaffung auf. Im Folgenden wird die realistische Annahme unterstellt, dass beide Beschaffungsarten den gleichen Rahmenbedingungen in Form von Kostensätzen (z.B. für die Lagerhaltung) und Bearbeitungs- bzw. Lieferzeiten unterworfen sind. Damit können für beide Beschaffungsarten die gleichen Verfahren angewandt werden. Bei vielen Unternehmen werden bei der Bestimmung der Beschaffungsmengen und -zeitpunkte für fremdbezogene Verbrauchsfaktoren zusätzlich alternative Lieferanten, Mengenrabatte, zeitvariable Beschaffungspreise usw. berücksichtigt. In der Regel erfolgt dies durch eine nachgelagerte Planung, auf die an dieser Stelle lediglich hingewiesen ist, ohne dass eine umfassende Diskussion erfolgen kann.

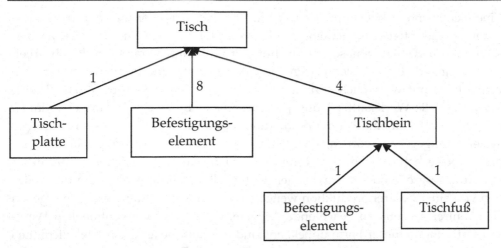

Abbildung 4-22: Erzeugnisstruktur eines Tischs

Insgesamt entstehen durch eine solche Planung terminierte Produktionsaufträge bzw. Beschaffungsaufträge für alle Vor- und Endprodukte, die durch die jeweiligen Ressourcen bzw. Ressourcengruppen des betrachteten Produktionssegments bearbeitet werden; seine Einordnung in die logistische Kette ist in der dazugehörenden Abbildung im gleichnamigen Abschnitt grafisch dargestellt. Dabei darf davon ausgegangen werden, dass in jedem Produktionssegment nur ein begrenztes Erzeugnisspektrum, welches jedoch sehr umfangreich sein kann, produziert wird und dass die dort auszuführenden Produktionsvorgänge technisch hinlänglich verwandt sind.

Verantwortlich für unterschiedliche Vorgehensweisen ist das vorliegende Organisationsprinzip in dem fraglichen Produktionssegment. Zunächst sei angenommen, dass in einem Produktionssegment eine Fließproduktion erfolgt. Liegt eine Massenproduktion vor, so wird eine Produktionsanlage einmal für das im bevorstehenden Planungszeitraum herzustellende Produkt vorbereitet. Dabei treten vor allem lang- bis mittelfristige Probleme der Fließbandabstimmung auf. Bei einer Sortenproduktion erstreckt sich die Produktion einer Sorte oft über einen längeren Zeitraum (z.B. mehrere Wochen) und bei einem Wechsel zu der Produktion einer anderen Sorte tritt eine lange Rüstzeit auf, in der der Produktionsprozess unterbrochen ist. Eine isolierte Bestimmung der Losgrößen für die auf einer Anlage zu produzierenden Erzeugnisse kann dazu führen, dass sich die Belegungsintervalle der Anlage durch die Produktvarianten überschneiden. Ein solches Überschneiden bedeutet, dass mehrere Produktarten gleichzeitig auf der Anlage produziert werden sollen, was aber nicht durchführbar ist. Deswegen sind die Bestimmung der optimalen Losgrößen und die Bestimmung der Bearbeitungsreihenfolge der Lose simultan zu lösen; es sei erwähnt, dass eine Lösung für dieses Problem im Abschnitt „Losgrößenberechnung" diskutiert wird.

Eine Zentrenproduktion operiert gegenüber einer übergeordneten Produktionsplanung und -steuerung als eine geschlossene Einheit, die im Vergleich zu her-
kömmlichen Werkzeugmaschinen mehrere Produktionsaufträge simultan bearbeiten und, gerade bei flexiblen Fertigungssystemen, aufgrund der geringen Umrüst-
zeitverluste mit wesentlich geringeren Auftragsgrößen (Losgrößen) als z.B. eine
konventionelle Werkstattfertigung produzieren kann. Ist ein Auftrag erst einmal
zur Produktion an eine Zentrenproduktion, vor allem an ein flexibles Fertigungssystem, freigegeben worden, dann kann sein Fertigstellungszeitpunkt mit vergleichsweise hoher Sicherheit bestimmt werden. Auch kurzfristige Änderungen
der Auftragsgröße oder des geplanten Fertigstellungstermins eines Auftrags können von einer Zentrenproduktion weitgehend realisiert werden. Dadurch ergeben
sich zahlreiche neue zu beachtende Aspekte, die bei der konventionellen Werkstattfertigung in dieser Form unbekannt sind und auf die an dieser Stelle lediglich
hingewiesen worden ist, ohne dass eine umfassende Diskussion erfolgen kann; für
Details sei auf [GüTe09] verwiesen.

Bei der Werkstattfertigung werden in kommerziell verfügbaren ERP- und PPS-
Systemen die optimalen Losgrößen und die Bearbeitungsreihenfolge der Lose
nacheinander festgelegt. Dieser Fall wird der weiteren Betrachtung zugrundegelegt; es sei betont, dass diese Einschränkung auf eine Werkstattfertigung nicht bedeutet, dass in den Produktionssystemen, die letztlich durch die Fertigungssteuerung geplant werden, keine Linienfertigung oder ein flexibles Fertigungssystem
auftritt. Wie bereits dargestellt wurde, wird für jedes Vor- und Endprodukt ein
(oder mehrere) Los(-e) erzeugt, und bei diesen Losen handelt es sich um terminierte Produktionsaufträge, die durch ein Produktionssystem gefertigt werden. Die
Termine zu diesen Produktionsaufträgen markieren die spätesten zulässigen Zeitpunkte für die Weitergabe der Produkte an ein unmittelbar folgendes Produktionssystem oder an einen Kunden. Dabei darf konzeptionell davon ausgegangen
werden, dass die Produkte nach der Fertigstellung durch ein Produktionssystem in
ein Lager eingelagert werden.

Grundsätzlich ist der sich aus dem Produktionsprogramm ergebende Materialbedarf nach Menge und Termin so genau wie möglich zu bestimmen. Wird Material
zu früh bereitgestellt, dann entstehen unnötige Lagerkosten. Wird Material zu spät
bereitgestellt, dann kommt es unter Umständen zu unerwünschten Produktionsunterbrechungen und Verzögerungen in der Auslieferung von Kundenaufträgen.
Zur termingenauen Materialbereitstellung wird in der industriellen Praxis eine
programmorientierte Bedarfsplanung durchgeführt; wie bereits gesagt, ist seine
Einordnung in die logistische Kette der industriellen Praxis in der dazugehörenden
Abbildung im gleichnamigen Abschnitt, grafisch dargestellt. Für manche Produkte
ist eine solche Planung zu aufwendig. Auf die dann eingesetzten Alternativen wird
im Abschnitt „alternative Dispositionsarten" eingegangen werden.

4.3.1 Verfahren

4.3.1.1 Dispositionsstufenverfahren

Erzeugnisstruktur

Ausgangspunkt der Herleitung der programmorientierten Bedarfsplanung für Endprodukte ist eine Darstellung des Erzeugniszusammenhangs dieser Produkte. Als Beispiel zur Verfahrensbeschreibung dient die Produktion eines hochwertigen Konferenztisches. Er besteht aus einer Tischplatte und vier Tischbeinen. An jedem Tischbein wird ein Tischfuß befestigt, der zum Bodenschutz und zum Ausgleichen von Unebenheiten, primär durch Höhenverstellung (z.B. zwei Tischbeine stehen auf einem Teppich und die anderen beiden stehen auf dem eigentlichen Boden), dient. Über ein spezielles Befestigungselement aus Holz können sowohl ein Fuß an ein Bein als auch ein Bein an einen Tisch befestigt werden. Seine Erzeugnisstruktur ist in Abbildung 4-23 angegeben, wobei von einem Tisch gesprochen wird, da viele Tische des Möbelherstellers, wie auch der hier betrachtete hochwertige Konferenztisch, die gleiche Erzeugnisstruktur besitzen.

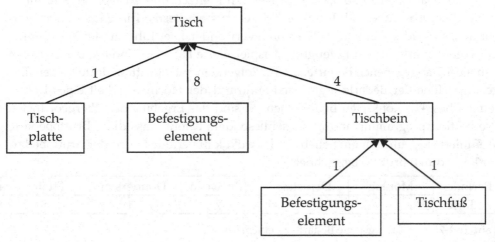

Abbildung 4-23: Erzeugnisstruktur (bzw. Erzeugnisbaum) zu einem (Konferenz-) Tisch

Generell kann jede Erzeugnisstruktur in Form eines Graphen dargestellt werden, bei dem die Knoten die Erzeugnisse repräsentieren, während ein Pfeil vom Knoten i zum Knoten j mit der Bewertung $a_{i,j}$ die mengenmäßige Eingangs-Ausgangs-Beziehung zwischen den zu i und j gehörenden Erzeugnissen P_i und P_j angibt. Dieser Pfeil besagt, dass das untergeordnete Erzeugnis P_i in das übergeordnete Erzeugnis P_j eingeht und für die Herstellung von einer Mengeneinheit von P_j $a_{i,j}$ Mengeneinheiten von P_i benötigt werden. Die Bewertung $a_{i,j}$ wird als Direktbedarfskoeffizient bezeichnet. Hat ein solcher Graph G eine Struktur, die in der Graphentheorie als Baum bezeichnet wird, so wird von einem Erzeugnisbaum gesprochen; es sei erwähnt, dass es sich (nach der Graphentheorie) bei G formal um einen

Baum handelt, sofern G keinen Zyklus enthält und die Anzahl seiner Kanten um eins niedriger als die Anzahl seiner Knoten ist. Es ist kennzeichnend für die Baumstruktur, dass jeder Knoten (in Pfeilrichtung gesehen) nur einen Nachfolger hat, aber mehrere Vorgänger haben kann. Endprodukte sind Knoten ohne Nachfolger, Einzelteile sind Knoten ohne Vorgänger, und Baugruppen haben sowohl (mindestens) einen Vorgänger als auch (mindestens) einen Nachfolger. Baugruppen oder Einzelteile, die in mehrere übergeordnete Erzeugnisse eingehen (im Beispiel die Befestigungsschrauben), werden jeweils an den Stellen im Erzeugnisbaum aufgeführt, an denen sie in der Erzeugnisstruktur vorkommen. Das führt dazu, dass ein Erzeugnis oft durch mehrere Knoten im Erzeugnisbaum dargestellt werden muss. In der Abbildung 4-23 geht die Befestigungsschraube direkt sowohl in einen Tisch als auch in ein Tischbein ein. Daher ist das Einzelteil „Befestigungsschraube" zweimal im Erzeugnisbaum aufgeführt.

Nettobedarf und Disponibler Bestand

Wie oben bereits ausgeführt worden ist, ist für jedes Erzeugnis, das in ein Endprodukt eingebaut wird, festzulegen, in welchen Mengen und zu welchen Terminen es produziert werden soll. Ist für ein Erzeugnis ein Bestand in einem Lager vorhanden, so wird dieser in dem Verfahren verwendet. Dies führt zu der Berechnung des Nettobedarfs für ein Erzeugnis. Beispielsweise habe ein Konferenztisch die in Tabelle 4-7 angegebenen Bedarfe, die im Folgenden auch Bruttobedarfe heißen. Die geringe Höhe der Bedarfe ergibt sich aufgrund der Hochwertigkeit eines Konferenztisches. Die konkreten Bedarfsmengen sind das Ergebnis der übergeordneten Produktionsprogrammplanung. Es sei besonders betont, dass diese Bruttobedarfe terminiert sind, und für ein beliebiges Produkt k in Periode t wird der Bruttobedarf für k in t durch $\text{Brutto}_{k,t}$ bezeichnet.

Periode	Montag	Dienstag	Mittwoch	Donnerstag	Freitag
Bedarfe			7	5	8

Tabelle 4-7:   Tagesgenaue Bedarfe zu einem Tisch

In der Beispielberechnung ist am Mittwochmorgen noch ein Tisch verfügbar, der zur Deckung des Bedarfs am Mittwoch verwendet werden darf; dieser Tisch könnte beispielsweise dadurch verfügbar sein, dass ein Möbelhändler einen Tisch zurückgegeben hat. Damit ergibt sich ein Nettobedarf von 6 Tischen, der zu produzieren ist. Alle im Folgenden angegebenen Ergebnisse sind in Tabelle 4-8 zusammengefasst, weswegen auf diese immer wieder hingewiesen werden wird.

Der Bestand, der zur Deckung des Bedarfs von einem Erzeugnis k in einer Periode t verwendet werden darf, ist nicht zwangsläufig der physische Bestand von k zu Beginn der Periode t; ein solcher physischer Bestand für k in t wird durch $\text{Physisch}_{k,t}$ bezeichnet. Es sei betont, dass der Betrachtungszeitpunkt konsistent zum Vorgehen beim Bestandsmanagement ist; in beiden Fällen wird der Bestand am Anfang einer Periode bzw. am Ende der Vorperiode betrachtet. Oftmals wird ein Teil dieses Bestands als Sicherheitsbestand (für k in t) dienen und darf daher in der

Planung (für k in t) nicht verwendet werden; ein solcher Sicherheitsbestand für k in t wird durch $Sicher_{k,t}$ bezeichnet. Häufig werden Materialien für (andere) Planaufträge vorgemerkt, sind aber physisch noch im Lager; solche Vormerkungen bzw. Reservierungen für k in t werden durch $Vormerk_{k,t}$ bezeichnet. Natürlich dürfen diese zur Deckung ebenfalls nicht verwendet werden. Bereits existierende Planaufträge oder allgemeine Bestellungen können so beendet werden oder so angeliefert werden, dass durch sie in der Periode t ein Bestand von k bereitsteht, der zur Bedarfsdeckung (von k in t) berücksichtigt werden soll; solche für k in t eintreffenden Bestellungen werden durch $Bestell_{k,t}$ bezeichnet. Diese Erkenntnis führte zur Definition des so genannten disponiblen Bestands, der durch $Dispon_{k,t}$ bezeichnet wird und der folglich wie folgt definiert ist:

Formel 4-1: $Dispon_{k,t} = Physisch_{k,t} - Sicher_{k,t} - Vormerk_{k,t} + Bestell_{k,t}$ für alle Erzeugnisse k und alle Perioden t.

Damit ergibt sich der Nettobedarf für ein Erzeugnis k in Periode t, der durch $Netto_{k,t}$ bezeichnet wird, als die Differenz von seinem Bruttobedarf und seinem disponiblen Bestand, jeweils in dieser Periode t, sofern dieser positiv ist. Bei einer negativen Differenz ist der Nettobedarf Null. Formal führt dies zu der Formel:

Formel 4-2: $Netto_{k,t} = \max \{Brutto_{k,t} - Dispon_{k,t}, 0\}$ für alle Erzeugnisse k und alle Perioden t.

Wegen dem Direktbedarfskoeffizienten von 1 zwischen einer Tischplatte und einem Tisch, weswegen zur Herstellung eines Tischs eine Tischplatte benötigt wird, müssen am Mittwoch 6 Tischplatten vorliegen. Es sei zur Vereinfachung angenommen, dass kein disponibler Bestand an Tischplatten verfügbar ist, so dass es sich dabei auch um den Nettobedarf handelt (s. Tabelle 4-8).

Gozintograph und Dispositionsstufen

Das Befestigungselement geht achtfach in den Tisch ein. Für dieses Vorkommen des Befestigungselements kann die gleiche Berechnung durchgeführt werden. Diese berücksichtigt jedoch das zweite Vorkommen des Befestigungselements, welches in das Tischbein direkt eingeht, s. Abbildung 4-23, nicht. Ihre Berechnung kann erst erfolgen, nachdem der Nettobedarf für das Tischbein vorliegt. Beide Nettobedarfe zusammen bestimmen den Nettobedarf zu dem Befestigungselement, der zur Deckung des Bedarfs an 7 Tischen am Mittwoch erforderlich ist. Um ihn zu erhalten, wird diese Berechnung so lange zurückgestellt, bis der Nettobedarf für jedes Erzeugnis berechnet worden ist, in die ein Vorkommen eines Befestigungselements direkt eingeht; nach Abbildung 4-23 also für Tische und Tischbeine.

Verantwortlich für die Redundanz von Produkten in Erzeugnisbäumen ist die Intention, gleichzeitig die Grundstruktur des fertigungstechnischen Ablaufs und des Materialflusses darzustellen. Hierzu wird zu jeder Komponente durch eine so genannte Fertigungsstufe angegeben wie viele Produktionssysteme noch zusätzlich zu durchlaufen sind, um das Endprodukt fertigzustellen. Bezogen auf das hier betrachtete Beispiel einer Tischproduktion ergeben sich die folgenden Zuordnungen zu Fertigungsstufen, die in Abbildung 4-24 visualisiert sind: Der Tisch ist auf der Fertigungsstufe 0, die Tischplatte und das Tischbein sind auf der Fertigungsstufe 1, der Tischfuß ist auf der Fertigungsstufe 2 und das Befestigungselement wird sowohl auf der Fertigungsstufe 1 als auch auf der Fertigungsstufe 2 benötigt.

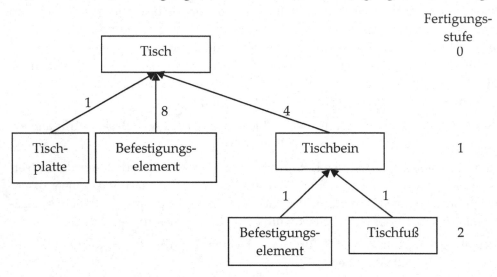

Abbildung 4-24: Erzeugnisbaum zu einem Tisch mit Fertigungsstufen

Für die Berechnung des Nettobedarfs von dem Befestigungselement bedeutet dies, dass seine Berechnung erst dann erfolgen kann, wenn die Nettobedarfe für die Produkte auf den Fertigungsstufen 0 und 1 berechnet worden sind. Zur Erfüllung dieser Bedingung wird für jedes Erzeugnis eine so genannte Dispositionsstufe eingeführt. Es handelt sich um die höchste Fertigungsstufe eines Vorkommens eines Produkts in einem Erzeugnisbaum; mit anderen Worten ist die Dispositionsstufe eines Erzeugnisses der längste Pfad von allen Pfaden von den Vorkommen des Erzeugnisses zu der Wurzel des Erzeugnisbaums. Für einen Tisch sind die Dispositionsstufen in Abbildung 4-25 angegeben.

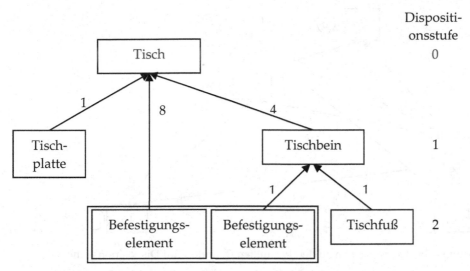

Abbildung 4-25: Erzeugnisbaum zu einem Tisch mit Dispositionsstufen

Im allgemeinen Fall können Erzeugnisse in mehrere Endprodukte eingehen, so dass für das Verfahren ein so genannter Gozintograph zugrunde gelegt wird. Es handelt sich um den oben eingeführten Graphen zu einer Erzeugnisstruktur, bei dem ein Produkt genau einmal vorkommt. Für das hier betrachtete Beispiel einer Tischproduktion tritt nur das Befestigungselement mehr als einmal, nämlich zweimal, auf. Um einen Gozintographen aus dem Erzeugnisbaum in Abbildung 4-24 zu erhalten, werden die beiden Vorkommen von dem Befestigungselement durch ein Vorkommen ersetzt – wie dies in der Abbildung 4-25 bereits angedeutet ist. Ein etwas komplizierteres Beispiel für einen Gozintographen ist in Abbildung 4-26 dargestellt. Statt der Berechnung der Fertigungsstufen bzw. des längsten Pfads können die Dispositionsstufen auch durch die Formel 4-3 berechnet werden. Dazu liege der Gozintograph für eine Erzeugnisstruktur vor. Für ein beliebiges Erzeugnis k in dem Gozintographen ist $\mathcal{N}_k$ die Indexmenge der Erzeugnisse, in die das Erzeugnis k direkt eingeht; im Gozintographen handelt es sich um die Menge der direkten Nachfolger des Knotens k. Dann ist die Dispositionsstufe u_k von k definiert durch:

Formel 4-3:
$$u_k = \begin{cases} \max_{j \in \mathcal{N}_k}\{u_j\} + 1 & , \mathcal{N}_k \neq \varnothing \quad \text{(untergeordnete Produkte)} \\ 0 & , \mathcal{N}_k = \varnothing \quad \text{(Endprodukte)} \end{cases}.$$

Abbildung 4-26 enthält die nach Formel 4-3 berechneten Dispositionsstufen.

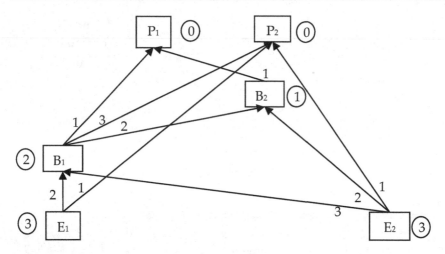

Abbildung 4-26: Gozintograph zu den Produkten P₁ und P₂ mit Dispositionsstufen

Nun wird die Nettobedarfsberechnung für die Erzeugnisstruktur eines Tischs mit der Berechnung des Nettobedarfs eines Tischbeins fortgesetzt. Da vier Tischbeine zur Herstellung eines Tischs benötigt werden, bewirkt der Nettobedarf von 6 Tischen für Mittwoch einen Bruttobedarf für Tischbeine von 24 für Mittwoch. Auch hier sei zur Vereinfachung angenommen, dass kein disponibler Bestand an Tischbeinen für Mittwoch vorliegt, so dass 24 der Nettobedarf an Tischbeinen ist (s. Tabelle 4-8).

Da die Nettobedarfe für alle Produkte der Dispositionsstufen 0 und 1 berechnet worden sind, lässt sich nun der Nettobedarf für die beiden Vorkommen des Befestigungselements berechnen. Das Vorkommen, welches achtfach in einen Tisch eingeht, bewirkt einen Bruttobedarf von $8 \cdot 6 = 48$ Befestigungselementen für Mittwoch. Das weitere Vorkommen, welches einfach in ein Tischbein eingeht, bewirkt einen Bruttobedarf von $1 \cdot 24 = 24$ Befestigungselementen für Mittwoch. Damit ist die Summe der beiden Bruttobedarfe, nämlich $48 + 24 = 72$, der gesamte Bruttobedarf an Befestigungselementen für Mittwoch (s. Tabelle 4-8).

Diese Berechnung des Bruttobedarfs wird als Sekundärbedarfsberechnung bezeichnet. Im allgemeinen Fall geht ein Produkt k in mehrere übergeordnete Produkte ein. Ihre Indizes sind, wie bei der Formel zur Dispositionsstufe, in der Indexmenge $\mathcal{N}_k$ angegeben worden. Dann ist die Sekundärbedarfsberechnung von k in Periode t $\left(y_{k,t} \right)$, der zugleich der Bruttobedarf ist, definiert durch:

Formel 4-4: $\text{Brutto}_{k,t} = y_{k,t} = \sum_{j \in \mathcal{N}_k} a_{k,j} \cdot \text{Netto}_{k,t}$, $a_{k,j}$ ist der Direktbedarfskoeffizient zwischen k und j.

Auch für die Berechnung des Nettobedarfs zu den Vorkommen des Befestigungselements sei zur Vereinfachung angenommen, dass kein disponibler Bestand an

Befestigungselementen für Mittwoch vorliegt, so dass der Nettobedarf aus 72 Befestigungselementen besteht (s. Tabelle 4-8).

Abschließend ist die Berechnung für den Tischfuß durchzuführen. Seine Sekundärbedarfsberechnung führt zu 24 Tischfüssen als Bruttobedarf. Auch hier sei zur Vereinfachung angenommen, dass kein disponibler Bestand an Tischfüßen für Mittwoch vorliegt, so dass der Nettobedarf gleich dem Bruttobedarf ist (s. Tabelle 4-8).

		Mittwoch
Tisch	Bruttobedarf	7
	Nettobedarf	6
Tischplatte	Bruttobedarf = Nettobedarf	6
Tischbein	Bruttobedarf = Nettobedarf	24
Befestigungselement	Bruttobedarf = Nettobedarf	48 + 24 = 72
Tischfuß	Bruttobedarf = Nettobedarf	24

Tabelle 4-8: Bruttobedarfe und Nettobedarfe zu den Komponenten eines Tischs für Mittwoch

Grobterminierung

Unberücksichtigt blieb bisher, dass die Produktion auch Zeit in Anspruch nimmt. Aufgrund von Erfahrungswerten in der Vergangenheit dauert beispielsweise die Montage von Tischen, aus einer Tischplatte und vier Tischbeinen, einen Tag. Deswegen ist es erforderlich, mit der Montage der Tische bereits am Dienstag zu beginnen, damit 6 Tische am Mittwoch verfügbar sind; beispielsweise für die Auslieferung an einen Möbelhändler oder direkt an einen Kunden. Dies führt zu einem Planauftrag von 6 Tischen mit Dienstag als Starttermin und Mittwoch als Endtermin. Dieses Ergebnis und alle im Folgenden angegebenen Ergebnisse sind in Tabelle 4-9 zusammengefasst, weswegen auf diese immer wieder hingewiesen wird. Es sei an die obige Aussage erinnert, nach der Mittwoch der späteste zulässige Zeitpunkt für die Weitergabe ist, so dass nicht zwei Tage zur Verfügung stehen. Diese späteste zulässige Weitergabe terminiert den Bruttobedarf.

Ein Planauftrag für ein Erzeugnis k in Periode t, der durch $\text{PlAuf}_{k,t}$ bezeichnet wird, entsteht somit durch die Berücksichtigung von einer geschätzten Durchlaufzeit, die in den ERP- und PPS-Systemen als Vorlaufzeit bezeichnet wird und durch z_k abgekürzt wird. Dieses Vorziehen des Nettobedarfs von k in t um seine Vorlaufzeit (z_k) wird als Grobterminierung bezeichnet und bedeutet formal:

Formel 4-5: $\text{PlAuf}_{k,t-z_k} = \text{Netto}_{k,t}$ für alle Erzeugnisse k und alle Perioden t.

Der Sekundärbedarf für Tischplatten fällt wegen dem Planauftrag von 6 Tischen am Dienstag ebenfalls am Dienstag, über 6 Einheiten, an. Es sei betont, dass durch die Grobterminierung die Anfangsperiode des Planungsintervalls, welches beim Tisch von Mittwoch bis Freitag ging, um die Vorlaufzeit des Tischs von einem Tag um eben diesen einen Tag vorverlegt (quasi in die „Vergangenheit") worden ist und damit von Dienstag bis Freitag geht. Da auch die Herstellung von Tischplatten eine Produktionszeit von einem Tag benötigt, entsteht ein Planauftrag über 6 Tischplatten mit Montag als Starttermin und Dienstag als Endtermin (Verfügbarkeitstermin) zur termingerechten Deckung des Bedarfs an Tischplatten für den Planauftrag über 6 Tische mit Dienstag als Starttermin (s. Tabelle 4-9). Gäbe es direkt in die Tischplatte eingehende Komponenten, so würde deren Planungsintervall wiederum um die Vorlaufzeit der Tischplatte früher beginnen.

Diese Vorlaufzeitverschiebung ist auch bei der Sekundärbedarfsberechnung zu berücksichtigen. Sie bewirkt, dass statt der terminierten Nettobedarfsmenge $Netto_{k,t}$ eben der Planauftrag $PlAuf_{k,t}$ zu berücksichtigen ist. Formal bedeutet dies:

Formel 4-6: $Brutto_{k,t} = y_{k,t} = \sum_{j \in \mathcal{N}_k} a_{k,j} \cdot PlAuf_{j,t}$, $a_{k,j}$ ist der Direktbedarfskoeffizient zwischen k und j.

Es sei betont, dass für ein Endprodukt der Sekundärbedarf grundsätzlich gleich Null ist.

Mit dem gleichen Algorithmus beträgt der Sekundärbedarf für Tischbeine am Dienstag 24 Einheiten (nach Formel 4-6) und seine Produktionszeit (Vorlaufzeit) von einer Periode führt zu dem Planauftrag über 24 Tischbeine mit Montag als Starttermin und Dienstag als Endtermin (Verfügbarkeitstermin) (s. Tabelle 4-9). Diese Vorlaufzeitverschiebung des Nettobedarfs bewirkt, dass die Planungsintervalle der beiden in das Tischbein direkt eingehenden Komponenten, nämlich das Befestigungselement und der Tischfuß, wiederum um die Vorlaufzeit des Tischbeins, nämlich eine Periode, früher beginnen, und zwar bereits am Montag.

Tischfüße können stets innerhalb einer Periode so produziert werden, dass sie in dieser Periode für übergeordnete Produkte verwendet werden können. Folglich ist ihre Vorlaufzeit Null. So führt eine erneute Anwendung von diesem Algorithmus zu dem in Tabelle 4-9 angegebenen Planauftrag von 24 Tischfüssen am Montag; dort sind auch der Sekundärbedarf (Bruttobedarf) aufgrund des Tischbeins sowie sein Nettobedarf angegeben.

Auch bei Befestigungselementen beträgt die Vorlaufzeit Null Perioden. Allerdings führt die Anwendung des Algorithmus nicht zu einem Planauftrag von 72 Befestigungselementen, mit dem am Montag begonnen werden soll und der am Montag fertigzustellen ist. Durch die Grobterminierung entsteht durch das Befestigungselement, das direkt in einen Tisch eingeht, ein Sekundärbedarf von 48 Befestigungselementen am Dienstag. Für das Befestigungselement, das direkt in ein Tischbein eingeht, entsteht ein Sekundärbedarf von 24 Befestigungselementen am Montag. Der Sekundärbedarf am Dienstag führt durch den Algorithmus zu einem Planauftrag von 48 Befestigungselementen mit Dienstag als Starttermin, und der Sekundärbedarf am Montag führt durch den Algorithmus zu einem Planauftrag von 24 Befestigungselementen mit Montag als Starttermin; dies ist in Tabelle 4-9 angegeben.

			Periode		
			Montag	Dienstag	Mittwoch
Produkt	Tisch	Bruttobedarf			7
		Nettobedarf			6
		Planauftrag		6	
	Tischplatte	Bruttobedarf		6	
		Nettobedarf		6	
		Planauftrag	6		
	Tischbein	Bruttobedarf		24	
		Nettobedarf		24	
		Planauftrag	24		
	Befestigungselement	Bruttobedarf	24	48	
		Nettobedarf	24	48	
		Planauftrag	24	48	
	Tischfuß	Bruttobedarf	24		
		Nettobedarf	24		
		Planauftrag	24		

Tabelle 4-9:   Tagesgenaue Bruttobedarfe, Nettobedarfe und Planaufträge zu allen Komponenten eines Tischs für den Bedarf des Tischs am Mittwoch

Wäre die Vorlaufzeit von irgendeiner Komponente des Tisches um nur einen Tag (Periode) größer und ist Montag die aktuelle Periode, so müsste ein Planauftrag in die Vergangenheit, nämlich auf Sonntag bzw. auf Freitag, sofern die Werktage von Montag bis Freitag gehen, gelegt werden, was nicht möglich ist. Möglich ist sein Beginn in der aktuellen Periode. Seine Auswirkung wird anhand der Erhöhung der Vorlaufzeit für die Tischplatte um einen Tag auf zwei Tage erläutert, wobei angenommen wird, dass die Werktage von Montag bis Freitag gehen. Nach dem Algorithmus ist Freitag der Vorwoche der Starttermin des Planauftrags. Da Montag die aktuelle Periode ist, beginnt die Produktion von 6 Tischplatten tatsächlich erst am Montag. Ist die geschätzte Durchlaufzeit von zwei Tagen korrekt (also die in der Produktion tatsächlich benötigte Zeit), so stehen die Tischplatten erst am Mittwoch zur Verfügung. Demgegenüber stehen die 24 Tischbeine bereits seit Dienstag zur Verfügung, und werden einen Tag lang gelagert. Mit der geschätzten Durchlaufzeit von einem Tag für die Montage der Tische stehen 6 Tische am Donnerstag zur Verfügung. So fehlen am Mittwoch 6 Tische. Mit der gleichen Berechnung verursacht eine Erhöhung der Vorlaufzeit einer anderen Komponente um eine Periode ebenfalls eine Fehlmenge von 6 Tischen am Mittwoch.

Um eine solche Verspätung aufgrund der Vorlaufzeit zu verhindern, dürfen in den ersten Perioden keine Primärbedarfe für das Endprodukt k liegen; dies gilt auch für eine Komponente mit einem Primärbedarf – z.B. könnte eine Tischplatte als

Ersatzteil verkauft werden. Um die Anzahl der Perioden ohne Primärbedarf zu bestimmen, wird für jede Komponente j jeder Weg w von k zu j betrachtet und die Summe der Vorlaufzeiten von allen Erzeugnissen (einschließlich von k und j) auf w gebildet. Der maximale Wert $n(k)$ dieser Summen zum Endprodukt k ist die gesuchte Anzahl, die in der Literatur auch als kumulierte Vorlaufzeit zum Endprodukt k bezeichnet wird. Für das Beispiel zur Tischproduktion befinden sich die Wege und ihre Summen in Abbildung 4-27 direkt an den einzelnen Komponenten des Tischs. Ein Weg w von einem Knoten k zum Knoten k' über die Knoten k_1, ..., k_m wird durch $w = [k, k_1, ..., k_m, k']$ bezeichnet und $l(w)$ ist die Summe der Vorlaufzeiten von allen Erzeugnissen k, k_1, ..., k_m und k'. Da 2 der maximale Weg ist, beträgt die kumulierte Vorlaufzeit zum Tisch gerade 2 Perioden. Dadurch darf in den Perioden Dienstag und Mittwoch kein Primärbedarf liegen, und die aktuelle Periode darf nicht nach dem Montag liegen. Die oben angesprochene Erhöhung der Vorlaufzeit von irgendeiner Komponente von einem Tisch führt zu der maximalen Vorlaufzeit von 3 Perioden, so dass die aktuelle Periode dann nicht nach dem Freitag der Vorwoche liegen, und vom Freitag (der Vorwoche) bis zum Dienstag (der aktuellen Woche) dürfen keine Primärbedarfe für Tische existieren.

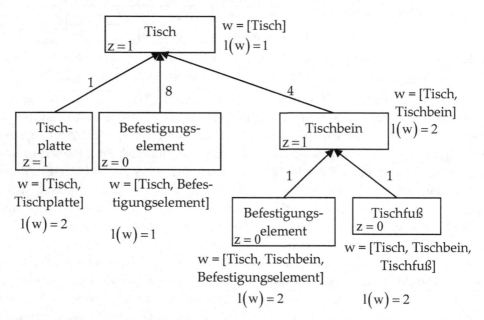

Abbildung 4-27: Erzeugnisbaum zu einem Tisch mit kumulierten Vorlaufzeiten für die einzelnen Komponenten

Alternativ kann dieser Effekt durch einen geeigneten Anfangslagerbestand bzw. durch geeignete Lagerzugänge, beispielsweise durch eine Fremdlieferung, einschließlich einer Kombination aus beiden, verhindert werden.

Algorithmus

Insgesamt besteht die Bedarfsplanung aus der Bruttobedarfsrechnung, der Netto-bedarfsrechnung und der Grobterminierung, die für ein Produkt und eine Periode nacheinander anzuwenden sind. Dabei werden alle Perioden eines Planungsinter-valls beginnend mit der Anfangsperiode (t_A) bis zur Endperiode (t_E) geplant.

Die Reihenfolge der Produkte ist durch die Dispositionsstufe bestimmt, wobei die Dispositionsstufen von 0 bis zur höchsten Dispositionsstufe durchlaufen werden. Die Produkte einer Dispositionsstufe werden in einer beliebigen Reihenfolge ge-plant.

Wie das Beispiel zeigt, bewirkt die Grobterminierung, dass bei einer höheren Dis-positionsstufe gegebenenfalls eine kleinere Anfangsperiode zu verwenden ist und zwar, wenn $t - z_k < t_A$ ist. Die neue Anfangsperiode ist dann $t_A = t - z_k$.

Zusammengefasst ergeben diese Einzelschritte das so genannte Dispositionsstu-fenverfahren, welches auch als Bedarfsplanung oder Materialbedarfsplanung (MRP) bzw. Material Requirements Planning bezeichnet wird. In Pseudocode hat der Algorithmus die folgende Gestalt:

Durchlaufe die Dispositionsstufen (u) von 0 bis zu höchsten Dispositionsstufe:

Für jedes Produkt (k) auf der Dispositionsstufe u:

Durchlaufe die Perioden (t) von der Anfangsperiode (t_A) bis zu der Endpe-riode (t_E)

- Wende die Formel 4-6, die Formel 4-1, die Formel 4-2 und schließlich die Formel 4-5 auf k in t an.

- Ist $t - z_k < t_A$, so setze $t_A = t - z_k$.

Ausgabe: Planauftrag $(PlAuf_{k,t})$ für jedes Produkt k in jeder Periode t.

Bemerkung: Wird in einem Schleifendurchlauf die Anfangsperiode (t_A) vorgezo-gen, so ist dies nicht für den aktuellen Schleifendurchlauf wirksam, wodurch eine Endlosschleife vermieden wird. Allerdings kann dieses Vorziehen bereits für Pro-dukte der aktuellen Dispositionsstufe wirken. Dadurch ist die Verschiebung des Planungsanfangs großzügiger als notwendig. Dies ist unter der realistischen An-nahme unproblematisch, dass in diesen Perioden kein Primärbedarf vorliegt. Des-wegen beeinflusst dies nicht die Erzeugung der Planaufträge. Eine genauere for-male Beschreibung des Dispositionsstufenverfahrens findet sich in [Herr09a]. Die Anwendung dieses Algorithmus führt zu den in Tabelle 4-9 angegebenen Bedarfen und Planaufträgen.

Auftragsnetz

Wie der Ablauf des Verfahrens demonstriert, entsteht für jeden terminierten pro-duktionssegmentspezifischen (Primär-) Bedarf B zu einem Produkt P über die

Brutto- und Nettobedarfsberechnung sowie die Grobterminierung ein Planauftrag A. Dieser Zusammenhang wird wie folgt bezeichnet: A ist der von B abgeleitete Planauftrag und B ist der durch A belieferte Bedarf. Im Fall einer Komponente k entsteht ein Planauftrag A aus einem oder mehreren Planaufträgen $(A_1, ..., A_n)$ zu einem oder mehreren Erzeugnissen, in die k direkt eingeht. Eventuell existiert noch ein Bedarf B für k; sofern k eine wichtige Baugruppe ist. Damit ist A der aus $A_1, ..., A_n$ und eventuell B abgeleitete Planauftrag und A_i, mit $1 \le i \le n$, sowie eventuell B ist ein von A belieferter Planauftrag sowie eventueller Bedarf. Dabei drückt die „beliefert"- Beziehung aus, dass A die Materialverfügbarkeit von A_i und eventuell B sicherstellt. Werden alle so gebildeten „abgeleitet"- bzw. „beliefert"-Beziehungen in einem Graphen dargestellt, so liegt ein Netzplan, genau genommen ein Vorgangsknotennetzplan, vor, der auch als Auftragsnetz bezeichnet wird. In Abbildung 4-28 sind die Planaufträge zur Befriedigung des Bedarfs von 7 Tischen aufgrund der obigen Bedarfsplanung als Vorgangsknotennetzplan visualisiert; die Abbildung 4-28 enthält auch den Bedarf selbst. Teilweise wird ein solcher Zusammenhang zwischen den einzelnen Planaufträgen auch als Pegging-Struktur bezeichnet. Durch die „beliefert"-Beziehung existiert zu jedem Planauftrag ein Weg zu mindestens einem Bedarf zu einem Endprodukt. Damit gibt eine Pegging-Struktur für jeden Planauftrag an, zu welchem Bedarf oder Bedarfen zu einem oder mehreren Endprodukten dieser Planauftrag beiträgt. Ein solcher Vorgangsknotennetzplan lässt sich mit Hilfe der Algorithmen aus der Graphentheorie analysieren. Werden den Planaufträgen Bearbeitungszeiten zugeordnet, so können die einzelnen Planaufträge terminiert werden. Hierauf wird im Rahmen der Terminierung noch näher eingegangen werden.

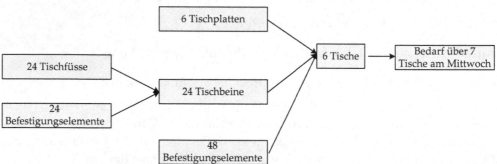

Abbildung 4-28: Zusammenhang der Planaufträge zur Befriedigung des Bedarfs von 7 Tischen durch einen (Vorgangsknoten-) Netzplan

Bedarfsarten

Bisher unberücksichtigt blieb der Verbrauch an Hilfs- und Betriebsstoffen sowie an billigen Verschleißwerkzeugen während der Produktion. Diese Bedarfe werden als Tertiärbedarfe bezeichnet. Der Tertiärbedarf wird üblicherweise vorhergesagt. So kann seine Vorhersage unter Verwendung von technologischen Kennzahlen erfolgen (z.B. Schmiermittelverbrauch pro Betriebsstunde einer Maschine). Häufig wird jedoch auch hierfür ein Prognoseverfahren (s. den Abschnitt „Prognose") verwendet. Damit existieren je nach seiner Stellung im Produktions- bzw. Planungsprozess bzw. der Bedarfsursache drei Bedarfsarten, nämlich der Primär-, der Sekundär- und der Tertiärbedarf. Die bisherigen Überlegungen zum Primär- und Sekundärbedarf werden hier noch einmal aufgegriffen und ergänzt. Nach den bisherigen Überlegungen wird aus Kundensicht unter Primärbedarf der Bedarf an für den Absatz bestimmten Endprodukten und verkaufsfähigen Ersatzteilen verstanden. Im Allgemeinen wird der Primärbedarf auf ein Produktionssegment bezogen. Somit handelt es sich um Erzeugnisse, die bezogen auf das Produktionssegment nicht mehr in nachgelagerte Produktionsprozesse eingehen und deswegen aus Sicht des Produktionssegments eben Endprodukte sind. Der Primärbedarf wird sowohl mengenmäßig als auch in seiner zeitlichen Struktur durch die Produktionsprogrammplanung festgelegt und für die Bedarfsplanung vorgegeben. Für die Bedarfsplanung handelt es sich bei diesem Primärbedarf um einen zusätzlichen Bruttobedarf. Deswegen ist die bisherige Berechnung des Bruttobedarfs zu erweitern. Dadurch besteht der Bruttobedarf eines Produkts im Allgemeinen zum einen aus dem Sekundärbedarf für dieses Produkt und zum anderen aus seinem Primärbedarf. Formal ergibt sich somit als Erweiterung von Formel 4-4:

Formel 4-7: $\text{Brutto}_{k,t} = y_{k,t} + d_{k,t}$, wobei $y_{k,t} = \sum_{j \in \mathcal{N}_k} a_{k,j} \cdot \text{PlAuf}_{j,t}$ (nach Formel 4-4

mit dem Direktbedarfskoeffizient $a_{k,j}$ zwischen k und j) ist.

Es sei angemerkt, dass ein Endprodukt (zu einem Produktionssegment) einen Sekundärbedarf von Null hat, da ein Endprodukt in kein anderes Produkt eingeht. Einen von Null verschiedenen Primär- und Sekundärbedarf können wichtige Baugruppen (zu einem Produktionssegment) aufweisen.

Wie bereits dargestellt wurde, müssen bei einer mehrstufigen Produktion (in einem Produktionssegment) aus dem Primärbedarf die (Sekundär-) Bedarfsmengen an allen Rohstoffen, Einzelteilen und Baugruppen, die zur Herstellung des Primärbedarfs (in diesem Produktionssegment) notwendig sind, abgeleitet werden. Neben der Berechnung dieser Bedarfsmengen durch die (vorgestellte) Bedarfsplanung kann der Bedarf auch prognostiziert werden. Diese Alternative wird im Abschnitt über alternative Dispositionsarten näher erläutert werden. In Unternehmen tritt oftmals Ausschuss oder ein „Verlust" an Erzeugnissen auf. Daher erweist sich ein pauschal erfasster Bedarf in Form eines prozentualen Zuschlags als nützlich.

Beispielhaft sind in der Abbildung 4-29 verschiedene Bedarfsarten für einen Teil der Komponenten eines Autos für die Periode 1 angegeben. In dieser Periode werden nach der Produktionsprogrammplanung 1000 Autos produziert. Dies führt zu dem angegebenen Primärbedarf. Ein Getriebe wird auch als Ersatzteil verkauft. Nach der Produktionsprogrammplanung sind 10 Getriebe in Periode 1 zu produzieren. Zahnräder werden noch in anderen Produkten eingebaut. Für deren Verbrauch wurde ein Bedarf von 20 für diese Periode durch ein Prognoseverfahren ermittelt. Bei der Montage eines Autos kommt es zu einem gleichmäßigen „Verlust" an Radkappen. Dieser wird mit 1% pro hergestelltes Rad angesetzt.

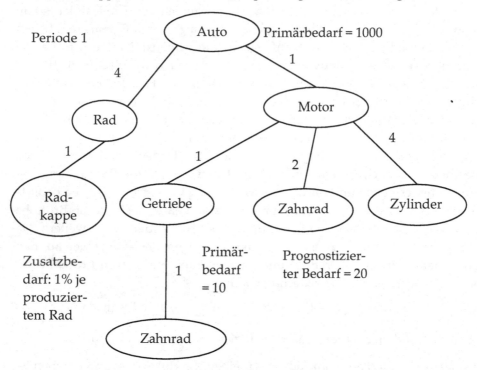

Abbildung 4-29: Verschiedene Bedarfsarten bei einem Fragment eines Autos

Möglich, und an dieser Stelle interessant ist, dass alle drei Bedarfsermittlungsarten gemeinsam auftreten; also ein Teil des Bruttobedarfs ergibt sich durch die Sekundärbedarfsrechnung nach Formel 4-7, ein Teil durch ein Prognoseverfahren und ein Teil durch den zusätzlichen Bedarf. Formal berechnet sich dadurch der Bruttobedarf für ein Produkt k in Periode t:

Formel 4-8: $\text{Brutto}_{k,t} = d_{k,t} + y_{k,t}$ (s.o., Primär- und Sekundärbedarf für k in t)

$$+ \text{ prognostizierter Bedarf von k in t } \left(PB_{k,t}\right)$$

$$+ \text{ zusätzlicher Bedarf von k in t } \left(ZB_{k,t}\right).$$

Damit ist in dem oben angegebenen Algorithmus die Bruttobedarfsberechnung nach Formel 4-6 durch die Bruttobedarfsberechnung nach Formel 4-8 zu ersetzen. Dieser Algorithmus wird in der Literatur üblicherweise als Dispositionsstufenverfahren oder in kommerziell verfügbaren ERP- und PPS-Systemen als Materialbedarfsplanung bzw. Material Requirements Planning bezeichnet.

Die Anwendung von dem Dispositionsstufenverfahren auf die Bedarfe des Tischs über fünf Tage nach Tabelle 4-7 ergibt die in Tabelle 4-10 angegebenen Bedarfe und Planaufträge.

			Periode				
			Mo.	Di.	Mi.	Do.	Fr.
Produkt	Tisch	Bruttobedarf			7	5	8
		Nettobedarf			6	5	8
		Planauftrag		6	5	8	
	Tischplatte	Brutto-/Nettobedarf		6	5	8	
		Planauftrag	6	5	8		
	Tischbein	Brutto-/Nettobedarf		24	20	32	
		Planauftrag	24	20	32		
	Befestigungs-element	Brutto-/Nettobedarf	24	48 + 20	40 + 32	64	
		Planauftrag	24	68	72	64	
	Tischfuß	Brutto-/Nettobedarf	24	20	32		
		Planauftrag	24	20	32		

Tabelle 4-10: Tagesgenaue Bruttobedarfe, Nettobedarfe und Planaufträge zu allen Komponenten eines Tischs über eine Woche

Es sei angemerkt, dass dieses Dispositionsstufenverfahren ein solches Planungsproblem optimal löst, bei dem bedarfssynchron (just in time) produziert werden soll; eine Begründung hierzu findet sich in [Herr09a].

4.3.1.2 Erweiterung um Lose

Wie oben dargelegt worden ist, wird nach dem Prinzip der Werkstattfertigung in jedem Produktionssegment nur ein begrenztes Erzeugnisspektrum, welches jedoch sehr umfangreich sein kann, produziert, und die dort auszuführenden Produktionsvorgänge sind technisch hinlänglich verwandt. Dazu besteht die Werkstatt in der Regel aus mehreren Ressourcen (in Form von Produktionssystemen), die zwischen der Bearbeitung von Planaufträgen zu verschiedenen Produkten umzurüsten sind. Der für einen Rüstvorgang erforderliche Aufwand wird in der Planung durch Rüstkosten berücksichtigt. Sie können reduziert werden, indem mehrere Planaufträge zu einem Planauftrag zusammengefasst werden. Eine solche Zusammenfassung wird als Los bezeichnet. Allerdings führt die Realisation von Losen dazu, dass zumindest einige Produkte auf Lager gehalten werden müssen, da diese nicht unmittelbar, sondern erst später, nämlich zur Produktion eines direkt übergeordneten Produkts benötigt werden. Für die im Lager befindlichen Produkte fallen Lagerhaltungskosten an. Eine solche Vorgehensweise entspricht dem Materialbereitstellungsprinzip der Vorratshaltung. Keine Losbildung entspricht der bedarfssynchronen Produktion, die auch als „just-in-time"-Produktion bezeichnet wird.

Gesucht ist folglich eine Entscheidung, wann Lose zu einem Produkt aufgesetzt werden. Dies bestimmt ein Losgrößenproblem, und da die möglichen Komponenten des Produkts unberücksichtigt bleiben, heißt es einstufiges Losgrößenproblem. Nach der Losgrößentheorie sind die losfixen Rüstkosten und die Lagerhaltungskosten optimal auszugleichen. Die sonstigen Produktionskosten werden in der Regel als linear in der Herstellungsmenge und damit aufgrund der üblichen Annahme der vollständigen Nachfragebefriedigung als nicht entscheidungsrelevant unterstellt.

Es existieren verschiedene in der industriellen Praxis eingesetzte und in kommerziell verfügbaren ERP- und PPS-Systemen implementierte Losgrößenverfahren. Auf ihre Arbeitsweise wird im Abschnitt „Losgrößenberechnung" eingegangen. Dort werden die einzelnen Verfahren analysiert und es werden Hinweise zu ihrer Einstellung, vor allem im Zusammenhang mit dem Dispositionsstufenverfahren, vorgestellt und begründet.

Im Rahmen des Dispositionsstufenverfahrens bilden die Planaufträge in einem Planungsintervall zu einem Produkt ein einstufiges Losgrößenproblem. Zur Ergänzung sei angemerkt, dass es sich um diejenigen Planaufträge handelt, die sich durch das Anwenden der Bruttobedarfsberechnung, der Nettobedarfsberechnung und der Grobterminierung für ein Produkt auf der gerade betrachteten Dispositionsstufe für alle Perioden des Planungsintervalls ergeben. Bezogen auf das Beispiel zur Tischproduktion handelt es sich um die Planaufträge für einen Tisch, die in Tabelle 4-10 angegeben worden sind.

Als Beispiel für ein Losgrößenverfahren wird das Verfahren der festen Reichweite n verwendet. Ausgehend von einer aktuellen Periode t werden die Bedarfe der nächsten n Perioden t, $t+1$, $t+2$, $t+n-1$ zu einem Los zusammengefasst; sind d_t, d_{t+1}, ..., d_{t+n-1} die Bedarfe in den nächsten n Perioden, so wird das Los in der Periode t (q_t) berechnet durch $q_t = \sum_{i=t}^{t+n-1} d_i$. Dabei wird aufgrund der so genannten Regenerationseigenschaft, bei der es sich um eine notwendige Bedingung für eine optimale Lösung eines einstufigen Losgrößenproblems handelt und die im Abschnitt über Losgrößenberechnung erläutert werden wird, in einer Periode ohne Bedarf kein Los aufgesetzt. Es sei betont, dass, nach der obigen Definition eines Loses aufgrund einer Reichweite, Perioden ohne Bedarf mitberücksichtigt werden.

Die Anwendung des Losgrößenverfahrens feste Reichweite von 2 auf die Planaufträge für den Tisch in Tabelle 4-10 fasst die ersten beiden Bedarfe über 6 Tische am Dienstag und 5 Tische am Mittwoch zu einem Los von 11 Tischen am Dienstag zusammen. Ein zweites Los fasst zwei aufeinanderfolgende Planaufträge ab Donnerstag zusammen. Da für Freitag kein Planauftrag existiert, besteht das Los nur aus dem Planauftrag vom Donnerstag über 8 Tische; dies ist in Tabelle 4-11 dargestellt.

Für die Angabe des Lagerbestands sei angenommen, dass die Produktion genau die Vorlaufzeit (des Tischs von einer Periode) benötigt und dadurch das Los am Mittwoch zur Verfügung steht, ohne am Dienstag ins Lager gelegt worden zu sein. Da 6 Tische am Mittwoch verwendet werden, werden die restlichen am Donnerstag benötigten 5 Tische eine Periode lang gelagert. Dies erklärt die entsprechende

Zeile in Tabelle 4-11. Die Lagerhaltungskosten ergeben sich dann durch die Multiplikation des Bestands am Ende einer Periode, in diesem Fall am Mittwoch, mit dem Lagerkostensatz. Es sei betont, dass damit die Bewertung der Bestände in der Bedarfsplanung mit der im Bestandsmanagement übereinstimmt.

	Periode				
	Mo.	Di.	Mi.	Do.	Fr.
Planauftrag		6	5	8	
Los, Planauftrag		11		8	
Physikalischer Lagerbestand am Periodenende durch Losbildung			5		

Tabelle 4-11: Lose und Bestände zu einem Tisch mit der festen Reichweite von zwei als Losgrößenverfahren

Durch die Losbildung werden die bisherigen Planaufträge durch Lose ersetzt. Im Beispiel existieren nun zwei Planaufträge, nämlich den ersten über 11 Tische mit Dienstag als Starttermin und Mittwoch als Endtermin und den zweiten über 8 Tische mit Donnerstag als Starttermin und Freitag als Endtermin.

Damit sind diese neuen Planaufträge maßgeblich für die Sekundärbedarfsauflösung. Bezogen auf die Tischplatte ergeben sich die in Tabelle 4-12 angegebenen Brutto- und Nettobedarfe. Aus denen ergeben sich die ebenfalls angegebenen Planaufträge, die durch die feste Reichweite von zwei als Losgrößenverfahren zu Losen zusammengefasst werden. Für die Sekundärbedarfsauflösung sind nun nicht mehr die Planaufträge, sondern die Lose maßgeblich.

Etwas formaler ausgedrückt hat der Algorithmus in Pseudocode die folgende Gestalt:

Durchlaufe die Dispositionsstufen (u) von 0 bis zu höchsten Dispositionsstufe:

Für jedes Produkt (k) auf der Dispositionsstufe u:

1. Durchlaufe die Perioden (t) von der Anfangsperiode (t_A) bis zu der Endperiode (t_E)

   - Wende die Formel 4-8, die Formel 4-1, die Formel 4-2 und schließlich die Formel 4-5 auf k in t an, wodurch ein Planauftrag $PlAuf^1_{k,t}$ entsteht.

   - Ist $t - z_k < t_A$, so setze $t_A = t - z_k$.

2. Interpretiere die $PlAuf^1_{k,t}$ ($\forall\ t_A \leq t \leq t_E$) als Bedarfe für ein einstufiges Losgrößenproblem zu k über die Perioden von t_A bis zur Endperiode t_E und wende darauf ein Losgrößenverfahren an. Die dadurch entstehenden Lose bilden neue Planaufträge $PlAuf_{k,t}$ ($\forall\ t_A \leq t \leq t_E$).

Ausgabe: Planauftrag $(PlAuf_{k,t})$ für jedes Produkt k in jeder Periode t.

Bei diesem Verfahren handelt es sich somit um das Dispositionsstufenverfahren mit Losen. Eine genauere formale Beschreibung dieses Dispositionsstufenverfahrens mit Losen ist in [Herr09a] angegeben. Dort ist auch ausgearbeitet, dass diese zusätzliche Berücksichtigung von Losen zu einem mehrstufigen Losgrößenproblem führt, welches durch das Dispositionsstufenverfahren mit Losen nicht mehr optimal gelöst wird.

Die Anwendung des Algorithmus auf das Beispiel zur Tischproduktion findet sich in Tabelle 4-12. Bei Losen (Planaufträgen), die einen physikalischen Lagerbestand am Periodenende bewirken, ist eben dieser Bestand angegeben worden.

Produkt			Periode				
			Mo.	Di.	Mi.	Do.	Fr.
	Tisch	Bruttobedarf			7	5	8
		Nettobedarf			6	5	8
		Planauftrag		6	5	8	
		Los, Planauftrag		11		8	
		physikalischer Lagerbestand am Periodenende		5			
	Tischplatte	Bruttobedarf = Nettobedarf		11		8	
		Planauftrag	11		8		
		Los, Planauftrag	11		8		
	Tischbein	Bruttobedarf = Nettobedarf		44		32	
		Planauftrag	44		32		
		Los, Planauftrag	44		32		
	Befestigungselement	Bruttobedarf = Nettobedarf	44	88	32	64	
		Planauftrag	44	88	32	64	
		Los, Planauftrag	132		96		
		physikalischer Lagerbestand am Periodenende	88		64		
	Tischfuß	Bruttobedarf = Nettobedarf	44		32		
		Planauftrag	44		32		
		Los, Planauftrag	44		32		

Tabelle 4-12:   Tagesgenaue Bruttobedarfe, Nettobedarfe, Planaufträge und Lose zu allen Komponenten eines Tischs über eine Woche

Da Lose nichts anderes als Planaufträge sind, ist die oben definierte „beliefert"-Beziehung zwischen Planaufträgen und Kundenbedarfen auch auf Lose und Kundenbedarfe anwendbar, wodurch sich ebenfalls ein (Vorgangsknoten-) Netzplan ergibt. Für die Tischproduktion ergibt sich der in Abbildung 4-30 angegebene Netzplan. Er zeigt beispielsweise, dass 132 Befestigungselemente produziert werden, um den Kundenbedarf über 7 Tische zu decken.

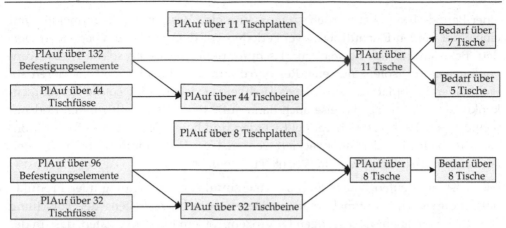

Abbildung 4-30: Zusammenhang der echt positiven Planaufträge (PlAuf > 0) und Bedarfe für Tische nach Tabelle 4-12 durch einen (Vorgangsknoten-) Netzplan

4.3.1.3 Verfahrensschwäche

Mit Hilfe der Grobterminierung, im Detail über Formel 4-5, wird berücksichtigt, dass die Fertigung von Produkten Zeit benötigt. Die dabei entscheidende Größe ist die Vorlaufzeit, die als geschätzte Durchlaufzeit bei kommerziell verfügbaren ERP- und PPS-Systemen im Materialstamm gepflegt wird und damit für das Dispositionsstufenverfahren eine Konstante darstellt. Eine gute Schätzung bewirkt einen guten Starttermin des Planauftrags für seine Termineinhaltung. Berechnet das Dispositionsstufenverfahren jedoch für ein Produkt k in Periode t einen Planauftrag, dessen tatsächliche Produktionszeit eine Periode beträgt, und in der darauffolgenden Periode $(t+1)$ einen Planauftrag, dessen tatsächliche Durchlaufzeit zwei Perioden beträgt, so ist für den ersten Fall eine Periode eine sehr gute Vorlaufzeit und für den zweiten Fall sind zwei Perioden eine sehr gute Vorlaufzeit. Folglich ist eine konstante Vorlaufzeit nur möglich, wenn die tatsächlichen Durchlaufzeiten für alle Perioden nahezu konstant sind. Es sei betont, dass als tatsächliche Durchlaufzeit eines Planauftrags die Zeit zwischen dem (frühesten) Starttermin und dem tatsächlichen Fertigstellungstermin verstanden wird.

Schwankungen in den Produktionsmengen führen bei einer konstanten Bearbeitungszeit pro Produktionseinheit zu Planaufträgen mit schwankenden tatsächlichen Durchlaufzeiten. Folglich wird eine mengenmäßige Berechnung der Vorlaufzeiten benötigt, die in kommerziell verfügbaren ERP- und PPS-Systemen üblicherweise im Rahmen von so genannten Terminierungsparametern realisiert worden ist, die in der Konfiguration solcher Systeme als Verfeinerung der hier vorgestellten Grobterminierung eingestellt werden können. Hierauf wird im Abschnitt „Terminierung" näher eingegangen werden.

Noch gravierender ist die Konkurrenz um eine Ressource auf die tatsächlichen Durchlaufzeiten. Sollen beispielsweise zwei Planaufträge auf einer Ressource mit dem gleichen Endtermin und einer gemeinsamen reinen Bearbeitungszeit von einer Periode bearbeitet werden, so muss, um eine Verspätung zu vermeiden, mit einem der beiden Planaufträge zwei Perioden vor dem Endtermin begonnen werden. Bezogen auf das Beispiel zur Tischproduktion tritt eine solche Ressourcenkonkurrenz auf, sofern nur eine Ressource zum Zuschneiden und Lackieren sowohl einer Tischplatte als auch eines Tischbeins existiert. Eine solche Ressourcenkonkurrenz tritt beispielsweise auch dann auf, wenn Tische mit runden und mit rechteckigen Tischplatten hergestellt werden und beide Tischarten nach der Montage durch eine Lackierstation lackiert werden. Gerade der Einfluss von der aktuellen Belastungssituation wird in [Wien87] untersucht.

Die Beispiele deuten bereits an, dass eine simultane Betrachtung aller Produkte notwendig ist, um optimale Starttermine zu berechnen. Seitens der Forschung führte dies zu einem mehrstufigen Losgrößenproblem mit Kapazitäten, dass in der Literatur als Multi-Level Capacitated Lot Sizing Problem (MLCLSP) bezeichnet wird und beispielsweise in [Herr09a] im Detail beschrieben ist. Da das Dispositionsstufenverfahren für die Produkte unabhängig voneinander Planaufträge berechnet, ist bereits eine simultane Betrachtung von zwei Endprodukten, die im obigen Beispiel erforderlich ist, nicht möglich. Deswegen ist das Dispositionsstufenverfahren strukturell nicht in der Lage, Kapazitätsrestriktionen richtig zu berücksichtigen. Diese strukturelle Schwäche ist im Detail in [Temp08] (und auch in [Herr09a]) analysiert worden. Neben den aufgezeigten Interdependenzen zwischen den Erzeugnissen (in einer mehrstufigen Erzeugnisstruktur) im Hinblick auf eine gemeinsame Nutzung von Ressourcen bestehen auch Interdependenzen zwischen den Erzeugnissen bezüglich der Kosten. Wie in [Temp08] (und auch in [Herr09a]) analysiert worden ist, kann die Vernachlässigung der kostenmäßigen Interdependenzen bei der Losgrößenbestimmung (unter der Annahme, dass keine Kapazitätsbeschränkung vorliegt, was bedeutet, dass unendlich viel Kapazität vorliegt und jeder Planauftrag beliebig schnell bearbeitet wird) dazu führen, dass die minimalen Gesamtkosten (bei einer optimalen Lösung) erheblich überschritten werden; eine solche Verschlechterung tritt umso eher auf, je mehr Fertigungsstufen die Erzeugnisstruktur hat. Es sei jedoch betont, dass die unzulängliche Berücksichtigung der Kapazitäten die Hauptschwäche des Dispositionsstufenverfahrens darstellt. Insgesamt führt dies in der industriellen Praxis dazu, dass die durch das Dispositionsstufenverfahren berechneten Produktionsendtermine in der Regel nicht eingehalten werden. Eine gewisse Verbesserung ist durch eine so genannte Terminierung möglich, auf die im gleichnamigen Abschnitt näher eingegangen werden wird.

4.3.1.4 Rollende Planung

Die betriebliche Praxis ist dadurch gekennzeichnet, dass die (Kunden-) Bedarfsmengen mit der Zeit bekannt werden. Je geringer der zeitliche Abstand zwischen einer beliebigen zukünftigen Periode und dem aktuellen Planungszeitpunkt ist, desto eher ist zu erwarten, dass keine Bedarfe, z.B. durch Kundenaufträge, für diese Periode mehr hinzukommen; s. hierzu auch [Stad96]. In diesem Sinne sind die vorliegenden Bedarfsmengen von zeitlich zunehmend entfernt liegenden Perioden zunehmend unrealistischer. Es sei daran erinnert und betont, dass Kundenbedarfe gegen Planprimärbedarfe aus dem Produktionsprogramm verrechnet werden (s. den entsprechenden Abschnitt), so dass in diesen Perioden die Bedarfsmengen stark durch das Produktionsprogramm bestimmt sind, wodurch die Bedarfsmengen umso realistischer sind, je realitätsnäher das Produktionsprogramm bestimmt worden ist.

Daher kann das Dispositionsstufenverfahren nicht nur einmal durchgeführt werden. Stattdessen wird es mehrfach für ein begrenztes Zeitintervall ausgeführt. Seine Durchführung erfolgt in kommerziell verfügbaren ERP- und PPS-Systemen durch das Konzept der rollenden Planung, dessen nun folgende Erläuterung in Abbildung 4-31 visualisiert ist. Im Detail wird zunächst für das Planungsintervall von dem aktuellen Planungszeitpunkt t (= 0) bis zum Zeitpunkt $t + T$, wobei T als Planungshorizont bezeichnet wird, eine Planung erstellt. Nach Ablauf von R Perioden, wobei R kleiner oder gleich T sein muss, erfolgt eine (Neu-) Planung wieder über einen Zeitraum von T Perioden. Deswegen wird R als Planungsabstand bezeichnet. Dies führt zu einer Folge von Anwendungen des Dispositionsstufenverfahrens zu den Zeitpunkten 0, R, $2 \cdot R$, $3 \cdot R$ usw.. Der $(n+1)$-te Planungslauf übernimmt dabei die Datensituation in Form von disponiblen Lagerbeständen aller Erzeugnisse von dem n-ten Planungslauf. Ist R = T, so wird von einer Anschlussplanung gesprochen. Durch die rollende Planung werden Perioden gegebenenfalls (neu-) geplant, die im vorhergehenden Planungslauf bereits geplant worden waren, und es kommen weitere (neue) Perioden hinzu. Durch die rollende Planung mit $R < T$ werden in der Regel Entscheidungen einer vorhergehenden Planung revidiert. Aufgrund der weiter oben beschriebenen Auswirkung einer echt positiven kumulierten Vorlaufzeit (Z) gibt es einen Bereich vor und innerhalb des aktuellen Planungsintervalls, in dem durch die kumulierte Vorlaufzeit Planaufträge angelegt werden können; der Bereich vor dem aktuellen Planungsintervall ergibt sich, wenn in dem gesamten Planungsintervall ein Primärbedarf für ein Endprodukt auftreten darf, und der Bereich innerhalb des aktuellen Planungsintervalls ergibt sich, wenn in den ersten Perioden kein Primärbedarf für ein Endprodukt liegt – Abbildung 4-31 enthält beide Zeiträume. Es sei daran erinnert, dass keine Planaufträge in diesen Bereich aufgrund einer echt positiven kumulierten Vorlaufzeit gelegt werden, wenn durch die vorhergehende Planung hinreichend viel Bestand am Ende des vorhergehenden Planungszeitraums aufgebaut wird; ein solches Vorgehen ist konzeptionell im Dispositionsstufenverfahren nicht vorgesehen – wird jedoch ein MLCLSP gelöst, so wird so vorgegangen. Es ist zu erwarten und wird auch in der industriellen Praxis in sehr hohem Maße beobachtet, dass Planaufträge für Perioden vorgeschlagen werden, die vor dem aktuellen Planungszeitpunkt liegen. Dies wird durch die Terminierung korrigiert, die im gleichnamigen Abschnitt beschrieben ist.

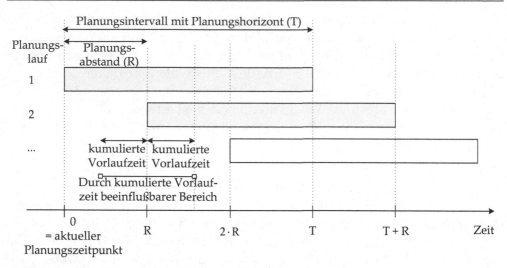

Abbildung 4-31: Rollende Durchführung der Bedarfsplanung

4.3.2 Alternative Dispositionsarten

4.3.2.1 Ausgangssituation

Sind alle genannten Einflussgrößen mit Sicherheit bekannt, so berechnet die Bedarfsplanung die exakten Bedarfe für alle in die Produktion eingehenden Materialarten. Allerdings besteht ein typischer PC-Drucker aus über hundert Teilen, ein Auto aus über zehntausend Teilen und ein Flugzeug aus über hunderttausend Teilen. Diese großen Erzeugnisstrukturen bewirken eine lange Laufzeit der Bedarfsplanung und führen zu einer immens hohen Anzahl an Planaufträgen. Die Folge sind beträchtliche Planungskosten und in vielen Unternehmen ist dadurch die Bedarfsplanung sogar in der zur Verfügung stehenden Zeit, typischer im Batchbetrieb während der Nacht, nicht durchführbar. Deswegen ist es sinnvoll und teilweise sogar notwendig, sich mit ungenaueren Verfahren der Bedarfsberechnung zu begnügen. Bezogen auf die Planungskosten sollte ein genaueres Verfahren statt einem ungenaueren Verfahren eingesetzt werden, wenn die zu erwartenden Kosteneinsparungen durch die ermittelte höhere Qualität des Planungsergebnisses (z.B. geringere Lagerhaltungskosten) größer als die zu erwartenden höheren Planungskosten, d.h. vor allem die Kosten der Informationsverarbeitung wie z.B. für Betriebsdatenerfassung, Pflege und Verwaltung des Datenbestands, Speicherplatz, Rechenzeit, sind. So dürfte bei einem geringen Materialwert, der nur eine niedrige Kapitalbindung verursacht, eine grobe Schätzung des Bedarfs völlig ausreichen. Denn selbst dann, wenn der Bedarf bei einem solchen Verbrauchsfaktor um ein Vielfaches überschätzt wird, ist der damit verbundene Anstieg der Lagerhaltungskosten doch oft vernachlässigbar gering. Ein gutes Beispiel ist eine bestimmte Art einer Schraube, die in mehreren Produkten, beispielsweise bei der Herstellung von Tischen in einem Möbelunternehmen, verwendet wird.

4.3.2.2 Dispositionsarten

Zur vereinfachten Bedarfsberechnung bietet sich eine Schätzung der Bruttobedarfe durch ein Prognoseverfahren an. Die Nettobedarfsberechnung erfolgt wie zuvor. Denkbar ist eine direkte Schätzung der Nettobedarfe. Allerdings müsste diese die geplanten Lagerzugänge berücksichtigen, die sich beispielsweise durch doch nicht benötigte Materialien, z.B. durch Rückgaben oder korrigierte Bestellungen, sowie durch Losbildungen ergeben. Ihre Schätzung dürfte in vielen Fällen problematisch sein und wird von kommerziell verfügbaren ERP- und PPS-Systemen, wie beispielsweise im SAP®-System, in der Regel nicht angeboten. Eine noch deutlichere Vereinfachung bewirkt die Sicherstellung der Materialverfügbarkeit durch eine geeignete Lagerhaltung; die Vereinfachung besteht in dem einmaligen Einstellen der Steuerungsparameter nach den im Bestandsmanagement (s. den gleichnamigen Abschnitt) vorgestellten Formeln. Diese beiden Ansätze werden in kommerziell verfügbaren ERP- und PPS-Systemen im Rahmen einer so genannten verbrauchsgesteuerten Disposition angeboten; zur Abgrenzung wird in diesen Systemen die Bedarfsplanung als programmorientierte Disposition bezeichnet. In vielen ERP- und PPS-Systemen, wie dem SAP®-System, wird die Prognose der Bruttobedarfe als stochastische Disposition bezeichnet, und die Anwendung eines Bestandsmanagementverfahrens wird unter der Bezeichnung „Bestellpunktdisposition" angeboten.

Bei der stochastischen Disposition wird der Materialbedarf für eine Komponente (k) durch eine Prognose erzeugt. Bei einer solchen Komponente handelt es sich in der Regel um ein Einzelteil. Eine Baugruppe ist auch möglich, bedeutet aber, dass seine eingehenden Komponenten ebenfalls durch eine verbrauchsgesteuerten Disposition geplant werden dürften; es sei betont, dass dies methodisch nicht zwingend erforderlich ist. Auf der Basis von Bedarfswerten aus der Vergangenheit zu dieser Komponente k wird nach dem im Abschnitt „Prognose" beschriebenen Vorgehen ein geeignetes Prognoseverfahren ausgewählt, was die geeignete Einstellung seiner Parameter einschließt. Mit diesem Prognoseverfahren wird der Periodenbedarf für k in der nächsten Periode bzw. den nächsten Perioden berechnet. (Es sei daran erinnert, dass mit den im Abschnitt „Prognose" angegebenen Prognoseverfahren primär der Bedarf der nächsten Periode berechnet wird. Allerdings wurde eine Prognose über eine größere Anzahl an Perioden im Abschnitt „Prognose" nicht ausgeschlossen.) Im Hinblick auf bessere Prognoseergebnisse kann es sinnvoll sein, mehrere aufeinanderfolgende Perioden zu einer Periode zusammenzufassen; beispielsweise kann ein sporadischer Bedarfsverlauf bei einer kleinen Periodenlänge zu einem regelmäßigen Bedarfsverlauf bei einer größeren Periodenlänge werden. In kommerziell verfügbaren Systemen erfolgt dies durch ein Periodenraster für die Prognose. Damit dieser Bedarf rechtzeitig für die übergeordneten Produkte zur Verfügung steht, wird angenommen, dass der Bedarf zu Beginn der Periode in dieser Zusammenfassung aufeinanderfolgender Perioden zur Verfügung stehen muss. Möglich ist, dass das Zeitraster der Prognose für die Disposition zu grob ist. Für diesen Fall bieten kommerziell verfügbare Systeme eine, materialspezifische, Aufteilung auf ein feineres Periodenraster an. Durch eine solche Aufteilung, möglicherweise basierend auf einer vorhergehenden Zusammenfassung, könnte die Länge des Planungszeitraums, in Form der Anzahl an Perioden, zu lang sein, beispielsweise im Vergleich zu den anderen Komponenten. Daher kann in kommerziell verfügbaren Systemen (materialspezifisch) eingestellt werden, wie viele Prognoseperioden in der Disposition berücksichtigt werden. Ein solches Aufteilungskennzeichen wird typischerweise im Rahmen der Konfiguration der Bedarfsplanung pro Werk und Periodizität definiert und dem Material im Materialstamm zugeordnet. Wird über einen längeren Planungszeitraum prognostiziert, so hat die Entwicklung der tatsächlichen Nachfrage in diesem Planungszeitraum keinen Einfluss auf die Prognosewerte in den einzelnen (späteren) Perioden. Es sei betont, dass dies methodisch bezogen auf ein ideales Prognoseverfahren auch nicht notwendig ist; im Abschnitt „Prognose" und vor allem in [Herr09a] ist dies im Detail diskutiert worden. Kommerziell verfügbare Systeme gehen jedoch davon aus, dass die Voraussetzungen eines idealen Prognoseverfahrens nicht exakt gegeben sind und interpretieren dies als eine Schwäche. Zu ihrer Behebung bieten viele kommerzielle ERP- und PPS-Systeme eine Verrechnung mit zukünftigen Bedarfen an, die wie die im Abschnitt „Produktionsprogrammplanung" beschriebene Verrechnung arbeitet.

Beim Bestellpunktverfahren handelt es sich um eine der im Abschnitt „Bestandsmanagement" angegebenen Lagerhaltungspolitiken. Daher wird der verfügbare (disponible) Lagerbestand dem Meldebestand (s) gegenübergestellt. Ist der verfügbare Bestand kleiner oder gleich dem Meldebestand, wird ein Bestellvorschlag der Höhe q erzeugt. Dabei kann es sich um eine Konstante handeln oder es wird bis zu einem Bestellniveau (Höchstbestand) aufgefüllt; Einstellhinweise zu diesen beiden Varianten ergeben sich aus den Überlegungen zum Bestandsmanagement (s. den gleichnamigen Abschnitt). Zufällige Schwankungen der Bedarfe, auch der Lieferverzögerung (durch die Produktion) werden durch einen Sicherheitsbestand berücksichtigt. Diese beiden Steuerungsparameter (s und q) werden nach einem im Abschnitt „Bestandsmanagement" angegebenen Verfahren berechnet. Dieses Vorgehen wird in den meisten Systemen als manuelles Verfahren bezeichnet. Die Bestellpunktüberwachung und die Auslösung eines Bestellvorschlags erfolgen maschinell.

Beim manuellen Verfahren erfolgt die Berechnung der Steuerungsparameter über die (quasi-) stationäre Reihe der Periodenbedarfe bzw. der Nachfragemengen in der Wiederbeschaffungszeit; zu (quasi-) stationär s. den Abschnitt „Bestandsmanagement". Bei einem automatischen Verfahren werden periodisch die Steuerungsparameter neu berechnet. Dazu werden die zukünftigen Bedarfe in der Wiederbeschaffungszeit durch ein Prognoseverfahren geschätzt. Die Auswahl eines geeigneten Prognoseverfahrens, einschließlich der Einstellung seiner Parameter, erfolgt nach dem im Abschnitt „Prognose" beschriebenen Vorgehen. Realisierungen dieser automatischen Berechnung der Steuerungsparameter in kommerziell verfügbaren ERP- und PPS-Systemen, wie dem SAP®-System, unterstellen eine Normalverteilung für die Nachfragemengen und eine konstante Lieferzeit; diese liegt, wie im Abschnitt zum Bestandsmanagement im Detail begründet ist, in der industriellen Praxis häufig nicht vor. Ferner werden der Erwartungswert und die Streuung in jeder Periode aus dem aktuellen Prognosewert berechnet. Es sei angemerkt, dass auch in größeren Zeitabständen die Steuerungsparameter neu berechnet werden könnten.

In manchen Produktionsprozessen ist es erforderlich, nicht in jeder Periode, sondern stets in einem festen Rhythmus von einer bestimmten Anzahl an Perioden zu disponieren. Ein Beispiel ist ein Lieferant, der ein Material immer an einem bestimmten Wochentag liefert. In einem solchen Fall ist die Disposition des Materials im gleichen Rhythmus, allerdings um die Lieferzeit verschoben, vorzunehmen. Folglich sollte ein ERP- und PPS-System im Rahmen einer so genannten rhythmischen Disposition eine programmorientierte Disposition, eine stochastische Disposition und ein Lagerhaltungsverfahren in einem Rhythmus durchführen können. Bei einer programmorientierten und einer stochastischen Disposition sind dazu die Bedarfe in einem Rhythmus quasi zu einem Bedarf zusammenzufassen. Beim Lagerhaltungsverfahren ist eine so genannte (r,S)-Lagerhaltungspolitik anzuwenden, die nach der folgenden Entscheidungsregel arbeitet: In Abständen von r Perioden wird eine Lagerbestellung in der Höhe ausgelöst, die, falls sie sofort eintreffen würde, den Lagerbestand auf das Niveau S anheben würde. In vielen kommerziell verfügbaren ERP- und PPS-Systemen wird jedoch lediglich die programmorientierte und die stochastische Disposition angeboten; beispielsweise im SAP®-System.

4.3.2.3 Analyse der Dispositionsarten

Die folgende Analyse einer programmorientierten Disposition, einer stochastischen Disposition und einem Bestandsmanagementverfahren (Bestellpunktverfahren) setzt implizit eine periodenweise Bedarfsplanung voraus. Die Ergebnisse gelten sinngemäß für die rhythmische Disposition.

Von allen drei Dispositionsarten bewirkt die programmorientierte Disposition die geringsten Lagerbestände, da exakt so viel produziert wird, wie benötigt wird; es sei angemerkt, dass Lagerbestände durch Losbildungen entstehen; wodurch vermeidbare Bestände entstehen. Durch die Prognose der Bedarfe (im Rahmen der stochastischen Disposition) können zu hohe Bestände entstehen, sofern zu hohe Bedarfe geschätzt werden. Beim Einsatz von einem Bestandsmanagementverfahren (Bestellpunktverfahren) treten wegen dem Meldebestand höhere Lagerbestände als bei einer programmorientierten Disposition auf. Dieser Unterschied ist umso bedeutender, je höher die Streuung der Bedarfe ist – da dadurch ein höherer Bestellbestand für einen bestimmten Servicegrad benötigt wird (s. den Abschnitt „Bestandsmanagement").

Unterschiede zwischen den Alternativen ergeben sich auch bei den Fehlmengen. Wegen der exakten Planung bewirkt die programmorientierte Disposition keine Fehlmengen; es sei angemerkt, dass Fehlmengen durch in der Planung nicht berücksichtigte Kapazitätsbeschränkungen möglich sind, weil die berücksichtigte Durchlaufzeit die tatsächliche unterschätzt; s. dazu die entsprechenden Bemerkungen bei der Beschreibung der Bedarfsplanung, die im Abschnitt „Terminierung" vertieft werden. Durch die Prognose der Bedarfe (im Rahmen der verbrauchsgesteuerten Disposition) können zu hohe Fehlmengen entstehen, sofern zu niedrige Bedarfe geschätzt werden. Beim Einsatz einer Lagerhaltungspolitik (einem Bestellpunktverfahren) treten bei einem Servicegrad von unter 100% Fehlmengen auf. Über einen hohen Servicegrad können die Fehlmengen bei dem Bestellpunktverfahren gering gehalten werden.

Sind die Durchlaufzeiten bei einer programmorientierten Disposition starken zufälligen Schwankungen unterworfen, so treten Fehlmengen auf, weil die berücksichtigte Durchlaufzeit die tatsächliche unterschätzt. Dann kann ein Bestellpunktverfahren durch einen hohen Servicegrad eine höhere Materialverfügbarkeit sicherstellen. In diesem Fall lösen Bestände ein Materialverfügbarkeitsproblem. Diese Alternative bietet sich generell bei einem geringeren Materialwert an, da dann hohe Bestände – entsprechende Lagerkapazitäten vorausgesetzt – unproblematisch sind.

4.3.2.4   Leitfaden

Damit stehen zur Materialbedarfsermittlung zahlreiche alternativ einsetzbare Verfahren zur Verfügung. Für den Anwender stellt sich in einer konkreten Planungssituation damit das Problem, welches Verfahren für welchen Verbrauchsfaktor einzusetzen ist, damit die von der Verfahrenswahl abhängigen Kosten, d.h. vor allem die Kosten der Informationsverarbeitung und die Kosten, die als Folge ungenauer, d.h. suboptimaler Problemlösungen entstehen, insgesamt so gering wie möglich werden. Offensichtlich müssen die mit einem genaueren Planungsverfahren erzielbaren Kosteneinsparungen die Kosten des Verfahrenseinsatzes (z.B. für Betriebsdatenerfassung, Pflege und Verwaltung des Datenbestands, Speicherplatz, Rechenzeit) übertreffen.

Nach den obigen Überlegungen zu den Unterschieden der drei Dispositionsarten sind für ihre Kosten aufgrund suboptimaler Lösungen die Fehlmengenkosten sowie die Lagerhaltungskosten zu berücksichtigen. Sind die Fehlmengenkosten eines Produkts besonders hoch, so wird im hier zu entwickelnden Leitfaden vorgeschlagen, primär Fehlmengen zu vermeiden. Nach den obigen Überlegungen ist zur Vermeidung von Fehlmengen die programmorientierte Disposition in der Regel am besten geeignet. Einzige Ausnahme ist eine häufige Unterschätzung der Durchlaufzeiten bei der programmorientierten Disposition, was bei stark schwankenden Durchlaufzeiten vorliegen dürfte. In diesem Fall wird von einem hohen Durchlaufzeitrisiko gesprochen. Bei einem hohen Durchlaufzeitrisiko kann die durch die höheren Bestände bei dem Bestellpunktverfahren realisierte höhere Materialverfügbarkeit gegenüber der programmorientierten Disposition zu geringeren Gesamtkosten führen und sollte dann verwendet werden.

In jedem Fall führen Produkte mit einem hohen Wert zu hohen Lagerhaltungskosten, so dass in diesem Fall mit der programmorientierten Disposition geplant werden sollte. Für Produkte mit einem niedrigen Wert sollte die stochastische Disposition durchgeführt werden.

Zur wertmäßigen Aufteilung der Produkte bietet sich die Konzentrationsmessung der ABC-Analyse an. Dabei wird davon ausgegangen, dass 10 bis 20% der eingesetzten Materialien, die so genannten A-Teile, 60 bis 80% des Materialwerts ausmachen, weitere 20 bis 40% der eingesetzten Materialien, die so genannten B-Teile, einen Wertanteil von 10 bis 30% haben und die restlichen 30 bis 60%, die so genannten C-Teile, der Materialien sich durch einen relativ geringen Anteil von 5 bis 10% am Gesamtwert auszeichnen; für eine methodische Betrachtung der ABC-Analyse sei beispielsweise auf [Temp08] verwiesen.

Nach den bisherigen Überlegungen sollten A-Teile durch die programmorientierte Disposition geplant werden, da die programmorientierte Disposition die geringsten Fehlmengen und Lagerbestände verursacht. Bei C-Teilen bietet sich eine verbrauchsgesteuerte Disposition an, vielfach kann sogar ganz auf eine systematische Bedarfsermittlung verzichtet werden.

Für die B-Teile bietet es sich an, diese bei einer höheren Wertnähe zu den A-Teilen durch die programmorientierte Disposition zu planen und bei einer höheren Wertnähe zu den C-Teilen eine der verschiedenen verbrauchsgesteuerten Dispositionsarten anzuwenden. Als zusätzliches Kriterium bietet sich bei B-Teilen der zeitliche Bedarfsverlauf an; weitere eher untergeordnete Kriterien sind die Haltbarkeitsdauern, die Volumina, die Gewichte usw..

Nach der Klassifikation der Bedarfsverläufe im Abschnitt „Prognose", bietet es sich an, wie bei der Durchführung eines Bestandsmanagementprojekts (im Rahmen des Bestandsmanagements) erläutert ist, eine RSU-Klassifikation vorzunehmen und dadurch zwischen dem regelmäßigen, dem saisonalen und dem unregelmäßigen Bedarfsverlauf zu unterscheiden, wobei unterstellt wird, dass kein trendförmiger Bedarfsverlauf, sondern nur ein konstanter Bedarfsverlauf, auftritt. Nach der Analyse von Prognoseverfahren in [Herr09a] werden für Produkte mit einem regelmäßigen (und konstanten) Bedarfsverlauf sehr gute Prognoseergebnisse erreicht. Etwas weniger gute Ergebnisse werden für Produkte mit einem saisonalen Bedarfsverlauf erreicht, während sich unregelmäßige Bedarfsverläufe (mit starken Schwankungen oder vielen Perioden ohne Bedarf) nur recht ungenau prognostizieren lassen. Deswegen bietet sich die stochastische Disposition bei einem regelmäßigen (und konstanten) Bedarfsverlauf mit einer geringen Streuung an (durch die geringe Streuung ist eine hohe Prognosegenauigkeit zu erwarten). Bei den anderen beiden Bedarfsverläufen ist die stochastische Disposition nur dann überlegenswert, und zwar als Alternative zur programmorientierten Disposition, wenn die durch eine Unterschätzung des Bedarfs auftretende Fehlmenge höchstens geringe Kosten verursacht.

Können Produkte kurzfristig beschafft werden und weisen sie geringe Schwankungen an Bedarfen oder Ausschuss auf, was als geringes Verbrauchsrisiko bezeichnet wird, so ist ebenfalls eine stochastische Disposition überlegenswert. Anderenfalls ist das Bestellpunktverfahren (also ein Lagerhaltungsverfahren) die bessere Alternative zur programmorientierten Disposition, da ein hoher Servicegrad einen geringen Einfluss von hohen Fehlmengenkosten, von hohen Lieferrisiken, im Sinne von langen Lieferzeiten oder hohen Streuungen in den Lieferzeiten oder -mengen, oder von hohen Verbrauchsrisiken auf die Planungsqualität bewirkt. Für B-Teile werden somit nach verschiedenen Kriterien zwei verbrauchsgesteuerte Verfahren selektiert. Sie sind in Form eines Entscheidungsdiagramms in Abbildung 4-32 zusammengefasst.

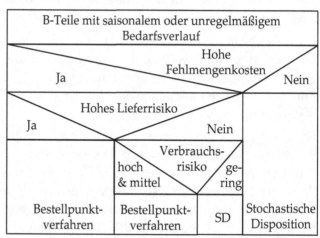

	B-Teile
R (mit geringer Streuung)	SD
S	SD oder BV
U	SD oder BV

Abbildung 4-32: Selektion von stochastischer Disposition (SD) und Bestellpunktverfahren (BV) bei B-Teilen; beachte, dass bei höherer Wertnähe zu A-Teilen die programmgesteuerte Disposition verwandt wird

Die Güte der stochastischen Disposition beim Vorliegen eines regelmäßigen Bedarfsverlaufs ist dann besonders hoch, wenn deren Streuung klein ist. Eine solche Situation tritt dann auf, wenn ein Erzeugnis in sehr viele unterschiedliche übergeordnete Baugruppen und Endprodukte eingebaut wird. Dann bildet die Summe der Einzelbedarfe aufgrund der übergeordneten Produkte den Gesamtbedarf. Oftmals bewirkt eine solche Aggregation eine Reduktion in den Schwankungen und damit eine Reduktion in der Varianz (bzw. Streuung) – gegenüber der Summe der einzelnen Varianzen. Dadurch ist zu erwarten, dass die Prognose des Gesamtbedarfs durch eine stochastische Disposition oftmals nahezu genauso gut wie die Berechnung des Gesamtbedarfs durch die programmgesteuerte Disposition ist. In solchen praxisrelevanten Fällen ist die stochastische Disposition sehr viel kostengünstiger als die programmgesteuerte Disposition.

Bei einer automatischen Berechnung der Steuerungsparameter durch ein Progno-severfahren könnte die Folge der prognostizierten Bedarfe, genauer die durch die-se bestimmten Zufallsvariablen, keinen konstanten endlichen Mittelwert und keine konstante endliche Standardabweichung aufweisen, also nicht (quasi-) stationär sein. Nach empirischen Untersuchungen trifft dies auf viele Einstellungen von Prognoseverfahren in der industriellen Praxis zu. In solchen Fällen ist also eine Annahme für die Entwicklung der Lagerhaltungspolitiken verletzt ist. Dadurch werden bei jeder Realisierung der automatischen Berechnung der Steuerungspa-rameter im Zeitablauf schwankende Erwartungswerte und Standardabweichungen verwendet. Da aufeinanderfolgende Prognosewerte in der Regel schwanken, trifft dies bei der oben genannten Realisierung in kommerziellen ERP- und PPS-Systemen stets zu. Wie bei der Quantifizierung des Peitscheneffekts analysiert worden ist (s. z.B. [Herr09b]), verursacht dies stark schwankende Bestellmengen und Bestellbestände. Diese wiederum verursachen zu hohe Bestände. Deswegen sollte keine solche automatische Berechnung der Steuerungsparameter erfolgen. Allerdings existiert häufig ein Prognoseverfahren mit einer Einstellung, so dass die Folge der prognostizierten Bedarfe (quasi-) stationär ist; dies ist in den Abschnitten „Prognose" und „Bestandsmanagement" dargestellt. Ist die Anzahl an vorhande-nen jüngeren Vergangenheitswerten zu gering, um ein stationäres Verhalten zu verifizieren, so sollte eine plausible Approximation des zukünftigen Bedarfsver-laufs erfolgen, und mit dieser Approximation sollten der Erwartungswert und die Streuung des (zukünftigen) Bedarfsverlaufs geschätzt werden. Dies entspricht dem Vorgehen, welches im Abschnitt „Durchführung eines Bestandsmanagementpro-jekts" (im Rahmen des Bestandsmanagements) erläutert ist. Genauso sollte vorge-gangen werden, wenn der in der industriellen Praxis realistische Fall vorliegt, bei dem die vorliegenden Werte den tatsächlichen Prozessablauf nicht genau reprä-sentieren.

Bei C-Teilen wird, nach den obigen Überlegungen, grundsätzlich nur eine ver-brauchsgesteuerte Disposition vorgeschlagen. Da durch einen hohen Servicegrad bei einer Lagerhaltung Fehlmengen vermieden werden, bietet sich das Bestell-punktverfahren an; es sei betont, dass es auch vorteilhaft ist, wenn ein C-Teil für die Herstellung eines Produkts kritisch ist. Wegen des geringen Werts von C-Teilen soll, wie im Abschnitt „Durchführung eines Bestandsmanagementprojekts" (im Rahmen des Bestandsmanagements) vorgeschlagen, verfahren werden. Da-nach werden die Bedarfe über eine höhere Anzahl an Perioden aufsummiert und die Steuerungsparameter unter der Annahme einer Normalverteilung dieser summierten Bedarfe ermittelt. Die bei B-Teilen durch eine automatische Berech-nung der Steuerungsparameter identifizierten Schwierigkeiten treffen auch hier zu, sind aber weniger bedeutend, da ein höherer Lagerbestand nur zu einer margi-nalen Kostenerhöhung führt. Der durch eine automatische Berechnung verursach-te Zusatzaufwand führt daher zu keiner signifikanten Ergebnisverbesserung, weswegen auch in diesem Fall auf eine automatische Berechnung der Steuerungsparameter verzichtet werden sollte. Für Produkte mit einem nur marginalen Wert, bietet sich eine Beschaffung im Bedarfsfall an (wie sie auch im Abschnitt „Durchführung eines Bestandsmanagementprojekts" (im Rahmen des Bestandsmanagements) vorgeschlagen ist).

In der Literatur wird häufig vorgeschlagen, die bei B-Teilen durchgeführte RSU-Klassifizierung auch für die A- und C-Teile durchzuführen. Nach der vorgestellten Argumentation führt dies jedoch nicht zu einer Verfahrenspräzisierung, weswegen darauf verzichtet werden sollte.

Diese Überlegungen berücksichtigen Produkte, für die eine programmgesteuerte Disposition durchführbar ist; dies ist im Einklang mit der oben vorgestellten logistischen Prozesskette. Beispielsweise beim Ersatzteilebedarf liegen jedoch die für eine programmgesteuerte Disposition notwendigen Informationen nicht vor. Nach dem obigen Leitfaden für B-Teile sollte dann entweder eine stochastische Disposition oder ein Bestellpunktverfahren verwendet werden.

4.3.3 Losgrößenberechnung

Für das oben dargestellte einstufige Losgrößenproblem existieren in den kommerziell verfügbaren ERP- und PPS-Systemen verschiedene Algorithmen. Vielfach verwenden sie Erkenntnisse aus dem klassischen Losgrößenproblem mit konstantem Bedarf (d) und unendlicher Produktionsgeschwindigkeit (dies bedeutet einen unendlich schnellen Lagerzugang), welches im Abschnitt zum Bestandsmanagement bereits erläutert worden ist; es sei angemerkt, dass dort im Detail eine endliche Produktionsgeschwindigkeit p bei einer geschlossenen Produktion zugrunde gelegt worden war und eine unendliche sich durch eine Grenzwertbetrachtung von p, also $p \to \infty$, ergibt (dies ist am Ende des Abschnitts zum Bestandsmanagement beschrieben worden). Für einen Rüstkostensatz K und einen Lagerkostensatz h lauten die zu minimierenden Gesamtkosten $(C(q))$ pro Zeiteinheit für ein Los (q)

$$C(q) = \frac{K \cdot d}{q} + \frac{h \cdot q}{2}$$ mit $q > 0$. Es sei betont, dass dieses Modell einen unendlich

langen Planungshorizont voraussetzt. Die Lösung dieses Optimierungsproblems

berechnet das optimale Los durch $q_{opt} = \sqrt{\dfrac{2 \cdot K \cdot d}{h}}$; für eine detaillierte Herleitung

sei auf [Herr09a] verwiesen. Dort befindet sich seine Erweiterung um eine endliche Produktionsgeschwindigkeit, sowohl bei einer offenen als auch bei einer geschlossenen Produktion, sowie um Rüstzeit und auch um das Auftreten von Fehlmengen (s. [Herr09a]). Bei diesen Erweiterungen bleibt die Struktur der Lösung erhalten. Es sei daran erinnert, dass in ERP- und PPS-Systemen davon ausgegangen wird, dass ein Auftrag komplett beendet wird, bevor er eingelagert wird, so dass eine sogenannte geschlossene Produktion vorliegt.

Ein Vergleich mit einem einstufigen Losgrößenproblem, welches im Rahmen der Bedarfsplanung zu lösen ist (und oben erläutert worden ist), zeigt, dass die Annahmen des klassischen Losgrößenproblems nicht vorliegen. So liegt ein endlicher Planungshorizont vor, der in gleich langen Perioden unterteilt wird, und es existieren im Voraus bekannte Bedarfe in diesen einzelnen Planungsperioden, die üblicherweise unterschiedlich sind; in der Literatur wird von einem Losgrößenproblem mit einem deterministisch-dynamischen Bedarf gesprochen. Das sich daraus ergebende Optimierungsproblem wurde von Wagner und Whitin (s. [WaWi58]) 1958 formuliert und gelöst. Unter der Bezeichnung Single-Level Uncapacitated Lot Sizing Problem (SLULSP) (bzw. Wagner-Whitin-Modell) wird es in der Literatur diskutiert. In [Herr09a] befinden sich eine Problembeschreibung und eine Lösung.

4.3.3.1 Statische Verfahren

In kommerziell verfügbaren ERP- und PPS-Systemen existieren so genannte statische Losgrößenverfahren. Ihre Losbildung ist unabhängig von den vorliegenden Bedarfen im Planungsintervall. So hat bei dem Losgrößenverfahren der festen Losgröße jedes Los die gleiche, eben feste, Losgröße. In kommerziell verfügbaren ERP- und PPS-Systemen wird diese im Materialstamm angegeben. Sie lässt sich durch das klassische Losgrößenverfahren berechnen, indem eine mittlere Bedarfsrate d unterstellt wird, die, wie beim Bestandmanagement, durch den Mittelwert der Periodenbedarfe berechnet wird. Eine Variante von diesem Losgrößenverfahren ist das Losgrößenverfahren „Auffüllen bis zum Höchstbestand", da dieser Höchstbestand gleich dem Bestellniveau beim Bestandsmanagement sein könnte, der teilweise durch das klassische Losgrößenverfahren berechnet wird. Es sei betont, dass, wie beim Bestandsmanagement, zu Beginn einer Periode eine Entscheidung über das Aufsetzen von einem solchen festen Los zu fällen ist. Da der Bestand von Null aber innerhalb einer Periode erreicht werden könnte (und in der Regel auch erreicht wird), ist das Vorgehen beim klassischen Losgrößenverfahren, nach dem ein Los erst aufgesetzt wird, wenn kein Bestand existiert, nicht anwendbar. Dann sind zu einem periodenspezifischen Nettobedarf d in einer Periode gerade so viele Planaufträge n über eine feste Losgröße von q zu erzeugen, so dass $d \le n \cdot q$ ist; es sei angemerkt, dass n die kleinste natürliche Zahl ist, für die diese Bedingung gilt. Es sei betont, dass dadurch das Dispositionsstufenverfahren in einer Periode für ein Produkt mehr als einen Planauftrag haben kann. Die Sekundärbedarfsberechnung ist folglich entsprechend zu erweitern. Es sei angemerkt, dass beim allgemeinen mehrstufigen Losgrößenproblem, s. [Herr09a], in einer Periode für ein Produkt genau ein Planauftrag existiert. Es sei angemerkt, dass bei dem Losgrößenverfahren „Auffüllen bis zum Höchstbestand" kein Nettobedarf den Höchstbestand übersteigen darf. Als Alternative könnte über $\tau = \frac{q}{d}$ ein Zyklus berechnet werden. Es sei angenommen, dass τ in Perioden angegeben ist (z.B. $\tau = 2$ Perioden oder $\tau = \pi$ Perioden). Dann tritt das oben genannte Problem nur auf, wenn τ kein ganzzahliges Vielfaches der Periodenlänge ist; beispielsweise bei $\tau = \pi$ Perioden. Deswegen wird er, sofern erforderlich, zur nächsten natürlichen

Zahl $\left(\tau'\right)$ auf- oder abgerundet, wobei die bessere der beiden Alternativen gewählt

wird. Dieser neue Zyklus τ' bestimmt die Zeitpunkte, an denen ein Los aufgesetzt

wird. Ein solches Los besteht dann aus den Bedarfen der nächsten τ' Perioden;

formal bedeutet dies: ist t die aktuelle Periode und sind d_t, d_{t+1}, d_{t+2}, ... die Be-

darfe in den nächsten Perioden, so wird das Los in der Periode t $\left(q_t\right)$ berechnet

durch $q_t = \sum\limits_{i=t}^{t+\tau'-1} d_i$. In der Literatur wird diese Zykluslänge τ' auch als Reichweite

bezeichnet, und dieses Losgrößenverfahren heißt periodisches Losgrößenverfahren

mit Reichweite τ'. Wird τ' durch das gerade beschriebene Vorgehen ermittelt, so

wird von einer statisch bestimmten Reichweite gesprochen. Der Spezialfall einer

Reichweite von einer Periode fällt als Losgrößenverfahren der exakten Losgröße

auch unter den statischen Verfahren.

4.3.3.2 Statische Verfahren – Analyse und Einstellhinweise

Es ist zu vermuten, dass das periodische Losgrößenverfahren mit einer so be-

stimmten Reichweite nicht optimal ist. Einen Einblick in seine Güte ergibt die Ana-

lyse der Anwendung dieses Vorgehens bei dem klassischen Losgrößenverfahren

mit konstantem Bedarf (d) und unendlicher Produktionsgeschwindigkeit. Ein op-

timales Los q_{opt} führt nach $\tau_{opt} = \dfrac{q_{opt}}{d}$ zu einem optimalen Bestellintervall τ_{opt}.

Auch hier sind Bestellintervalle wie $\sqrt{3}$ Tage nicht einfach umsetzbar. Aufgrund

von solchen reellen Zahlen als Bestellintervalle könnte festgelegt werden, dass in

einer Woche am Montag, in der darauf folgenden Woche am Donnerstag, in der

darauf folgenden Woche am Dienstag usw. bestellt wird. Dadurch entsteht ein

Plan für Bestellungen mit einem nicht einfach zu erkennenden Muster. Deswegen

erscheint es sinnvoll, nur solche Losgrößen zu erlauben, bei denen die Bestellinter-

valle auf solche Werte beschränkt sind, die einfach umsetzbar sind. Das obige Vor-

gehen ist eine solche Beschränkung, in dem es nur Zyklen erlaubt, die die Form

$\tau = i_\tau \cdot n$, mit $n \in \mathbb{N}$ und i_τ ist die Periodenlänge im Losgrößenproblem mit einem

deterministisch-dynamischen Bedarf, annehmen. Wie oben dargestellt worden ist,

wird $\dfrac{\tau}{i_\tau}$ auf die nächste natürliche Zahl n_{opt} auf- oder abgerundet (beachte: τ und

i_τ sind positiv), wobei die bessere der beiden Alternativen gewählt wird. Es ist

klar, dass dadurch die Gesamtkosten pro Zeiteinheit höher als die optimalen Ge-

samtkosten sind; da die Gesamtkosten im Optimum minimal (s. [Herr09a]) sind.

Um einen Eindruck von der Verschlechterung der Lösungsgüte zu gewinnen, wird

der mathematisch gut analysierbare Fall betrachtet, bei dem die Zyklen nur Werte

der Form $\tau = \tau_B \cdot 2^k$, mit $k \in \mathbb{N}_0$ und τ_B ist eine feste Grundplanungsperiode, an-

nehmen. Eine solche Einschränkung wird in der Literatur als 2^x -Beschränkung (im

englischen power-of-two restrictions) bezeichnet. Das dazugehörige Losgrößenverfahren heißt 2^x-Politik (im englischen power-of-two policies). Diese Grundplanungsperiode τ_B kann beispielsweise ein Tag, eine Woche, Monat usw. betragen und liegt im Voraus fest. Sie repräsentiert das kleinste mögliche Bestellintervall. Es lässt sich zeigen, s. hierzu [Herr09a], dass das k von derjenigen 2^x-Politik, die die geringsten Kosten von allen möglichen 2^x-Politiken aufweist, die kleinste natürliche Zahl k_{opt} mit $\frac{\tau_{opt}}{\sqrt{2}} \leq \tau_B \cdot 2^{k_{opt}}$ ist. Ihre Gesamtkosten weichen maximal um 6 % von den optimalen Gesamtkosten ab; ein ausführlicher Beweis dazu findet sich in [Herr09a]. Es sei nun $\tau_B = i_\tau$ und mit k_{opt} hat die 2^x-Politik die geringsten Gesamtkosten. Da der Zyklus $\tau' = i_\tau \cdot n_{opt}$ entweder gleich oder kleiner als der Zyklus $\tau = i_\tau \cdot 2^{k_{opt}}$ ist und weil die Gesamtkostenfunktion konvex ist (s. [Herr09a]), weichen die Gesamtkosten mit dem Zyklus τ' maximal um 6 % von den optimalen Gesamtkosten ab. Liegt nun ein Losgrößenproblem mit einem deterministisch-dynamischen Bedarf vor, dessen Periodenbedarfe nahezu konstant sind, so dürfte das periodische Losgrößenverfahren mit der statisch bestimmten Reichweite von $\tau' = i_\tau \cdot n_{opt}$ sehr gute, oft sogar optimale Lösungen liefern. Ist der Bedarfsverlauf sogar konstant, so liefert das Verfahren eine optimale Lösung.

Bei dem Losgrößenverfahren der exakten Losgröße handelt es sich um eine bedarfssynchrone (just in time) Produktion; da $q_t = d_t$ ist. Ein solches Verfahren bietet sich an, wenn die Lagerungskosten für ein Produkt seine Beschaffungs- bzw. Rüstkosten um ein Vielfaches übersteigen. Dies trifft auf sehr kostenintensive Produkte zu. Sie lassen sich über eine ABC-Analyse identifizieren, so dass diese Empfehlung für A- und eventuell auch für B-Teile gilt. Eine bedarfssynchrone Produktion verbraucht keinen Lagerplatz, weswegen dieses Losgrößenverfahren bei geringer Lagerkapazität für A- und auch für B-Teile interessant sein kann; im Falle von B-Teilen vor allem dann, wenn diese hohe Lagerungskosten besitzen. Ein Liquiditätsengpass ist ein weiterer Grund für eine bedarfssynchrone Produktion sowohl bei A- als auch bei B-Teilen; aufgrund ihrer hohen Kosten. Da eine bedarfssynchrone Produktion die kleinsten möglichen Lose bewirkt, verursacht diese die kleinste mögliche Kapazitätsbelastung. Dies kann bei einem Kapazitätsengpass günstig sein, um kurzfristig viele verschiedene Produkte fertigzustellen, wodurch die Verspätung reduziert wird; hierzu befindet sich beispielsweise in [Herr09a] ein konkretes Beispiel. Viele kleine Lose führen andererseits zu einem höheren Anteil an Rüstzeiten, für die Produktion steht weniger Kapazität zur Verfügung und der Endproduktdurchsatz sinkt. Zusätzlich steigt der Anteil an Wartezeiten, da durch eine hohe Anzahl kleiner Lose schlechtere Produktionsreihenfolgen in der Werkstatt gebildet werden (nämlich durch die Fertigungssteuerung) und sich die Aufträge vor den Engpassressourcen stärker stauen. Demgegenüber sollten C-Teile in der Regel nicht bedarfssynchron produziert werden; allenfalls eine sehr geringe

Lagerkapazität kann den Einsatz dieses Verfahrens auch bei C-Teilen aufgrund ihres hohen Mengenanteils rechtfertigen.

Sind aufgrund von technischen Randbedingungen, wie die Größe eines Ofens oder die Größe einer Palette bzw. eines Tanks, oder betriebswirtschaftlicher Besonderheiten, wie das Erreichen einer vollen Wagenladung, nur Produktionsaufträge einer gewissen Größe wirtschaftlich sinnvoll, so ist eine feste Losgröße unvermeidlich. Es sei betont, dass in diesem Fall so wie oben beschrieben vorzugehen ist – ein periodisches Losgrößenverfahren ist dann keine Alternative. Es ist zu erwarten, dass bei solchen Randbedingungen die Kundenauftragsmengen ein Vielfaches dieser Produktionslose sind. Abweichende Kundenauftragsmengen dürften zu deutlich höheren Kosten führen.

Beide Losgrößenverfahren „feste Losgröße" und „Auffüllen bis zum Höchstbestand" werden auch im Zusammenhang mit der bei den alternativen Dispositionsarten vorgestellten Bestellpunktdisposition eingesetzt. Es sei daran erinnert, dass es sich dabei um eine im Abschnitt „Bestandsmanagement" angegebene Lagerhaltungspolitik handelt, nach der ein Los aufgesetzt wird, sobald der verfügbare (disponible) Lagerbestand einen bestimmten Meldebestand erreicht oder unterschritten hat. Für Hinweise zur Verwendung dieser Losgrößenverfahren sei auf die Einstellhinweise zur Bestellpunktdisposition im Abschnitt über alternative Dispositionsarten verwiesen.

Ein periodisches Losgrößenverfahren fasst, wie oben erläutert worden ist, die Bedarfsmengen des nächsten Zyklus (aus Perioden) zu einem Los zusammen. Es erlaubt, vor allem gegenüber den weiter unten genannten Losgrößenheuristiken, eine Limitierung der Losgröße. Obwohl diese Limitierung nicht so ausgeprägt ist wie die bei der bedarfssynchronen Produktion, bietet sie sich an, um niedrige Lagerbestände sowohl wegen hohen Lagerkosten als auch wegen geringer Lagerkapazität zu realisieren. Wiederum sollte ein periodisches Losgrößenverfahren nicht für alle Produkte eingestellt werden, sondern primär für A- und eventuell auch für B-Teile aufgrund einer ABC-Analyse nach diesen beiden Kriterien; nur bei einer sehr geringen Lagerkapazität wird eine solche Losbildung auch bei C-Teilen aufgrund ihres hohen Mengenanteils vorgenommen. Bezogen auf die Produktion bewirkt eine Limitierung der Lose niedrigere Kapazitätsbelastungen durch ein einzelnes Los. Auf diese Weise ist eine Optimierung der Durchlaufzeit, primär bezogen auf einen Kapazitätsengpass, möglich. Dadurch entstehen viele kleine Lose, die, wie oben bereits analysiert wurde, die effektiv nutzbare Produktionskapazität reduzieren (nämlich aufgrund eines höheren Anteils an Rüstzeiten), und die den Anteil an Wartezeiten, vor allem an dem Kapazitätsengpass, erhöhen. Dadurch wird der Kapazitätsengpass noch ausgeprägter, was wiederum zu einer weiteren Reduktion der Losgrößen verleiten könnte, so dass ein Kreislauf in Gang gesetzt wird, der letztlich zu einer schlechten Leistung des Produktionssystems führen dürfte. Für die Einstellung der von Wiendahl entwickelten belastungsorientierten Auftragsfreigabe sind solche Überlegungen zur Durchlaufzeit interessant, und daher wurden so genannte Durchlaufzeit-optimale Losgrößenverfahren in [Wien87] analysiert.

Dieser Kreislauf mit einer abnehmenden Produktionsleistung lässt sich durchbrechen, wenn die Lose zeitlich versetzt eingeplant werden. Dieses Konzept wird zunächst für die Annahmen beim klassischen Losgrößenmodell erläutert, wodurch auch das eigentliche Problem noch deutlicher beschrieben wird. Danach sind mehrere Produkte durch ein Produktionssystem zu fertigen, wobei zu einem Zeitpunkt nur ein Produkt durch das Produktionssystem bearbeitet werden kann. Wegen der Annahmen beim klassischen Losgrößenmodell wird für jedes Produkt k das optimale Los $\left(q_{opt}^k\right)$ nach dem klassischen Losgrößenverfahren mit konstantem Bedarf $\left(d_k\right)$ und einer endlichen Produktionsgeschwindigkeit $\left(p_k\right)$ errechnet. Die produktspezifischen optimalen Produktionszyklen ergeben sich durch $\tau_{opt}^k = \dfrac{q_{opt}^k}{d_k}$. Die

Produktionszeit beträgt $\dfrac{q_{opt}^k}{p_k}$ (s. z.B. [Herr09a]) und liegt zu Beginn von einem solchen Produktionszyklus im so genannten Produktionszeitraum, in dem das Produktionssystem an dem Produkt k arbeitet. Eine produktspezifische Rüstzeit von r_k erhöht den Produktionszeitraum um r_k. Ein Produktionszeitraum beginnt immer dann, wenn der Bestand einen bestimmten konstanten Wert annimmt, der Bestellbestand, der gerade ausreicht, um den Bedarf zu befriedigen, der während der Produktionszeit auftritt. Bei einer geschlossenen Produktion handelt es sich um $\dfrac{d_k \cdot q_{opt}^k}{p_k}$ Einheiten und bei einer offenen Produktion ist Null der Bestellbestand, da bei einer offenen Produktion jede produzierte Mengeneinheit sofort zur Bedarfsdeckung verwendet werden kann; eine detaillierte Begründung dieser Bestellbestände bei einer offenen und einer geschlossenen Produktion ist in [Herr09a] angegeben. Abbildung 4-33 zeigt den physischen Lagerbestand im Zeitablauf bei einer geschlossenen Produktion; das Intervall von 0 bis $\dfrac{q_{opt}^k}{p_k}$ ist der Produktionszeitraum in dem dargestellten Produktionszyklus von 0 bis $\dfrac{q_{opt}^k}{d_k}$. Um Überschneidungen von Produktionsaufträgen zu vermeiden, darf jedes andere Produkt nur in dem Zeitraum von $\dfrac{q_{opt}^k}{p_k}$ bis $\dfrac{q_{opt}^k}{d_k}$ (von einem Produktionszyklus von k) produziert werden.

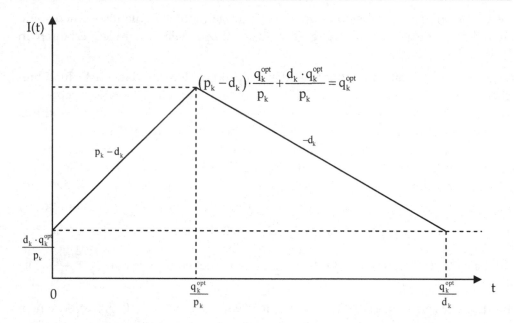

Abbildung 4-33: Physischer Lagerbestand im Zeitablauf bei geschlossener Produktion

Dies wird erreicht, indem eine feste Reihenfolge der Produkte gebildet wird und die Produkte in dieser Reihenfolge (unmittelbar) nacheinander produziert werden. Nach Fertigstellung des letzten Produkts wird mit dieser Produktion der Produkte in dieser Reihenfolge wieder begonnen. Graphisch ist dies für drei Produkte in Abbildung 4-34 angegeben und zwar, um die Produktion für jedes Produkt bei dem gleichen Lagerbestand beginnen zu lassen, für eine offene Produktion; es sei betont, dass jedes Los noch eine Rüstzeit besitzt, mit der sein Produktionszeitraum beginnt, was den zeitlichen Abstand zwischen der Fertigstellung eines Loses und dem Beginn der Bearbeitung des nächsten Loses (in der obigen Reihenfolge) erklärt. Daher ist für die Länge des Produktionszyklus von einem (beliebigen) Produkt noch zu berücksichtigen, dass alle anderen Produkte in diesem Produktionszyklus ebenfalls bearbeitet werden müssen. Eine sehr einfache Möglichkeit hierzu besteht darin, für alle Produkte einen gemeinsamen Produktionszyklus τ festzulegen, in dem jedes Produkt genau einmal produziert wird. Dazu muss das Los zu einem Produkt k ausreichen, um den Bedarf während eines Produktionszyklus (der Länge τ) zu decken, was durch $q_k = \tau \cdot d_k$ erreicht wird; ein Beispiel ist durch die Abbildung 4-34 visualisiert.

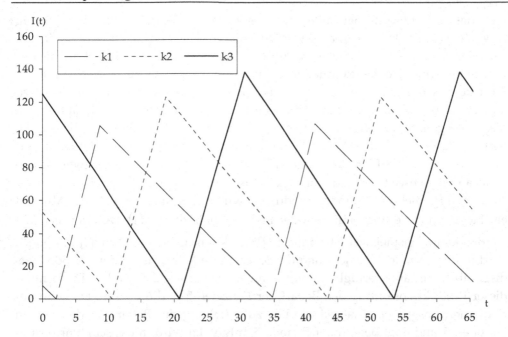

Abbildung 4-34: Synchronisation der Produktionszeiträume von drei Produkten (k_1, k_2 und k_3) mit konstanten Bedarfen bei einer offenen Produktion

Es sei erwähnt, dass der gemeinsame Produktionszyklus τ durch die Lösung eines Minimierungsproblems bestimmt ist, dessen Zielfunktion aus der Summe über die einzelnen Gesamtkosten eines Produkts pro Zeiteinheit besteht. Dabei handelt es sich um ein Optimierungsproblem einer Variablen, nämlich dem gemeinsamen Produktionszyklus τ, mit einer eindeutigen Lösung, da dessen Kostenfunktion streng konvex ist, und diese Lösung kann durch Methoden aus der Analysis berechnet werden; für eine offene Produktion ist dieses Optimierungsproblem in [GüTe09] detailliert angegeben und gelöst worden; mit dieser Lösung wurde der in Abbildung 4-34 dargestellte Produktionszyklus berechnet. Das Zulassen von produktspezifischen Produktionszyklen führt zu dem Economic Lot Scheduling Problem (ELSP), das auch als Problem optimaler Sortenschaltung bezeichnet wird und eine simultane Losgrößenplanung und Reihenfolgeplanung vornimmt. Es handelt sich um ein NP-vollständiges Optimierungsproblem (einen Nachweis hierzu findet sich in [Hsu83]) und für einen sehr guten Überblick über seine Lösungsmöglichkeiten sei auf [DoSV93] verwiesen.

Das oben vorgestellte einfache Vorgehen einer simultanen Losgrößenplanung und Reihenfolgeplanung durch die Festlegung von einem gemeinsamen Produktionszyklus τ, in dem die Lose der Produkte in einer festen Reihenfolge (die aber beliebig gewählt werden darf) bearbeitet werden, lässt sich auf Losgrößenprobleme mit einem deterministisch-dynamischen Bedarf übertragen. Dazu werden die Lose der einzelnen Produkte durch ein periodisches Losgrößenverfahren mit einer einheitlichen Reichweite von τ berechnet. Der Produktionszyklus von τ muss so groß sein, dass alle Lose nacheinander (in einer festen Reihenfolge, die aber beliebig gewählt werden darf) bearbeitet werden können. Die Reichweite von τ sichert, dass das Los zu einem beliebigen Produkt ausreicht, um den Bedarf zu diesem Produkt während eines Produktionszyklus (der Länge τ) zu decken. Dadurch wird kein Kundenauftrag verspätet ausgeliefert. Dieses Vorgehen demonstriert, dass ein Kapazitätsengpass durch einen Bestand gelöst werden kann. Graphisch ist dieses Vorgehen in Abbildung 4-35 beispielhaft für vier Produkte (A, B, C und D) dargestellt. Die Produkte A und B werden stets in den ungeraden Perioden und die Produkte C und D in den geraden Perioden produziert, so dass zwei die gemeinsame Reichweite (Produktionszyklus) ist. Dabei ist es auch möglich, dass ein Auftrag über mehrere Perioden produziert wird, da immer im gleichen Abstand ein Lagerzugang erfolgt, mit dem der Bedarf der nächsten (τ) Perioden gedeckt werden kann. Beispielsweise beginnt ein Produktionsauftrag zu A in der Periode 3, wird in der Periode 4 beendet und die produzierte Menge ist in der Periode 5 als disponibler Bestand verfügbar. Angenommen, τ betrage 2 Perioden. Dann muss dieser Produktionsauftrag den Bedarf der Perioden 5 und 6 decken. Da beim periodischen Losgrößenverfahren das Los zur Deckung des Bedarfs in den beiden Perioden 5 und 6 zu Beginn der Periode 5 aufgesetzt wird, muss sein Starttermin von der 5-ten Periode in die 3-te Periode verschoben werden; dies entspricht der Vorlaufzeitverschiebung in der Bedarfsplanung.

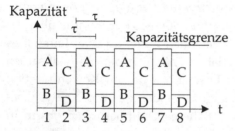

Abbildung 4-35: Synchronisation der Produktionszeiträume von vier Produkten (A, B, C und D) mit deterministisch-dynamischen Bedarfen und der Reichweite τ

Haben die auftretenden Periodenbedarfe nur sehr geringe Schwankungen, so können ihre Mittelwerte gebildet werden, und mit diesen kann nach dem obigen Verfahren bei konstanten Bedarfen ein gemeinsamer Produktionszyklus berechnet werden, der dann zu einem ganzzahligen Vielfachen der Periodenlänge aufgerundet wird; es sei angemerkt, dass dieser gemeinsame Produktionszyklus sehr lang sein kann. Es sei angenommen, dass die Schwankung der Periodenbedarfe so gering ist, dass die Produktionsaufträge stets in einem festen Zyklus aus Perioden begonnen und beendet werden. Dann werden die Produktionstermine exakt eingehalten; insbesondere kann keine Verspätung auftreten. Bei hohen Schwankungen schwanken die Bearbeitungszeiten so stark, dass die Produktionsaufträge nicht mehr in einem festen Zyklus aus Perioden begonnen und beendet werden. Die Kapazitätsrestriktion lässt sich zwar durch einen entsprechend langen Zyklus erfüllen, er würde aber hohe vermeidbare Leerzeiten an den Stationen bewirken, so dass dieser Ansatz nicht mehr anwendbar ist. Das resultierende Problem lässt sich durch Optimierungsprobleme beschreiben, wobei eine Reihenfolgeplanung durch die Verwendung von kleinen Perioden (small buckets) erreicht wird. Ein Grundmodell dazu ist das Discrete Lotsizing and Scheduling Problem (DLSP), bei dem die Periodengröße so klein ist, z.B. eine Zeiteinheit, dass stets nur die Herstellung einer Produktart möglich ist. Die Produktion eines Loses erstreckt sich jeweils über die gesamte Periode und kann auch mehrere aufeinanderfolgende Perioden umfassen, wobei Rüstkosten nur in der jeweils ersten Periode anfallen. In der Forschung intensiv untersucht werden zwei Erweiterungen dieses Modells, nämlich das Continuous Setup Lotsizing Problem (CSLP), welches (gegenüber dem DLSP) variable Losgrößen innerhalb einer Produktionsperiode erlaubt, und dem Proportional Lotsizing and Scheduling Problem (PLSP), bei dem während einer Periode maximal zwei verschiedene Produkte gefertigt werden dürfen. Für weitere Informationen zu diesen Modellen und zu ihren Lösungsverfahren sei exemplarisch auf [DoSV93] verwiesen.

In der Literatur wird oftmals empfohlen, zur Erreichung eines festen Anlieferrhythmus ein periodisches Losgrößenverfahren einzusetzen, in dem die Reichweite gleich – oder einem Vielfachen – der Zeitspanne zwischen zwei Lieferterminen gesetzt wird. Da viele ERP- und PPS-Systeme eine rhythmische Disposition besitzen (s. hierzu den Abschnitt über alternative Dispositionsarten) wird vorgeschlagen, diese für die Erreichung eines festen Anlieferrhythmus zu verwenden.

4.3.3.3 Losgrößenheuristiken – Grundstruktur

Bei der letzten Gruppe an Losgrößenverfahren handelt es sich um Näherungsverfahren zu der optimalen Lösung des einstufigen Losgrößenproblems. Eine optimale Lösung erfüllt die so genannte Regenerationseigenschaft (s. [Herr09a]), nach der ein optimales Los stets eine Zusammenfassung aufeinanderfolgender Bedarfe ist. Sind d_t, d_{t+1}, d_{t+2}, ... die einzelnen Periodenbedarfe ab einer Periode t, so bilden die einzelnen Losgrößenheuristiken schrittweise die möglichen Lose für die Periode t: d_t, $d_t + d_{t+1}$, $d_t + d_{t+1} + d_{t+2}$, usw.. Diese Lose verursachen Rüst-, Lager- und Gesamtkosten (letztere als Summe aus Rüst- und Lagerkosten). Ihr Verlauf ist dem Verlauf dieser Kosten beim klassischen Losgrößenverfahren mit einem unendlich langen Planungshorizont (s. [Herr09a]) vergleichbar. Diese Kostenfunktionen haben beim klassischen Losgrößenverfahren im Optimum charakteristische Eigenschaften (s. [Herr09a]), die zur Formulierung von Abbruchbedingungen für die schrittweise Zusammenfassung von Bedarfen verwendet wurden und zur Entwicklung von mehr als 30 Losgrößenheuristiken geführt haben; für einen zusammenfassenden Überblick sei auf [ZoRo87] und [Robr91] verwiesen. Alle Losgrößenheuristiken haben dieselbe Grundstruktur. Ihr Pseudocode lautet (mit den bisher eingeführten Bezeichnungen):

Schritt 1: Setze $\tau = 1$ und $t = \tau + 1$.

Schritt 2: Berechne ein Kostenkriterium C_t und eine Vergleichsgröße V_t.

Schritt 3: Bilde einen Vergleich zwischen C_t und V_t mit dem Ergebnis b.

Schritt 4: Ist b erfüllt und $t < T$, so setze $t = t + 1$ und gehe zu Schritt 2.

Schritt 5: Ist b nicht erfüllt, so bilde das Los $q_\tau = \sum_{i=\tau}^{t-1} d_i$ (für die Periode τ), setze

$\tau = t$, $t = \tau + 1$ und gehe zu Schritt 2, falls $t \leq T$ ist, sonst setze $q_T = d_T$.

Ist b erfüllt und $t = T$, so bilde das Los $q_\tau = \sum_{i=\tau}^{T} d_i$ (für die Periode τ).

Im Kern bewirkt Schritt 4 eine schrittweise Erhöhung eines Loses, nämlich um die Hinzunahme des Bedarfs d_t, und mit Schritt 5 wird diese schrittweise Zusammenfassung von Bedarfen beendet. Es sei angemerkt, dass die Behandlung des Endes vom Planungsintervall, bei der für die letzte Periode ein eigenes Los aufgesetzt werden muss oder bei der das letzte Los bis zur letzten Periode geht, den Schritt 5 aufwendig macht. Da das Los, welches in einer Periode τ aufgesetzt wird, mindestens aus dem Bedarf der Periode τ besteht, weil ansonsten der Bedarf der Periode τ nicht gedeckt wird, ist die Hinzunahme erst für den Bedarf ab der Periode $\tau + 1$ zu entscheiden, so dass zu Beginn der Iteration für die schrittweise Zusammenfassung von Bedarfen der Index t gleich $\tau + 1$ gesetzt werden darf; dies erfolgt in den Schritten 1 und 5.

Die oftmals in ERP- und PPS-Systemen vorhandenen Losgrößenheuristiken werden nun nach den verwendeten Abbruchkriterien geordnet dargestellt. Für die Darstellung bezeichnet K den Rüstkostensatz, h den Lagerkostensatz und d_t den Bedarf in einer beliebigen Periode t.

4.3.3.4 Stückkostenverfahren

Wie in anderen Lehrbüchern auch, wird als erstes das Losgrößenverfahren der gleitenden wirtschaftlichen Losgröße erläutert. Es basiert auf der Eigenschaft des klassischen Losgrößenverfahrens, nach der der Quotient aus den Gesamtkosten in einem Zyklus und dem Los im Optimum minimal ist; es sei angemerkt, dass es sich bei diesem Quotienten um durchschnittliche Gesamtkosten bezogen auf eine Mengeneinheit handelt, der in der Literatur als durchschnittliche Stückkosten bezeichnet wird. Deswegen heißt das Losgrößenverfahren auch Stückkostenverfahren. Diese Eigenschaft der Kosten beim klassischen Losgrößenverfahren im Optimum ist in Abbildung 4-36 anhand des Beispiel 1 dargestellt, und einen Beweis dieser Aussage findet sich beispielsweise in [Herr09a].

Beispiel 1 (Klassisches Losgrößenproblem zur Darstellung von Kostenfunktionen)

Für ein Produkt betrage der Rüstkostensatz 80 GE (Geldeinheit) und der Lagerkostensatz sei $4\ \dfrac{\dfrac{GE}{ZE}}{ME}$ (Zeiteinheit und Mengeneinheit). Die Bedarfsrate ist $1000\ \dfrac{ME}{ZE}$.

Mit $q_{opt} = \sqrt{\dfrac{2\cdot K\cdot d}{h}}$ ist $\sqrt{\dfrac{2\cdot 80\cdot 1000}{4}}\ ME = 200\ ME$ das optimale Los.

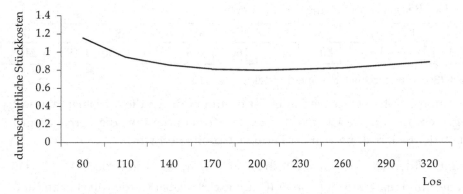

Abbildung 4-36: Verläufe der durchschnittlichen Stückkosten für das Beispiel 1

Wird beim deterministisch dynamischen Losgrößenproblem in der Periode τ ein Los aufgesetzt, welches die Bedarfe der Perioden τ bis t, mit $\tau \le t$, abdeckt, so lauten seine Gesamtkosten $K + h\cdot \sum_{j=\tau+1}^{t} (j-\tau)\cdot d_j$. Da dann das Los die Größe $\sum_{j=\tau}^{t} d_j$ hat, lauten die durchschnittlichen Stückkosten $C_{\tau,t}^{Stück} = \dfrac{K + h\cdot \sum_{j=\tau+1}^{t} (j-\tau)\cdot d_j}{\sum_{j=\tau}^{t} d_j}$.

Das Kosten- und Vergleichskriterium beim Stückkostenverfahren korreliert mit der Beobachtung beim klassischen Losgrößenmodell (s. Abbildung 4-36), nach der beim schrittweisen Erhöhen eines Loses die durchschnittlichen Stückkosten zunächst abnehmen, um nach ihrem optimalen Wert wieder anzusteigen. Wird dieser Prozess mit einem zunächst zu kleinen Los begonnen, bei dem die durchschnittlichen Stückkosten zu hoch sind, so bewegt sich diese schrittweise Erhöhung auf das optimale Los zu, erreicht es, wenn die durchschnittlichen Stückkosten minimal sind, und bewegt sich danach von dem optimalen Los fort. Übertragen auf das schrittweise Zusammenfassen von Periodenbedarfen in dem Grundverfahren nehmen die durchschnittlichen Stückkosten zwischen zwei aufeinanderfolgenden Iterationen zunächst ab; formal ist $C_{\tau,t}^{Stück} < C_{\tau,t-1}^{Stück}$. Die Erhöhung bewegt sich zum ersten Mal von dem optimalen Los fort, sofern durch die letzte Erhöhung die durchschnittlichen Stückkosten höher als die durchschnittlichen Stückkosten ohne Losvergrößerung sind, also sobald, im Grundverfahren, $C_{\tau,t}^{Stück} > C_{\tau,t-1}^{Stück}$ gilt. Dies ist auch die Abbruchbedingung im Stückkostenverfahren, so dass $C_t = C_{\tau,t}^{Stück}$ das Kostenkriterium, $V_t = C_{\tau,t-1}^{Stück}$ die Vergleichsgröße und $C_t \leq V_t$ der Vergleich (b) sind.

Anhand des folgenden Losgrößenproblems wird die Arbeitsweise des Stückkostenverfahrens und auch der anderen Losgrößenheuristiken erläutert.

Beispiel 2 (Losgrößenproblem zur Erläuterung der Losgrößenheuristiken)

Für ein Produkt betrage der Rüstkostensatz 100 GE und der Lagerkostensatz 0,20 GE. Der Bedarf ist in Tabelle 4-13 angegeben.

Periode	1	2	3	4	5	6	7	8	9	10
Bedarf d_t	100	90	80	70	160	140	110	150	190	210

Tabelle 4-13:   Bedarfsmengen eines Produkts

Jede Iteration im Stückkostenverfahren ist bestimmt durch die Variablen τ und t. Deswegen enthält Tabelle 4-14 ihre Werte, das Kostenkriterium, die Vergleichsgröße und ob der Bedarf d_t noch in der Periode τ produziert wird.

Insgesamt werden vier Lose $q_1 = 270$ in Periode 1, $q_4 = 370$ in Periode 4, $q_7 = 450$ in Periode 7 und $q_{10} = 210$ in Periode 10 aufgesetzt. Dabei werden 400 GE an Rüstkosten und 244 GE an Lagerkosten verbraucht, so dass die Gesamtkosten insgesamt 644 GE betragen.

τ	t	C_t	V_t	Bedarf d_t in Periode τ produzieren?
1	2	$\dfrac{100+0,2\cdot1\cdot90}{100+90}=0,621$	$\dfrac{100}{100}=1$	Ja, da $0,621\le1$ und $2<10$ ist.
1	3	$\dfrac{100+\left(0,2\cdot1\cdot90+0,2\cdot2\cdot80\right)}{100+90+80}=0,556$	$0,621$	Ja, da $0,556\le0,621$ und $3<10$ ist.
1	4	$\dfrac{100+\left(0,2\cdot1\cdot90+0,2\cdot2\cdot80+0,2\cdot3\cdot70\right)}{100+90+80+70}$ $=0,565$	$0,556$	Nein, da $0,565>0,556$ ist.

Los $q_1 = 100+90+80 = 270$ mit Rüstkosten von 100 GE und Lagerkosten von $\left(100\cdot0\cdot0,2\,\text{GE}\right)+\left(90\cdot1\cdot0,2\,\text{GE}\right)+\left(80\cdot2\cdot0,2\,\text{GE}\right)=50\,\text{GE}$

τ	t	C_t	V_t	Bedarf
4	5	$\dfrac{100+0,2\cdot1\cdot160}{70+160}=0,574$	$\dfrac{100}{70}=1,429$	Ja, da $0,574\le1,429$ und $5<10$ ist.
4	6	$\dfrac{100+0,2\cdot1\cdot160+0,2\cdot2\cdot140}{70+160+140}=0,508$	$0,574$	Ja, da $0,508\le0,574$ und $6<10$ ist.
4	7	$\dfrac{100+0,2\cdot1\cdot160+0,2\cdot2\cdot140+0,2\cdot3\cdot110}{70+160+140+110}$ $=0,529$	$0,508$	Nein, da $0,529>0,508$ ist

Los $q_4 = 70+160+140 = 370$ mit Rüstkosten von 100 GE und Lagerkosten von $\left(70\cdot0\cdot0,2\,\text{GE}\right)+\left(160\cdot1\cdot0,2\,\text{GE}\right)+\left(140\cdot2\cdot0,2\,\text{GE}\right)=88\,\text{GE}$

τ	t	C_t	V_t	Bedarf
7	8	$\dfrac{100+0,2\cdot1\cdot150}{110+150}=0,5$	$\dfrac{100}{110}=0,909$	Ja, da $0,5\le0,909$ und $8<10$ ist.
7	9	$\dfrac{100+0,2\cdot1\cdot150+0,2\cdot2\cdot190}{110+150+190}=0,458$	$0,5$	Ja, da $0,458\le0,5$ und $9<10$ ist.
7	10	$\dfrac{100+0,2\cdot1\cdot150+0,2\cdot2\cdot190+0,2\cdot3\cdot210}{110+150+190+210}$ $=0,503$	$0,458$	Nein, da $0,503>0,458$ ist.

Los $q_7 = 110+150+190 = 450$ mit Rüstkosten von 100 GE und Lagerkosten von $\left(110\cdot0\cdot0,2\,\text{GE}\right)+\left(150\cdot1\cdot0,2\,\text{GE}\right)+\left(190\cdot2\cdot0,2\,\text{GE}\right)=106\,\text{GE}$

Schritt 5 setzt (zusätzlich) das Los $q_{10} = 210$ auf. Seine Rüstkosten betragen 100 GE und seine Lagerkosten sind 0 GE.

Tabelle 4-14: Rechenbeispiel zum Stückkostenverfahren

4.3.3.5 Silver-Meal-Verfahren

Statt die Gesamtkosten eines Loses durch die Größe des Loses zu teilen, werden beim Silver-Meal-Verfahren die Gesamtkosten eines Loses durch seine Reichweite dividiert. Dies wird in der Literatur als durchschnittliche Kosten pro Zeiteinheit bezeichnet und ist definiert durch $C_{\tau,t}^{Per} = \dfrac{K + h \cdot \sum\limits_{j=\tau+1}^{t} (j-\tau) \cdot d_j}{t - \tau + 1}$. Im klassischen Modell handelt es sich um die Gesamtkosten pro Zeiteinheit für ein Los, die im Optimum minimal sind; graphisch ist dies in Abbildung 4-37 wiederum für das Beispiel 1 dargestellt, und einen Beweis dieser Aussage findet sich beispielsweise in [Herr09a].

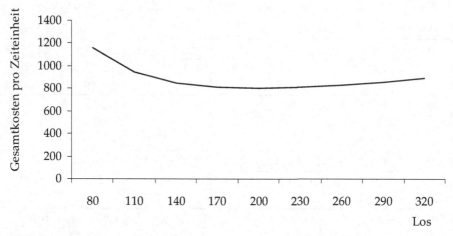

Abbildung 4-37: Verläufe der Gesamtkosten pro Zeiteinheit für ein Los für das Beispiel 1

Wie Abbildung 4-37 zeigt, nehmen beim schrittweisen Erhöhen eines Loses die durchschnittlichen Kosten pro Zeiteinheit zunächst ab, um nach ihrem optimalen Wert wieder anzusteigen. Wird dieser Prozess mit einem zunächst zu kleinen Los begonnen, bei dem die durchschnittlichen Kosten pro Zeiteinheit zu hoch sind, so bewegt sich diese schrittweise Erhöhung auf das optimale Los zu, erreicht es, wenn die durchschnittlichen Kosten pro Zeiteinheit minimal sind, und bewegt sich danach von dem optimalen Los fort. Übertragen auf das schrittweise Zusammenfassen von Periodenbedarfen in dem Grundverfahren nehmen die durchschnittlichen Kosten pro Zeiteinheit zwischen zwei aufeinanderfolgenden Iterationen zunächst ab; formal ist $C_{\tau,t}^{Per} < C_{\tau,t-1}^{Per}$. Die Erhöhung bewegt sich zum ersten Mal von dem optimalen Los fort, sofern durch die letzte Erhöhung die durchschnittlichen Kosten pro Zeiteinheit höher als die durchschnittlichen Kosten pro Zeiteinheit ohne Losvergrößerung sind, also sobald, im Grundverfahren, $C_{\tau,t}^{Per} > C_{\tau,t-1}^{Per}$ gilt. Dies ist auch die Abbruchbedingung im Silver-Meal-Verfahren, so dass $C_t = C_{\tau,t}^{Per}$ das Kostenkriterium, $V_t = C_{\tau,t-1}^{Per}$ die Vergleichsgröße und $C_t \leq V_t$ der Vergleich (b) sind.

τ	t	C_t	V_t	Bedarf d_t in Periode τ produzieren?
1	2	$\dfrac{100+0,2\cdot1\cdot90}{2}=59$	$\dfrac{100}{1}=100$	Ja, da $59\le100$ und $2<10$ ist.
1	3	$\dfrac{100+(0,2\cdot1\cdot90+0,2\cdot2\cdot80)}{3}=50$	59	Ja, da $50\le59$ und $3<10$ ist.
1	4	$\dfrac{100+(0,2\cdot1\cdot90+0,2\cdot2\cdot80+0,2\cdot3\cdot70)}{4}$ $=48$	50	Ja, da $48\le50$ und $4<10$ ist.
1	5	$\dfrac{100+(0,2\cdot1\cdot90+0,2\cdot2\cdot80)}{5}$ $+\dfrac{0,2\cdot3\cdot70+0,2\cdot4\cdot160}{5}=64$	48	Nein, da $64>48$ ist.

Los $q_1=100+90+80+70=340$ mit Rüstkosten von 100 GE und Lagerkosten von $(100\cdot0\cdot0,2\,\text{GE})+(90\cdot1\cdot0,2\,\text{GE})+(80\cdot2\cdot0,2\,\text{GE})+(70\cdot3\cdot0,2\,\text{GE})=92\,\text{GE}$

τ	t	C_t	V_t	Bedarf d_t in Periode τ produzieren?
5	6	$\dfrac{100+0,2\cdot1\cdot140}{2}=64$	$\dfrac{100}{1}=100$	Ja, da $64\le100$ und $6<10$ ist.
5	7	$\dfrac{100+(0,2\cdot1\cdot140+0,2\cdot2\cdot110)}{3}=57\dfrac{1}{3}$	64	Ja, da $57\dfrac{1}{3}\le64$ und $7<10$ ist.
5	8	$\dfrac{100+(0,2\cdot1\cdot140+0,2\cdot2\cdot110)}{4}$ $+\dfrac{0,2\cdot3\cdot150}{4}=65,5$	$57\dfrac{1}{3}$	Nein, da $65,5>57\dfrac{1}{3}$ ist.

Los $q_5=160+140+110=410$ mit Rüstkosten von 100 GE und Lagerkosten von $(160\cdot0\cdot0,2\,\text{GE})+(140\cdot1\cdot0,2\,\text{GE})+(110\cdot2\cdot0,2\,\text{GE})=72\,\text{GE}$

τ	t	C_t	V_t	Bedarf d_t in Periode τ produzieren?
8	9	$\dfrac{100+0,2\cdot1\cdot190}{2}=69$	$\dfrac{100}{1}=100$	Ja, da $69\le100$ und $9<10$ ist.
8	10	$\dfrac{100+(0,2\cdot1\cdot190+0,2\cdot2\cdot210)}{3}=74$	69	Nein, da $74>69$ ist.

Los $q_8=150+190=340$ mit Rüstkosten von 100 GE und Lagerkosten von $(150\cdot0\cdot0,2\,\text{GE})+(190\cdot1\cdot0,2\,\text{GE})=38\,\text{GE}$

Schritt 5 setzt (zusätzlich) das Los $q_{10}=210$ auf. Seine Rüstkosten betragen 100 GE und seine Lagerkosten sind 0 GE.

Tabelle 4-15: Rechenbeispiel zum Silver-Meal-Verfahren

Die Arbeitsweise des Silver-Meal-Verfahrens wird anhand des Losgrößenproblems in Beispiel 2 erläutert. Jede Iteration im Silver-Meal-Verfahren ist bestimmt durch die Variablen τ und t. Deswegen enthält Tabelle 4-15 ihre Werte, das Kostenkriterium, die Vergleichsgröße und ob der Bedarf d_t noch in der Periode τ produziert wird.

Insgesamt werden vier Lose $q_1 = 340$ in Periode 1, $q_5 = 410$ in Periode 5, $q_8 = 340$ in Periode 8 und $q_{10} = 210$ in Periode 10 aufgesetzt. Dabei werden 400 GE an Rüstkosten und 202 GE an Lagerkosten verbraucht, so dass die Gesamtkosten insgesamt 602 GE betragen.

4.3.3.6 Stückperiodenausgleichsverfahren

Eine weitere Eigenschaft der Kostenfunktionen beim klassischen Losgrößenverfahren im Optimum besteht darin, dass das Produkt aus Lagerkosten pro Zeiteinheit und Zyklusdauer im Optimum gleich dem Rüstkostensatz ist; graphisch ist dies in Abbildung 4-38 wiederum für das Beispiel 1 dargestellt, und einen Beweis dieser Aussage findet sich beispielsweise in [Herr09a]. Da dadurch ein Kostenausgleich zwischen diesen beiden Kosten angestrebt wird, heißt das Losgrößenverfahren Kostenausgleichsverfahren oder Stückperiodenausgleichsverfahren, die letzte Bezeichnung wird weiter unten näher begründet.

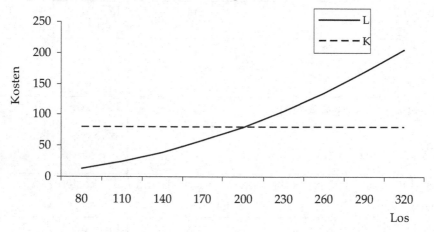

Abbildung 4-38: Verläufe von dem Produkt aus Lagerkosten pro Zeiteinheit und der Zyklusdauer (L) sowie dem Rüstkostensatz pro Zyklus (K) für das Beispiel 1

Wird beim deterministisch dynamischen Losgrößenproblem in der Periode τ ein Los aufgesetzt, welches die Bedarfe der Perioden τ bis t, mit $\tau \leq t$, abdeckt, so sind

$$C_{\tau,t}^L = h \cdot \sum_{j=\tau+1}^{t} (j-\tau) \cdot d_j$$ die Lagerkosten für das Los in Periode τ mit der Reichweite

von $t - \tau + 1$ (und der Höhe von $\sum_{j=\tau}^{t} d_j$); es sei betont, dass die Reichweite im deterministisch dynamischen Losgrößenproblem der Zyklusdauer beim klassischen

Losgrößenproblem entspricht, so dass $C_{\tau,t}^L$ gleich dem Produkt aus Lagerkosten pro Zeiteinheit und Zyklusdauer ist (formal wegen $\dfrac{C_{\tau,t}^L}{t-\tau+1}\cdot(t-\tau+1)$).

Das Kosten- und Vergleichskriterium beim Stückperiodenausgleichsverfahren korreliert mit der Beobachtung beim klassischen Losgrößenmodell (s. Abbildung 4-38), nach der beim schrittweisen Erhöhen eines Loses das Produkt aus Lagerkosten pro Zeiteinheit und Zyklusdauer streng monoton ansteigt. Wird dieser Prozess mit einem zunächst zu kleinen Los begonnen, bei dem das Produkt aus Lagerkosten pro Zeiteinheit und Zyklusdauer kleiner als der Rüstkostensatz ist, so bewegt sich diese schrittweise Erhöhung auf das optimale Los zu, erreicht es, wenn das Produkt aus Lagerkosten pro Zeiteinheit und Zyklusdauer gleich dem Rüstkostensatz ist, und bewegt sich danach von dem optimalen Los fort. Übertragen auf das schrittweise Zusammenfassen von Periodenbedarfen, jeweils zu einem Los q, in dem Grundverfahren sind seine Lagerkosten, nämlich von q, zunächst kleiner als der Rüstkostensatz; formal ist $C_{\tau,t}^L < K$. Die Erhöhung bewegt sich zum ersten Mal von dem optimalen Los fort, sofern durch die letzte Erhöhung seine Lagerkosten (wiederum von q) größer als der Rüstkostensatz sind, also sobald, im Grundverfahren, $C_{\tau,t}^L > K$ gilt. Dies ist auch die Abbruchbedingung im Stückperiodenausgleichsverfahren. Die durch das Los verursachten Lagermengen haben die Einheit Mengeneinheit mal Zeiteinheit und werden daher in der Literatur als Stückperioden bezeichnet. Deswegen verwendet die in der Literatur angegebene Beschreibung des Stückperiodenausgleichsverfahrens diese Stückperioden für das Kostenkriterium, also ist $C_t = \sum\limits_{j=\tau+1}^{t} (j-\tau)\cdot d_j$. Um mit diesem Kostenkriterium die oben genannte Abbruchbedingung zu erreichen, wird als Vergleichsgröße nicht der Rüstkostensatz, sondern der Quotient aus Rüst- und Lagerkostensatz, also $V_t = \dfrac{K}{h}$, verwendet. Der Vergleich (b) ist dann $C_t \le V_t$. Dieses Vorgehen erklärt auch den Namen des Verfahrens.

Die Arbeitsweise des Stückperiodenausgleichsverfahrens wird anhand des Losgrößenproblems in Beispiel 2 erläutert. Jede Iteration im Stückperiodenausgleichsverfahren ist bestimmt durch die Variablen τ und t. Deswegen enthält Tabelle 4-16 ihre Werte, das Kostenkriterium, die Vergleichsgröße $V_t = \dfrac{100}{0,2} = 500$ und ob der Bedarf d_t noch in der Periode τ produziert wird.

Insgesamt werden vier Lose $q_1 = 340$ in Periode 1, $q_5 = 410$ in Periode 5, $q_8 = 340$ in Periode 8 und $q_{10} = 210$ in Periode 10 aufgesetzt. Dabei werden 400 GE an Rüstkosten und 202 GE an Lagerkosten verbraucht, so dass die Gesamtkosten insgesamt 602 GE betragen.

τ	t	C_t	V_t	Bedarf d_t in Periode τ produzieren?
1	2	$1 \cdot 90 = 90$	500	Ja, da $90 \le 500$ und $2 < 10$ ist.
1	3	$1 \cdot 90 + 2 \cdot 80 = 250$	500	Ja, da $250 \le 500$ und $3 < 10$ ist.
1	4	$1 \cdot 90 + 2 \cdot 80 + 3 \cdot 70 = 460$	500	Ja, da $460 \le 500$ und $4 < 10$ ist.
1	5	$1 \cdot 90 + 2 \cdot 80 + 3 \cdot 70 + 4 \cdot 160 = 1100$	500	Nein, da $1100 > 500$ ist.

Los $q_1 = 100 + 90 + 80 + 70 = 340$ mit Rüstkosten von 100 GE und Lagerkosten von $(100 \cdot 0 \cdot 0,2\ \text{GE}) + (90 \cdot 1 \cdot 0,2\ \text{GE}) + (80 \cdot 2 \cdot 0,2\ \text{GE}) + (70 \cdot 3 \cdot 0,2\ \text{GE}) = 92\ \text{GE}$

τ	t	C_t	V_t	
5	6	$1 \cdot 140 = 140$	500	Ja, da $140 \le 500$ und $6 < 10$ ist.
5	7	$1 \cdot 140 + 2 \cdot 110 = 360$	500	Ja, da $360 \le 500$ und $7 < 10$ ist.
5	8	$1 \cdot 140 + 2 \cdot 110 + 3 \cdot 150 = 810$	500	Nein, da $810 > 500$ ist.

Los $q_5 = 160 + 140 + 110 = 410$ mit Rüstkosten von 100 GE und Lagerkosten von $(160 \cdot 0 \cdot 0,2\ \text{GE}) + (140 \cdot 1 \cdot 0,2\ \text{GE}) + (110 \cdot 2 \cdot 0,2\ \text{GE}) = 72\ \text{GE}$

τ	t	C_t	V_t	
8	9	$1 \cdot 190 = 190$	500	Ja, da $190 \le 500$ und $9 < 10$ ist.
8	10	$1 \cdot 190 + 2 \cdot 210 = 610$	500	Nein, da $610 > 500$ ist.

Los $q_8 = 150 + 190 = 340$ mit Rüstkosten von 100 GE und Lagerkosten von $(150 \cdot 0 \cdot 0,2\ \text{GE}) + (190 \cdot 1 \cdot 0,2\ \text{GE}) = 38\ \text{GE}$

Schritt 5 setzt (zusätzlich) das Los $q_{10} = 210$ auf. Seine Rüstkosten betragen 100 GE und seine Lagerkosten sind 0 GE.

Tabelle 4-16:   Rechenbeispiel zum Stückperiodenausgleichsverfahren

4.3.3.7 Groff-Verfahren

Eine weitere Eigenschaft der Kostenfunktionen beim klassischen Losgrößenverfahren im Optimum besteht darin, dass im Optimum die Rüstkosten pro Zeit- und Mengeneinheit (die Grenzrüstkosten) gleich den Lagerkosten pro Zeit- und Mengeneinheit (Grenzlagerkosten) sind; graphisch ist dies in Abbildung 4-39 wiederum für das Beispiel 1 dargestellt, und einen Beweis dieser Aussage findet sich beispielsweise in [Herr09a]. Groff entwickelte daraus das nach ihm benannte Groff-Verfahren.

Nach dem Grundverfahren ist für eine Periode $t = \tau + j$, mit $1 \le j \le T - \tau$, zu entscheiden, ob sein Periodenbedarf d_t noch in das Los q aus den Bedarfen der Perioden τ bis $\tau + j - 1$ aufgenommen wird oder nicht. In diesem Fall bietet es sich an, (als Rüstkosten) die durchschnittlichen Rüstkosten pro Periode zu betrachten (und nicht wie beim klassischen Losgrößenproblem auch die Höhe des Loses). Für das Los q lauten sie $\dfrac{K}{\tau + j - 1 - \tau + 1} = \dfrac{K}{j}$. Da diese durchschnittlichen Rüstkosten pro Periode mit zunehmender Anzahl an Perioden abnehmen, ist ihre marginale Abnahme zu berechnen. So sind $\dfrac{K}{j} - \dfrac{K}{j+1} = \dfrac{K}{j \cdot (j+1)}$ die Grenzrüstkosten in der Periode t. Groff approximiert die Grenzlagerkosten in der Periode t durch $d_t \cdot \dfrac{h}{2}$; es

sei betont, dass $\dfrac{h}{2}$ die Grenzlagerkosten im klassischen Losgrößenmodell sind.

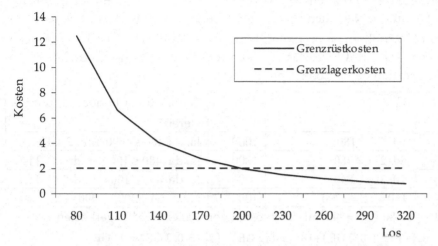

Abbildung 4-39: Verläufe der Grenzrüstkosten und der Grenzlagerkosten

Das Kosten- und Vergleichskriterium beim Groff-Verfahren korreliert mit der Beobachtung beim klassischen Losgrößenmodell (s. Abbildung 4-39), nach der beim schrittweisen Erhöhen eines Loses die Grenzrüstkosten abnehmen und die Grenzlagerkosten konstant sind. Wird dieser Prozess mit einem zunächst zu kleinen Los begonnen, bei dem die Grenzrüstkosten höher als die Grenzlagerkosten sind, so bewegt sich diese schrittweise Erhöhung auf das optimale Los zu, erreicht es, wenn die Grenzrüstkosten gleich den Grenzlagerkosten sind, und bewegt sich danach von dem optimalen Los fort. Übertragen auf das schrittweise Zusammenfassen von Periodenbedarfen in dem Grundverfahren sind die Grenzrüstkosten in der Periode t zunächst höher als die Grenzlagerkosten in der Periode t; also ist daher

formal $d_{\tau+j}\dfrac{h}{2} < \dfrac{K}{j\cdot(j+1)}$ mit $t = \tau + j$. Die Erhöhung bewegt sich zum ersten Mal

von dem optimalen Los fort, sofern durch die letzte Erhöhung die Grenzrüstkosten in der Periode t kleiner als die Grenzlagerkosten in der Periode t sind, also sobald,

im Grundverfahren, $d_{\tau+j} \cdot \dfrac{h}{2} > \dfrac{K}{j\cdot(j+1)}$, mit $t = \tau + j$, gilt. Dies ist auch die Abbruch-

bedingung im Groff-Verfahren. Da Groff in der Vergleichsgröße eine Konstante bevorzugt (so wird übrigens auch im Stückperiodenausgleichsverfahren vorge-

gangen), wird, wegen $d_{\tau+j} \cdot \dfrac{h}{2} > \dfrac{K}{j\cdot(j+1)} \Leftrightarrow d_{\tau+j} \cdot j\cdot(j+1) > 2\cdot\dfrac{K}{h}$, $C_t = d_{\tau+j}\cdot j\cdot(j+1)$ als

Kostenkriterium und $V_t = 2 \cdot \dfrac{K}{h}$ als Vergleichsgröße verwendet (beachte: $t = \tau + j$).

Der Vergleich (b) ist $C_t \leq V_t$.

Die Arbeitsweise des Verfahrens von Groff wird anhand des Losgrößenproblems in Beispiel 2 erläutert. Nach den Daten ist die Vergleichsgröße $V_t = 1000$. Jede Iteration im Groff-Verfahren ist bestimmt durch die Variablen τ, t und j. Deswegen enthält Tabelle 4-17 ihre Werte, das Kostenkriterium, die Vergleichsgröße und ob der Bedarf d_t noch in der Periode τ produziert wird.

τ	t	j	C_t	V_t	Bedarf d_t in Periode τ produzieren?
1	2	1	$90 \cdot 1 \cdot 2 = 180$	1000	Ja, da $180 \leq 1000$ und $2 < 10$ ist.
1	3	2	$80 \cdot 2 \cdot 3 = 480$	1000	Ja, da $480 \leq 1000$ und $3 < 10$ ist.
1	4	3	$70 \cdot 3 \cdot 4 = 840$	1000	Ja, da $840 \leq 1000$ und $4 < 10$ ist.
1	5	4	$160 \cdot 4 \cdot 5 = 3200$	1000	Nein, da $3200 > 1000$ ist.
Los $q_1 = 100 + 90 + 80 + 70 = 340$ mit Rüstkosten von 100 GE und Lagerkosten von $(100 \cdot 0 \cdot 0,2\,\text{GE}) + (90 \cdot 1 \cdot 0,2\,\text{GE}) + (80 \cdot 2 \cdot 0,2\,\text{GE}) + (70 \cdot 3 \cdot 0,2\,\text{GE}) = 92\,\text{GE}$					
5	6	1	$140 \cdot 1 \cdot 2 = 280$	1000	Ja, da $280 \leq 1000$ und $6 < 10$ ist.
5	7	2	$110 \cdot 2 \cdot 3 = 660$	1000	Ja, da $660 \leq 1000$ und $7 < 10$ ist.
5	8	3	$150 \cdot 3 \cdot 4 = 1800$	1000	Nein, da $1800 > 1000$ ist.
Los $q_5 = 160 + 140 + 110 = 410$ mit Rüstkosten von 100 GE und Lagerkosten von $(160 \cdot 0 \cdot 0,2\,\text{GE}) + (140 \cdot 1 \cdot 0,2\,\text{GE}) + (110 \cdot 2 \cdot 0,2\,\text{GE}) = 72\,\text{GE}$					
8	9	1	$190 \cdot 1 \cdot 2 = 380$	1000	Ja, da $380 \leq 1000$ und $9 < 10$ ist.
8	10	2	$210 \cdot 2 \cdot 3 = 1260$	1000	Nein, da $1260 > 1000$ ist.
Los $q_8 = 150 + 190 = 340$ mit Rüstkosten von 100 GE und Lagerkosten von $(150 \cdot 0 \cdot 0,2\,\text{GE}) + (190 \cdot 1 \cdot 0,2\,\text{GE}) = 38\,\text{GE}$					
Schritt 5 setzt (zusätzlich) das Los $q_{10} = 210$ auf. Seine Rüstkosten betragen 100 GE und seine Lagerkosten sind 0 GE.					

Tabelle 4-17:   Rechenbeispiel zum Groff-Verfahren

Insgesamt werden vier Lose $q_1 = 340$ in Periode 1, $q_5 = 410$ in Periode 5, $q_8 = 340$ in Periode 8 und $q_{10} = 210$ in Periode 10 aufgesetzt. Dabei werden 400 GE an Rüstkosten und 202 GE an Lagerkosten verbraucht, so dass die Gesamtkosten insgesamt 602 GE betragen.

4.3.3.8 Verfahren der dynamischen Planungsrechnung

In Lehrbüchern in der Regel unerwähnt, aber im SAP®-System vorhanden, ist das Losgrößenverfahren der dynamischen Planungsrechnung. Es basiert auf keiner Eigenschaft von einer der Kostenfunktionen beim klassischen Losgrößenverfahren im Optimum; dies erklärt wohl auch die geringe Berücksichtigung in Lehrbüchern. Die dynamische Planungsrechnung beruht auf der notwendigen Bedingung für den Abbruch der schrittweisen Zusammenfassung von Bedarfen, nach der ein Los q, welches die Perioden τ bis $(t-1)$, mit $(t-1) \geq \tau$, abdeckt, nicht um den Bedarf d_t erhöht werden darf, sofern die ausschließlich durch die Lagerung von d_t, über $(t-\tau)$-Perioden, verursachten Lagerkosten, nämlich $d_t \cdot (t-\tau) \cdot h$, höher als die Rüstkosten sind, also ist formal $d_t \cdot (t-\tau) \cdot h > K$, da ein Rüsten in Periode t, mit den Kosten $K(q)$ des Loses q, zu den Gesamtkosten $K(q) + K$ führt, während die Erhöhung um den Bedarf d_t zu den Gesamtkosten von $K(q) + d_t \cdot (t-\tau) \cdot h$ führt, die mit $d_t \cdot (t-\tau) \cdot h > K$ eben höher sind. Deswegen sind $C_t = d_t \cdot (t-\tau) \cdot h$ das Kostenkriterium, $V_t = K$ die Vergleichsgröße und $C_t \leq V_t$ der Vergleich (b). Wegen $t = \tau + j$ ist j die Reichweite, die durch das Hinzufügen des Bedarfs d_t erzielt wird. Damit lautet das Kostenkriterium $C_t = d_t \cdot j \cdot h$.

Die Arbeitsweise der dynamischen Planungsrechnung wird anhand des Losgrößenproblems in Beispiel 2 erläutert. Damit ist die Vergleichsgröße $V_t = 100$ GE. Jede Iteration in der dynamischen Planungsrechnung ist bestimmt durch die Variablen τ, t und j. Deswegen enthält Tabelle 4-18 ihre Werte, das Kostenkriterium, die Vergleichsgröße und ob der Bedarf d_t noch in der Periode τ produziert wird.

τ	t	j	C_t [GE]	V_t [GE]	Bedarf d_t in Periode τ produzieren?
1	2	1	$90 \cdot 1 \cdot 0,2 = 18$	100	Ja, da $18 \leq 100$ und $2 < 10$ ist.
1	3	2	$80 \cdot 2 \cdot 0,2 = 32$	100	Ja, da $32 \leq 100$ und $3 < 10$ ist.
1	4	3	$70 \cdot 3 \cdot 0,2 = 42$	100	Ja, da $42 \leq 100$ und $4 < 10$ ist.
1	5	4	$160 \cdot 4 \cdot 0,2 = 128$	100	Nein, da $128 > 100$ ist.
Los $q_1 = 100 + 90 + 80 + 70 = 340$ mit Rüstkosten von 100 GE und Lagerkosten von $(100 \cdot 0 \cdot 0,2\,\text{GE}) + (90 \cdot 1 \cdot 0,2\,\text{GE}) + (80 \cdot 2 \cdot 0,2\,\text{GE}) + (70 \cdot 3 \cdot 0,2\,\text{GE}) = 92\,\text{GE}$					
5	6	1	$140 \cdot 1 \cdot 0,2 = 28$	100	Ja, da $28 \leq 100$ und $6 < 10$ ist.
5	7	2	$110 \cdot 2 \cdot 0,2 = 44$	100	Ja, da $44 \leq 100$ und $7 < 10$ ist.
5	8	3	$150 \cdot 3 \cdot 0,2 = 90$	100	Ja, da $90 \leq 100$ und $8 < 10$ ist.
5	9	4	$190 \cdot 4 \cdot 0,2 = 152$	100	Nein, da $152 > 100$ ist.
Los $q_5 = 160 + 140 + 110 + 150 = 560$ mit Rüstkosten von 100 GE und Lagerkosten von $(160 \cdot 0 \cdot 0,2\,\text{GE}) + (140 \cdot 1 \cdot 0,2\,\text{GE}) + (110 \cdot 2 \cdot 0,2\,\text{GE}) + (150 \cdot 3 \cdot 0,2\,\text{GE}) = 162\,\text{GE}$					
9	10	1	$210 \cdot 1 \cdot 0,2 = 42$	100	Ja, aber wegen $10 = 10$ wird die Iteration beendet
Los $q_9 = 190 + 210 = 400$ mit Rüstkosten von 100 GE und Lagerkosten von $(190 \cdot 0 \cdot 0,2\,\text{GE}) + (210 \cdot 1 \cdot 0,2\,\text{GE}) = 42\,\text{GE}$					

Tabelle 4-18: Rechenbeispiel zur dynamischen Planungsrechnung

Insgesamt werden drei Lose $q_1 = 340$ in Periode 1, $q_5 = 560$ in Periode 5 und $q_9 = 400$ in Periode 9 aufgesetzt. Dabei werden 300 GE an Rüstkosten und 296 GE an Lagerkosten verbraucht, so dass die Gesamtkosten insgesamt 596 GE betragen.

Die optimale Lösung des Losgrößenproblems in Beispiel 2 besteht aus den drei Losen $q_1 = 340$ in Periode 1, $q_5 = 410$ in Periode 5 und $q_8 = 550$ in Periode 8. Dabei werden 300 GE an Rüstkosten und 286 GE an Lagerkosten verbraucht, so dass die Gesamtkosten insgesamt 586 GE betragen.

4.3.3.9 Vergleich mit periodischem Losgrößenverfahren

Jedes periodische Losgrößenverfahren erfüllt ebenfalls die Regenerationseigenschaft. Da im Allgemeinen die Lose einer optimalen Lösung unterschiedliche Reichweiten haben, ist kein periodisches Losgrößenverfahren optimal. Bezogen auf das Losgrößenproblem in Beispiel 2 verursacht das periodische Losgrößenverfahren mit einer Reichweite von 1 1000 GE an Gesamtkosten, mit einer Reichweite von 2 632 GE an Gesamtkosten, mit einer Reichweite von 3 644 GE an Gesamtkosten, mit einer Reichweite von 4 596 GE an Gesamtkosten, mit einer Reichweite von 5 784 GE an Gesamtkosten, mit einer Reichweite von 6 792 GE an Gesamtkosten, mit einer Reichweite von 7 814 GE an Gesamtkosten, mit einer Reichweite von 8 944 GE an Gesamtkosten, mit einer Reichweite von 9 1206 GE an Gesamtkosten und mit einer Reichweite von 10 1484 GE an Gesamtkosten. Es sei betont, dass, in diesem Beispiel und im Allgemeinen, auch dann kein Optimum erzielt wird, wenn die Anzahl an Perioden (T) ein ganzzahliges Vielfaches der Reichweite ist.

Das periodische Losgrößenverfahren ist auch eine über Kosten gesteuerte Losgrößenheuristik, sofern die Reichweite statisch bestimmt wird. Zu dem Losgrößenproblem in Beispiel 2 ist $d = 130$ ME der Mittelwert der Bedarfe, wodurch sich eine optimale Losgröße von $q_{opt} = \sqrt{\dfrac{2 \cdot 100 \cdot 130}{0,2}} = 360,56$ ME und dadurch ein optimaler Zyklus von $\dfrac{360,56\ \text{ME}}{130\ \text{ME}} = 2,77$ ergeben. Die statisch bestimmte Reichweite ist dann 2. Dieses Beispiel zeigt, dass eine andere Reichweite, nämlich die von 4, ein besseres Ergebnis bewirkt. Wie oben bereits begründet wurde, liefert das periodische Losgrößenverfahren mit einer statisch bestimmten Reichweite bei einem konstanten Bedarfsverlauf eine optimale Lösung. Empirische Untersuchungen zeigen, dass die Optimalität bei zufälligen Periodenbedarfen in einem kleinen Bereich um ihren Mittelwert erhalten bleibt; es sei angemerkt, dass die Breite dieses Bereichs von dem Rüst- und dem Lagerkostensatz sowie dem Mittelwert der Periodenbedarfe abhängt.

4.3.3.10 Güte der Verfahren und Einstellhinweise

Die Reihenfolge der Losgrößenheuristiken zu dem Losgrößenproblem in Beispiel 2 ist nicht repräsentativ. Für jede Losgrößenheuristik lassen sich Beispiele bilden, bei denen diese Losgrößenheuristik geringere Gesamtkosten als jede andere Losgrößenheuristik verursacht.

Für Bedarfsfolgen mit einem festen Planungshorizont (T) wurde in [Wemm81] und [Wemm82] gezeigt, dass die Gesamtkosten beim Anwenden des Silver-Meal- und des Groff-Verfahrens im Mittel nur um etwa 1% über den durch ein optimales Verfahren verursachten Gesamtkosten liegen, und dass die in der Praxis favorisierten Verfahren der gleitenden wirtschaftlichen Losgröße und das Stückperiodenausgleichsverfahren erheblich schlechtere Lösungen ergeben; diese Zusammenfassung ist auch in [Temp08] angegeben, und in [Kno85] wurden ähnliche Ergebnisse publiziert. In diesem Zusammenhang ist die in [Bake89] nachgewiesene Aussage interessant, nach der das Groff-Verfahren mit dem Silver-Meal-Verfahren übereinstimmt, sofern die Grenzlagerkosten pro Periode exakt sind.

In der industriellen Praxis werden die Losgrößenverfahren in einem Konzept der rollenden Planung mit einem zeitlich sich verschiebenden Planungsfenster eingesetzt; es sei daran erinnert, dass das Konzept der rollenden Planung ausführlich am Ende des Abschnitts „Verfahren" (im Abschnitt „Bedarfsplanung") beschrieben ist. Im Detail wird zunächst für einen Planungshorizont T eine Planung erstellt. Nach Ablauf jeweils weniger Perioden (kleiner oder gleich T) erfolgt eine (Neu-) Planung wieder über einen Zeitraum von T Perioden. Dabei werden Perioden gegebenenfalls (neu-) geplant, die im vorhergehenden Planungslauf bereits geplant worden waren, und es kommen weitere (neue) Perioden hinzu. Durch die rollende Planung können Entscheidungen einer vorhergehenden Planung revidiert werden. Es können sich sogar bereits produzierte Lose als insgesamt nicht optimal erweisen. Der gleiche Effekt tritt auf, wenn sich die Bedarfswerte in den noch einmal zu planenden Perioden geändert haben; es sei betont, dass dies realistisch ist, da fortlaufend neue Kundenaufträge in einem Unternehmen eintreffen. Wie in [Herr09a] begründet worden ist, kann bei einer rollenden Planung ein optimales Verfahren nicht in jedem Fall als das beste Verfahren angesehen werden. Die von Stadtler in [Stad00] vorgestellte Modifikation der optimalen Lösung von einem SLULSP liefert auch bei der rollenden Planung bessere Ergebnisse als alle bekannten Losgrößenheuristiken. Sie ist derzeit in keinem der kommerziell verfügbaren ERP- und PPS-Systeme enthalten.

Die Überlegenheit vom Silver-Meal- und vom Groff-Verfahren bei deterministischen dynamischen Bedarfsfolgen mit einem festen Planungshorizont (T) gilt auch für die rollende Planung aufgrund von analytischen Überlegungen, von Versuchsreihen (s. [HeSt10a] und [HeSt10b]) und von Resultaten aus der Literatur wie [ZoRo87] und [Robr91].

Nach den bisherigen Überlegungen sollte entweder das Silver-Meal- oder das Groff-Verfahren eingestellt werden. Um zwischen diesen eine Präferenz angeben zu können, wurde in [HeSt10a] und [HeSt10b] untersucht, ob bei einer rollenden Planung eines der beiden Verfahren besser ist. Dazu wurden von den in [Kira89] angegebenen beiden Aussagen, nach denen die Lösungsqualität des Silver-Meal-Verfahrens bei einem sporadischen Bedarfsverlauf und bei einem fallenden Bedarfsverlauf abnehmen, ausgegangen. Umfangreiche empirische Untersuchungen zeigen, dass bei solchen Bedarfsverläufen fast immer die beiden Losgrößenheuristiken die gleichen Gesamtkosten verursachen. Gegenüber dem in [ZoRo87] publizierten ähnlichen Ergebnis zeigen eigene Versuchsreihen (teilweise sind sie in [HeSt10a] bzw. [HeSt10b] publiziert) eine deutlichere Überlegenheit des Groff-Verfahrens gegenüber dem Silver-Meal-Verfahren.

Weitere umfangreiche eigene Versuchsreihen belegen die auch in [ZoRo87] publizierte Aussage, dass bei regelmäßigen Bedarfsverläufen das Groff-Verfahren die besten Resultate liefert.

Insgesamt ergibt sich eine Präferenz für das Groff-Verfahren. Dieser Einstellungshinweis passt dazu, dass das SAP®-System das Groff-Verfahren, aber nicht das Silver-Meal-Verfahren enthält (s. beispielsweise [GHIK09]). Diese klare Präferenz für das Groff-Verfahren wird durch die folgende Beobachtung eingeschränkt.

Bei den Bedarfen im Planungszeitraum handelt es sich in der industriellen Praxis lediglich um Prognosen der Nachfragemengen. Diese Prognosen weisen (zwangsläufig) Prognosefehler auf, wodurch mit falschen Bedarfen gerechnet wird; s. hierzu den Abschnitt über Prognoseverfahren bzw. die Analyse in [Herr09a]. Sie können nach den Versuchsreihen in [DbvW83] (s. auch [WeWh84]) bewirken, dass die bekannten Losgrößenheuristiken bei einer rollenden Planung nahezu die gleichen Ergebnisse liefern.

Die Anwendung heuristischer Losgrößenverfahren setzt das Vorliegen von einem Lager- und Rüstkostensatz voraus. Wie im Abschnitt zum Bestandsmanagement dargelegt wurde, werden diese in der industriellen Praxis durch mehrere Einflussfaktoren bestimmt. Dies führt dazu, dass diese Kostensätze in Unternehmen oftmals nicht oder nur sehr ungenau vorliegen. Dadurch wird eine von der optimalen Losgröße q_{opt} abweichende Losgröße q verwendet. Ein Maß für seine Auswirkung auf die Gesamtkosten pro Zeiteinheit für ein Los q $\left(C(q)\right)$ ist der Kostenveränderungsgrad $\kappa = \dfrac{C(q)}{C(q_{opt})}$. Beim klassischen Losgrößenproblem gilt $2 \cdot \kappa = \dfrac{q_{opt}}{q} + \dfrac{q}{q_{opt}}$.

(s. z.B. [Herr09a]). Weicht die verwendete Losgröße beispielsweise um 20 % von der optimalen nach oben ab, so weichen die tatsächlichen von den minimalen Kosten um 1,7 % ab; es sei angemerkt, dass eine solche 20% Erhöhung des Loses durch eine Abweichung des Rüstkostensatzes um 44% bzw. eine Reduktion des Lagerkostensatzes um den Faktor $\dfrac{1}{1,44}$ hervorgerufen wird. Liegt diese 20 prozentige Abweichung (von der optimalen) nach unten vor, so weichen die tatsächlichen von den minimalen Kosten um 2,5 % ab. Verantwortlich für diese Stabilität der Kosten (im Bereich des Optimums) ist, dass die Kostenfunktion der Gesamtkosten im Optimum sehr flach ist (s. z.B. [Herr09a]). Deswegen führen ungenaue Kostensätze eventuell zu einer Losgröße, die von der optimalen sehr deutlich abweicht. Die Auswirkungen auf die Gesamtkosten pro Zeiteinheit sind demgegenüber nur marginal.

Während eine Änderung von einem der Kostensätze beim klassischen Losgrößenproblem stets zu einer von der bisherigen optimalen Losgröße abweichenden neuen optimalen Losgröße führt, werden bei einem Losgrößenproblem mit einem deterministisch-dynamischen Bedarf nicht immer neue Lose, durch ein optimales Verfahren oder eine Losgrößenheuristik, erzeugt. Am einfachsten lässt sich diesbezüglich das periodische Losgrößenverfahren mit einer statisch bestimmten Reichweite analysieren. Dabei sei die Reichweite n durch den Zyklus τ statisch bestimmt. Nur wenn τ in der Nähe eines Vielfachen der Periodenlänge liegt, kann eine kleine Änderung des Zyklus zu einer um eine Periode abweichenden Reichweite führen. In vielen Beispielen führen signifikante Änderungen eines der beiden Kostensätze von mehr als 20 % zu keiner Änderung der Lose. Anderenfalls ist zu beobachten, dass in einigen Perioden Lose mit anderen Reichweiten aufgesetzt werden, aber in vielen Perioden die Lose gleich sind. Folglich kann von einer Stabilität der Losbildung gegenüber geänderten Kostensätzen gesprochen werden. Deswegen dürften auch bei ungenauen Kostensätzen durch ein heuristisches Losgrößenverfahren die niedrigsten Gesamtkosten erzielt werden.

4.3.3.11 Modifikatoren – Analyse und Einstellhinweise

Empirische Untersuchungen belegen, dass Losgrößenheuristiken Lose mit einer hohen Streuung bewirken; sie sind in der Regel auch deutlich höher als die Lose, die bei einer bedarfssynchronen Produktion (also bei der Verwendung der exakten Losgröße) auftreten. Wie ebenfalls bereits dargestellt worden ist, gibt es Prozesse, bei denen aus technischen oder organisatorischen Gründen, wie z.B. eine beschränkte Anzahl an Plätzen in einer Lackieranlage, und auch aus betriebswirtschaftlichen Gründen, worauf im Folgenden noch näher eingegangen werden wird, bestimmte Losgrößen nicht über- oder unterschritten werden dürfen. So ist es plausibel, dass kommerziell verfügbare ERP- und PPS-Systeme Losgrößenmodifikatoren enthalten, mit denen nachträglich bereits berechnete Lose geeignet verändert werden. In der Regel, wie im SAP®-System, werden dazu die maximale Losgröße, die minimale Losgröße und der Rundungswert angeboten.

Die maximale Losgröße legt die Obergrenze L^o für Lose fest. Bei einem zu großen Los q wird die Menge in (n+1) Teillose (Planaufträge) aufgesplittet, wobei n die größte natürliche Zahl (einschließlich Null) mit $n \cdot L^o \leq q$ ist; dadurch existieren n Planaufträge über L^o ME und ein Planauftrag über $\left(q - n \cdot L^o\right)$ ME. Die minimale Losgröße legt die Untergrenze L^u für Lose fest. Ein zu kleines Los q wird auf L^u ME erhöht. Grundsätzlich erfolgt eine Aufrundung durch den Rundungswert, der in den einzelnen kommerziell verfügbaren ERP- und PPS-Systemen unterschiedlich realisiert ist; beim SAP®-System werden zwei Varianten angeboten: zum einen wird ein Los auf ein ganzzahliges Vielfaches eines Rundungswerts aufgerundet und zum anderen wird über ein Rundungsprofil im Kern ein Los ab einem Schwellwert auf einen, zum Schwellwert gehörenden, Wert aufgerundet; für die folgende Analyse ist diese prinzipielle Arbeitsweise des Rundungswerts ausreichend, und für eine detaillierte Beschreibung sei auf [GHIK09] und [DMHH09] verwiesen.

Die größte Schwäche der Planungsverfahren in kommerziell verfügbaren ERP- und PPS-Systemen ist die mangelnde Berücksichtigung der Kapazitätsbeschränkungen, wodurch in der Regel nicht zulässige Produktionspläne erzeugt werden; dies ist in [Temp08] und auch in [Herr09a] detailliert begründet worden. Da die Losgrößenheuristiken, wie auch das SLULSP, ebenfalls keine Kapazitätsbeschränkungen berücksichtigen, erzeugen auch diese in der Regel nicht zulässige Produktionspläne (hierzu ist z.B. in [Herr09a] ein konkretes Beispiel angegeben worden). Wie in [Temp08] und [Herr09a] dargestellt wurde, können die dadurch hervorgerufenen Kapazitätsüberschreitungen gewaltig sein. Dies führt zu einer hohen Terminabweichung, hohen Beständen und einem niedrigen Endproduktdurchsatz. Empirische Untersuchungen, wie sie beispielsweise in [Wien87] bzw. in [Wien97] zu finden sind, belegen, dass dieses grundsätzliche Problem durch hohe und stark streuende Losgrößen noch verschärft wird. Neben den Auswirkungen auf die genannten Kennzahlen zeigt es sich auch in stark schwankenden Durchlaufzeiten. Umgekehrt belegen diese empirischen Untersuchungen (in [Wien87] bzw. in [Wien97]), dass eine Verringerung der Streuung der Losgrößen zu einer Verringerung der Terminabweichung führt. Wie bereits dargestellt worden ist, können kleine Lose bei einem Kapazitätsengpass günstig sein, um kurzfristig viele verschiedene Produkte fertigzustellen, wovon die Verspätung profitiert. Nach der Logik des Durchlaufdiagramms (s. [Wien97]) führen kleine Lose unmittelbar zu sinkenden Beständen; ein Durchlaufdiagramm (s. [Wien87] und [Wien97]) stellt die Zu- und Abgänge von Aufträgen an einem Produktionssystem gegenüber.

Da die maximale Losgröße sowohl die Streuung der Losgrößen verringert als auch ihre mittlere Höhe reduziert, ist zu erwarten, dass die Kapitalbindung (bei der es sich im Wesentlichen um den Lagerbestand handelt), der Endproduktdurchsatz und die Terminabweichung zunächst von einer abnehmenden maximalen Losgröße profitieren (ausgehend von einer zu hohen maximalen Losgröße). Dies zeigt sich in der Entwicklung dieser Kennzahlen bei einer abnehmenden maximalen Losgröße für die in [DMHH09] angegebene Untersuchung, die in Abbildung 4-40 dargestellt ist; nach den dortigen Untersuchungen ist der Verlauf dieser Kennzahlen unternehmensspezifisch, aber in der Regel dürfte der unternehmensspezifische Kennzahlenverlauf die in Abbildung 4-40 dargestellte Struktur haben. Dieser Effekt kennzeichnet den (kennzahlspezifischen) Wertebereich (II) in den drei Diagrammen.

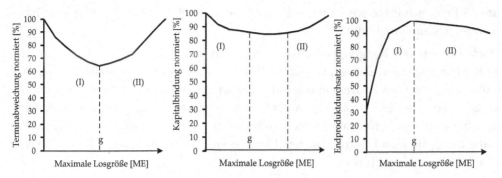

Abbildung 4-40: Verlauf der Kennzahlen Terminabweichung, Kapitalbindung und Endproduktdurchsatz bei einer zunehmenden maximalen Losgröße für die in
[DMHH09] angegebene Untersuchung; ME bedeutet Mengeneinheit

Unterhalb eines Grenzwerts (g) im Wertebereich (I) der drei Diagramme in Abbildung 4-40 (für die in [DMHH09] angegebene Untersuchung) werden nicht nur die
besonders hohen Lose harmonisiert, sondern die Lose, deren Auftragsmengen
bereits in der Nähe des Mittelwerts der Auftragsmengen liegen, werden verklei-
nert. Dies harmonisiert zwar die Auftragsmengen (der Lose) weiter, verursacht
jedoch zwei gegeneinander wirkende Effekte (s. [Wien97] und [DMHH09]), nämlich:

(a) Harmonisierte, um Ausreißer bereinigte Losgrößenverteilungen führen zu
    einem kontinuierlicheren Materialfluss.

(b) Kleine Losgrößen verursachen einen höheren Rüstaufwand, wodurch sich die
    effektiv nutzbare Produktionskapazität, gerade an einem Kapazitätsengpass,
    reduziert. Dadurch sinkt der Durchführungsanteil der Aufträge und mit ihm
    der Endproduktdurchsatz. Daneben steigt der Anteil an Wartezeiten, vor allem
    an einem Kapazitätsengpass, an, weil durch eine hohe Anzahl kleiner Lose
    schlechtere Produktionsreihenfolgen in der Werkstatt gebildet werden und
    sich die Aufträge vor allem vor einem Kapazitätsengpass stärker stauen.

Mit zunehmend kleinerer maximaler Losgröße dominiert der Effekt (b) sowohl den
Effekt (a) als auch die aus dem Durchlaufdiagramm abgeleiteten niedrigeren Be-
stände bei kleineren Losen. Hieraus folgt die zunehmende Verschlechterung der
Kennzahlen.

Nach [DMHH09] sind die Auswirkungen der maximalen Losgröße sehr beträchtlich. Für die in [DMHH09] angegebene Untersuchung, s. Abbildung 4-40, bewirkte eine optimale maximale Losgröße gegenüber einer maximalen Losgröße ohne
steuernden Einfluss (also mit einem zu hohen Wert) eine Verringerung der Kapitalbindung um 15 Prozentpunkte, des Endproduktdurchsatzes um 8 Prozentpunkte und der Terminabweichung um 36 Prozentpunkte. Abbildung 4-40 (für die in
[DMHH09] angegebene Untersuchung) zeigt, dass in diesen Untersuchungen beim
Zulassen von allen möglichen maximalen Losgrößen der Endproduktdurchsatz

um 68 Prozentpunkte schwankt, was ein hohes Potential für eine fehlerhafte Parametereinstellung bedeutet.

Nach [DMHH09] hängen betriebswirtschaftlich sinnvolle Einstellwerte von der Auftragsmengenverteilung ab und sind daher unternehmensspezifisch. Als Anhaltspunkt wird der Auftragsmengenmittelwert genannt. Da die Gesamtkosten des klassischen Losgrößenproblems im Optimum sehr flach sind (s. hierzu [Herr09a]) und bei einer größeren maximalen Losgröße die resultierenden Lose eher in der Nähe der optimalen Losgröße liegen, bietet es sich an, die maximale Losgröße eher zu groß als zu klein zu wählen.

Die beiden anderen Losgrößenmodifikatoren „minimale Losgröße" und „Rundungswert" haben eine sehr ähnliche Wirkung, für die die beiden Effekte (a) und (b), die bei der maximalen Losgröße beschrieben worden sind, ebenfalls entscheidend sind. Da diese beiden Losgrößenmodifikatoren keine Lose verkleinern, bewirken sie keine (aus dem Durchlaufdiagramm abgeleiteten) niedrigeren Bestände bei kleineren Losen und keine Verschärfung des Effekts (b). Aus Gründen der Einfachheit wird die Wirkung von diesen beiden Losgrößenmodifikatoren anhand der minimalen Losgröße analysiert. Ihre schrittweise Erhöhung reduziert die Streuung der Lose (aufgrund eines Losgrößenverfahrens), bei einer gleichzeitigen Erhöhung des Mittelwerts der Lose. Ab einer gewissen minimalen Losgröße haben die Lose eine einheitliche Größe, die gleichzeitig sein Mittelwert ist.

Ohne Anwendung von einem der beiden Losgrößenmodifikatoren kann angenommen werden, dass Effekt (b) die Höhe der drei Kennzahlen bestimmt; s. Abbildung 4-41 für die in [DMHH09] angegebene Untersuchung. Es ist zu erwarten, dass mit zunehmender minimaler Losgröße der Effekt (a) diesen Effekt (b) dominiert und dadurch bessere Kennzahlen für die Termineinhaltung und den Endproduktdurchsatz auftreten; dies zeigt sich im Wertebereich (I) von den entsprechenden beiden Diagrammen in Abbildung 4-41 für die in [DMHH09] angegebene Untersuchung. Die gleichzeitige Erhöhung des Mittelwerts der Lose bewirkt einen zunehmenden Bestand und erklärt den in Abbildung 4-41 für die in [DMHH09] angegebene Untersuchung dargestellten Anstieg der Kapitalbindung. Ab einem Grenzwert werden die Lose nur noch geringfügig (bzw. überhaupt nicht mehr) harmonisiert. Dafür treten zunehmend sehr hohe Lose auf, die die Auftragswechsel verringern. Dies kann bewirken, dass die (Nachfolge-) Ressourcen (in einem Produktionssystem) weniger gut mit Aufträgen versorgt werden, wodurch Leerzeiten entstehen, so dass ihre Leistung abfällt; s. den Wertebereich (II) in den entsprechenden beiden Diagrammen in Abbildung 4-41 für die in [DMHH09] angegebene Untersuchung. Für die in [DMHH09] angegebene Untersuchung nimmt der Endproduktdurchsatz schließlich immer stärker ab, s. Abbildung 4-41 (für die Terminabweichung) für die in [DMHH09] angegebene Untersuchung. Diese starke Erhöhung der Lose bewirkt, dass die Terminabweichung, auch immer stärker, ansteigt, s. Abbildung 4-41 für die in [DMHH09] angegebene Untersuchung. Diese

Überlegungen geben einen Anhaltspunkt für betriebswirtschaftlich sinnvolle Einstellwerte.

Ein Beleg für die Ähnlichkeit der Wirkung der beiden Losgrößenmodifikatoren „minimale Losgröße" und „Rundungswert" ist, dass der Verlauf ihrer Kennzahlen für die in [DMHH09] angegebene Untersuchung sehr ähnlich sind; s. [DMHH09].

Nach [DMHH09] sind die Auswirkungen von der minimalen Losgröße und von dem Rundungswert sehr beträchtlich. Für die in [DMHH09] angegebene Untersuchung, s. Abbildung 4-41, bewirkte eine optimale minimale Losgröße (bzw. ein optimaler Rundungswert) gegenüber einer minimalen Losgröße von Null (bzw. keiner Rundung), die keinen steuernden Einfluss hat, eine Verringerung der Terminabweichung um 25 Prozentpunkte (bzw. 14 Prozentpunkte) und eine Erhöhung des Endproduktdurchsatzes um 10 Prozentpunkte (bzw. 8 Prozentpunkte). Abbildung 4-41 für die in [DMHH09] angegebene Untersuchung zeigt, dass in diesen Untersuchungen beim Zulassen von allen möglichen minimalen Losgrößen (bzw. Rundungswerten) die Kapitalbindung um 9 Prozentpunkte (bzw. 12 Prozentpunkte), die Terminabweichung um 53 Prozentpunkte (bzw. 45 Prozentpunkte) und der Endproduktdurchsatz um 84 Prozentpunkte (bzw. 84 Prozentpunkte) schwankt, was ein hohes Potential für eine fehlerhafte Parametereinstellung bedeutet.

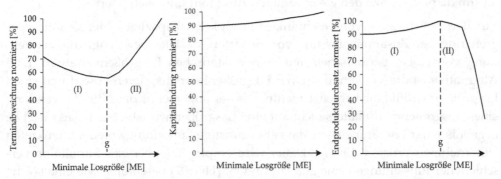

Abbildung 4-41: Verlauf der Kennzahlen Terminabweichung, Kapitalbindung und Endproduktdurchsatz bei einer zunehmenden minimalen Losgröße; für die in [DMHH09] angegebene Untersuchung; ME bedeutet Mengeneinheit

Werden alle drei Losgrößenmodifikatoren verwendet, so bestimmen sie eine Spannweite, innerhalb derer die Lose gültig sind. Eine zu kleine Spannweite kann bewirken, dass das Losgrößenverfahren nahezu keinen Einfluss auf das letztlich erzeugte Los hat und damit faktisch ausgeschaltet ist. Ferner kann eine zu kleine Spannweite bedeuten, dass die minimale Losgröße (bzw. der Rundungswert) zu hoch oder die maximale Losgröße zu niedrig gewählt wurde. Im ersten Fall werden die Auftragsmengen zu stark aufgerundet, wodurch zu hohe Bestände entstehen. Im zweiten Fall werden zu viele kleine Lose gebildet, wodurch der Effekt (b) ungünstige Kennzahlen bewirkt.

4.3.3.12 Zusammenfassung der Einstellhinweise

Die Überlegungen in diesem Abschnitt legen nahe, ein heuristisches Losgrößenverfahren zu verwenden, selbst dann, wenn die Kostensätze nur ungefähr bekannt
sind, da dann die geringsten Gesamtkosten auftreten dürften. Die Verwendung
einer exakten Losgröße (also einer bedarfssynchronen Produktion), sofern die Lagerungskosten für ein Produkt seine Beschaffungs- bzw. Rüstkosten um ein Vielfaches übersteigen, die Lagerkapazität sehr gering ist (und deswegen sehr niedrige
Bestände angestrebt werden) oder ein Liquiditätsengpass vorliegt, ließe sich auch
durch geeignet gewählte Lager- und Rüstkostensätze über eine Losgrößenheuristik
erzwingen. Damit dieses Verfahren auch wirklich immer verwendet wird, ist seine
direkte Einstellung zu empfehlen. Technische Randbedingungen, wie sie oben
genannt wurden, bevorzugen das Losgrößenverfahren „feste Losgröße". Das Losgrößenverfahren „feste Losgröße" wie auch das Losgrößenverfahren „Auffüllen
bis zum Höchstbestand" werden auch im Zusammenhang mit der bei den alternativen Dispositionsarten vorgestellten Bestellpunktdisposition eingesetzt; dadurch
und durch die Überlegungen im Bestandsmanagement ergeben sich Einstellhinweise. Liegen keine Kostensätze vor, so ist in jedem Fall eines der statischen Verfahren oder ein periodisches Losgrößenverfahren anzuwenden. Wie im Bestandsmanagement kann die Einhaltung eines Servicegrads als Ersatz für ein Kostenkriterium dienen; s. dazu den gleichnamigen Abschnitt und auch [Herr10].

Zur Berücksichtigung von beschränkter Produktionskapazität bietet sich eine Be-
grenzung der Zusammenfassung von Bedarfen an. Dies bevorzugt die Verwendung von einem periodischem oder einem statischen Losgrößenverfahren. Eine
Alternative ist die Verwendung einer Losgrößenheuristik, deren Lose durch einen
Losgrößenmodifikator begrenzt werden; es sei angemerkt, dass die Anwendung
eines Losgrößenmodifikators nicht auf eine Losgrößenheuristik beschränkt ist. Die
Ergebnisse der Literatur zeigen, dass eine günstige Einstellung von dem konkreten
Unternehmensprozess abhängt. Daher wird empfohlen, über eine Simulation ver-
schiedener Einstellungen eine gute zu finden; [Herr07] beschreibt, wie eine solche
Simulation durch ein Softwaresystem erfolgen könnte.

Kommerziell verfügbare ERP- und PPS-Systeme wie das SAP®-System erlauben
die Einstellung einer Kurzfrist- und einer Langfristlosgröße. Dazu wird die Zeitachse der Auftragsgrößenberechnung in einen kurzfristigen und einen langfristigen Bereich aufgeteilt, um in diesen beiden Bereichen unterschiedliche Losgrößenverfahren anwenden zu können. Dabei dürfen beide Bereiche unterschiedliche
Periodenlängen haben. Werden die Produktionsaufträge, die letztlich produziert
werden, durch eine Mischung von zwei Losgrößenverfahren erzeugt, so handelt es
sich um ein neues Losgrößenverfahren. Dies dürfte unter methodischen Ge-
sichtspunkten nicht zu empfehlen sein. Daher bietet es sich an, mit dem Losgrößenverfahren im kurzfristigen Bereich die (Größe der) Produktionsaufträge zu
bestimmen, die letztlich produziert werden. Mit dem Losgrößenverfahren im lang-

fristigen Bereich werden dann Planaufträge bestimmt, mit denen der zukünftige Kapazitätsbedarf abgeschätzt werden kann. Diese detailliertere Information über den Kapazitätsbedarf könnte für eine Modifikation des Produktionsprogramms im Rahmen eines Regelkreises zwischen der (übergeordneten) Produktionsprogrammplanung und der Bedarfsplanung, in der diese Losgrößenberechnung erfolgt, genutzt werden; wie er arbeiten könnte, demonstriert der Regelkreis im Abschnitt „Fertigungssteuerung". Da in kommerziell verfügbaren ERP- und PPS-Systemen kein solcher Regelkreis vorliegt, wird diese konkrete Möglichkeit hier nicht weiter verfolgt.

4.3.4 Terminierung

4.3.4.1 Bearbeitungs-, Durchführungs- und Durchlaufzeit

Bearbeitungszeit

Im Abschnitt „Verfahren" wurde bereits begründet, dass bei der Grobterminierung (im Dispositionsstufenverfahren) eines Planauftrags seine Produktionsmenge zu berücksichtigen ist; eine Verdoppelung seiner Produktionsmenge führt, in der Regel, auch zu einer Verdoppelung seiner Bearbeitungszeit. In kommerziell verfügbaren ERP- und PPS-Systemen erfolgt diese Berücksichtigung der Produktionsmenge durch eine (Durchlauf-) Terminierung. Im Kern berücksichtigt sie, dass der Arbeitsplan von einem Planauftrag aus einer linearen Folge von Arbeitsvorgängen besteht; es sei betont, dass die folgenden Überlegungen auch auf allgemeinere Arbeitspläne übertragen werden können. Im Arbeitsplan ist für jeden Vorgang eine Bearbeitungszeit pro Mengeneinheit, eine so genannte Stückbearbeitungszeit (tb) hinterlegt. Ist q die Produktionsmenge und tb die Stückbearbeitungszeit für einen Arbeitsvorgang v, so ist $tb \cdot q$ die Bearbeitungszeit von v. Die Summe der Bearbeitungszeiten der Arbeitsvorgänge zu einem Planauftrag A ergibt dann die Bearbeitungszeit von A, die die Vorlaufzeit von A ersetzt; graphisch ist dies in Abbildung 4-42 zu einem Planauftrag mit drei Vorgängen dargestellt.

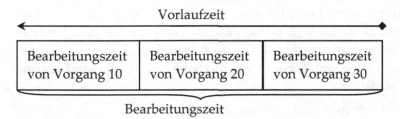

Abbildung 4-42: Berechnung der Bearbeitungszeit eines Planauftrags

Durchführungszeit

Unberücksichtigt sind Zeitverbräuche wie z.B. die Dauer für das Einrichten einer Ressource vor der eigentlichen Bearbeitung eines Arbeitsvorgangs. Deswegen wird in kommerziell verfügbaren ERP- und PPS-Systemen diese Bearbeitungszeit eines Planauftrags noch weiter verfeinert, in dem pro Arbeitsvorgang die folgenden

Zeitelemente betrachtet werden. Zu jedem Zeitelement ist angegeben, ob es sich um eine, von der Produktionsmenge unabhängige, Konstante handelt oder ob die Dauer des Zeitelements von der Produktionsmenge abhängt.

- Wartezeit von Arbeitsvorgang v (losunabhängig)

  Die Wartezeit ist der Zeitraum zwischen dem Abschluss eines vorgelagerten Transportvorganges und dem Beginn des Rüstvorganges einer Ressource für diesen Arbeitsvorgang v.

  Die Wartezeit ergibt sich aus der Konkurrenz dieses Vorgangs an dieser Ressource mit anderen Vorgängen, die ebenfalls auf dieser Ressource durchgeführt werden müssen.

  Ist v der erste Arbeitsvorgang eines Planauftrags, so ist seine Wartezeit der Zeitraum von dem Starttermin des Planauftrags bis zum Beginn des Rüstvorganges einer Ressource für diesen Arbeitsvorgang v.

- Rüstzeit von Arbeitsvorgang v (losunabhängig)

  Die Rüstzeit ist die benötigte Zeit, um eine Ressource zur Durchführung von diesem Arbeitsvorgang v einzurichten.

- Bearbeitungszeit von Arbeitsvorgang v (losabhängig)

  Dies ist der tatsächliche Zeitraum, in dem dieser Arbeitsvorgang v durchgeführt wird.

- Abrüstzeit von Arbeitsvorgang v (losunabhängig)

  Wurde eine Ressource zur Durchführung von Arbeitsvorgang v speziell eingerichtet, so muss eventuell diese Einrichtung wieder abgebaut werden.

  Es sei angemerkt, dass dies im Rahmen des Rüstens des nächsten auf dieser Ressource durchzuführenden Vorgangs erfolgen kann. Benötigt dieser den gleichen Rüstzustand der Ressource, so sollte eine Abrüstung sogar entfallen. In kommerziell verfügbaren ERP- und PPS-Systemen werden diese Verbesserungsmaßnahmen im Rahmen der Fertigungssteuerung erkannt und genutzt.

- Liegezeit von Arbeitsvorgang v (losunabhängig)

  Muss ein Produkt nach der Durchführung von Arbeitsvorgang v auf einer Ressource außerhalb dieser Ressource eine gewisse Zeitdauer t liegen, bevor er transportiert werden darf, so wird t als Liegezeit bezeichnet.

  Beispielsweise werden damit Zeiten für Kontrollarbeiten, Abkühlvorgänge und Reifevorgänge modelliert.

- Transportzeit von Arbeitsvorgang v (losunabhängig)

  Die Transportzeit wird beim Ortswechsel eines Produkts von einer Ressource zu einer anderen Ressource oder zu einem Lager benötigt.

  Die Transportzeit enthält auch die Konkurrenz um Transportkapazitäten.

  Es sei angemerkt, dass der Transport eines Produkts von einem Lager zu einer Ressource auch zu berücksichtigen ist. Möglich wäre seine Modellierung durch ein Zeitelement. Übereinstimmend gehen die marktüblichen ERP- und PPS-Systeme davon aus, dass dies im Rahmen einer Materialbereitstellung erfolgt, die nicht Gegenstand der Bedarfsplanung ist. Vielmehr ist das Ergebnis der Bedarfsplanung die Vorgabe einer Planung der Materialbereitstellung, die im Lagerbetrieb durch die Kommissionierung unterstützt werden könnte. Eine verzögerte Anlieferung von Material für die Bearbeitung von einem Arbeitsvorgang v wird in der Wartezeit von v berücksichtigt.

Durchlaufzeit

Alle genannten Zeitelemente basieren auf Daten im Materialstamm oder im Arbeitsplan und werden über Formeln berechnet. Die Addition dieser Zeitelemente ergibt die Durchlaufzeit eines Arbeitsvorgangs; dies ist in Abbildung 4-43 für einen Vorgang visualisiert. Da die Zeitelemente Warten, Liegezeit und Transportzeit keinen direkten Beitrag zur Durchführung eines Arbeitsvorgangs leisten, werden sie als Übergangszeit bezeichnet; es sei betont, dass alle anderen Elemente die Durchführungszeit bestimmen. Auf ein Beispiel zur konkreten Berechnung wird hier verzichtet, weil sie deutlich durch die konkreten Berechnungsformeln in einem ERP- und PPS-System beeinflusst wird, auf die hier nicht näher eingegangen werden soll.

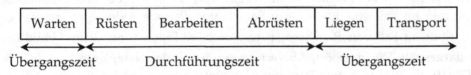

Abbildung 4-43: Durchlaufzeit eines Arbeitsvorgangs

Die Summe der Durchlaufzeiten der Arbeitsvorgänge zu einem Planauftrag A ergibt die Durchlaufzeit von A.

Die Bedeutung der Übergangszeit und die Vorschläge zu ihrer Festlegung werden aus den folgenden Überlegungen plausibel.

4.3.4.2 Durchlaufterminierung

Das Dispositionsstufenverfahren bestimmt Planaufträge mit Start- und Endterminen. Diese Planaufträge sind durch einen (Vorgangsknoten-) Netzplan miteinander verbunden; zu seiner Definition s. den Abschnitt 4.3.1.1. Als Beispiel diene der in Abbildung 4-44 dargestellte Netzplan, über den jeweils zwei gleichgroße Bedarfe (in aufeinanderfolgenden Perioden) zu zwei Produkten P_1 und P_2 über Planaufträge zu den Komponenten der beiden Produkte befriedigt werden; es sei angemerkt, dass sich die Planaufträge zu P_1 und P_2 durch eine Losbildung der beiden Bedarfe zu P_1 und P_2 ergeben. Für die Produktion gehen die Baugruppen B_1 und B_2 direkt in P_1 ein, und die Baugruppe B_3 geht direkt in B_1 ein. Ferner geht die Baugruppe C direkt in P_2 ein. Alle Direktbedarfskoeffizienten sind eins.

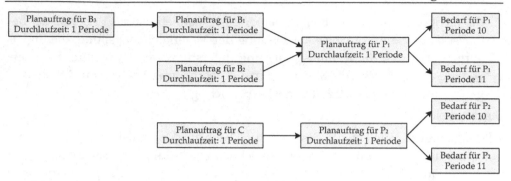

Abbildung 4-44: Netzplan zur Befriedigung von vier Bedarfen

Da die Komponenten von P_1 und P_2 entsprechend ihrer Erzeugnisstruktur produziert werden müssen, vergehen von dem Beginn der Bearbeitung an einer Komponente bis zur Fertigstellung des Planauftrags zu P_1 drei Perioden und im Fall von P_2 zwei Perioden. Beide Planaufträge haben das Ende von Periode 9 als Wunschtermin, unter der realitätsnahen Annahme, dass damit der Bedarf in Periode 10 gedeckt werden kann. Folglich ist der Beginn von Periode 7 der spätestzulässige Starttermin im Fall von P_1 und der Beginn von Periode 8 der spätestzulässige Starttermin im Fall von P_2. Diese spätestzulässige Einplanung ist in Abbildung 4-45 dargestellt. Die zugehörige Berechnung wird in der Netzplantechnik (s. z.B. [DoDr02]) als Rückwärtsterminierung (der Netzplantechnik) bezeichnet. Ausgehend von den Terminen für die Bedarfe bestimmt es die spätestzulässigen Starttermine der einzelnen Planaufträge.

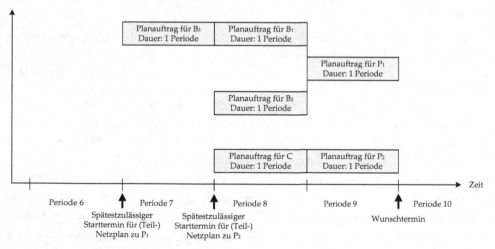

Abbildung 4-45: Terminplan bei spätestzulässiger Einplanung (Rückwärtsterminierung); Dauer steht für Durchlaufzeit

Es ist möglich, dass einer (oder mehrere) dieser Starttermine in die Vergangenheit fällt (fallen). Um dies zu verhindern, wird in vielen ERP- und PPS-Systemen, wie dem SAP®-System, ausgehend von der aktuellen Periode eine Vorwärtsterminierung durchgeführt, die nach den Rechenregeln der Netzplantechnik die frühest-möglichen Endtermine der einzelnen Planaufträge bestimmt. Im vorliegenden Beispiel liegt der aktuelle Zeitpunkt (heute) auf dem Beginn der Periode 8, wodurch der Starttermin von dem Planauftrag für die Baugruppe B_3 nicht der Beginn der Periode 7 sein kann, sondern der Beginn der Periode 8 sein darf. Eine Vorwärtsterminierung ist folglich für den Planauftrag für die Baugruppe B_3 erforderlich. Sie bewirkt, dass der Starttermin von dem Planauftrag für die Baugruppe B_1 eine Periode später liegt und der Starttermin von dem Planauftrag für das Produkt P_1 ebenfalls eine Periode später liegt; dies ist in Abbildung 4-46 visualisiert. Dadurch wird der Planauftrag für das Produkt P_1 eine Periode zu spät fertiggestellt. Die Termine der anderen Planaufträge können erhalten bleiben. Für den Planauftrag für die Baugruppe B_2 ergibt sich ein Puffer über eine Periode. Eine solche Vorwärts- und Rückwärtsterminierung ist unabhängig von der Art der Bestimmung der Durchlaufzeit eines Planauftrags, nämlich durch die Vorlaufzeit aus dem Materialstamm oder durch seine (oben genannte) Berechnung aus den einzelnen Zeitelementen aus dem Arbeitsplan, möglich. Dabei ist zu berücksichtigen, dass in der Bedarfsplanung für die Berechnung der Mengen und Termine von den Planaufträgen der periodenspezifische disponible Bestand verwendet worden ist; s. den Abschnitt „Verfahren". Dadurch muss zum Starttermin eines Planauftrags ein bestimmter disponibler Bestand verfügbar sein, und zu seinem Endtermin (t_e) muss er beendet sein, damit durch ihn zum Zeitpunkt t_e ein bestimmter disponibler Bestand vorliegt, der wiederum in der Regel eine Voraussetzung für die Bearbeitung eines (Folge-) Planauftrags ist. Deswegen bilden die durch die Bedarfsplanung festgelegten Start- und Endtermine eines Planauftrags den zeitlichen Rahmen, in dem die Vorwärts- und Rückwärtsterminierung diesen Planauftrag terminieren darf; daher werden solche Start- und Endtermine auch als Eckendtermine bezeichnet. Zur Vereinfachung wird im Folgenden die Einhaltung dieser Restriktionen nicht explizit genannt, aber vorausgesetzt.

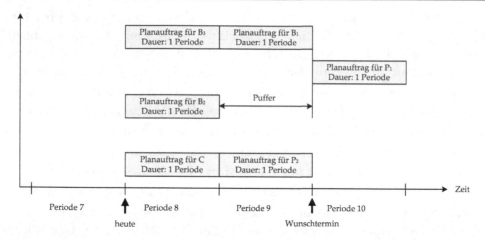

Abbildung 4-46: Terminplan bei teilweiser Vorwärtsplanung aus einer Rückwärtsplanung nach Abbildung 4-45; Dauer steht für Durchlaufzeit

Häufig wird dieses typische Vorgehen in ERP- und PPS-Systemen, wie dem SAP®-System, in der betrieblichen Praxis so erweitert, dass sowohl eine solche Vorwärts- als auch eine Rückwärtsterminierung im Rahmen der so genannten Durchlaufter-minierung durchgeführt wird. Ohne Berücksichtigung der Kapazitäten bestimmt sie die frühestmöglichen Endtermine bzw. die spätestzulässigen Starttermine der einzelnen Planaufträge. Das Ergebnis dieser Zeitplanung gibt an, ob noch ein zeitlicher Puffer vorhanden ist oder eine Verspätung zu erwarten ist. Auf eine formale Beschreibung dieser Rechenregeln der Netzplantechnik wird hier verzichtet; sie sind beispielsweise in [DoDr02] und in [KüHe04] erläutert worden; gerade im Hinblick auf ERP- und PPS-Systeme sei zusätzlich noch auf [Zäpf01] und [Kurb05] verwiesen. Die prinzipielle Vorgehensweise wird wiederum anhand des Netzplans in Abbildung 4-44 erläutert. Für die folgenden Betrachtungen sei zur Vereinfa-chung angenommen, dass die Liege- und Transportzeiten vernachlässigbar sind. Ferner wird die durch die Ressourcenkonkurrenz hervorgerufene Wartezeit zu-nächst nicht betrachtet. Dadurch besteht die zeitliche Dauer der Planaufträge nur aus der Durchführungszeit; dies ist in Abbildung 4-47 angegeben.

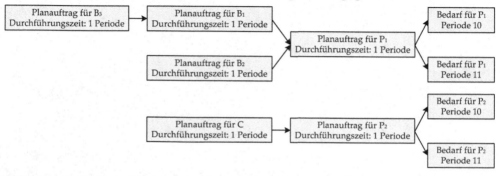

Abbildung 4-47: Netzplan zur Befriedigung von vier Bedarfen

Als aktuelles Datum (heute) wird der Beginn der Periode 6 verwendet. Eine Durchlaufterminierung nach dem Prinzip der spätestzulässigen Einplanung ist bereits in Abbildung 4-45 dargestellt. Basierend auf diesen spätestzulässigen Terminen für den Beginn der (Teil-) Netzpläne zur Herstellung von den Produkten P_1 und P_2 kann eine Durchlaufterminierung nach dem Prinzip der frühestmöglichen Einplanung durchgeführt werden und führt in diesem Beispiel dazu, dass der Starttermin für den Planauftrag für die Baugruppe B_2 bereits eine Periode früher beginnt. Dies ist in Abbildung 4-48 angegeben. Dadurch hat der Planauftrag für die Baugruppe B_2 einen Puffer von einer Periode. An den beiden Planaufträgen für die Herstellung von Produkt P_2 ändert sich nichts; s. Abbildung 4-48.

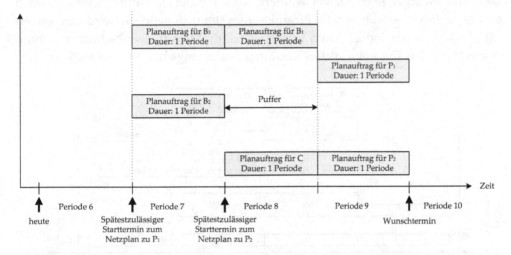

Abbildung 4-48: Terminplan bei frühestmöglicher Einplanung; Dauer ist identisch mit Durchführungszeit

Durch eine solche Durchlaufterminierung werden die Start- und Endtermine sowie die Pufferzeiten aller Planaufträge bestimmt. Daraus ergeben sich die zeitlich längsten Wege zur Erfüllung der einzelnen Bedarfe; jeder derartige Weg heißt kritischer Weg; beispielsweise hat der Bedarf für Produkt P_1 in Periode 10 genau einen kritischen Weg, der aus dem Planauftrag für Baugruppe B_3, dem Planauftrag für Baugruppe B_1 und dem Planauftrag für Produkt P_1 besteht. Eine Verspätung eines Planauftrags um t Zeiteinheiten auf einem kritischen Weg führt unmittelbar zu einer verspäteteten Verfügbarkeit der benötigten Mengen für die Auslieferung eines (oder mehrerer) Bedarfs (-e) um ebenfalls t Zeiteinheiten. Es sei betont, dass die Planaufträge in dem Netzplan durch die (lineare Folge der) Arbeitsvorgänge dieser Planaufträge ersetzt werden können. Dann werden diese Zeiten und Zeitpunkte für Arbeitsvorgänge berechnet. In der industriellen Praxis wird vielfach so vorgegangen. Das Vorgehen im Beispiel dient nur zur Vereinfachung.

4.3.4.3 Kapazitätsabgleich

Das Ergebnis ist somit ein Terminplan, der die zeitliche Belastung der einzelnen Produktionssysteme durch Planaufträge in den einzelnen Perioden angibt. Diese wird in ein Ressourcenbelastungsdiagramm eingetragen, wodurch für jedes Produktionssystem ein Belastungsprofil entsteht. Für dieses Beispiel sei angenommen, dass alle Baugruppen durch das Produktionssystem M und die beiden Endprodukte durch das Produktionssystem M' hergestellt werden. Der in Abbildung 4-48 dargestellte Terminplan belastet das Produktionssystem M in den Perioden 7 und 8 zu 200% und das Produktionssystem M' in der Periode 9 ebenfalls zu 200%; dies ist in Abbildung 4-49 dargestellt. Wie beim Netzplan können statt Planaufträge eben Arbeitsvorgänge betrachtet werden, wodurch die Belastung jeder einzelnen Ressource (anstelle von jedem Produktionssystem) angegeben wird. Es sei erwähnt, dass in der industriellen Praxis in relativ kurzen Zeitabschnitten – typischerweise jeden Tag – ein solches Ressourcenbelastungsdiagramm erstellt wird.

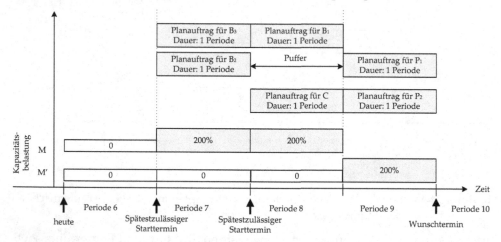

Abbildung 4-49: Ressourcenbelastungsdiagramm; Dauer steht für Durchführungszeit

Häufig werden die Produktionssysteme bzw. Ressourcen in den einzelnen Perioden durch Mehrfachzuordnung von Planaufträgen überlastet sein; in Abbildung 4-49 trifft dies auf die Planaufträge zu den Baugruppen B_2 und B_3 in Periode 7 für das Produktionssystem M, auf die Planaufträge zu den Baugruppen B_1 und C in Periode 8 ebenfalls für das Produktionssystem M sowie auf die Planaufträge zu den Produkten P_1 und P_2 in Periode 9 für das Produktionssystem M' zu. Dadurch können die aus der Netzplantechnik errechneten Termine bei der Durchführung auf der Produktionsebene nicht eingehalten werden – diese Planung der Planaufträge ist folglich nicht zulässig; entsprechend ist ein Plan zulässig, sofern bei seiner Durchführung auf der Produktionsebene die errechneten Termine eingehalten werden. Es sei erinnert, dass für die Durchführung eines Planauftrags auf der Produktionsebene dieser in einen Produktionsauftrag umgewandelt wird, so dass zwischen Planaufträgen und Produktionsaufträgen zu unterscheiden ist. Da diese

Unterscheidung sich aus dem Zusammenhang unmittelbar ergibt, wird aus Vereinfachungsgründen auf diese Unterscheidung im Folgenden verzichtet. Es sei betont, dass in dieser Belastungsberechnung, nach dem üblichen Vorgehen in der industriellen Praxis, zum ersten Mal explizit die Konkurrenz von mehreren Planaufträgen um Produktionssysteme bzw. Ressourcen berücksichtigt wird. Es sei erinnert, dass die Nichtberücksichtigung von Kapazitätsrestriktionen die sehr gravierende strukturelle Schwäche des (in der industriellen Praxis eingesetzten) Dispositionsstufenverfahrens ist (s. das Ende des Abschnitts „Verfahren" im Abschnitt „Bedarfsplanung").

Für die Beseitigung von solchen Überlastungen der einzelnen Produktionssysteme bzw. Ressourcen existieren verschiedene Maßnahmen, die generell als Kapazitätsbelastungsausgleich bezeichnet werden. Diese Maßnahmen passen den Kapazitätsbedarf an das -angebot an oder passen das Kapazitätsangebot an den -bedarf an. Ersteres bewirkt eine Veränderung des Belastungsprofils beispielsweise durch ein zeitliches Vorziehen eines Planauftrags (also einer Verlagerung des Planauftrags in Richtung der Gegenwart), durch ein zeitliches Hinausschieben eines Planauftrags (also einer Verlagerung des Planauftrags in Richtung der Zukunft) oder durch eine Fremdbeschaffung. Weitere Maßnahmen sind in Stichpunkten in Abbildung 4-50 angegeben; für Details sei auf [CoGö09] verwiesen. Zweiteres erfolgt durch eine zeitliche, intensitätsmäßige und eine quantitative Anpassung der Kapazitäten. Bei der zeitlichen Anpassung wird die Einsatzdauer der Arbeitssysteme variiert, bei Arbeitskräften beispielsweise durch Überstunden oder durch Kurzarbeit. Durch eine Variation der Ausbringungsmenge je Zeiteinheit innerhalb eines bestimmten Rahmens erfolgt eine intensitätsmäßige Anpassung der Arbeitssysteme. Werden die tatsächlich genutzten Arbeitssysteme verändert, indem beispielsweise funktionsgleiche, im Betrieb vorhandene Reserveanlagen zusätzlich eingesetzt werden oder kurzfristig zusätzliche Arbeitskräfte an Engpassanlagen bereitgestellt werden, so liegt eine quantitative Anpassung vor. Im Zusammenhang sind diese Maßnahmen in Stichpunkten in Abbildung 4-50 angegeben; für weitere Details sei auf [CoGö09] verwiesen.

Diese Maßnahmen verursachen unterschiedliche Kosten, wie z.B. Überstundenlöhne, schnellere Abnutzung von Anlagen oder höherer Material- und Energieverbrauch bei Reserveanlangen. Neben den Kosten ist auch die situative Eignung einer Maßnahme zu berücksichtigen; vor allem der Zeitraum von der Veranlassung einer Maßnahme bis zu seiner Wirkung.

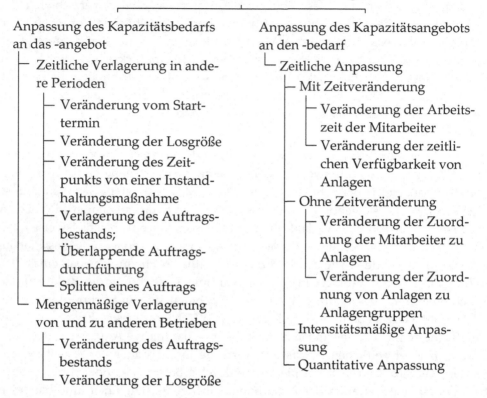

Abbildung 4-50: Maßnahmen zum Kapazitätsbelastungsausgleich

In diesem Beispiel besteht eine, in Abbildung 4-51 visualisierte, Lösung in dem Vorziehen der Bearbeitung der Planaufträge zur Herstellung von Produkt P_2 sowie dem Nutzen von Mehrarbeit für eine Baugruppe für Produkt P_1. Im Einzelnen wird zur Herstellung von Produkt P_2 mit dem Bearbeiten des Planauftrags zur Baugruppe C in Periode 6 begonnen. Um Lagerhaltungskosten zu sparen, wird mit dem Bearbeiten des Planauftrags zum Produkt P_2 so spät wie möglich begonnen, so dass er in Periode 8 bearbeitet wird. Basierend auf der in Abbildung 4-49 dargestellten Lösung wird für die Herstellung von Produkt P_1 der Planauftrag zur Baugruppe B_3 in Periode 7 und der Planauftrag zur Baugruppe B_2 in einer Zusatzschicht in Periode 7 bearbeitet. Schließlich wird der Planauftrag zur Baugruppe B_1 in Periode 8 und der Planauftrag zum Produkt P_1 in Periode 9 bearbeitet. Eine solche Lösung bestimmt die tatsächliche Bearbeitungszeit für jeden Planauftrag auf dem benötigten Produktionssystem (bzw. für jeden Arbeitsvorgang auf der benötigten Ressource) und legt geplante Wartezeiten, als Zeitdifferenz zwischen dem möglichen Beginn eines Planauftrags und seinem tatsächlichen Beginn, und geplante Vorratsproduktionen aufgrund von Kapazitätsrestriktionen fest. Im Beispiel tritt eine geplante Wartezeit für den Planauftrag zum Produkt P_2 in Periode 7 auf, und die durch ihn produzierte Menge ist eine Periode lang, nämlich in Periode 9 zu lagern, bevor ein Teil von ihm zur Befriedigung des Bedarfs für P_2 in Periode 10 benötigt wird. Dadurch ist keine Angabe einer Wartezeit im Materialstamm erforderlich. Werden zusätzlich noch die Transportvorgänge geplant, so ermittelt dieses Vorgehen auch geplante Wartezeiten zu den einzelnen Transportvorgängen; weswegen diese Angabe auch nicht erforderlich ist. Zu jedem Planauftrag A für ein Endprodukt, in dem Beispiel für P_1 und P_2, existiert ein (Teil-)Netzplan, dessen Durchlaufzeit von dem frühesten Starttermin der Planaufträge zu diesem (Teil-) Netzplan bis zur Beendigung von A geht. Im Beispiel hat der (Teil-) Netzplan zum Planauftrag für P_2 eine Durchlaufzeit von 3 Perioden, nämlich von dem Beginn der Periode 6 bis zum Ende der Periode 8. Eine solche Lösung bestimmt auch die Durchlaufzeit für Belieferung eines Bedarfs, die von dem frühesten Starttermin der Planaufträge zu seinem (Teil-)Netzplan bis zu dem Zeitpunkt, an dem die für diesen Bedarf erforderliche Menge auf dem Lager liegen muss, geht. Im Beispiel beträgt die Durchlaufzeit für Belieferung des Bedarfs für Produkt P_2 in Periode 11 gerade 5 Perioden, nämlich von dem Beginn der Periode 6 bis zum Ende der Periode 10.

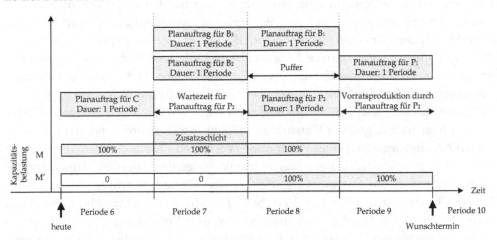

Abbildung 4-51: Einplanung nach Kapazitätsbedarfsverschiebung und Kapazitätsbedarfsanpassung und dem dazugehörenden Ressourcenbelastungsdiagramm; Dauer steht für Durchführungszeit

4.3.4.4 Kapazitätsabgleich in industrieller Praxis – Analyse

In der industriellen Praxis sind die Mengengerüste in Form von Planaufträgen (bzw. Arbeitsvorgängen) sowie Produktionssystemen (bzw. Ressourcen) sehr viel höher. Deswegen stellt bereits die Ermittlung eines zulässigen Terminplans einen Disponenten vor unlösbare Probleme. Dadurch kommt es häufig zu Produktionsunterbrechungen, da entweder die benötigten Produktionssysteme (bzw. Ressourcen) nicht zu den geplanten Terminen verfügbar sind oder weil zum geplanten

Starttermin eines Planauftrags (bzw. Arbeitsvorgangs) ein unmittelbarer Vorgänger im Netzplan noch nicht abgeschlossen ist (in Folge einer ungeplanten Erhöhung der Durchlaufzeit), was sich wiederum aus der mangelnden Berücksichtigung der knappen Kapazitäten ergibt. Durch kommerziell verfügbare ERP- und PPS-Systeme wie dem SAP®-System werden zunehmend besser der aktuelle Kapazitätsbedarf und das aktuelle Kapazitätsangebot, auch unter Berücksichtigung der durch den Netzplan vorhandenen Abhängigkeiten zwischen den Planaufträgen (bzw. Arbeitsvorgängen) aufgezeigt. Trotzdem überfordert die verbleibende hohe Komplexität dieses Planungsproblems in der Regel die menschliche Auffassungs- und Problemlösungsfähigkeit, auf die sich die industrielle Praxis auch beim Einsatz computerunterstützter ERP- und PPS-Systeme weitgehend verlässt.

In der industriellen Praxis wird häufig ein zulässiger Plan durch eine zeitliche Verschiebung von Planaufträgen (bzw. Arbeitsvorgängen) hergestellt; die folgenden Überlegungen sind [GüTe09] entnommen; ergänzend sei auf [Koli95] und [KüLS75] hingewiesen. Dazu werden die Planaufträge nach ihren Prioritäten auf die Produktionssysteme (bzw. die Arbeitsvorgänge der Planaufträge auf die einzelnen Ressourcen) eingelastet. Der gerade einzuplanende Planauftrag wird aufgrund des Ergebnisses der Durchlaufterminierung, also seinem Start- und Endtermin, auf sein benötigtes Produktionssystem eingeplant, sofern dies möglich ist. (Bei der Einplanung von seinen Arbeitsvorgängen werden diese entsprechend auf die erforderlichen Ressourcen eingeplant.) Bei einer Überlastung von Produktionssystemen wird der Planauftrag in benachbarte Perioden, in denen das Produktionssystem noch über freie Kapazität verfügt, verschoben. Dabei wird ein Planauftrag innerhalb seiner Pufferzeit verschoben. Ist dies nicht möglich, wird geprüft, ob die gemeinsame Verschiebung mit einem im Netzplan der Planaufträge vorangehenden oder nachfolgenden Planauftrag möglich ist. (Entsprechend wird mit einzelnen Arbeitsvorgängen eines Planauftrags verfahren.) Kann ein Planauftrag nicht bis zu seinem spätestzulässigen Startzeitpunkt eingeplant werden, dann wird geprüft, ob Ausweichmaßnahmen ergriffen werden können. Hierunter fällt ein kurzfristiger Fremdbezug oder ein Verlagern auf ein Ausweichproduktionssystem (bzw. Arbeitsplatz). Mit diesem Verfahren wird eine Einplanung der fünf Planaufträge vorgeschlagen, die wie die in Abbildung 4-51 visualisierte Lösung eine Mehrarbeit von 100% an Kapazität, beispielsweise über eine Zusatzschicht, für einen Planauftrag zu einem der vier Baugruppen benötigt.

Empirische Untersuchungen belegen, dass mit dieser Vorgehensweise nur in sehr einfachen Unternehmenssituationen zulässige Pläne erzeugt werden. Ungeplante Wartezeiten, hohe Bestände an angearbeiteten Erzeugnissen sowie beträchtliche Terminabweichungen sind in der industriellen Praxis die Regel und werden dort zunehmend beklagt.

4.3.4.5 Optimierungsproblem

Diese schrittweise Einplanung führt häufig zu nicht zulässigen Plänen, obwohl zulässige Lösungen existieren. Folglich ist ein Optimierungsproblem zu lösen. Methodisch lässt sich dieses durch die Erweiterung der Netzplantechnik um die Berücksichtigung von Kapazitätsbeschränkungen beschreiben. Beispiele für solche Entscheidungsmodelle finden sich, in der Regel unter der Bezeichnung Resource Constraint Project Scheduling Problem (RCPSP) in [KüHe04], [DoDr02] oder [Gü-Te09]; sie lassen sich prinzipiell durch ein Standardverfahren der binären Optimierung lösen. In vielen Fällen zeigt sich jedoch, dass bei einer Ressourcenkonkurrenz wenigstens ein extern vorgegebener Fertigstellungstermin von einem Bedarf (bzw. dem dazugehörenden Planauftrag) nicht eingehalten werden kann. Ist in dem Beispiel keine Nutzung von zusätzlicher Kapazität möglich, so sind in den vier Perioden von 6 bis 9 die Planaufträge zu den vier Baugruppen zu produzieren. Nach drei Perioden, also in Periode 9, kann frühestens entweder der Planauftrag zu dem Produkt P_1 oder der Planauftrag zu dem Produkt P_2 ausgeführt werden. Im günstigsten Fall wird in Periode 10 der andere Planauftrag ausgeführt; in Abbildung 4-52 ist eine der Varianten dargestellt. Somit ist die Verspätung entweder von dem Planauftrag zu dem Produkt P_1 oder von dem Planauftrag zu dem Produkt P_2 in dem obigen Beispiel unvermeidlich und die im Hinblick auf die letztlich zu beliefernden Bedarfe kostengünstigste Variante ist auszuwählen. Folglich sind in solchen Fällen die Verspätungen durch eine geeignete Kostenfunktion zu bewerten, so dass wieder ein lösbares Optimierungsproblem entsteht. Es sei daran erinnert, dass, durch die beschränkten Kapazitäten, die durch die Bedarfsplanung vorgegebenen Eckendtermine der Planaufträge oftmals nicht eingehalten werden können, so dass, aus den oben genannten Gründen, die periodenspezifischen disponiblen Bestände im Entscheidungsmodell geeignet berücksichtigt werden müssen – eventuell sind diese sogar neu zu berechnen. Allerdings sind solche Optimierungsprobleme bei Größenordnungen, wie sie bei realen Unternehmensszenarien vorliegen, auch mit schnellen Großrechnern nicht in vertretbarer Rechenzeit lösbar. Daher wird seitens der Forschung intensiv an heuristischen Verfahren gearbeitet, die in vertretbarer Zeit eine Lösung liefern. Die in den letzten Jahren publizierten Arbeiten lassen vermuten, dass in naher Zukunft Vorschläge existieren werden, die in vertretbarer Zeit im Sinne der genannten Zielsetzung gute Lösungen liefern.

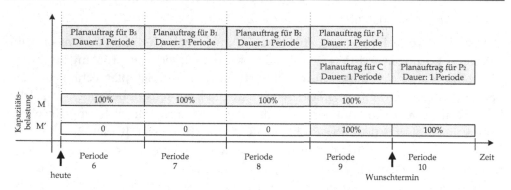

Abbildung 4-52: Einplanung und Ressourcenbelastungsdiagramm beim Zulassen einer Verspätung für P_2; Dauer steht für Durchführungszeit

In vielen Fällen ist eine Vermeidung von Verspätungen nur möglich, wenn die durch die Bedarfsplanung erzeugten Lose wieder aufgelöst werden. Dies ist bereits bei diesem Beispiel der Fall, indem zu jedem der gleich großen Bedarfe zu Produkt P_1, und zu jedem der gleich großen Bedarfe zu Produkt P_2 ein Planauftrag gebildet wird. Jeder dieser Planaufträge benötigt 50% der Kapazität von M' in einer Periode. Durch die Sekundärbedarfsauflösung werden aus diesen Planaufträgen zwei Planaufträge für die Baugruppe B_1 und zwei Planaufträge für die Baugruppe C gebildet, die ihrerseits jeweils 50% der Kapazität von M in einer Periode benötigen. Diese acht Planaufträge können so in den Perioden 8 und 9 hintereinander gelegt werden, dass alle bis auf einen Planauftrag zum Produkt P_1 oder zum Produkt P_2 ausgeführt werden können, ohne die zulässige Kapazität zu überschreiten; dies ist in Abbildung 4-53 visualisiert. Der letzte Planauftrag (zu Produkt P_1 oder zu Produkt P_2) wird in der Periode 10 ausgeführt; s. Abbildung 4-53. Damit können alle Bedarfe zu den Produkten P_1 und P_2 termingerecht ausgeliefert werden. Die Planaufträge zu den Baugruppen B_2 und B_3 können beibehalten werden.

Verantwortlich dafür, dass Lose wieder aufgelöst werden müssen, ist die Nichtberücksichtigung von Kapazitätsrestriktionen bei der Losgrößenplanung. Folglich lassen sich solche vermeidbaren Verspätungen in der Regel selbst durch eine perfekte Terminplanung nicht mehr korrigieren. Damit ist dieses in der industriellen Praxis anzutreffende Vorgehen aus zwei Phasen, einer Bedarfsplanung ohne Berücksichtigung von Kapazitätsrestriktionen und einer anschließenden optimalen Lösung des Durchlaufterminierungsproblems mit Kapazitätsrestriktionen konzeptionell nicht geeignet, das eigentlich zu lösende mehrstufige Losgrößenproblem mit Kapazitätsrestriktionen zu lösen.

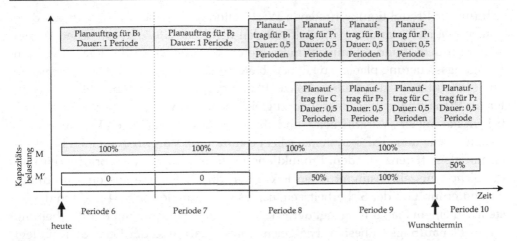

Abbildung 4-53: Einplanung und Ressourcenbelastungsdiagramm beim Zulassen von Lossplittung; Dauer steht für Durchführungszeit

4.3.4.6 Vorgriffszeit und Sicherheitszeit

Wie in der oben genannten empirischen Untersuchung schon angesprochen worden ist, bewirkt die in der industriellen Praxis anzutreffende einfache Durchlaufterminierung, mit Unterstützung durch ein kommerziell verfügbares ERP- und PPS-System, ungeplante Wartezeiten, weswegen die tatsächlichen Durchlaufzeiten von Planaufträgen (in der Produktion) höher als die berechneten Durchlaufzeiten sind. Empirische Untersuchungen weisen nach, dass die relativ gut zu ermittelnde Durchführungszeit lediglich 10 bis 20% der Durchlaufzeit umfasst und dass die Übergangszeit überwiegend von der nur relativ schwer zu schätzenden Wartezeit bestimmt ist, die an der Durchlaufzeit einen Anteil von bis zu 85% haben kann (s. hierzu beispielsweise [Zäpf01]). Um diese Wartezeit zu berücksichtigen, existiert in kommerziell verfügbaren ERP- und PPS-Systemen wie dem SAP®-System der oben eingeführte Parameter „Wartezeit", bei der es sich um eine Konstante im Materialstamm und damit um eine statische Größe handelt; es sei angemerkt, dass für Wartezeiten bei Transporten entsprechendes gilt. Für seine Festlegung bietet es sich an, die bei der Auftragsdurchführung in der Vergangenheit oder in Simulationen

- realisierten Werte der Zeitkomponenten,
- den dabei abgearbeiteten Auftragsbestand und
- die dabei bestehende Auslastung des Produktionssystems

auszuwerten. Für eine Auswertung dieser Größen mit Hilfe von statischen Verfahren sei auf [AhFi92] und [Enns93] verwiesen. Allerdings ist zu erwarten, dass diese Größen sich im Zeitablauf ändern. Dabei dürften ähnliche Effekte wie bei den Losgrößenmodifikatoren auftreten (s. den Abschnitt „Losgrößenberechnung"), die primär von Wiendahl (s. [Wien87] und [Wien97]) untersucht worden sind. Deswegen haben die einzelnen Planaufträge zu einem Produkt unterschiedliche tatsächlich (in der Produktion) auftretende Wartezeiten; dies lässt sich bereits aus dem obigen Beispiel vermuten. Um statt mit den nicht zutreffenden statischen Wartezeiten (in den Materialstämmen) mit anderen Wartezeiten in der nachgelagerten Fertigungssteuerung planen zu können, bietet es sich an, ein zeitliches Verschieben von Planaufträgen zu erlauben. Solche Planungsspielräume können über Zeitpuffer für Planaufträge geschaffen und zugleich begrenzt werden. Hierzu dienen die beiden Parameter „Vorgriffszeit" und „Sicherheitszeit" in einigen ERP- und PPS-Systemen wie dem SAP®-System. Dabei bestimmt die Vorgriffszeit einen Eckstarttermin als Differenz aus dem Produktionsstarttermin sowie der Vorgriffszeit und die Sicherheitszeit bestimmt einen Eckendtermin als Summe aus dem Produktionsendtermin und der Sicherheitszeit; beides ist in Abbildung 4-54 grafisch dargestellt. Zu einem Planauftrag legt der Eckstarttermin fest, wann mit der Bearbeitung dieses Planauftrags frühestens begonnen werden darf, und der Eckendtermin legt die späteste Fertigstellung dieses Planauftrags fest. Ist im Netzplan der Planauftrag P′ der direkte Nachfolger von dem Planauftrag P, so muss der Eckendtermin von P kleiner oder gleich dem Produktionsstarttermin von P′ sein; dadurch ist eine gewisse Überlappung der Ecktermine möglich; es sei angemerkt, dass eine solche Überlappung im SAP®-System ausgeschaltet werden kann. Entsprechend der Definition dieser Parameter ist die oben vorgestellte Durchlaufterminierung zu verfeinern. Um die Vorgriffs- und Sicherheitszeit zu begrenzen, wird in kommerziell verfügbaren ERP- und PPS-Systemen wie dem SAP®-System die Differenz zwischen den Eckterminen eines Planauftrags zu einem Produkt P durch die Eigenfertigungszeit von P, die in der Regel im Materialstamm hinterlegt ist, begrenzt. Ist die Summe aus Vorgriffszeit, Durchlaufzeit und Sicherheitszeit größer als diese Eigenfertigungszeit, so wird beispielsweise im SAP®-System eine Warnung ausgegeben. Es sei betont, dass in der Durchlaufterminierung nach der Bedarfsplanung durch eine Vorwärtsterminierung für einen Planauftrag A (nach dem die Rückwärtsterminierung für A zu einem Starttermin in der Vergangenheit führte) ein Eckendtermin und sogar ein Produktionsendtermin berechnet werden kann, mit dem der Termin des Kundenbedarfs, der durch A, direkt oder indirekt, beliefert wird, nicht eingehalten werden kann.

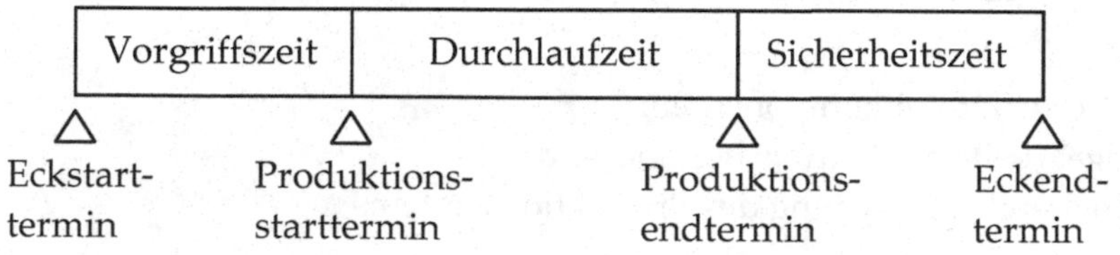

Vorgriffszeit	Durchlaufzeit	Sicherheitszeit

△	△	△	△
Eckstart- termin	Produktions- starttermin	Produktions- endtermin	Eckend- termin

Abbildung 4-54: Vorgriffszeit und Sicherheitszeit zu einem Planauftrag

Die Analyse der Wirkung der beiden Parameter basiert auf der in [DMHH09] angegebene Untersuchung und Analyse. Zuerst wird die Sicherheitszeit betrachtet.

4.3.4.7 Sicherheitszeit – Analyse und Einstellhinweise

Mit der Sicherheitszeit wird der geplante Eckendtermin soweit zeitlich hinausgeschoben (in die Zukunft), dass er auch bei Störungen eingehalten werden kann. Daher ist zu erwarten, dass die Termineinhaltung der geplanten Eckendtermine mit zunehmender Sicherheitszeit besser wird. Wegen der oben erwähnten Begrenzung der Sicherheitszeit einerseits und der limitierten Kapazität andererseits wird die Termineinhaltung nicht beliebig gut. Dies zeigt sich in Abbildung 4-55 (zur Terminabweichung) für die in [DMHH09] angegebene Untersuchung. Ein Zulassen von sehr hohen Sicherheitszeiten erlaubt unrealistisch große Puffer, die zu hohen Beständen führen. Bei einer hohen Sicherheitszeit wird häufiger die Vorwärtsterminierung durchgeführt, bei der stets der Eckstarttermin auf dem aktuellen Datum liegt. Dadurch steigen die Kapazitätsbelastungen in den früheren Perioden an. Bei Engpaßeffekten führt dies zu einer hohen Streuung von Durchlaufzeiten, die sich negativ auf die Terminabweichung der Endprodukte auswirken dürfte. Letzteres kann durch eine weitere Erhöhung der Sicherheitszeit wenigstens verbessert werden, weil dadurch genügend Kapazität für die Bearbeitung von Planaufträgen vorhanden sein dürfte. Allerdings ist diese Erhöhung durch die obige Begrenzung limitiert, oder die Termine der zu beliefernden Kundenbedarfe können nicht eingehalten werden.

Aufgrund der oben genannten Bedingung zwischen einem Planauftrag P' und seinem direkten Nachfolger P im Netzplan stellt die Sicherheitszeit einen Zeitpuffer zwischen den Produktionsstart- und -endterminen miteinander (direkt) vernetzter Planaufträge dar. Je größer sein Wert ist, desto stärker verlagert sich der Produktionsstarttermin von P. Wird P' zeitlich vorgezogen, so entsteht eventuell ein unnötig hoher zeitlicher Abstand zwischen P und P', sofern P nicht gleichzeitig vorgezogen wird; es sei betont, dass letzteres im Rahmen der Fertigungssteuerung wenig wahrscheinlich ist, da in der Fertigungssteuerung freigegebene Planaufträge eingeplant werden und deswegen die Koppelung der Planaufträge über einen Netzplan nicht bekannt ist.

Erhöhte Sicherheitszeiten bewirken zwei Effekte:

(a) Geplante Eckendtermine bleiben auch unter Störungen realisierbar. Dadurch sinken einerseits die Bestände (und damit die Kapitalbindung) und andererseits kommen verspätete Materialbereitstellungen seltener vor.

Es sei betont, dass eine verspätete Materialbereitstellung zu einem Produkt P (durch einen Planauftrag) zu hohen Wartezeiten derjenigen Komponenten führt, die rechtzeitig bereitgestellt wurden und die gemeinsam mit P in ein übergeordnetes Produkt eingehen.

(b) Die geplanten Durchlaufzeiten verlängern sich, wodurch höhere Wartezeiten (innerhalb eines Produktionssystems) und Bestände der Komponenten entstehen können.

Es ist zu erwarten, dass bei einer zunehmenden Sicherheitszeit die Abnahme der Bestände aufgrund von Effekt (a) die durch Effekt (b) bewirkte gleichzeitige Zunahme an Beständen kompensiert, weswegen die Kapitalbindung im Wertebereich (I) in der Abbildung 4-55 (zur Kapitalbindung) für die in [DMHH09] angegebene Untersuchung abnimmt. Ab einem Grenzwert (g) werden die durch eine Erhöhung der Sicherheitszeit hervorgerufenen negativen Auswirkungen von Effekt (b) auf die Bestände durch die positiven Auswirkungen von Effekt (a) nicht mehr kompensiert. Dies zeigt sich im Wertebereich (II) in der Abbildung 4-55 (zur Kapitalbindung) für die in [DMHH09] angegebene Untersuchung.

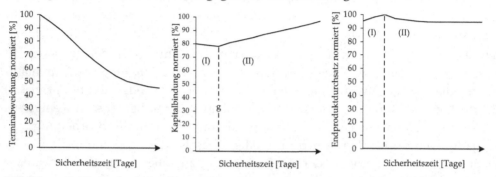

Abbildung 4-55: Verlauf der Kennzahlen Terminabweichung, Kapitalbindung und Endproduktdurchsatz bei einer zunehmenden Sicherheitszeit; für die in [DMHH09] angegebene Untersuchung

Abweichungen von den geplanten Eckendterminen aufgrund von Störungen führen aufgrund von Produktionsalternativen (in Form von alternativen Planaufträgen) in der Regel nicht zu Leerzeiten. Terminlich gesicherte Materialbereitstellungen erhöhen das Vorliegen von solchen Produktionsalternativen. Dies erklärt den Anstieg des Endproduktdurchsatzes im Wertebereich (I) in der Abbildung 4-55 (zum Endproduktdurchsatz) für die in [DMHH09] angegebene Untersuchung. Ein hoher Auftragsvorrat kann zu ungünstigen Zuteilungsentscheidungen führen, wodurch Nicht-Engpassstationen unnötige Leerzeiten besitzen. Dies zeigt sich im Wertebereich (II) in der Abbildung 4-55 (zum Endproduktdurchsatz) für die in [DMHH09] angegebene Untersuchung. Nach der in [DMHH09] angegebenen Untersuchung ist zu erwarten, dass der Endproduktdurchsatz nur durch kleine Sicherheitszeiten leicht verbessert werden kann; s. Abbildung 4-55 zum Endproduktdurchsatz. Liegen keine Produktionsalternativen vor, so bewirken die Leerzeiten sogar gravierende Einbußen im Endproduktdurchsatz. Solche Engpässe können auftreten, wenn Engpassprodukte zu geringe Sicherheitsbestände besitzen oder wenn der mittlere Umlaufbestand nicht ausreichend bemessen ist.

Nach [DMHH09] sind die Vorteile durch eine optimale Einstellung der Sicherheitszeit bei der Kapitalbindung und dem Endproduktdurchsatz eher gering. So bewirkt für die in [DMHH09] angegebene Untersuchung, s. Abbildung 4-55, eine optimale Sicherheitszeit gegenüber keiner Sicherheitszeit (also dem Wert Null) eine Verringerung der Kapitalbindung um 2 Prozentpunkte und eine Verbesserung des Endproduktdurchsatzes um 5 Prozentpunkte. Wie Abbildung 4-55 (für die in [DMHH09] angegebene Untersuchung) zeigt, sind die Auswirkungen einer immer weiter ansteigenden Sicherheitszeit auf die Terminabweichung sowie die Kapitalbindung sehr beträchtlich und auf den Endproduktdurchsatz eher gering. Es sei betont, dass der Verlauf dieser Kennzahlen unternehmensspezifisch ist, aber sie dürften in der Regel wie in Abbildung 4-55 dargestellt verlaufen.

4.3.4.8 Vorgriffszeit – Analyse und Einstellhinweise

Nach ihrer Definition bewirkt die Vorgriffszeit einen Puffer von bearbeitbaren Planaufträgen, den die Fertigungssteuerung nutzen kann, aber nicht muss, um Kapazitätskonkurrenzen z.B. durch das Vorziehen von Planaufträgen in Perioden mit freier Kapazität aufzulösen. Folglich hängt die Wirkung der Vorgriffszeit stark von der Qualität der Fertigungssteuerung oder von dem Entscheidungsverhalten des Disponenten (in der Regel eines Meisters), für den die Vorgriffszeit ein wichtiges Vorgabedatum darstellt, ab.

Ein Vorziehen erfordert ausreichende Bestände an Komponenten und ausreichend verfügbare Ressourcen. In diesem Fall dürften durch eine zunehmende Vorgriffszeit die Verspätungen abnehmen. Da in der Fertigungssteuerung freigegebene Planaufträge eingeplant werden, ist die Koppelung der Planaufträge über einen Netzplan nicht bekannt. Deswegen ist nur eine geringe Verbesserung der Termineinhaltung zu erwarten. Dies zeigt sich im Wertebereich (I) in der Abbildung 4-56 (zur Termineinhaltung) für die in [DMHH09] angegebene Untersuchung. Eine hohe Vorgriffszeit bewirkt eine hohe Anzahl an angearbeiteten Werkstücken in der Produktion, die eine hohe Wartezeit nach sich zieht (s. z.B. [Wien87] bzw. [Wien97]). Dadurch erhöht sich die Streuung der Durchlaufzeiten (s. z.B. [Wien87] bzw. [Wien97]) und damit auch die Terminabweichung; dies ist im Wertebereich (II) in der Abbildung 4-56 (zur Termineinhaltung) für die in [DMHH09] angegebene Untersuchung dargestellt. Diese Überlegung gilt eingeschränkt auch für die Verspätung, so dass diese mit zunehmender Vorgriffszeit schlechter werden dürfte.

Eine bessere Termineinhaltung dürfte auch zu geringen Beständen führen. Dies erklärt den Wertebereich (I) in der Abbildung 4-56 (zur Kapitalbindung) für die in [DMHH09] angegebene Untersuchung. Da Verfrühungen von Planaufträgen zu höheren Beständen führen und für eine zunehmende Terminabweichung bei einer zunehmenden Vorgriffszeit Verfrühungen von Planaufträgen verantwortlich sind, ist eine zunehmende Kapitalbindung bei einer zunehmenden Vorgriffszeit zu erwarten. Können die Planaufträge nur für einen Teil der Komponenten eines Produkts P vorgezogen werden, so lagern diese so lange, bis alle erforderlichen Komponenten verfügbar sind. Dieser Effekt dürfte bei einer zunehmenden Vorgriffszeit immer häufiger auftreten, so dass das Bestandsrisiko ansteigt. Beide Effekte erklären den Anstieg der Kapitalbindung im Wertebereich (II) in der Abbildung 4-56 (zur Kapitalbindung) für die in [DMHH09] angegebene Untersuchung.

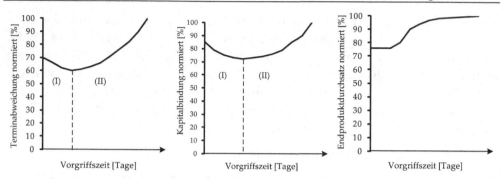

Abbildung 4-56: Verlauf der Kennzahlen Terminabweichung, Kapitalbindung und Endproduktdurchsatz bei einer zunehmenden Vorgriffszeit; für die in
[DMHH09] angegebene Untersuchung

Führt ein Planauftrag in einer Periode zu einer Kapazitätsüberlastung, so ermöglicht sein Vorziehen in eine Periode mit freier Kapazität eine Erhöhung des Durch-
satzes. Die in [DMHH09] angegebene Untersuchung lässt vermuten, dass dieser
Effekt erst dann zu einer spürbaren Erhöhung des Endproduktdurchsatzes führt,
wenn auch zeitlich weit entfernt liegende Kapazitätsüberlastungen mit berücksichtigt werden; dies erfordert eine hohe Vorgriffszeit und zeigt sich in der Abbildung
4-56 (zum Endproduktdurchsatz) für die in [DMHH09] angegebene Untersuchung.

Nach [DMHH09] sind die Auswirkungen der Vorgriffszeit sehr beträchtlich. Für
die in [DMHH09] angegebene Untersuchung, s. Abbildung 4-56, bewirkte eine
optimale Vorgriffszeit gegenüber keiner Vorgriffszeit (also dem Wert Null) eine
Verringerung der Terminabweichung um 10 Prozentpunkte, eine Verringerung
der Kapitalbindung um 13 Prozentpunkte und eine Verbesserung des Endproduktdurchsatzes um 24 Prozentpunkte. Wie Abbildung 4-56 (für die in [DMHH09]
angegebene Untersuchung) zeigt, bewirkt eine immer weiter ansteigende Vorgriffszeit eine zunehmende Verschlechterung der Terminabweichung sowie der
Kapitalbindung und eine immer geringer werdende Verbesserung des Endproduktdurchsatzes. Es sei betont, dass der Verlauf dieser Kennzahlen unternehmensspezifisch ist, aber sie dürften in der Regel wie in Abbildung 4-56 dargestellt verlaufen.

4.3.4.9 Vorgriffszeit und Sicherheitszeit – Nutzen

Die Wirkung der angesprochenen Effekte hängt stark von der Komplexität der
Abhängigkeiten zwischen den Planaufträgen im Netzplan ab. Als generell proble-
matisch werden in der Literatur (s. [Wien87] und [Wien97] sowie [Temp08] bzw.
[Herr09a]) die zahlreichen Störungen angesehen, die in der industriellen Praxis zu
stark schwankenden Durchlaufzeiten führen. Beides dürfte das Finden von guten
Einstellungen erschweren. Der Nutzen der Terminierungsparameter, vor allem im
Fall der Vorgriffszeit, hängt stark von der Materialverfügbarkeit ab, so dass bei der
Einstellung von Terminierungsgrößen auch die aktuelle Bestandssituation zu be-
rücksichtigen ist. Da die durch die Terminierungsparameter gebildeten Zeitpuffer

hohe Bestände bewirken, lassen sich diese Zeitpuffer durch Mengenpuffer, die über den Bestellbestand gebildet werden (s. dazu den Abschnitt „Bestandsmanagement"), ersetzen. Damit bietet es sich für geringwertige B- und C-Teile an, auf Terminierungsparameter zu verzichten; dies korreliert mit der Verwendung von alternativen Dispositionsarten (s. den gleichnamigen Abschnitt).

Ein Argument für die Verwendung von Zeitpuffern anstelle von Mengenpuffern liegt darin, dass Zeitpuffer gegenüber Mengenpuffern zunächst keine Lagerkosten verursachen. Allerdings verleitet vor allem eine Erhöhung der Vorgriffszeit zu einer immer früheren Freigabe von Planaufträgen, die die Fertigung stärker überlasten und dadurch die Bestände (und die Kapitalbindung) ansteigen lassen; dieses Phänomen wird in der Literatur als „Durchlaufzeitsyndrom" bezeichnet (s. [Wien97] und [Temp08] wie auch [Herr09a]). Bei Produkten mit einem sehr hohen Lagerkostensatz bietet sich die Bevorzugung von Zeitpuffern an. Nach [DMHH09] könnte die Einstellung von Terminierungsparametern vorteilhaft im Zusammenspiel mit der kurzfristigen Feinplanung in der Fertigungssteuerung sein. Wie bei der Einstellung von Losgrößenmodifikatoren wird insgesamt empfohlen, über eine Simulation verschiedener Einstellungen eine gute zu finden; [Herr07] beschreibt, wie eine solche Simulation durch ein Softwaresystem erfolgen könnte.

4.4 Fertigungssteuerung

4.4.1 Bedarfsplanung, Fertigungssteuerung und Produktion

Die Bedarfsplanung erzeugt Planaufträge für die einzelnen Perioden des Planungszeitraums und für einzelne Produktionssysteme. Aufgrund der Terminierung liegt der Starttermin eines solchen Planauftrags in der Regel zum Beginn einer Periode und sein Endtermin liegt in der Regel am Ende einer Periode. Bei einem Produktionssystem handelt es sich um ein Teilsystem des gesamten Produktionsbereichs aus Maschinen, Robotern, Arbeitsplätzen usw., welches nach einem bestimmten Organisationstyp angeordnet ist. Auf den Arbeitssystemen des fraglichen Produktionssystems sind die Planaufträge einzuplanen. Dazu gibt eine Fertigungssteuerung für jeden Arbeitsgang den Zeitraum präzise an, in dem dieser Arbeitsgang eine konkrete (Einzel-) Ressource belegt. In der industriellen Praxis erfolgt die Bedarfsplanung häufig auf der Basis von Tagen oder Arbeitsschichten, während die Fertigungssteuerung sekundengenau (oder wenigstens minutengenau) erfolgt. Diese verfeinerte Periodeneinteilung ist in Abbildung 4-57 visualisiert. Dabei ist bereits eingezeichnet, dass aufgrund der stochastischen Disposition als alternative Dispositionsart zu der Bedarfsplanung noch Planaufträge für B- und C-Teile existieren, die nicht durch die Terminierung im Rahmen der Bedarfsplanung geplant wurden. Diese und etwaige Eilaufträge werden in der Fertigungssteuerung geplant. Es sei angemerkt, dass in der industriellen Praxis noch durch andere Gründe zu berücksichtigende Planaufträge erzeugt werden, beispielsweise für Sonderfertigungen oder Nacharbeiten.

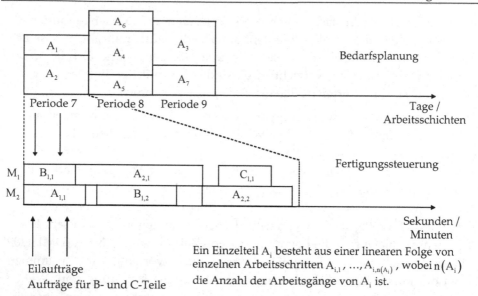

Ein Einzelteil A_i besteht aus einer linearen Folge von
einzelnen Arbeitsschritten $A_{i,1}, ..., A_{i,n(A_i)}$, wobei $n(A_i)$
die Anzahl der Arbeitsgänge von A_i ist.

Abbildung 4-57: Zusammenhang zwischen Bedarfsplanung und Fertigungssteuerung

Im Vergleich zur Bedarfsplanung verwendet die Fertigungssteuerung neben kleineren Periodengrößen auch einen kleineren Planungszeitraum, weswegen in der Literatur die Fertigungssteuerung auch als kurzfristige Feinplanung bezeichnet wird. Da der Beginn des Planungshorizonts der Fertigungssteuerung der aktuelle Zeitpunkt ist, müssen die eingeplanten Planaufträge bearbeitbar sein. Dies umfasst die rechtzeitige Verfügbarkeit von allen benötigten Werkzeugen und allen in das Produkt (zu einem Planauftrag) eingehenden Erzeugnissen (mit der durch den Planauftrag bestimmten Menge). Eine solche Überprüfung erfolgt in kommerziell verfügbaren ERP- und PPS-Systemen durch eine so genannte Verfügbarkeitsprüfung. Damit in der Fertigungssteuerung jeder Planauftrag einbezogen wird, dessen geplanter Starttermin innerhalb des Planungszeitraums der Fertigungssteuerung liegt (wurde der Planauftrag durch die Bedarfsplanung mit einer Terminierung erzeugt, so handelt es sich um seinen Eckstarttermin), werden diese Planaufträge durch die Bedarfsplanung freigegeben, sofern ihre Verfügbarkeitsprüfung erfolgreich ist. In kommerziell verfügbaren ERP- und PPS-Systemen werden mit der Freigabe die Planaufträge in Produktionsaufträge umgewandelt; da in der Produktion nur Produktionsaufträge bearbeitet werden dürfen (und auch nur für diese Material aus einem Lager entnommen werden darf), hat dies auch einen wesentlichen organisatorischen Aspekt. Diese Freigabe erfolgt zu gewissen Zeitpunkten. Da die Bedarfsplanung Planaufträge für Perioden (wie Tage oder Arbeitsschichten) erstellt, deren Produktion zu Beginn einer Periode starten kann (die Reihenfolge der Planaufträge ist noch festzulegen) bieten sich die Periodenanfänge als Freigabezeitpunkte an. Durch diese Freigabe erhält die Fertigungssteuerung zu diesen Zeitpunkten eine bestimmte Anzahl an Produktionsaufträgen; dies ist in Abbildung 4-58 visualisiert.

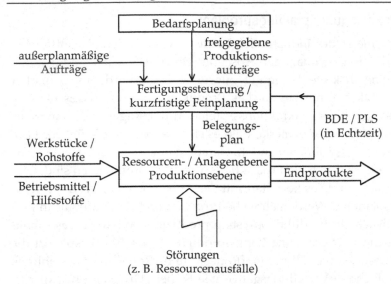

Abbildung 4-58: Bedarfsplanung, Fertigungssteuerung und Produktionsebene

Wie bereits erwähnt, erfolgt nun die zeitliche Zuordnung (Zuteilung) der Produktionseinheiten, Werker, Betriebsmittel (Werkzeuge, Vorrichtungen etc.) zu den freigegebenen Aufträgen. Das hierbei primär zu verfolgende Ziel besteht in der Einhaltung der Soll-Endtermine bei gleichzeitiger Minimierung der Durchlaufzeit von den einzelnen Aufträgen (also einer Zielsetzung wie bei einer "just-in-time"-Produktion). Die begrenzte Kapazität der Ressourcen bildet dabei die wesentliche Randbedingung. Die Ressourcenbelegung wird in Form eines Belegungsplans beschrieben, der durch die untergeordnete Produktionsebene, wie in Abbildung 4-58 dargestellt, realisiert wird; für ein Beispiel zu einem Belegungsplan sei auf das unten dargestellte umfangreiche Beispiel zu Prioritätsregeln verwiesen. Da sich der Systemzustand in der industriellen Praxis, bedingt durch Störungen (Maschinen- bzw. Anlagenausfälle, Werkzeugbruch, Variation der Leistungsgrade der Werker, Personalabwesenheit etc.), zusätzliche Arbeitsgänge zur Behebung von Qualitätsmängeln, die im Rahmen einer Qualitätskontrolle festgestellt wurden, und Eilaufträge, kurzfristig auf unvorhersagbare Weise ändern kann, ist die Feinplanung fortlaufend zu überprüfen und ggf. anzupassen. Um die Auswirkung einer Systemzustandsänderung im Hinblick auf einen Produktionsstillstand möglichst gering zu halten, ist eine erforderliche Modifikation der Feinplanung in Echtzeit vorzunehmen, wozu sehr häufig eine Neuplanung durchgeführt wird. Zur Überwachung des Systemzustands erhält die Feinplanung die zur vollständigen Abbildung des aktuellen Systemzustands notwendigen Betriebs- und Anlagendaten mittels einer Online-Betriebsdatenerfassung, z.B. aus einem Prozessleitsystem (PLS). Durch eine etwaige Anpassung des Belegungsplans (ggf. durch eine Neuplanung) aufgrund von einer Systemzustandsänderung handelt es sich um den in Abbildung 4-58 dargestellten Regelkreis. Dadurch dürfen der Feinplanung deterministische Rüst-, Bearbeitungs- und Transportzeiten unterstellt werden.

4.4.2   Ressourcenbelegungsplanungsproblem

Die Produktionssysteme in der industriellen Praxis sind nach den Organisationstypen angeordnet, die im gleichnamigen Abschnitt genannt worden sind. Da dieser Ausarbeitung eine diskrete Fertigung zugrunde liegt, wird ein zyklischer
Durchlauf eines Produkts durch ein solches Produktionssystem ausgeschlossen.
Typischerweise bestehen diese Produktionssysteme in der Regel aus wenigstens
drei bis neun Stationen. Es sei angemerkt, dass es sich hierbei um die übliche Größe von flexiblen Fertigungssystemen handelt. Gerade dann, wenn unterschiedliche
Produkte oder kleine Lose durch ein Produktionssystem zu produzieren sind, liegt
eine Werkstattfertigung vor. Dies korreliert mit der Annahme einer Werkstattfertigung in der Bedarfsplanung. Werden ähnliche Produkte und dann oftmals in größeren Stückzahlen durch ein Produktionssystem produziert, so haben diese ähnliche Arbeitspläne. Dann liegt eher eine Reihenproduktion vor. Ein Beispiel ist die
Vorbehandlung in der Textilveredlung (s. [Roue06] und [Roue09]), die stuhlrohe
Ware für die nachfolgenden Veredlungsgänge wie Färben, Drucken und Ausrüs-
ten (Appretieren) vorbereitet. Die Gewebe (bzw. Gewirke) durchlaufen die Vorbehandlung als Fertigungsauftrag. Die Grundform der Vorbehandlung umfasst 6
Fertigungsstufen, die teilweise aus mehreren verschiedenen Arbeitsschritten bestehen und die teilweise übersprungen werden können. In jeder Fertigungsstufe
befinden sich ein oder mehrere Stationen, die identische und auch stationen- sowie
auftragsspezifische Produktionsgeschwindigkeiten haben können; Beispiele für
solche parallele Stationen finden sich in [Herr09a]. Weitere Beispiele für eine Reihenproduktion finden sich in der Halbleiterindustrie (s. z.B. [He++07] und
[WHCY06]).

Deswegen handelt es sich bei dem Belegungsproblem in der Fertigungssteuerung
im allgemeinen Fall um ein allgemeines generisches, nicht zyklisches Ressourcen-
belegungsplanungsproblem bzw. Ressourcenbelegungsproblem mit den folgenden
Merkmalen:

- Das Produktionssystem besteht aus M Arbeitsstationen (Aggregat, Anlage,
  Apparat, Maschine, Roboter, Werkzeugmaschine, Handarbeitsplatz, verfah-
  renstechnische Einheit usw.), die jeweils zu einem Zeitpunkt eine Operation an
  einem Teil (Los, Charge) ausführen können. Aufgrund von Störungen (Anlagenausfälle, Personalabwesenheit, etc.) kann sich die Kapazität der Arbeitsstationen zu jedem Zeitpunkt ändern.
- Der Arbeitsvorrat besteht aus N Aufträgen.
- Jedem Auftrag A_i ist ein Auftragsfreigabe-/Bereitstellungstermin (release date,
  frühester Starttermin) a_i und ein gewünschter Fertigstellungstermin (due
  date, Soll-Endtermin) f_i zugeordnet.
- Der Arbeitsvorrat kann sich zu jedem Zeitpunkt aufgrund von Störungen (Eilaufträge, Änderungen im Produktionsmix, neu hinzukommende Aufträge, insbesondere zu Schichtbeginn) verändern.

- Ein Auftrag A_i besteht aus O_i verschiedenen Arbeitsgängen (Operationen) $o_{i,k}$, die in einer festen linearen Reihenfolge (Arbeitsgangfolge) bearbeitet werden müssen.
- Für jede Operation $o_{i,k}$ ist a priori bekannt, auf welchen Stationen sie ausgeführt werden kann und wie lange dies jeweils dauert. $o_{i,k}$ bezeichnet die k-te Operation des i-ten Auftrags mit der Bearbeitungszeit $t_{i,k,j}$ auf der j-ten Station; $o_{i,k,j}$ bezeichnet die k-te Operation des i-ten Auftrags, die auf der j-ten Station gefertigt wird. Es wird angenommen, daß diese Bearbeitungszeiten unabhängig von der Planungsstrategie und fest vorgegeben sind. Darüber hinaus sind erforderliche Rüst- und Transportzeiten reihenfolgeunabhängig und bereits in die Bearbeitungszeiten eingerechnet.
- Die Bearbeitung einer Operation kann nicht unterbrochen werden (non-preemption).
- Die Wartezeiten zwischen Operationen sind nicht begrenzt, insbesondere sind die Lagerkapazitäten für angearbeitete und beendete Aufträge (die auch als Werkstücke bezeichnet werden) unbegrenzt.

Damit ist die Kapazität der Stationen die Hauptrestriktion. Andere Beschränkungen werden als zweitrangig angesehen und können in die frühestmöglichen Startzeitpunkte integriert werden.

Das primäre Ziel besteht in der Einhaltung der Soll-Endtermine bei gleichzeitiger Minimierung der Durchlaufzeit der einzelnen Aufträge.

4.4.3 Klassifikation von Ressourcenbelegungsplanungsproblemen

Ressourcenbelegungsprobleme lassen sich nach der Ankunftscharakteristik der Aufträge (Auftragsfreigabetermine) und ihrer jeweiligen Bearbeitungscharakteristik (Bearbeitungszeiten) unterscheiden (s. [Herr09a]). Sind beide Größen vor Beginn der Planung bekannt bzw. fest vorgegeben, so wird von einem deterministischen System gesprochen. Bei anderen Problemen werden die Aufträge erst nach und nach bekannt gegeben. In diesem Fall werden die Aufträge ab dem Freigabezeitpunkt für die Belegung der Stationen berücksichtigt, wodurch die Belegungsplanung ein kontinuierlicher Prozess ist. Solche Systeme, bei denen die Ankunftscharakteristik der Aufträge durch zufällige Ereignisse bestimmt ist und die Bearbeitungscharakteristiken fest sind, werden als semideterministische Systeme bezeichnet. Sie beschreiben die Planungsproblematik der Feinsteuerung im Sinne des in Abbildung 4-58 dargestellten Ebenenmodells und werden daher in dieser Untersuchung vorrangig behandelt. Bei stochastischen Systemen sind auch die Bearbeitungscharakteristiken der Aufträge zufällig bestimmt. Außerdem wird zwischen deterministischer und zufälliger Ankunftscharakteristik unterschieden.

In der Literatur hat sich ein weitgehend einheitliches Klassifikationsschema (s. [GLLR79], [CoMM67] und [Herr09a]) etabliert, das zunächst für deterministische

Systeme entworfen worden ist und auch für semideterministische und für beide
Arten von stochastischen Systemen verwendet werden kann. Es charakterisiert die
Systeme hinsichtlich ihrer Stationencharakteristik α, ihrer Auftragscharakteristik β
sowie der Zielsetzungen γ durch ein Tripel $\left[\alpha|\beta|\gamma\right]$. Zur Stationencharakteristik
gehört die Anzahl an Stationen und der Organisationstyp des Produktionssystems,
wobei, aufgrund der hier betrachteten Einordnung der Ressourcenbelegungsplanung in die gesamte operative Produktionsplanung und -steuerung, lediglich (gegenüber der Klassifikation der Organisationstypen im gleichnamigen Abschnitt) J
für eine Werkstattfertigung (job shop problem) und F für eine Fließfertigung (flow
shop problem) relevant sind. Bei einer Fließfertigung ist die Anzahl der Operationen von jedem Auftrag identisch mit der Anzahl an Arbeitsstationen (M) und jeder
Auftrag ist auf jeder Station genau einmal zu bearbeiten und zwar in einer für alle
Aufträge identischen, fest vorgegebenen Reihenfolge. Im Fall einer Werkstattfertigung hat jeder Auftrag eine beliebige fest vorgegebene Reihenfolge, in der er auf
den einzelnen Stationen zu bearbeiten ist. Eine Mehrfachbearbeitung auf einer
Station ist genauso möglich wie das Auslassen einzelner Arbeitsstationen. Die
Auftragscharakteristik umfasst Informationen über den Arbeitsvorrat wie Anzahl
an Aufträgen und Arbeitsgängen, Freigabetermine, Bearbeitungszeiten sowie (gewünschte) Fertigstellungstermine. Die Zielsetzungen basieren auf Zielfunktionswerte für einen Auftrag A_i wie

- den Fertigstellungszeitpunkt F_i,
- die Terminabweichung $T_i = F_i - f_i$,
- die Verspätung $V_i = \max\{0, T_i\}$ und
- die Durchlaufzeit $D_i = F_i - a_i$;

zusätzlich können noch andere Zielfunktionswerte wie die Leerzeit einer Station
definiert werden.

Als Zielfunktionen für die einzelnen Zielfunktionswerte $x_1, \ldots, x_N$ werden in der
Literatur vorwiegend

- das Maximum $\left(\max(X) = \max\{x_1, \ldots, x_N\}\right)$,

- die Summe $\left(\sum_{i=1}^{N} x_i\right)$,

- der Mittelwert $\left(\mu(X) = \overline{X} = \dfrac{1}{N}\sum_{i=1}^{N} x_i\right)$,

- die Streuung $\left(\sigma(X) = \sqrt{\dfrac{1}{N-1}\sum_{i=1}^{N}(x_i - \overline{x})^2}\right)$,

- die Wurzel des mittleren quadratischen Wertes $\left(RMS(X) = \sqrt{\dfrac{1}{N}\sum_{i=1}^{N} x_i^2}\right)$ und

- die Anzahl zählbarer Ereignisse $\left(X_{\#}\right)$ benutzt.

Beispielsweise ergeben sich für die Verspätungen: $\max(V) = \max\{V_1, \ldots, V_N\}$,

$$V = \sum_{i=1}^{N} V_i, \quad \overline{V} = \frac{1}{N} \cdot V, \quad \sigma(V) = \sqrt{\frac{1}{N-1} \sum_{i=1}^{N} (V_i - \overline{V})^2}, \quad RMS(V) = \sqrt{\frac{1}{N} \sum_{i=1}^{N} V_i^2} \quad \text{und}$$

$$V_{\#} = \left| \left\{ i \,\middle|\, 0 < V_i \right\} \right|.$$

Darüber hinaus werden gewichtete Summen von Zielfunktionswerten betrachtet.

Weitere Zielfunktionen, Zielsetzungen mit speziellen Eigenschaften, die Äquivalenz von Zielkriterien, Zusammenhängen von Zielkriterien sowie Zielkonflikten sind in [Herr09a] angegeben.

Es sei daran erinnert, dass zur Vereinfachung des Planungsproblems, wie bei der Beschreibung des allgemeinen generischen, nicht zyklischen Ressourcenbelegungsproblems bereits angegeben worden ist, eine unbegrenzte Lagerkapazität für angearbeitete und beendete Aufträge angenommen wird. Für die industrielle Praxis ist ihre Begrenzung wesentlich, weil einerseits Platzmangel herrscht und andererseits deswegen, weil der (Lager-) Ort dieser Aufträge im Wesentlichen unbekannt ist. Folglich bietet es sich an, ihre Anzahl im Zeitablauf zu erheben. Da beendete Aufträge (direkt) ins Lager transportiert werden, brauchen sie nicht mitgezählt zu werden. Eine solche Anzahl an angearbeiteten Aufträgen in einem Zeitintervall (in einem Produktionssystem) wird in der Literatur als „work-in-process"-Bestand (WIP-Bestand), als Bestand an Aufträgen bzw. als Arbeitsvorrat im Produktionssystem bezeichnet. Da durch die Abarbeitung eines Belegungsplans Aufträge beendet werden und das Produktionssystem verlassen, handelt es sich bei den Zielfunktionswerten um die Anzahl an angearbeiteten Aufträgen, die sich in einem Zeitintervall im Produktionssystem befinden. Zu Beginn der Abarbeitung eines Ressourcenbelegungsproblems handelt es sich um seinen Arbeitsvorrat N. Ist der erste Auftrag zum Zeitpunkt t_1 beendet und beginnt die Abarbeitung zum Zeitpunkt 0 (bzw. allgemeiner zum Zeitpunkt t), so besteht der erste Zielfunktionswert aus N Aufträgen im Zeitintervall $[0, t_1]$ (bzw. $[t, t_1]$ im allgemeinen Fall). Die oben genannten Zielfunktionen werden auf solche Paare von Werten geeignet erweitert. Dies soll anhand des mittleren Auftragsbestands eines so genannten Ein-Stationenproblems exemplarisch erläutert werden. Ein Ein-Stationenproblem besteht aus einer Station, und jeder Auftrag hat genau einen Arbeitsgang; für eine formale Definition sei auf [Herr09a] verwiesen. Zunächst sei angenommen, dass alle Bereitstellungstermine gleich Null sind (also $a_i = 0$ für alle $1 \le i \le N$) und die Nummern der Aufträge identisch mit der Reihenfolge ihrer Fertigstellung bezogen auf einen konkreten Ressourcenbelegungsplanungsalgorithmus sind. Dann sind N Aufträge im Zeitintervall $[0, F_1]$, N-1 Aufträge im Zeitintervall $[F_1, F_2]$, N-2 Aufträge im Zeitintervall $[F_2, F_3]$, … und N-N+1 Aufträge im Zeitintervall $[F_{N-1}, F_N]$ im Produktionssystem. Diese Werte sind aufzusummieren und durch die Länge des Planungsintervalls $\left([0,F_N]\right)$, also F_N, zu dividieren. Mit

$F_0 = 0$ (es gibt keinen Auftrag A_0) ist zu berechnen: $\dfrac{\sum\limits_{i=0}^{N-1}(N-i)\cdot(F_{i+1}-F_i)}{F_N}$. Ausmul-

tiplizieren des Summanden ergibt $\dfrac{\sum\limits_{i=1}^{N}F_i}{F_N}$. Bei beliebigen Bereitstellungsterminen ist

im Zähler F_i durch $(F_i - a_i)$ zu ersetzen. Da die Abarbeitung von dem frühesten

Bereitstellungstermin, also $\min\limits_{1\le i\le N}\{a_i\}$, bis zum spätesten Fertigstellungstermin, also

$\max\limits_{1\le i\le N}\{F_i\}$, geht, ist der Nenner durch $\left(\max\limits_{1\le i\le N}\{F_i\}-\min\limits_{1\le i\le N}\{a_i\}\right)$ zu ersetzen. Da diese

Formeln unabhängig von der Reihenfolge der Fertigstellung der Aufträge A_1, ...,
A_N sind, lautet die allgemeine Formel für den mittleren Auftragsbestand:

$$\frac{\sum\limits_{i=1}^{N}(F_i - a_i)}{\max\limits_{1\le i\le N}\{F_i\}-\min\limits_{1\le i\le N}\{a_i\}} \, .$$

Aus den Überlegungen folgt, dass die Länge eines Zeitintervalls mit einem identischen Arbeitsvorrat im Prinzip gleich der Bearbeitungszeit eines Arbeitsgangs ist und folglich im Extremfall eine beliebige reelle Zahl sein kann. Deswegen wird für die Bewertung des WIP-Bestands eine kontinuierliche Zeitachse unterstellt. Demgegenüber wird für die Bewertung der Bestände im Bestandsmanagement eine diskrete Zeitachse, aus Zeitpunkten mit äquidistanten Abständen, nämlich den Perioden, unterstellt. Es sei betont, dass es sich bei diesen Perioden um die in der Bedarfsplanung verwendeten Perioden handelt.

Eine detaillierte Auflistung über die in der Literatur verwendeten Stationen- und Auftragscharakteristiken sowie Zielsetzungen befindet sich in [Herr09a]. Es sei erwähnt, dass sich mit dieser Klassifizierung das oben definierte generische, nicht zyklische Ressourcenbelegungsproblem durch $[J;M|\,N;a_i;t_{i,k,j};f_i;O_i\,|\text{Minimierung}$ der ungewichteten Auftragsverspätung] beschreiben lässt, wobei es sich um kein deterministisches, sondern um ein semideterministisches Ressourcenbelegungsproblem mit zufälliger Ankunftscharakteristik der Aufträge und zufälligen Störungen des Auftragsbestands und des Bestands an Arbeitsstationen handelt.

4.4.4 Existierende Verfahren

In der Literatur wurden viele Klassen von deterministischen Ressourcenbelegungsproblemen untersucht. Dabei konnten im Wesentlichen nur für einfache Ressourcenbelegungsprobleme mit einer Station, die keine weiteren einschränkenden Restriktionen besitzen, optimale Lösungsverfahren angegeben werden, die keine mit der Problemgröße (üblicherweise der Anzahl an Arbeitsgängen) exponentiell wachsende Laufzeit haben. Ressourcenbelegungsprobleme mit zwei Stationen, die ebenfalls keine weiteren einschränkenden Restriktionen besitzen, lassen sich mit dem Zielkriterium der Minimierung der Gesamtbearbeitungszeit, die durch $Z = \max\{F_1,...,F_n\}$ definiert ist, durch Verfahren lösen, die keine mit der Problemgröße exponentiell wachsende Laufzeit haben. Bei der Fließfertigung kann die Anzahl der Stationen unter gewissen Bedingungen sogar noch erhöht werden. Allerdings lässt sich nachweisen, dass die anderen, insbesondere die hier genannten, Zielkriterien zu schwierigeren Ressourcenbelegungsproblemen führen (s. z.B. [Herr09a]). Es sei betont, dass deswegen nicht zu erwarten ist, dass die in der industriellen Praxis auch anzutreffende Reihenfertigung, wie oben erläutert wurde, zu einem vereinfachten Belegungsplanungsproblem führt. Für einen Überblick über die Aufwände zur Lösung von Ressourcenbelegungsproblemen sei auf [Herr09a] und [Bruc81] verwiesen. Erschwert wird die Lösung von Ressourcenbelegungsproblemen unter industriellen Randbedingungen durch die Konflikte zwischen Zielkriterien. Bereits Gutenberg (s. [Gute83]) wies 1983 auf das so genannte „Dilemma der Ablaufplanung" hin, nach dem die Minimierung der mittleren Durchlaufzeit und die Maximierung der mittleren Kapazitätsauslastung so miteinander konkurrieren, dass eine Verbesserung des einen Kriteriums zumeist zu einer Verschlechterung des anderen führt. Sind zusätzlich Rüstzeiten bzw. -kosten zu minimieren, so ergeben sich in diesem Sinne drei miteinander konkurrierende Zielsetzungen, was vielfach als „Trilemma der Ablaufplanung", s. z.B. [Beie93], bezeichnet wird.

Aus den Resultaten folgt, dass die Ressourcenbelegungsplanung in der Fertigungssteuerung unter industriellen Randbedingungen in der Regel nicht optimal gelöst wird; selbst dann nicht, wenn ein deterministisches Ressourcenbelegungsproblem vorliegt. Es sei erwähnt, dass auch dann, wenn eine reine Linienfertigung vorläge, keine optimale Lösung möglich ist.

Seitens der Industrie führte dies zum überwiegenden Einsatz von recht einfachen Heuristiken, die in der Literatur als Prioritätsregeln bezeichnet werden. In der Forschung und von einigen, in der Regel mittelständischen Softwareunternehmen, werden auch dedizierte Algorithmen angegeben, die häufig auf Suchverfahren wie dem Verzweige- und Begrenze-Verfahren, genetischen Algorithmen oder dem Simulated Annealing basieren. Es sei erwähnt, dass in [Herr96] ein Verzweige- und Begrenze-Verfahren angegeben worden ist, welches Belegungspläne mit für die industrielle Praxis typischen Mengengerüsten in Echtzeit erzeugt. Die genannten Ansätze basieren auf der graphischen Darstellung von einem deterministischen Ressourcenbelegungsproblem vom Typ $\left[J | \, | \gamma \right]$ durch einen so genannten disjunktiven Graph (z.B. in [Herr09a] wird er im Detail erläutert). Diese Darstellungsmöglichkeit erlaubt eine mathematische Formulierung des Ressourcenbelegungsproblems, mit der Relaxationen für die Bestimmung von Schranken der Zielfunktionswerte (vor allem von unteren Schranken) begründet werden können; das dabei verwendete prinzipielle Vorgehen ist beispielsweise in [DoSV93] beschrieben worden. Durch immer differenziertere Relaxationen konnten in den letzten Jahren deutlich bessere und schnellere Lösungsalgorithmen (vor allem Verzweige- und Begrenze-Verfahren) entwickelt werden. Eine solche Darstellung ist auch sehr hilfreich bei einem Ansatz, der unten dem Namen „Shifting-Bottleneck-Verfahren" bekannt ist und zu dem sehr vielversprechende Resultate publiziert wurden (s. z.B. [AdBZ88]).

4.4.5   Prioritätregeln

Wegen der hohen industriellen Bedeutung wird im Folgenden die Fertigungssteuerung mit Prioritätsregeln genauer betrachtet. Sie geht davon aus, dass die eventuell angearbeiteten Produktionsaufträge (als Operationen) vor den einzelnen Stationen in Warteschlangen warten. Ist eine Station frei, so wird von allen Operationen in ihrer Warteschlange diejenige mit der höchsten Priorität zugeteilt.

Im Detail werden solche Warteschlangen wie folgt gebildet: Wird ein Auftrag freigegeben, so kommt die erste Operation nach seinem (linearen) Arbeitsplan, welche auf der Station M zu produzieren ist, in die Warteschlange vor der Station M; der Fall, dass eine Operation auf mehr als einer Station produziert werden kann, wird weiter unten behandelt. Neben den Freigabezeitpunkten verändert sich eine Warteschlange durch die Fertigstellung einer Operation o zu dem Produktionsauftrag A, da dann die nächste Operation o' aus dem Arbeitsplan zu A, welche auf der Station M zu produzieren ist, in die Warteschlange vor der Station M kommt; ist o die letzte Operation von A, so ist die Bearbeitung von A beendet. Es sei betont, dass eine Warteschlangenänderung auch durch die, oben begründete, kurzfristige Änderung des Systemzustands der Produktionsebene hervorgerufen werden kann. So kann beispielsweise ein Ausfall einer Station zur Aktivierung einer „Reserve"-Station oder zur Verwendung eines alternativen Arbeitsgangs, der vielleicht noch festzulegen ist, führen. Dabei erfolgen solche Warteschlangenänderungen nach dem gerade vorgestellten Prinzip.

Umfasst der Planungszeitraum mehrere Perioden, so kann ein Produktionsauftrag A freigegeben worden sein, dessen Starttermin (t_A) höher als der aktuelle Zeitpunkt (t_0) ist, also $t_0 < t_A$. Die Zuteilung seiner ersten Operation o auf einer zum aktuellen Zeitpunkt t_0 leeren Station M würde dann zu einer Leerzeit auf M führen, die durch die Zuteilung einer Operation in der Warteschlange zu M, deren Starttermin kleiner oder gleich dem aktuellen Zeitpunkt (t_0) ist, hätte vermieden werden können. Existiert keine solche Alternative, so könnte die Fertigstellung einer Operation auf einer anderen Station zu einem Zugang in die Warteschlange zu M zu einem Zeitpunkt t führen, der vor dem Zeitpunkt t_A, also $t < t_A$, liegt. Folglich bietet es sich an, die Zuteilung von o erst zu dem Zeitpunkt t_A vorzunehmen; deswegen wird nicht nur zu den Zeitpunkten, an denen eine Station frei wird, eine Zuteilung vorgenommen, sondern eventuell auch an den Startterminen von freigegebenen Aufträgen. Dadurch entstehen verzögerungsfreie Belegungspläne (für seine formale Definition sei auf [Herr09a] verwiesen). Eine solche vermeidbare Leerzeit kann bei dem hier betrachteten Ressourcenbelegungsproblem nur durch die erste Operation zu einem Produktionsauftrag verursacht werden, da jede weitere Operation o' unmittelbar nach der Fertigstellung ihrer Vorgängeroperation o bearbeitet werden kann. Wird dieses Ressourcenbelegungsproblem um das Zulassen einer zusätzlichen Zeit zwischen o und o', wie beispielsweise eine Liegezeit, erweitert, so kann eine solche vermeidbare Leerzeit auch durch o' verursacht werden. Nach [EHM94]) erwies es sich bei Prioritätsregeln am erfolgreichsten, nur verzögerungsfreie Pläne zu erzeugen; dies gilt nicht für die optimale Lösung des hier zugrunde gelegten allgemeinen generischen, nicht zyklischen Ressourcenbelegungsproblem – eine ausführliche Begründung dieser Aussage befindet sich in [Herr09a]. Um solche verzögerungsfreie Pläne zu erreichen, wird einer Operation eine unendlich hohe Priorität zugewiesen, sofern ihre Zuteilung zu einer Leerzeit führt, und eine Operation mit einer unendlich hohen Priorität wird generell nicht zugeteilt; dies impliziert, dass zu den Zeitpunkten, an denen eine Zuteilung für eine Station M vorgenommen werden könnte, die Prioritäten der Operationen in der Warteschlange zu M neu zu berechnen sind. Es sei betont, dass ein verzögerungsfreier Belegungsplan nicht impliziert, dass keine Leerzeit auf einer Station vorkommt.

Die Priorität einer Operation ergibt sich durch eine Prioritätskennzahl. Für die Angabe der Formeln von typischen Prioritätskennzahlen werden die folgenden Hilfsformeln eingeführt; Beispiele zu ihrer Anwendung finden sich in dem unten dargestellten umfangreichen Beispiel zu Prioritätsregeln.

Wegen der Voraussetzung einer linearen Arbeitsgangfolge (zu einem beliebigen Auftrag), ist die erste Operation zu einem Auftrag als erstes zu bearbeiten. Mit der Bearbeitung einer seiner anderen Operationen kann begonnen werden, sofern seine Vorgängeroperation beendet worden ist. Damit existiert stets genau eine Operation für die Bearbeitung dieses Auftrags. Eine noch nicht zugeteilte (bzw. eingeplante) Operation $o_{i,k}$ heißt einplanbar (oder startbereit) in einem Zeitintervall $[t, t+h]$ auf einer Station M_j, falls die Operationen $o_{i,1}, ..., o_{i,k-1}$ spätestens zum Zeitpunkt t ausgeführt sind, keine der Operationen $o_{i,k+1}, ..., o_{i,o_i}$ vor $t+h$ beginnt und die Station M_j in $[t, t+h]$ nicht belegt ist. Im Folgenden wird häufig kein Intervall oder keine Station angegeben. Dann bedeutet startbereit, dass ein Intervall und eine Station existieren, mit der die Bedingung startbereit zu sein erfüllt wird.

Die Auftragsverfügbarkeit des i-ten Auftrags bzw. die Verfügbarkeit seiner startbereiten Operation (sofern keine Operation des Auftrags gerade bearbeitet wird)

AV_i ist der Fertigstellungszeitpunkt der zuletzt bearbeiteten Operation von A_i. Wurde noch keine Operation von A_i bearbeitet, so ist sie identisch mit dem frühesten Starttermin des Auftrags A_i. Die Stationenverfügbarkeit der j-ten Station MV_j ist der Fertigstellungszeitpunkt der zuletzt der Station j zugeteilten Operation; sie enthält somit die aktuellen und geplanten Zuteilungen von Operationen zu Stationen.

Der früheste Anfangszeitpunkt einer startbereiten Operation $(o_{i,k})$ ist der früheste Zeitpunkt, zu dem die Operation begonnen werden kann. Sein konkreter Wert wird sowohl von der Stationen- als auch von der Auftragsverfügbarkeit beeinflusst. Im Vorgriff darauf, dass eine Operation auf mehr als einer Station produziert werden kann, sei $\mathfrak{m}_{i,k}$ die Menge an Stationen, auf der die Operation $o_{i,k}$ bearbeitet werden kann. Dann ist die Auftragsverfügbarkeit von $o_{i,k}$ formal definiert durch:

$$FAZ_{i,k} = \min_{M_j \in \mathfrak{m}_{i,k}} \left\{ \max\left\{ MV_j, AV_i \right\} \right\} = \max\left\{ AV_i, \min_{M_j \in \mathfrak{m}_{i,k}} \left\{ MV_j \right\} \right\}.$$

Entsprechend ergibt sich der früheste Endzeitpunkt einer startbereiten Operation $(o_{i,k})$ als der früheste Zeitpunkt, zu dem die Operation beendet werden kann:

$$FEZ_{i,k} = \min_{M_j \in \mathfrak{m}_{i,k}} \left\{ \max\left\{ MV_j, AV_i \right\} + t_{i,k,j} \right\}.$$

Zu einem Auftrag A_i sei seine k-te Operation startbereit und für jede noch zu bearbeitende Operation $o_{i,p}$ mit $k \leq p \leq O_i$ ist $t_{i,p}$ seine kürzeste mögliche Bearbeitungszeit, wobei alle Stationen $\mathfrak{m}_{i,k}$ berücksichtigt werden müssen, auf denen $o_{i,p}$ bearbeitet werden kann (formal ist somit $t_{i,p} = \min\left\{ t_{i,p,j}; o_{i,p,j} \in \mathfrak{m}_{i,k} \right\}$). Dann ist

$$RBZ_{i,k} = \sum_{p=k}^{O_i} t_{i,p}$$

seine Restbearbeitungszeit $(RBZ_{i,k})$. Auch andere Alternativen für die Festlegung von $t_{i,p}$, wie eine mittlere Bearbeitungszeit, sind möglich; es sei angemerkt, dass die vorliegende Variante die Restbearbeitungszeit minimiert. Die Restzeit (RZ_i) von A_i ist die Zeitspanne zwischen dem frühesten Anfangszeitpunkt von $o_{i,k}$ und seinem Sollendtermin, also

$$RZ_i = f_i - FAZ_{i,k};$$

sie kann negativ werden. Die Pufferzeit (PZ_i) von A_i ist die Differenz zwischen seiner Restzeit und seiner Restbearbeitungszeit; also ist

$$PZ_i = RZ_i - RBZ_{i,k}.$$

Anschaulich ist somit die Pufferzeit eines Auftrags seine maximale Liegezeit, die noch nicht zur Überschreitung seines Sollendtermins führt, und zwar unter der Annahme, dass die Bearbeitung jeder noch zu bearbeitenden Operation ihre kleinste Bearbeitungszeit beansprucht. Die letzte Annahme maximiert die Pufferzeit. Ist sie negativ, so wird der Auftrag verspätet gefertigt werden. Für einen bereits beendeten Auftrag sind seine Pufferzeit und Restzeit nicht definiert, seine Restbearbeitungszeit ist Null.

Im Folgenden werden die typischen Kriterien für die Berechnung einer Prioritätskennzahl (s. z.B. [EHM94] oder auch [FaFS09]) angegeben. Ihre Definition erfolgt für einen Auftrag A_i, dessen k-te Operation startbereit ist, und ein Beispiel findet sich im Anschluss an diese Definition.

(a) Längste Wartezeit (FIFO): $PKZ_i = AV_i$.

(b) Earliest Due Date (EDD): $PKZ_i = f_i$.

(c) Operational Due Date (ODD): Es verwendet den frühesten Ecktermin der startbereiten Operation, also $PKZ_i = TEck_{i,k}$. Nach der Literatur erfolgt die Berechnung des Ecktermins bevorzugt nach einer der beiden folgenden Alternativen. In der statischen Variante werden die einzelnen Operationsecktermine gleichmäßig bezogen auf die mittlere Operationzeit der einzelnen Operationen eines Auftrags im zeitlichen Intervall zwischen frühestem Startzeitpunkt und Soll-Endtermin des Auftrags verteilt. Die gleichmäßige Verteilung erfolgt durch

$$FF_i = \frac{f_i - a_i}{\sum_{n=1}^{o_i} \varnothing t_{i,n}},$$

wobei $\varnothing t_{i,n}$ die mittlere Operationzeit von $o_{i,n}$ auf allen Stationen, auf denen $o_{i,n}$ bearbeitet werden kann, ist; somit ist FF_i ein konstanter Flussfaktor.

In der dynamischen Variante werden die einzelnen Operationsecktermine gleichmäßig bezogen auf die mittlere Operationzeit der noch zu bearbeitenden Operationen eines Auftrags im zeitlichen Intervall zwischen Auftragsverfügbarkeit und Soll-Endtermin des Auftrags verteilt. In diesem Fall wird zu der startbereiten Operation der Flußfaktor (dynamisch) berechnet durch

$$\frac{f_i - AV_i}{\sum_{n=k}^{o_i} \varnothing t_{i,n}}.$$

Statische Variante: $TEck_{i,k} = a_i + \left(\sum_{n=1}^{k} \varnothing t_{i,n} \right) \cdot \frac{f_i - a_i}{\sum_{n=1}^{o_i} \varnothing t_{i,n}}$, und

$$\text{dynamische Variante: } TEck_{i,k} = AV_i + \max\left\{\emptyset t_{i,k}, \emptyset t_{i,k} \cdot \frac{f_i - AV_i}{\frac{O_i}{\sum\limits_{n=k} \emptyset t_{i,n}}}\right\}.$$

(d) Modified Operational Due Date (MOD): Gegenüber ODD wird diejenige start-bereite Operation bevorzugt, bei der das Maximum aus ihrem frühesten End-zeitpunkt und ihrem Ecktermin am geringsten ist, also

$$PKZ_i = \max\left\{FEZ_{i,k}, TEck_{i,k}\right\}.$$

(e) Kürzeste Operationszeit (KOZ, auch durch SPT abgekürzt): $PKZ_i = t_{i,k}$.

(f) Frühester Endzeitpunkt (FEZ): $PKZ_i = FEZ_{i,k}$.

(g) Kürzeste Pufferzeit (KPZ): $PKZ_i = PZ_i$.

(h) Critical Ratio (CR): Es ist das Verhältnis aus der Restzeit und der Restbearbei-tungszeit des Auftrags, also $PKZ_i = \dfrac{RZ_i}{RBZ_{i,k}}$.

(i) Pufferzeit pro verbleibende Operationen (S/OPN): Im Kern wird die vorhan-dene Pufferzeit eines Auftrags auf die noch zu bearbeitenden Operationen gleichmäßig verteilt. Im Detail lautet die Prioritätskennzahl:

$$PKZ_i = \frac{PZ_i}{O_i - k + 1}.$$

(j) Pufferzeit pro verbleibender Bearbeitungszeit (S/OPT): Im Prinzip ergibt sich die Priorität eines Auftrags aus dem Verhältnis von seiner Pufferzeit und sei-ner Restbearbeitungszeit. Präzise ist sie definiert durch:

$$PKZ_i = \frac{PZ_i}{RBZ_{i,k}}.$$

(k) Kombination aus Critical Ratio und kürzester Operationszeit (CR+SPT): Ist noch Pufferzeit vorhanden, so wird nach Critical Ratio entschieden, anderen-falls nach der kürzesten Operationszeit.

Die Feinplanung im Rahmen der Fertigungssteuerung durch Prioritätsregeln wird nun an dem folgenden Beispiel anhand der KPZ-Regel erläutert. Um es einfach zu halten, besteht es aus lediglich drei Stationen M_1, M_2 und M_3. Der aktuelle Zeit-punkt wird der Einfachheit halber mit $t = 0$ ZE (Zeiteinheiten) bezeichnet. Es handelt sich um den Anfang einer Periode (z.B. einer Schicht oder einem Tag), an dem die Fertigungssteuerung durch die übergeordnete Bedarfsplanung zwei Pro-duktionsaufträge, nämlich A_2 und A_3 erhält. Die Aufträge A_1, A_4, A_5, A_6 und A_7 befinden sich bereits im Produktionssystem. Mit Auftrag A_1 wurde noch nicht begonnen, während nur noch die dritte und letzte Operation der Aufträge A_4 – A_7 zu bearbeiten sind. Alle Aufträge haben genau drei Operationen. Ihre Arbeits-pläne und ihre Endtermine sind in Tabelle 4-19 in Form von Bearbeitungszeiten ihrer noch zu bearbeitenden Operationen, in der linken Tabelle, und in Form der

Reihenfolge der Stationen, auf denen ihre noch zu bearbeitenden Operationen bearbeitet werden, in der rechten Tabelle, angegeben, und ihre Endtermine (f_i) befinden sich in der mittleren Tabelle; da jede Operation auf nur einer Station bearbeitet werden kann, ist für die Angabe der Bearbeitungszeiten nur die Auftragsnummer (i) und die Nummer der Operation (k) erforderlich, so dass diese Bearbeitungszeit durch $t_{i,k}$ bezeichnet wird. Alle Aufträge bzw. die noch zu bearbeitenden Operationen können in $t = 0$ begonnen werden. Die erste Station ist bis zur Zeiteinheit 1 durch die letzte Operation eines Auftrags (z.B. A_8) belegt; da dieser nach seiner Fertigstellung das Produktionssystem verlässt, ist er in Tabelle 4-19 nicht aufgeführt.

		Bearbeitungszeiten $t_{i,k}$ in ZE			f_i in ZE	Stationenfolge		
		1	2	3		1	2	3
	1	3	4	3	16	M_2	M_3	M_1
	2	3	3	5	16	M_1	M_3	M_2
Auftrag A_i	3	4	5	4	16	M_3	M_2	M_1
	4			5	9			M_1
	5			2	6			M_2
	6			1	3			M_2
	7			5	16			M_3

Tabelle 4-19: Bearbeitungszeiten und Endtermine (in Zeiteinheiten (ZE)) der sieben Aufträge sowie ihre Stationenfolgen

Zum Zeitpunkt $t = 0$ ZE braucht nach den obigen Überlegungen die erste Station nicht betrachtet zu werden, da ihre Stationenverfügbarkeit 1 ZE beträgt; deswegen befindet sich in Tabelle 4-20 kein Auftrag zur Station M_1 (in der zweiten Zeile). Auf der zweiten Station sind die erste Operation von dem Auftrag A_1 und die jeweils dritte Operation der Aufträge A_5 und A_6 startbereit. Daher befinden sich drei Zeilen in Tabelle 4-20 für Station M_2 (nämlich die Zeilen 3 – 5). Jede dieser Zeilen enthält für diese drei Aufträge und die jeweils startbereite Operation die Restbearbeitungszeit, die Restzeit und die Pufferzeit. In der letzten Spalte ist markiert, welche Operation zugeteilt wird. Dadurch wird auf Station M_2 die dritte Operation des Auftrags A_6 $(o_{6,3})$ zugeteilt. Entsprechend enthält Tabelle 4-20 die Daten für die letzte Station (M_3). Dies führt zur Zuteilung von $o_{3,1}$ auf Station M_3.

Nach einer Zeiteinheit ist Station M_2 durch die Fertigstellung von $o_{6,3}$ wieder verfügbar, und zum ersten mal ist auch Station M_1 verfügbar. Auf M_1 sind die erste Operation von dem Auftrag A_2 und die dritte Operation von dem Auftrag A_4 startbereit. In Tabelle 4-21 sind die möglichen Zuteilungen, die dazugehörenden berechneten Zeiten und die tatsächlichen Zuteilungsentscheidungen angegeben. Dadurch wird auf M_1 die dritte Operation des Auftrags A_4 $(o_{4,3})$ zugeteilt. Auf M_2 sind die erste Operation von dem Auftrag A_1 und die dritte Operation von dem Auftrag A_5 startbereit. Auch hierfür sind in Tabelle 4-21 die möglichen Zuteilungen, die dazugehörenden berechneten Zeiten und die tatsächlichen Zuteilungsentscheidungen angegeben. Dadurch wird auf M_2 die dritte Operation des Auftrags A_5 $(o_{5,3})$ zugeteilt.

t	Station	Auftrag	Restbearbeitungszeit	Restzeit	Pufferzeit	Zuteilung
0	M_1					
	M_2	A_1 $(o_{1,1})$	10	$16-0$	$6\,(16-10)$	–
		A_5 $(o_{5,3})$	2	$6-0$	$4\,(6-2)$	–
		A_6 $(o_{6,3})$	1	$3-0$	$2\,(3-1)$	Ja
	M_3	A_3 $(o_{3,1})$	13	$16-0$	$3\,(16-13)$	Ja
		A_7 $(o_{7,3})$	5	$16-0$	$11\,(16-5)$	–

Tabelle 4-20: Zuteilungsmöglichkeiten, berechnete Zeiten in ZE und Zuteilungsentscheidungen für t = 0 ZE

t	Station	Auftrag	Restbearbeitungszeit	Restzeit	Pufferzeit	Zuteilung
1	M_1	A_2 $(o_{2,1})$	11	$16-1$	$4\,(15-11)$	–
		A_4 $(o_{4,3})$	5	$9-1$	$3\,(8-5)$	Ja
	M_2	A_1 $(o_{1,1})$	10	$16-1$	$5\,(15-10)$	–
		A_5 $(o_{5,3})$	2	$6-1$	$3\,(5-2)$	Ja
	M_3					

Tabelle 4-21: Zuteilungsmöglichkeiten, berechnete Zeiten in ZE und Zuteilungsentscheidungen für t = 1 ZE

An den Zeitpunkten, an denen eine Operation eine Station verlässt, sind Zuteilungsentscheidungen zu fällen; einzige Ausnahme ist die Fertigstellung der letzten Operation – also die erfolgte Abarbeitung des Arbeitsvorrats. Diese Zeitpunkte und die dazugehörenden Zuteilungsalternativen einschließlich ihrer tatsächlichen Zuteilungsentscheidungen durch die KPZ-Regel, sowie die dazugehörenden berechneten Zeiten, sind in der Tabelle 4-22 angegeben.

t	Station	Auftrag	Restbearbeitungszeit	Restzeit	Pufferzeit	Zuteilung
3	M_1					
	M_2	$A_1 \left(o_{1,1}\right)$	10	$16-3$	$3\,(13-10)$	Ja
	M_3					
4	M_1					
	M_2					
	M_3	$A_7 \left(o_{7,3}\right)$	5	$16-4$	$7\,(12-5)$	Ja
6	M_1	$A_2 \left(o_{2,1}\right)$	11	$16-6$	$-1\,(10-11)$	Ja
	M_2	$A_3 \left(o_{3,2}\right)$	9	$16-6$	$1\,(10-9)$	Ja
	M_3					
9	M_1					
	M_2					
	M_3	$A_1 \left(o_{1,2}\right)$	7	$16-9$	$0\,(7-7)$	–
		$A_2 \left(o_{2,2}\right)$	8	$16-9$	$-1\,(7-8)$	Ja
11	M_1	$A_3 \left(o_{3,3}\right)$	4	$16-11$	$1\,(5-4)$	Ja
	M_2					
	M_3					
12	M_1					
	M_2	$A_2 \left(o_{2,3}\right)$	5	$16-12$	$-1\,(4-5)$	Ja
	M_3	$A_1 \left(o_{1,2}\right)$	7	$16-12$	$-3\,(4-7)$	Ja
15	M_1					
	M_2					
	M_3					
16	M_1	$A_1 \left(o_{1,3}\right)$	3	$16-16$	$-3\,(0-3)$	Ja
	M_2					
	M_3					

Tabelle 4-22: Zuteilungsmöglichkeiten, berechnete Zeiten in ZE und Zuteilungen für alle Zeitpunkte, an denen eine Zuteilungsentscheidung zu fällen ist

Die Zuteilungen sind in dem Ganttdiagramm in Abbildung 4-59 dargestellt. Es sei angemerkt, dass zum Beispiel zum Zeitpunkt $t = 9$ ZE die Station M_1 verfügbar ist, aber keine startbereite Operation existiert, da die Vorgänger von $o_{1,3}$ und $o_{3,3}$, die auf M_1 noch zu bearbeiten sind, zum Zeitpunkt $t = 9$ ZE noch nicht beendet sind – im Ganttdiagramm, s. Abbildung 4-59, führt dies zu einer Leerzeit auf Station M_1.

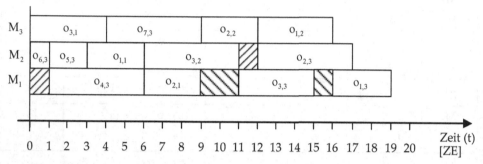

Abbildung 4-59: Ganttdiagramm zur Zuteilung nach der KPZ-Regel

Die durch die KPZ-Regel bewirkten Verspätungen sind in Tabelle 4-23 angegeben. Wie das Ganttdiagramm in Abbildung 4-60 zeigt, ist eine Einhaltung der vorgegebenen (Soll-) Endtermine möglich.

Auftrag A_i	1	2	3	4	5	6	7
Endtermin f_i in ZE	16	16	16	9	6	3	16
Fertigstellungstermin F_i in ZE	19	17	15	6	3	1	9
Verspätung V_i in ZE	3	1	0	0	0	0	0

Tabelle 4-23: Verspätungen der sieben Aufträge

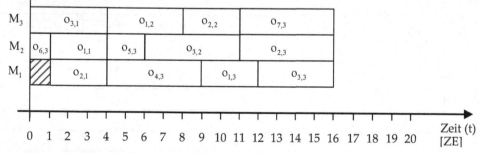

Abbildung 4-60: Ganttdiagramm zu der für die Minimierung der mittleren Verspätung optimalen Ressourcenbelegung

Bei diesem Beispiel erzwingen die gegenseitigen Abhängigkeiten zwischen den drei Aufträgen A_1, A_2 und A_3 eine Einplanung von $o_{1,2}$, $o_{2,2}$ und $o_{3,1}$ in der Reihenfolge $o_{3,1}$, $o_{1,2}$ und $o_{2,2}$ ohne Verzögerung zu Beginn des Planungsintervalls (ab $t = 0$ ZE) auf Station M_3, wodurch die Einplanungen der Vorgänger und Nachfolger dieser Operationen auf den anderen Stationen sowie die Einplanungen der restlichen Operationen ($o_{4,3}$, $o_{5,3}$, $o_{6,3}$ und $o_{7,3}$) eindeutig determiniert sind.

Es sei angenommen, dass die Zuteilungsentscheidungen bis zum Zeitpunkt $t = 4$ ZE nach dem optimalen Plan, s. Abbildung 4-60, gefällt worden wären; also die in Abbildung 4-60 angegebenen Zuteilungen für $o_{1,1}$, $o_{2,1}$, $o_{3,1}$ und $o_{6,3}$. Nun wird die Wirkung der Prioritätsregeln zu diesem Zeitpunkt ($t = 4$ ZE) analysiert. Jetzt ist die Pufferzeit von A_1 (nämlich 5 ZE) größer als die von A_2 (4 ZE), die Restbearbeitungszeit von A_1 (7 ZE) kleiner als die von A_2 (8 ZE) und beide Aufträge haben eine gleich große Anzahl an noch zu bearbeitenden Operationen (von 2). Deswegen bevorzugt eine nach einem Pufferzeitkriterium arbeitende Prioritätsregel den Auftrag A_2 (bzw. $o_{2,2}$) vor dem Auftrag A_1 (bzw. $o_{1,2}$) und fällt folglich eine ungünstige Zuteilungsentscheidung. Die genannten Eigenschaften von A_1 und A_2 bedeuten auch einen geringeren dynamischen Flussfaktor von A_2 gegenüber A_1; $\frac{12}{8}$ ZE für A_2 und $\frac{12}{7}$ ZE für A_1. Da $t_{2,2} < t_{1,2}$ ist, ist der dynamische Ecktermin von Auftrag A_2 kleiner als der von A_1; $TEck_{2,2} = 8,5$ ZE und $TEck_{1,2} = 10,86$ ZE. Dadurch wird auch in diesem Fall die oben genannte ungünstige Zuteilungsentscheidung gefällt. Da die Gesamtpuffer von den beiden Aufträgen A_1 und A_2 identisch sind, die Gesamtbearbeitungszeit von Auftrag A_2 größer als die von A_1 ist (11 ZE gegenüber 10 ZE) und die Bearbeitungszeit der letzten Operation von Auftrag A_2 deutlich größer als die von A_1 ist (5 ZE gegenüber 3 ZE), sind die beiden ersten statischen Ecktermine von Auftrag A_2 kleiner als die von A_1 ($TEck_{1,1} = 4,8$ ZE gegenüber $TEck_{2,1} = 4,36$ ZE und $TEck_{1,2} = 11,2$ ZE gegenüber $TEck_{2,2} = 8,73$ ZE). Deswegen wird in beiden Fällen auch hier Auftrag A_2 (bzw. $o_{2,2}$) vor Auftrag A_1 (bzw. $o_{1,2}$) zugeteilt. Da, wegen $FEZ_{1,2} = 8$ ZE und $FEZ_{2,2} = 7$ ZE, $FEZ_{1,2} < TEck_{1,2}$ und $FEZ_{2,2} < TEck_{2,2}$ sowohl für die dynamische als auch die statische Variante gilt, bevorzugt auch die MOD-Regel den Auftrag A_2 (bzw. $o_{2,2}$) vor dem Auftrag A_1 (bzw. $o_{1,2}$).

Auch die anderen Regeln, insbesondere wegen den Zuteilungen der dritten Operationen zu den Aufträgen A_4, A_5 und A_6 bewirken Verspätungen. Daher wird bei diesem Beispiel eine optimale mittlere Verspätung von Null durch keine der genannten Prioritätsregeln erreicht.

Verantwortlich für ungünstige Zuteilungsentscheidungen ist generell, dass eine Prioritätsregel nur eine temporäre Warteschlange an einer Station berücksichtigt und dadurch gegenseitige Abhängigkeiten zwischen Aufträgen unberücksichtigt lässt.

Unberücksichtigt blieb bisher der Fall, dass eine Operation auf mehr als einer Station produziert werden kann. Beispiele sind parallele Stationen und alternative Arbeitsgänge auf heterogenen Stationen. Um das Prinzip des bisherigen Vorgehens verwenden zu können, wird die Warteschlange für eine Station erst zu dem Zeitpunkt t gebildet, an dem eine Zuteilungsentscheidung für M (eventuell) gefällt werden kann – dabei wird keine Zuteilung auch als eine Zuteilungsentscheidung angesehen. Dazu befinden sich alle startbereiten Operationen in einer Warteschlange für das Gesamtsystem (GWS); es sei angemerkt, dass diese und die Operationen, die zum Zeitpunkt t an den einzelnen Stationen bearbeitet werden, alle Operationen – bzw. Werkstücke und Aufträge – sind, die sich zum Zeitpunkt t in dem Produktionssystem befinden; es handelt sich also um den Arbeitsvorrat bzw. den work-in-process-Bestand zum Zeitpunkt t. Können zu dem Zeitpunkt t für n Stationen Zuteilungsentscheidungen gefällt werden, wobei $n > 1$ ist, so wird in einer vorgegebenen Reihenfolge für jede dieser n Stationen eine Zuteilungsentscheidung gefällt; beispielsweise könnte es sich bei dieser Reihenfolge um die Nummern der Stationen handeln. Zur Fällung der i-ten Zuteilungsentscheidung für die Station M_i wird eine Warteschlange gebildet, die aus jeder Operation in GWS besteht, die auf M_i bearbeitet werden kann. Nach dem obigen Vorgehen wird eine Zuteilungsentscheidung gefällt, und die dadurch (eventuell) zuzuteilende Operation wird aus dem GWS entfernt. Damit wird eine Operation, die auf mehreren Stationen bearbeitet werden kann, solange für Zuteilungsentscheidungen zu diesen Stationen berücksichtigt, bis sie zugeteilt ist.

4.4.6 Güte von Prioritätregeln

Für deterministische Ein-Stationenprobleme sind einige theoretische Resultate über Prioritätsregeln bekannt (s. [Fren82], [EHM94] und [Herr09a]):

- Können alle Aufträge ohne Verspätung eingeplant werden, dann findet die EDD-Regel einen solchen Plan.

- Enthält der durch die EDD-Regel generierte Plan nur einen verspäteten Auftrag, so besitzt er die optimale mittlere Verspätung.

- Sind die frühesten Startzeitpunkte aller Aufträge identisch, so findet die EDD-Regel einen Plan mit optimaler maximaler Verspätung.

- Sind alle Sollendtermine identisch, so erzeugt die KOZ-Regel einen Plan mit optimaler mittlerer Verspätung, und die FIFO-Regel findet einen mit optimaler maximaler Verspätung.

- Ist eine Verspätung aller Aufträge unvermeidlich, so bestimmt die KOZ-Regel einen Plan mit optimaler mittlerer Verspätung, da die KOZ-Regel einen Plan mit optimaler Durchlaufzeit berechnet.

- Existieren lediglich zwei Aufträge mit übereinstimmenden frühesten Startzeitpunkten, so generiert die MOD-Regel einen Plan mit optimaler mittlerer Verspätung. Bei einer höheren Anzahl von Aufträgen mit gleichen frühesten Startzeitpunkten gilt dies im Allgemeinen nicht.

Diese Resultate geben interessante Hinweise für die Lösung semi-deterministischer Probleme:

- Die ODD-Regel bzw. ähnliche Regeln dürften gute Resultate für solche Belegungsprobleme liefern, bei denen die meisten Aufträge ohne Verspätung fertiggestellt werden können.

- Die KOZ-Regel bzw. Regeln, die sehr dringende (voraussichtlich verspätete) Aufträge nach der KOZ-Regel einplanen, dürften gute Resultate für solche Probleme liefern, bei denen die meisten Aufträge nur mit Verspätung fertiggestellt werden können.

Die Prioritätsregeln im Speziellen und Ressourcenbelegungsplanungsalgorithmen im Allgemeinen wurden in der Literatur (s. z.B. [EHM94]) durch Simulationssysteme untersucht. Dazu gibt ein solches Simulationssystem periodisch Produktionsaufträge frei, und es simuliert die Abarbeitung der Zuteilung ihrer Arbeitsgänge durch Prioritätsregeln bzw. die Abarbeitung von Belegungsplänen. Die Simulation erfolgt über eine gewisse, vorgegebene, Anzahl an Perioden, die als Simulationshorizont bezeichnet wird. Bei diesen Perioden handelt es sich um die bei der Bedarfsplanung betrachteten Perioden. Ferner erhebt das Simulationssystem die dabei auftretenden, oben genannten, Zielfunktionen wie die mittlere Verspätung und ihre Streuung, die im Folgenden jeweils als Kennzahl bezeichnet wird, am Ende jeder Periode für die bisher simulierten Perioden. Bei n simulierten Perioden liegen also n Kennzahlen vor, die zunächst in der Regel stark schwanken und in der Regel gegen einen Grenzwert konvergieren. Für ein in [EHM94] untersuchtes semideterministisches Produktionssystem zeigt Abbildung 4-61 die mittlere Verspätung $\big(\mu(V)\big)$ nach verschiedenen simulierten Perioden, die durch Geraden miteinander verbunden worden sind, um die Entwicklung der Kennzahlen klarer zu visualisieren. Die Ressourcenbelegungsplanung erfolgte durch die FIFO-Regel; es sei betont, dass mit etwas anderen Einstellungen als in [EHM94] diese Simulationen für dieses Buch erneut durchgeführt wurden, wodurch sich die leichten Abweichungen erklären. Nicht jede der oben genannten Zielfunktionen konvergiert gegen einen Grenzwert; beispielsweise die maximale Verspätung. Im Konvergenzfall liegt die jeweilige Kennzahl ab einem bestimmten Simulationshorizont in der Nähe ihres Grenzwerts und die Kennzahl wird als stabil angesehen. Verantwortlich für keine Konvergenz sind in der Regel Ausreißer. Werden diese ausgeschlossen, so ist die jeweilige Kennzahl in der Regel ab einem bestimmten Simulationshorizont stabil. Bei diesem stabilen Wert (Grenzwert) handelt es sich um die zu erwartende Kennzahl. In Abbildung 4-61 sind die relativen Abweichungen der einzelnen mittleren Verspätungen nach 600 Perioden (Arbeitsschichten) relativ gering und können als stabil angesehen werden – ihr weiterer Verlauf zeigt, dass die mittlere Verspätung gegen 277,9 Minuten konvergiert; die gleiche Konvergenzgeschwindigkeit liegt bei der Wurzel von der mittleren quadratischen Verspätung $\big(\mathrm{RMS(V)}\big)$ vor (s. [EHM94]). (Dass $\mathrm{RMS(V)}$ statt $\sigma(\mathrm{V})$ als Streuungsmaß verwendet wird, liegt daran, dass $\mathrm{RMS(V)}$ aus dem letzten Wert und der aktuellen Kennzahl berechnet werden kann, während für die Berechnung von $\sigma(\mathrm{V})$ alle Kennzahlen (für die Berechnung des Mittelwerts) benötigt werden.) Es sei betont, dass die Anzahl der zu betrachtenden Perioden, ab der eine Kennzahl stabil ist, auch vom Produktionssystem abhängt.

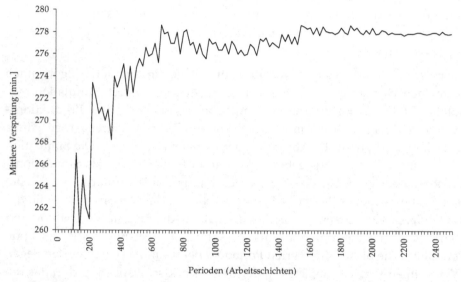

Perioden (Arbeitsschichten)

Abbildung 4-61: Konvergenz von der mittleren Verspätung in Minuten für das in [EHM94] untersuchte semideterministische Produktionssystem

Nach diesen Überlegungen sollten nur stabile Kennzahlen verschiedener Prioritätsregeln (bzw. Ressourcenbelegungsplanungsalgorithmen) verglichen werden. Mit einer solchen Untersuchung wurde in [EHM94] nachgewiesen, dass die Prioritätsregeln im Prinzip ein Gebiet überstreichen, an dessen Rändern die beiden Extreme "Zuteilung nach kürzester Operationszeit" (KOZ-Regel) und "Zuteilung nach geringstem Zeitpuffer" (KPZ-Regel) stehen. Erstere Regel führt zu einer relativ kleinen mittleren Verspätung bei sehr großen Verspätungen für einen kleinen Teil der Aufträge. Die zweite Regel vermeidet sehr große Verspätungen zu Lasten einer merklich höheren mittleren Verspätung. Insgesamt zerfallen die Regeln in zwei Klassen. Die erste enthält alle Regeln, die das KOZ-Prinzip für kritische Aufträge anwenden, und die zweite diejenigen, die die kritischen Aufträge nach einem Pufferzeit- oder ähnlichem Kriterium zuteilen. Für ein in [EHM94] untersuchtes semideterministisches Fertigungssystem erwies sich in der ersten Klasse die CR+SPT-Regel am erfolgreichsten, während in der zweiten die Regeln S/OPN und ODD die besten Resultate erzielten; s. hierzu die Abbildung 4-62. Diese drei Regeln lieferten pareto-optimale Ergebnisse für die drei Kriterien mittlere Verspätung, RMS(V) und maximale Verspätung. Im Ein-Stationenfall lauten die pareto-optimalen Regeln EDD und MOD; da in diesem Fall die ODD-Regel identisch mit der EDD-Regel ist sowie die MOD- und die CR+SPT-Regel ähnlich sind, existiert ein gewisser Zusammenhang zu dem Ergebnis für das in [EHM94] untersuchte semideterministische Produktionssystem. Es sei betont, dass diese Ergebnisse durch neuere Untersuchungen bestätigt werden; exemplarisch sei dazu auf die Analyse in [FaFS09] verwiesen. Diese Arbeiten bestätigen die gerade angesprochene Beobachtung, nach der die relative Güte der einzelnen Prioritätsregeln von der speziellen Struktur des Produktionssystems abhängt. Auch bezogen auf die beiden angesprochenen Klassen kann keine stets beste Prioritätsregel angegeben werden. Es bietet sich somit an, für ein konkretes Fertigungssystem im Rahmen einer umfangreichen Simulationsuntersuchung eine günstige Prioritätsregel zu identifizieren.

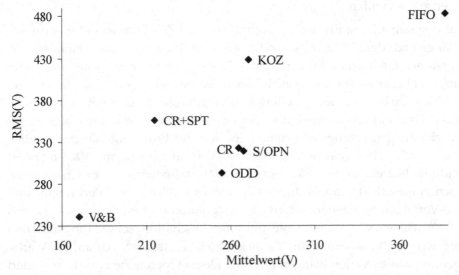

Abbildung 4-62: Kennzahlen zur Verspätung zu den Prioritätsregeln und dem Verzweige- und Begrenze-Verfahren für das in [EHM94] untersuchte semideterministische Produktionssystem

Ein grundsätzlicher struktureller Schwachpunkt dieser (einstufigen) Prioritätsregeln besteht im Folgenden: Die tatsächliche Einplanung einer Operation auf einer Station basiert nur auf den Daten der Operationen in der betrachteten Warteschlange zu dieser Station. Informationen über die Zustände anderer Warteschlangen, speziell der weitere Durchlauf von Aufträgen durch das System und somit die Folgewarteschlangen, bleiben dagegen unberücksichtigt.

Deshalb kann der so genannte Abschattungseffekt (s. EHM94]) eintreten: Die Warteschlange zu einer Station M besteht aus den Operationen o und o', wobei o eine höhere Priorität als o' habe. Nun ist es möglich, dass die Folgeoperation von o an einer (Folge-) Station warten muss, während die Folgeoperation von o' ohne zu warten sofort bearbeitet werden kann. Der Abschattungseffekt liegt dann vor, wenn Operation o vor der Operation o' auf der Station M eingeplant wird.

Mit einer simulierenden Vorausschau auf die Zustände der Folgewarteschlangen lässt sich ein dynamischer prädiktiver Ecktermine für alle Operationen der Warteschlange vor der als nächstes einzuplanenden Station ermitteln. Dabei ist der prädiktive Ecktermin $(\text{PET}_{i,k})$ des i-ten Auftrags mit der k-ten Operation als startbereite Operation der bei unmittelbarer Zuteilung von $o_{i,k}$ resultierende Startzeitpunkt seiner Folgeoperation $o_{i,k+1}$. Die Differenz zwischen $\text{PET}_{i,k}$ und dem frühestmöglichen Endzeitpunkt $\text{FEZ}_{i,k}$ (von $o_{i,k}$) entspricht also der Wartezeit, die für Auftrag A_i vor dessen Folgestation momentan anfallen würde. In [EHM94] wurden Prioritätsregeln um eine solche simulierende Vorausschau erweitert, wodurch der Abschattungseffekt vermieden wird. Die Beschränkung auf die Betrachtung der direkten Folgeoperation bzw. Folgestation erfolgte, um eine exorbitante Rechenzeit zu vermeiden.

Durch eine systematische Erzeugung von Folgen von Zuteilungen mit einer maximalen Länge nach dem Verzweige- und Begrenze-Prinzip wird auch eine Vorausschau realisiert. Ein solcher Ansatz ist in [EHM94] beschrieben. Gegenüber einer Prioritätsregel hat er zwar eine deutlich höhere Rechenzeit, aber durch die Limitierung der Vorausschau werden Zuteilungsentscheidungen in Echtzeit gefällt; es sei angemerkt, dass ein Verzweige- und Begrenze-Verfahren eventuell alle Zuteilungsentscheidungen erzeugt und daher eine mit der Problemgröße exponentiell wachsende Laufzeit hat; seine Kennzahlen zur Verspätung sind mit V&B markiert in Abbildung 4-62 eingetragen. Wie in [EHM94] nachgewiesen worden ist, wird der Abschattungseffekt oftmals durch ein solches modifiziertes Verzweige- und Begrenze-Verfahren vermieden, sofern die Kostenfunktion für den Ausschluss von ungünstigen Folgen von Zuteilungen um eine Abschattungsbewertungsfunktion erweitert wird. Die Limitierung der Vorausschau bedeutet, bezogen auf die Warteschlangen, dass alle Warteschlangen auf eine kleine Operationenanzahl reduziert werden. Somit können wichtige Operationen vom Einplanungsprozess ausgeschlossen werden. Dadurch gibt es Beispiele, in denen das modifizierte Verzweige- und Begrenze-Verfahren den Abschattungseffekt lediglich partiell erkennt und sogar schlechtere Ergebnisse als die oben angesprochene Erweiterung von Prioritätsregeln liefert. Eine vollständige Erkennung ist durch eine deutliche Erhöhung der Vorausschau möglich, die in manchen Beispielen zu einer zu hohen Rechenzeit für den Einsatz unter industriellen Randbedingungen führt.

Insgesamt können mit speziellen Prioritätsregeln (bzw. einfache Erweiterungen von diesen) häufig gute Kennzahlen erzielt werden. Verbesserungen sind durch eine genaue Analyse der Struktur des Einzelproblems möglich, d.h. durch spezielle, dem Einzelproblem angepasste Verfahren zur Vermeidung typischer Fehlentscheidungen. Die immer höhere, preiswerte, Rechenleistung ermöglicht immer umfangreichere Berechnungen und sogar einen partiellen Einsatz exakter Planungsalgorithmen. Dies dürfte zu deutlich besseren Ergebnissen führen.

Literatur

[Adam01]   *Adam, Dietrich*: Produktionsmanagement. Gabler Verlag, Wiesbaden, 2001 (9. Auflage).

[AdBZ88]   *Adams, J.; Balas, E.; Zawack, D.*: The shifting bottleneck procedure for job shop scheduling. In: Management Science 34 (1988), S. 391–401.

[AhFi92]   *Ahmed, I; Fisher, W.W*: Due Date Assignment, Job Order Release, and Sequencing Interaction in Job Shop Scheduling. In: Decision Science, Vol. 23 (1992), S. 633–647.

[Alic05]   *Alicke, Knut*: Planung und Betrieb von Logistiknetzwerken – SCM. Springer Verlag, Karlsruhe, 2005.

[Arms01]   *Armstrong, J. S.* (Herausgeber): Principles of Forecasting: A Handbook for Researchers and Practitioners. Springer Verlag, Boston, USA, 2001.

[Andr94]   *Andrews, R. L.*: Forecasting performance of structural time series models. In: Journal of Business and Economic Statistics 12 (1994), S. 129 ff.

[ArHM51]   *Arrow, K.; Harris, T; Marschak, J.*: Optimal Inventory Policy. Econometrica, 19 (1951), S. 250–272.

[ArKS60]   *Arrow, K.; Karlin, S; Suppes; P* (Herausgeber): Mathematical Methods in Social Sciences. Stanford University Press, Stanford, USA, 1960.

[Assf76]   *Assfalg H.*: Lagerhaltungsmodelle für mehrere Produkte. Hain Verlag, 1976.

[BaPF96]   *Baganha, M.; Pyke, D.; Ferrer, G.*: The undershoot of the reorder point: Tests of an approximation. In: International Journal of Production Economics 45 (1996). S. 311–320.

[Bake74]   *Baker, K. R.*: Introduction to Sequencing und Scheduling, New York, 1974.

[Bake89]   *Baker, K.*: Lot-sizing procedures and a standard data set - a reconciliation of the literature. In: Journal of Manufacturing and Operations Management 2 (1989), S. 199–221.

[BDMS78]   *Baker, K. R.; Dixon, P.; Magazine, M. J.; Silver, E. A.*: An Algorithm for the Dynamic Lot-Size Problem with Time-Varying Production Capacity Constraints. In: Management Science 24 (1978), S 1710–1720.

[BaBe89]   *Bartmann, D., Beckmann M.*: Lagerhaltung, Modelle und Methoden. Springer Verlag, Berlin, 1989.

[Bast90]   *Bastian, M.*: Lot trees: a unifying view and efficient implementation of forward procedures for the dynamic lot-size problem. In: Computer & Operations Research 17, 1990, S. 255–263.

[BaGr69]   *Bates, J. M.; Granger, C. W. J.*: The Combination of Forecasts. In: Operations Research Quarterly 20 (1969), S. 451 ff.

[Batt69] *Batty, M.*: Monitoring an Exponential Smoothing Forecasting System. In: Operations Research Quarterly 20 (1969), S. 319 ff.

[Beie93] *Beier, H.*: Rationalisierungspotenziale in der Fertigung. In: Perspektiven in der Fertigung - Tagesseminar der IHK Karlsruhe, Oktober 1993.

[Bell57] *Bellman, Richard*: Dynamic Programming. Princeton University Press, Princeton, USA, 1957.

[Biet78] *Biethan, J.*: Optimierung und Simulation. Gabler-Verlag, Wiesbaden, 1978.

[Bosc84] *Bosch, Karl*: Elementare Einführung in die Wahrscheinlichkeitsrechnung. Vieweg-Verlag, Braunschweig, 1984 (4. Auflage).

[BoJe70] *Box, G. E. P; Jenkins, G. M.*: Time Series Analysis - Forecasting and Control. Holden Day, San Francisco, USA, 1970.

[BrSe81] *Bronstein, I. N.; Semendjajew, K. A.*: Taschenbuch der Mathematik. Teubner Verlagsgesellschaft, Leibzig, 1981 (20. Auflage).

[Brow84] *Brown. R.*: Materials Management Systems - A Modular Library. Malabar: Krieger, 1984 (2. Auflage).

[Bruc81] *Brucker, P.*: Scheduling. Akademische Verlagsgesellschaft, Wiesbaden 1981.

[Brun70] *Brunnberg, J.*: Optimale Lagerhaltung bei ungenauen Daten, 1970.

[BCGS10] *Buzacott, John, A.; Corsten, Hans; Gössinger, Ralf; Schneider, Herfried M.*: Produktionsplanung und -steuerung. Oldenbourg Verlag, München, 2010.

[CaAr82] *Carbone, R.; Armstrong, J. S.*: Evaluation of Extrapolative Forecasting Methods: Results of a Survey of Academicians and Practitioners. In: Journal of Forecasting 1 (1982), S. 215 ff.

[CoMM67] *Conway, R. W.; Maxwell, W. L.; Miller, L. W.*: Theory of scheduling. Addison-Wesley, 1967.

[CoGö09] *Corsten, Hans; Gössinger, Ralf*: Produktionswirtschaft – Eine Einführung in das industrielle Produktionsmanagement. Oldenbourg Verlag, 12. Auflage, München und Wien, 2009.

[Cox65] *Cox, D.*: Erneuerungstheorie. Oldenbourg Verlag, München 1965.

[Crost72] *Croston. J.*: Forecasting and stock control for intermittent demands. Operational Research Quarterly 23(3), S. 289–303.

[DbvW83] *DeBodt, M.; Van Wassenhove L.*: Cost increases due to demand uncertainty in MRP lot sizing. In: Decision Sciences 14 (1983), S. 345–362.

[DeLu80] *DeLurgio, Stephan, A.*: Forecasting Principles and Applications. Irwin McGraw-Hill, Kansas City, USA, 1998.

[Ders95] *Derstroff, M*: Mehrstufige Losgrößenplanung mit Kapazitätsbeschränkungen. Physica, Heidelberg, 1995.

[Dick09] *Dickersbach, Jörg Thomas*: Supply Chain Management with SAP APO™ – Structures, Modelling Approaches and Implementation of SAP SCM™ 2008. Springer Verlag, München, 2009 (3. Auflage).

[DiKe10] *Dickersbach, Jörg Thomas; Keller, Gerhard*: Produktionsplanung und -steuerung mit SAP ERP. Galileo Press, München, 2010 (3. Auflage).

[DMHH09] *Dittrich, J; Mertens, P.; Hau, M.; Hufgrad, A.*: Dispositionsparameter in der Produktionsplanung mit SAP. Vieweg + Teubner, Wiesbaden, 2009 (5. Auflage).

[DoDr02] *Domscke, Wolfgang; Drexl, Andreas*: Einführung in Operations Resaerch. Springer Verlag, Darmstadt, 2002 (5. Auflage).

[DoSV93] *Domscke, Wolfgang; Scholl, Armin; Voss, Stefan*: Produktionsplanung – Ablauforganisatorische Aspekte. Springer Verlag, Darmstadt, 1993.

[DrKi97] *Drexl, A.; Kimms, A.*: Lot sizing and scheduling – survey and extensions. In European Journal of Operational Research 99 (1997), S. 221–235.

[EnLu83] *Endl, Kurt; Luh, Wolfgang*: Analysis I – Eine integrierte Darstellung. Akademische Verlagsgesellschaft Wiesbaden, Gießen, 1983.

[EnLu81] *Endl, Kurt; Luh, Wolfgang*: Analysis II – Eine integrierte Darstellung. Akademische Verlagsgesellschaft, Gießen, 1981 (5. Auflage).

[EHM94] *Engell, Sebastian; Herrmann, Frank; Moser, Manfred*: Priority rules and predictive control algorithms for on-line scheduling of FMS. In Joshi, Sanjay B.; Smith, Jeffre, S (Herausgeber): Computer Control of Flexible Manufacturing Systems. Chapman & Hall, London 1994, S. 75–107.

[Enns93] *Enns, S.T.*: Job Shop Flowtime Prediction and Tardiness Control Using Queuing Analysis. In: International Journal of Production Research, Volume 31 (1993), S. 2045–2057.

[Erle90] *Erlenkotter, D*: Ford Whitman Harris and the Economic Order Quantity Model. In: Operations Research 38 (1990), S. 937–946.

[FaFS09] *Fandel, Günter; Fistek, Allegra; Stütz, Sebastian*: Produktionsmanagement. Springer Verlag, Dordrecht, 2009.

[FeTz91] *Federgruen, A.; Tzur, M.*: A Simple Forward Algorithm to Solve General Dynamic Lot Sizing Models with n periods in $O(n \cdot \log n)$ or $O(n)$ time. In: Management Science 37 (1991), S. 909–925.

[FlKl71] *Florian, M; Klein, M.*: Deterministic Production Planning with Concave Costs and Capacity Constraints. In: Management Science 18 (1971), S. 12–20.

[Fren82] *French, S.*: Sequencing and scheduling: An introduction to the mathematics of the job-shop. Horwood, Chichester, 1982.

[GLLR79] *Graham, R. L.; Lawler, E. L.; Lenstra, J. K.; Rinnooy Kan, A. H. G.*: Optimization and approximation in deterministic sequencing and scheduling. In: Annals of Discrete Mathematics 5 (1979), S. 287–326.

[Gron04] *Gronau, Norbert*: Enterprise Resource Planning und Supply Chain Management. Oldenbourg Verlag, Potsdam, 2004.

[Gude03] *Gudehus, Timm*: Logistik – Grundlagen, Verfahren und Strategien. Springer Verlag, Hamburg, 2. Auflage, 2003.

[GHIK09] *Gulyássy, F.; Hoppe, M.; Isermann, M.; Köhler, O.*: Disposition mit SAP. Galileo Press, Bonn, 2009.

[GüTe09] *Günther, Hans-Otto; Tempelmeier, Horst*: Produktion und Logistik. 8. Auflage, Springer Verlag, Berlin / Heidelberg, 2009.

[Gute83] *Gutenberg, E.*: Grundlagen der Betriebswirtschaftslehre, Volume 1: Die Produktion. Springer Verlag, Berlin, 1983.

[HaWi63] *Hadley, G; Whitin, T. M.*: Analysis of Inventory Systems. Englewood Cliff, Prentice Hall, New Jersey, 1963.

[Häde02] *Häder, Michael* (Herausgeber): Delphi-Befragungen. VS-Verlag für Sozialwissenschaften, Wiesbaden, 2002.

[HaLa99] *Hahn, Dietger.; Laßmann, Gert.*: Produktionswirtschaft. Controlling industrieller Produktion. Band 1 und 2: Grundlagen, Führung und Organisation, Produkte und Produktionsprogramm, Material und Dienstleistungen, Prozesse. Physica-Verlag, Heidelberg, 3. Auflage, 1999.

[Harr67] *Harrison, P.*: Exponential smoothing and short-term sales forecasting. Management Science 13 (1967), S. 821–842.

[HaCa84] *Hax, A. C.; Candea, D.*: Production and Inventory Management. Englewood Cliffs: Prentice Hall, 1984.

[HaMe75] *Hax, A. C.; Meal, H. C.*: Hierarchical Integration of Production Planning and Scheduling. In: *Geisler, Murray A.* (Herausgeber): Studies in Management Sciences, Volume 1: Logistics. North-Holland, Amsterdam, 1975.

[He++07] *Henderson, S. G.; Biller, B.; Hsieh, M.-H.; Shortle, J.; Tew, J. D.; Barton, R. R.*: Simulation Results and Formalisms for Global-Local Scheduling in Semiconductor Manufacturing Facilities. In: Proceedings of the 2007 Winter Simulation Conference, 2007.

[Herr96] *Herrmann, Frank*: Modifizierte Verzweige- und Begrenze-Verfahren zur Belegungsplanung in der Produktion. Schriftenreihe des Lehrstuhls für Anlagensteuerungstechnik der Universität Dortmund, Band 4/96 (Dissertation), Shaker Verlag, Aachen, 1996.

[Herr07] *Herrmann, Frank*: SIM-R/3: Softwaresystem zur Simulation der Regelung produktionslogistischer Prozesse durch das R/3-System der SAPAG. In: Wirtschaftsinformatik 49 (2007) 2, S. 127–133.

[Herr09a] *Herrmann, Frank*: Logik der Produktionslogistik. Oldenbourg Verlag, Regensburg, 2009.

[Herr09b] *Herrmann, Frank*: Berechnung des Werts von Informationen im Supply Chain Management. In: Tagungsband zum 100. MNU Kongress in Regensburg vom 5.4. bis 9.4.2009, 2009.

[Herr10] *Herrmann, Frank*: Automatisierte Durchführung von Bestandsmanagement-Projekten. In: wt Werkstattstechnik online, Springer Verlag, Regensburg, Oktober 2010.

[HeSt10a]   *Herrmann, Frank; Stumvoll, Ulrike*: Einstellung von Losgrößenheuristiken in ERP- bzw. PPS-Systemen. In: Proceedings zu den 7. Wismarer Wirtschaftsinformatik-Tage vom 3. bis 4. Juni 2010 an der Hochschule Wismar, Wismar, 2010.

[HeSt10b]   *Herrmann, Frank; Stumvoll, Ulrike*: Überwachung und Verbesserung von Losgrößenmodifikatoren eines PPS-Systems im laufenden Betrieb. In: Proceedings zur 14. ASIM Fachtagung „Simulation in Produktion und Logistik" vom 6. bis 8. Oktober 2010 am Karlsruher Institut für Technologie, Karlsruhe, 2010.

[HiLi02]   *Hillier, Frederick S.; Lieberman, Gerald J.*: Operations Research. Oldenbourg Verlag, München Berlin, 1997.

[Hoch69]   *Hochstädter D.*: Stochastische Lagerhaltungsmodelle. Springer Verlag, Berlin, 1969.

[Hübn03]   *Hübner, Gerhard*: Stochastik. Vieweg-Verlag, Hamburg, 2003 (4. Auflage).

[Holt57]   *Holt, C.*: Forecasting Seasonals and Trends by the Exponentially Weighted Moving Averages. O.N.R. Memorandum, No. 52; Carnegie Institute of Technology, Pittsburg, Pennsylvania; USA, 1957.

[Hsu83]   *Hsu, W.-L.*: On the general feasibility test of scheduling lot sizes for several products on one machine. In: Management Science 29 (1983), S. 93–105.

[Igle63a]   *Iglehart, D. L.*: Optimality of (s, S) Policies in the Infinite Horizon Dynamic Inventory Problem. In: Management Science 9 (1963), S. 259–267.

[Igle63b]   *Iglehart, D. L.*: Dynamic Programming and Stationary Analysis in Inventory Problems. In: *Scarf H.; Guilford, D.; Shelly, M.* (Herausgeber): Multi-Stage Inventory Models and Techniques, Stanford University Press, Stanford CA, USA, 1963, S. 1–31.

[IgKa62]   *Iglehart, D. L.; Karlin, S.*: Optimal Policy for Dynamic Inventory Process with Nonstationary Stochastic Demands. In: *Arror, K. J.; Karlin, S; Scarf, H.* (Herausgeber): Studies in Applied Probability and Management Science, Stanford University Press, Stanford, USA, 1962, Kapitel 8.

[InJe97]   *Inderfurth, K.; Jensen, T.*: Planungsnervosität im Rahmen der Produktionsplanung. In: Zeitschrift für Betriebswirtschaftslehre, 1997, S. 817–843.

[JaBi99]   *Jahnke, Hermann und Biskup, Dirk*: Planung und Steuerung der Produktion. Verlag Moderne Industrie, Bielefeld 1999.

[Jodl08]   *Jodlbauer, Herbert*: Produktionsoptimierung. 2. Aufl., Springer Verlag, Wien 2008.

[KaSc58]   *Karlin, S.; Scarf, H.*: Inventory Models and Related Stochastic Processes. In: *Arror, K. J.; Karlin, S; Scarf, H.* (Herausgeber): Studies in the Mathematical Theory of Inventory and Production, Stanford University Press, Stanford, USA, 1958, Kapitel 17.

[Kira89]   Kiran, A.: A combined heuristic approach to dynamic lot sizing problems. In: International Journal of Production Research 27 (1989), S. 332–341.

[KiWo06]   Kirchgässner, Gebhard; Wolters, Jürgen: Einführung in die moderne Zeitreihenanalyse. Verlag Vahlen, St. Gallen und Berlin, 2006.

[KlMi72]   Klemm, H.; Mikut, M.: Lagerhaltungsmodelle. Verlag Die Wirtschaft, Jena und Dresden, 1972.

[Kno85]   Knolmayer, G.: Zur Bedeutung des Kostenausgleichsprinzips für die Bedarfsplanung in PPS-Systemen. In: Zeitschrift für betriebswirtschaftliche Forschung 37 (1985), S 411–427.

[Koli95]   Kolisch, Rainer: Project-Scheduling under Resource Constraints. Efficient Heuristiscs for Several Problem Classes. Physica-Verlag, Heidelberg, 1995.

[KüHe04]   Küpper, Hans-Ulrich; Helber, Stefan: Ablauforganisation in Produktion und Logistik. Schäffer&Poeschel, 3. Auflage, München und Hannover, 2004.

[KüLS75]   Küpper, Willi; Lüder, Klaus; Streitferdt, Lothar: Netzplantechnik. Physica-Verlag, Heidelberg, 1975.

[Kurb05]   Kurbel, Karl: Produktionsplanung und -steuerung im Enterprise Resource Planning und Supply Chain Management. Oldenbourg Verlag, Regensburg, 6. Auflage, 2005.

[KwDL80]   Kwak, N. K.; DeLurgio, S.: Quantitative Models for Business Decisions. Duxbury Press, Saint Louis und Kansas City, USA, 1980.

[LeNa93]   Lee, H. L.; Nahmias, S.: Single Product, Single Location Models. In: Graves, S. C.; Rinnooy Kan, A. H. G.; Zipkin, P. H. (Herausgeber): Logistics of Production and Inventory. Handbooks in Operations Research and Management Science, Vol. 4, North Holland Publishing Company, Amsterdam, 1993, S. 3–55.

[Lein82]   Leiner, Bernd: Einführung in die Zeitreihenanalyse. Oldenbourg Verlag, Heidelberg, 1982.

[Lein98]   Leiner, Bernd: Grundlagen der Zeitreihenanalyse. Oldenbourg Verlag, Heidelberg, 1998.

[LiLY04]   Liu, L.; Liu, X; Yao, D. D.: Analysis and optimization of a multistage inventory-queue system. In: Management Science 50 (2004), S. 365–380.

[MaWh89]   Makridakis, S; Wheelwright, S.: Forecasting Methods for Management. Wiley Verlag, 5. Auflage, New York, 1989.

[MaWM83]   Makridakis, Spyros G.; Wheelwright, Steven C.; McGee, Victor E.: Forecasting, methods and applications. Wiley Verlag, New York u.a., 1983.

[McTh73]   McClain, J.O.; Thomas, L.J.: Response-Variance Tradeoffs in Adaptive Foercasting. In: Operations Research 21 (1973), S. 554–568.

[MeRä05]   Mertens, Peter; Rässler, Susanne (Herausgeber): Prognoserechnung. Physica-Verlag, Heidelberg, 2005.

[MeHa85]   *Meyer, M. und Hansen, K.*: Planungsverfahren des Operations Research. Vahlen-Verlag, 3. Auflage, München, 1985.

[MuRo93]   *Muckstadt, J.M. und Roundy, R.O.*: Analysis of Multistage Production Systems. In *Graves, S.C.; Rinnooy Kan, A.H.G. und Zipkin, P.H.* (Herausgeber): Handbooks in Operations Research and Management Science, the volume on Logistics of Prodution and Inventory, North-Holland, Amsterdam, 1993, S. 59–131.

[Nahm05]   *Nahmias, S.*: Production and Operation Analysis. Irwin / Mc Graw Hill, Burr Ridge, Illinois, 2005 (5. Auflage).

[Naze88]   *Nazem, Sufi M.*: Applied Time Series Analysis for Business and Economic Forecasting. Marcel Dekker Incorporated, Omaha, USA, 1988.

[Nels73]   *Nelson, Charles R.*: Applied Time Series Analysis for Managerial Forecasting. Holden-Day Incorporated, Chicago, USA, 1973.

[NeGC79]   *Nerlove, Marc; Grether, David M.; Carvalho, José, L.*: Analysis of Economic Time Series. Academic Press Inc, Evanston, USA 1979.

[Neum96]   *Neumann, Klaus*: Produktions- und Operationsmanagement. Springer Verlag, Karlsruhe, 1996.

[NeMo02]   *Neumann, Klaus; Morlock, Martin*: Operations Research. Hanser-Verlag, Karlsruhe, 2002 (2. Auflage).

[Neus09]   *Neusser, Karl*: Zeitreihenanalyse in den Wirtschaftswissenschaften. Vieweg+Teubner Verlag, Bern, 2009.

[Pfoh04]   *Pfohl, Hans-Christian*: Logistikmanagement - Konzeption und Funktionen. Springer Verlag, 2004.

[Port90]   *Porteus, E. L.*: Stochastic Inventory Theory. In: *Heyman, D. P.; Sobel, M. J.* (Herausgeber): Handbooks in Operations Research and Management Science, the volume on Stochastic Models. North-Holland, Amsterdam, 1990, S. 605–652.

[REFA02]   *REFA Verband für Arbeitsstudien und Betriebsorganisation e. V.* (Herausgeber): Ausgewählte Methoden zur Prozessorientierten Arbeitsorganisation. REFA, Darmstadt, 2002.

[Reu06]   *Reusch, Pascal*: Effiziente Lösung komplexer Produktionsplanungsprobleme. Dissertation, Universität Duisburg-Essen, 2006.

[Robr91]   *Robrade, A.*: Dynamische Einprodukt-Lagerhaltungsmodelle bei periodischer Bestandsüberwachung. Physica, Heidelberg, 1991.

[Roue06]   *Rouette, Hans-Karl*: Handbuch Textilveredlung. Deutscher Fachverlag, Krefeld, 2006.

[Roue09]   *Rouette, Hans-Karl*: Enzyklopädie Textilveredlung. Deutscher Fachverlag, Krefeld, 2009.

[Ropp68]   *Ropp, W.*: Einführung in die Theorie der Lagerhaltung. 1968.

[Roun85]   *Roundy, R*: 98%-Effective Integer-Ratio Lot-Sizing for One-Warehouse Multi-Retailer Systems. In: Management Science 31 (1985), S. 1416–1430.

[Salo91]   Salomon, M.: Deterministic lotsizing models for production planning.
              Springer Verlag, Berlin, 1991.

[Scar59]   Scarf, Herbert E.: The Optimality of (S,s)-Policies in the Dynamic Inven-
              tory Problem. In: Arror, K. J.; Karlin, S; Suppes; P (Herausgeber): Mathe-
              matical Methods in Social Sciences. Stanford University Press, Stanford,
              USA, 1959, S. 196–202.

[Scar60]   Scarf, Herbert E.: Optimal Policies for the Inventory Problem with Sto-
              chastic Lead Time. Planning Research Corporation, PRC R-181, Los An-
              geles, 1960.

[Scar63]   Scarf, Herbert E.: A Survey of Analytic Techniques in Inventory Theory.
              In Scarf, Herbert E.; Gilford, Dorothy M.; Shelly, Maynard W.: Multistage
              inventory models and techniques. Stanford University Press, Stanford,
              USA, 1963, S. 185–225.

[ScGS63]   Scarf, Herbert E.; Gilford, Dorothy M.; Shelly, Maynard W.: Multistage in-
              ventory models and techniques. Stanford University Press, Stanford,
              USA, 1963.

[Schi05]   Schira, Josef: Statistische Methoden der VWL und BWL – Theorie und
              Praxis. Pearson, Duisburg, 2005.

[Schn81]   Schneeweiß Ch.: Modellierung industrieller Lagerhaltungssysteme.
              Springer Verlag, Mannheim, 1981.

[Schn79]   Schneider H.: Servicegrade in Lagerhaltungsmodellen. M+M Wissen-
              schaftsverlag, Berlin, 1979.

[ScBR05]   Schneider, Herfried M.; Buzacott, John A.; Rücker, Thomas: Operative Pro-
              duktionsplanung und -steuerung – Konzepte und Modelle des Informa-
              tions- und Materialflusses in komplexen Fertigungssystemen. Olden-
              bourg Verlag, Ilmenau und Toronto, 2005.

[Scho01]   Scholl, Armin: Robuste Planung und Optimierung: Grundlagen – Kon-
              zepte und Methoden – Experimentelle Untersuchungen. Physica-
              Verlag, Heidelberg, 2001.

[SiPP98]   Silver, Edward A.; Pyke, David F.; Peterson, Rein: Inventory Management
              and Production Planning and Scheduling. Wiley Verlag, New York, 3.
              Auflage, 1998.

[SiMi84]   Silver, E.; Miltenburg, J.: Two modifications of the silver-meal lot sizing
              heuristics. In: INFOR 1 (1984), S. 56–69.

[SLKS03]   Simchi-Levi, David; Kaminsky, Phil; Simchi-Levi, Edith: Designing and
              Managing the Supply Chain – Concepts, Strategies, and Case Studies.
              McGraw-Hill/Irwin, Boston, USA, 2003.

[Stad00]   Stadtler, H.: Improved rolling schedules for the dynamic single-level lot-
              sizing problem. In: Management Science 46 (2000), S. 318–326.

[Stad96]   Stadtler, H.: Hierarchische Produktionsplanung. In: Kern, W. v.; Schröder,
              H.-H.; Weber, J. (Herausgeber): Handwörterbuch der Produktionswirt-
              schaft. Schäffer-Poeschel, Stuttgart, 2. Auflage, 1996.

[Stev94]   *Steven, M*: Hierarchische Produktionsplanung. Physica Verlag, Heidelberg, 1994.

[Such96]   *Suchanek, B.*: Sicherheitsbestände zur Einhaltung von Servicegraden. 1996.

[Temp83]   *Tempelmeier, Horst*: Lieferzeit-orientierte Lagerungs- und Auslieferungsplanung. Physica-Verlag, Trier, 1983.

[Temp05]   *Tempelmeier, Horst*: Bestandsmanagement in Supply Chains. Books on Demand GmbH, Norderstedt, Köln, 2005.

[Temp08]   *Tempelmeier, Horst*: Materiallogistik. Springer Verlag, 6. Auflage, Köln 2008.

[Thone05]   *Thonemann, Ulrich*: Operations Management – Konzepte, Methoden und Anwendungen. Pearson, Köln 2005.

[Tijm94]   *Tijms, Henk C.*: Stochastic Models – An Algorithmic Approach. Chichester: Wiley, 1994.

[Trig64]   *Trigg, D. W.*: Monitoring a forecasting system. In: Operations Research Quarterly 15 (1964), S. 271 ff.

[TrLe67]   *Trigg, D. W.; Leach, A. G.*: Exponential smoothing with an adaptive response rate. In: Operations Research Quarterly 18 (1967), S. 53 ff.

[Trux72]   *Trux, W.*: Einkauf und Lagerdisposition mit Datenverarbeitung. Moderne Industrie, München, 2005 (2. Auflage).

[VeWa65]   *Veinott, A.; Wagner, H.*: Computing Optimal (s, S) Inventory Policies. In: Management Science 11 (1965) S. 525–552.

[VoBW97]   *Vollmann, T. E.; Berry, W. L.; Whybark, D. C.*: Manufacturing Planning and Control Systems. Irwin, 4. Auflage, 1997.

[WvHK92]   *Wagelmans, A.; van Hoesel, S.; Kolen, A.*: Economic Lot Sizing: An $O(n \log n)$ Algorithm that Runs in Linear Time in the Wagner-Within Case. In: Operations Research 40, 1992, Suppl. No. 1, S. S145–S156.

[WaWi58]   *Wagner, H. M.; Whitin, T. M.*: Dynamic version of the economic lot size model. In: Management Science 5, 1958, S. 89–96.

[Webe90]   *Weber, Karl*: Wirtschaftsprognostik. Verlag Vahlen, Gießen, 1990.

[Wede68]   *Wedekind, H*: Ein Vorhersagemodell für sporadische Nachfragemengen bei der Lagerhaltung. Ablauf- und Planungsforschung 9, 1968, S. 1–11.

[Wein95]   *Weingarten, U.*: Ressourceneinsatzplanung bei Werkstattproduktion. Physica-Verlag, Heidelberg, 1995.

[Wemm81]   *Wemmerlöv, U.*: The ubiquitous EOQ - its relation to discrete lot sizing heuristics. In: Journal of Operations & Production Management 1 (1981), S. 161–179.

[Wemm82]   *Wemmerlöv, U.*: A comparison of discrete single stage lot-sizing heuristics with special emphasis on rules based on the marginal cost principle. In: Engineering Cots and Production Economics 7 (1982), S. 45–53.

[WeWh84]   *Wemmerlöv, U.; Whybark D.*: Lot-sizing under uncertainty in a rolling schedule environment. In: International Journal of Production Research 22 (1984), S. 467–484.

[Wien87]   *Wiendahl, H.-P.*: Belastungsorientierte Fertigungssteuerung - Grundlagen, Verfahrensaufbau und Realisierung. Hanser Verlag, Hannover, 1987.

[Wien97]   *Wiendahl, H.-P.*: Fertigungsregelung – Logistische Beherrschung von Fertigungsabläufen auf Basis des Trichtermodells. Hanser Verlag, Hannover, 1997.

[WSSD94]   *Willemain, T. R.; Smart, C. N.; Shocker, J. H.; DeSautels, P. A.*: Forecasting intermittend demand in manufacturing: a comparative evaluation of Croston's method. International Journal of Forecasting 10 (1994), S. 528–538.

[Wint60]   *Winters, P*: Forecasting Sales by Exponentially Weighted Moving Averages. In: Management Science 6 (1960), S. 324–342.

[Wiss77]   *Wissebach, B.*: Beschaffung der Materialwirtschaft. Neue Wirtschafts-Briefe, Herne – Berlin 1977.

[WETW96]   *Wortman, J.; Euwe, M.; Taal, M.; Wiers, V.*: A review of capacity planning techniques within standard software packages. In: Production Planning & Control 7, 1996, S. 117–128.

[Wold38]   *Wold, Herman*: A study in the analysis of stationary time series. Verlag Almqvist and Wiksell, Stockholm 1938.

[WHCY06]   *Wu, Muh-Cherng; Huang, Y. L.; Chang, Y. C.; Yang, K. F.*: Dispatching in Semiconductor Fabs with Machine-Dedication Features. In: International Journal of Advanced Manufacturing Technology, 2006.

[Zäpf01]   *Zäpfel, Günther*: Grundzüge des Produktions- und Logistikmanagement. Oldenbourg Verlag, München, 2001.

[Zhen91]   *Zheng, Y. S.*: A Simple Proof for the Optimality of (s, S) Policies for Infinite Horizon Inventory Problems. In: J. Appl. Prob. 28 (1991), S. 802–810.

[ZhFe91]   *Zheng, Y. S.; Federgruen, A.*: Finding Optimal (s,S) Policies Is About as simple as Evaluating a Single Point. In: Operations Research 39 (4), 1992, S. 654–665.

[Zipk00]   *Zipkin, P. H.*: Foundations of Inventory Management. Irwin, Burr Ridge, IL, USA, 2000.

[ZoRo87]   *Zoller, K.; Robrade A.*: Dynamische Bestellmengen und Losgrößenplanung, Verfahrensübersicht und Vergleich. In: OR Spektrum 9 (1987), S. 219–233.

Sachwortverzeichnis

IT-Management und -Anwendungen

Mario Crameri / Uwe Heck (Hrsg.)
Erfolgreiches IT-Management in der Praxis
Ein CIO-Leitfaden
2010. VIII, 274 S. mit 81 Abb. und 11 Tab. Br. EUR 49,95

ISBN 978-3-8348-0845-5

Jürgen Hofmann / Werner Schmidt (Hrsg.)
Masterkurs IT-Management
Grundlagen, Umsetzung und erfolgreiche Praxis für Studenten und Praktiker
2., akt. und erw. Aufl. 2010. XIV, 408 S. mit 105 Abb. und Online-Service.
Br. EUR 34,95   ISBN 978-3-8348-0842-4

Kay P. Hradilak
Führen von IT-Service-Unternehmen
Zukunft erfolgreich gestalten
2., akt. und erw. Aufl. 2011. XVIII, 174 S. mit 22 Abb. (Edition CIO)
Geb. EUR 49,95   ISBN 978-3-8348-1518-7

Frank Lampe (Hrsg.)
Green-IT, Virtualisierung und Thin Clients
Mit neuen IT-Technologien Energieeffizienz erreichen, die Umwelt schonen
und Kosten sparen
2010. XIV, 196 S. mit 33 Abb. und 32 Tab. Geb. EUR 39,90

ISBN 978-3-8348-0687-1

Robert Vogel / Tarkan Kocoglu / Thomas Berger
Desktopvirtualisierung
Definitionen – Architekturen – Business-Nutzen
2010. X, 142 S. mit 35 Abb. und 16 Tab. Br. EUR 39,95

ISBN 978-3-8348-1267-4

VIEWEG+
TEUBNER
Abraham-Lincoln-Straße 46
65189 Wiesbaden
Fax 0611.7878-400
www.viewegteubner.de

Stand Januar 2011.
Änderungen vorbehalten.
Erhältlich im Buchhandel oder im Verlag.

Wirtschaftsinformatik

Dietmar Abts | Wilhelm Mülder
Grundkurs Wirtschaftsinformatik
Eine kompakte und praxisorientierte Einführung
7., akt. u. verb. Aufl. 2011. XVI, 566 S. mit 323 Abb. und und Online-Service.
Br. EUR 24,95   ISBN 978-3-8348-1408-1

Paul Alpar | Heinz Lothar Grob | Peter Weimann | Robert Winter
Anwendungsorientierte Wirtschaftsinformatik
Strategische Planung, Entwicklung und Nutzung von Informations- und
Kommunikationssystemen
5., überarb. u. akt. Aufl. 2008. XV, 547 S. mit 223 Abb. und Online-Service
Br. EUR 29,90   ISBN 978-3-8348-0438-9

Andreas Gadatsch
Grundkurs Geschäftsprozess-Management
Methoden und Werkzeuge für die IT-Praxis: Eine Einführung für Studenten
und Praktiker
6., akt. Aufl. 2010. XXII, 448 S. mit 351 Abb. und und Online-Service.
Br. EUR 34,90   ISBN 978-3-8348-0762-5

Hans-Georg Kemper / Henning Baars / Walid Mehanna
Business Intelligence –
Grundlagen und praktische Anwendungen
Eine Einführung in die IT-basierte Managementunterstützung
3., überarb. und erw. Aufl. 2010. X, 298 S. mit 113 Abb. und Online-Service.
Br. EUR 29,95   ISBN 978-3-8348-0719-9

VIEWEG+ TEUBNER

Abraham-Lincoln-Straße 46
65189 Wiesbaden
Fax 0611.7878-400
www.viewegteubner.de

Stand Januar 2011.
Änderungen vorbehalten.
Erhältlich im Buchhandel oder im Verlag.